信息技术基础

（第2版）

主编　张玉荣　陆　玉　朱正国　彭　强

科学出版社

北　京

内 容 简 介

本书按照教育部《高等职业教育专科信息技术课程标准（2021 年版）》要求编写，分为基础模块和拓展模块。其中，基础模块以 Windows 10 + Office 2016 为平台，全面介绍 Word 2016、Excel 2016、PowerPoint 2016 的基本应用，并介绍信息检索、新一代信息技术概述、信息素养与社会责任等内容；拓展模块介绍大数据、人工智能、云计算、物联网、虚拟现实及区块链等内容。本书内容以任务描述为切入点，深入浅出、通俗易懂、实用性强。

本书可作为高等职业教育院校普及计算机知识的通识课程教材，也可作为计算机相关行业从业者的参考用书。

图书在版编目（CIP）数据

信息技术基础/张玉荣等主编. —2 版. —北京：科学出版社，2023.12

ISBN 978-7-03-077037-0

Ⅰ. ①信…　Ⅱ. ①张…　Ⅲ. ①电子计算机-高等职业教育-教材　Ⅳ. ①TP3

中国国家版本馆 CIP 数据核字（2023）第 222803 号

责任编辑：赵丽欣　王会明/ 责任校对：马英菊

责任印制：吕春珉 / 封面设计：东方人华平面设计部

科学出版社出版

北京东黄城根北街 16 号

邮政编码：100717

http://www.sciencep.com

三河市骏杰印刷有限公司印刷

科学出版社发行　各地新华书店经销

*

2022 年 8 月第　一　版　开本：889×1194　1/16

2023 年 12 月第　二　版　印张：21 1/4

2025 年 8 月第十三次印刷　字数：492 000

定价：59.00 元

（如有印装质量问题，我社负责调换）

销售部电话 010-62136230　编辑部电话 010-62134021

前言

党的二十大报告明确指出，要加快建设数字中国，加快发展数字经济，促进数字经济和实体经济深度融合。当前，以信息技术为核心的新一轮科技革命和产业变革深入发展，信息技术已成为推动经济社会高质量发展的关键驱动力，是建设创新型国家、制造强国、质量强国、网络强国、数字中国、智慧社会的战略支撑。教育是国之大计、党之大计。中共中央办公厅、国务院办公厅印发的《关于深化现代职业教育体系建设改革的意见》强调，要推进职业教育数字化转型，构建新型教育教学模式。高等职业教育信息技术课程作为各专业学生必修或限定选修的公共基础课程，肩负着培养高素质技术技能人才的重要使命。通过本课程的学习，学生能够深刻理解数字中国建设的战略意义，增强信息意识、提升计算思维、培养数字化创新能力，树立正确的信息社会价值观和责任感，从而为培养大批高素质技术技能人才、能工巧匠、大国工匠奠定坚实基础，为全面建设社会主义现代化国家提供有力人才和技能支撑。

本书依据教育部《高等职业教育专科信息技术课程标准（2021 年版）》要求编写。在内容组织上着力突出职业教育的类型特点，以学生为中心，注重培养学生职业综合素质和实践能力。同时，紧密围绕“岗课赛证”的融合模式，将岗位需求、课程内容、技能竞赛要求和职业资格证书标准有机结合。基于信息技术核心素养组织素材，适度选取包含信息技术最新成果及发展趋势的内容，有机融入课程案例，注重培养学生的职业精神，尤其是劳动精神、劳模精神和工匠精神。本书通过丰富的教学内容和多样化的教学形式，帮助学生认识信息技术对人类生产、生活的重要作用，了解现代社会信息技术发展趋势，理解信息社会特征并遵循信息社会规范；使学生掌握常用的工具软件和信息化办公技术，了解大数据、人工智能、区块链等新兴信息技术，具备支撑专业学习的能力，能在日常生活、学习和工作中综合运用信息技术解决问题；培养学生团队意识和职业精神，提升独立思考和主动探究能力，为学生职业能力的持续发展奠定基础。

本书分为基础模块和拓展模块。其中，基础模块是学生提升信息素养的基础，包括 6 个单元：前 3 个单元以 Windows 10 + Office 2016 为平台，全面介绍 Word 2016、Excel 2016、PowerPoint 2016 的基本应用；后 3 个单元介绍信息检索、新一代信息技术概述、信息素养与社会责任等内容。需要说明的是，按照课程标准要求，拓展模块应包含 12 个单元，分别是信息安全、项目管理、机器人流程自动化、程序设计基础、大数据、人工智能、云计算、现代通信技术、物联网、数字媒体、虚拟现实和区块链；本书结合课时设置、区域经济发展人才需求等背景，选择大数据、人工智能、云计算、物联网、虚拟现实、区块链 6 个单元的组合方案。本书配套文字、图片、微课视频等丰富数字资源，所有文字和数字资源均免费提供，教学视频将根据新技术、新工艺、新规范的发展及时更新，满足弹性教学、分层教学等需求。

本书可作为高等职业院校信息技术课程的公共课教材，也可作为全国计算机等级考试应试辅导用书。需要本书数字资源的读者，可联系责任编辑邮箱 zhaolx@abook.cn 获取。

本书由张玉荣、陆玉、朱正国、彭强担任主编，蔡正保、邹汪平、尹蓉、徐祥辉担任副主编。参加内容编写、数字资源制作的人员还包括沈宇杰、薄杨、管文蔚、刘蕾、吕成梅以及安徽云畅数据科技有限公司吴昊工程师、科大讯飞股份有限公司张进兵工程师。两位工程师的加入使本书内容更加契合国家信息产业人才需求，在此表示诚挚的感谢。

由于编者水平有限，书中难免有疏漏和不妥之处，敬请广大读者批评指正。

目 录

基础模块

拓展模块

基础模块

1 单元 Word 2016 文字处理

单元导读

Word 2016 是微软公司开发的一款功能强大的文字处理软件，属于 Microsoft Office 2016 办公套装软件的重要组成部分，广泛应用于文档编辑、排版、设计和发布等多个领域。它在继承前代版本优势的基础上，进一步优化和拓展功能，以满足不同用户在各种场景下的文字处理需求。

本单元将详细介绍 Word 2016 的使用方法，包含文档的基本操作，图形对象的插入及图文混排，表格的创建、编辑和美化，样式与模板的创建和使用，多人协同编辑等内容。

任务 1.1 制作通知

任务描述

小李大学刚毕业，目前在信息技术学院学生党支部从事文秘工作，需要经常起草、撰写和发布各种通知、公告等日常办公文件。近期，学院学生党支部要召开预备党员转正会议，需要撰写一份通知。

小李通过上网查阅，了解到撰写会议性通知，重点是把会议的目的、名称、内容、参会人员、会议时间、会议地点写清楚、写准确。在与学院相关人员进行了深入沟通后，小李用 Word 2016 拟定了这份通知，并对其进行了排版，最终呈现出如图 1.1.1 所示的效果。

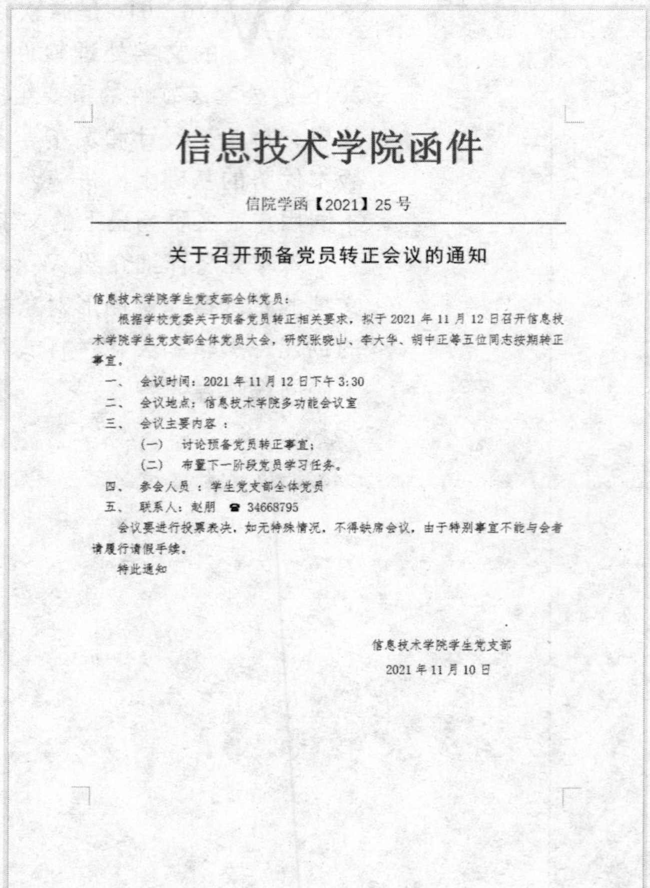

信息技术学院函件

信院学函【2021】25号

关于召开预备党员转正会议的通知

信息技术学院学生党支部全体党员：

根据学校党委关于预备党员转正相关要求，拟于 2021 年 11 月 12 日召开信息技术学院学生党支部全体党员大会，研究张晓山、李大华、胡中正等五位同志按期转正事宜。

一、 会议时间：2021 年 11 月 12 日下午 3:30

二、 会议地点：信息技术学院多功能会议室

三、 会议主要内容 ：

(一) 讨论预备党员转正事宜；

(二) 布置下一阶段党员学习任务。

四、 参会人员 ：学生党支部全体党员

五、 联系人：赵朋 ☎ 34668795

会议要进行投票表决，如无特殊情况，不得缺席会议，由于特别事宜不能与会者请履行请假手续。

特此通知

信息技术学院学生党支部

2021 年 11 月 10 日

图 1.1.1 通知

任务分析

任务技能目标

通过本次任务，掌握以下技能：

（1）掌握文档的基本操作，熟悉自动保存文档的方法；
（2）掌握文本编辑的方法；
（3）掌握设置字体格式和段落格式的方法；
（4）掌握页面设置的方法；
（5）掌握打印预览和打印的方法；
（6）熟悉文档不同视图和导航任务窗格。

核心知识点

新建、保存和打开文档，复制、移动和删除文本，查找与替换，设置字体格式，设置段落格式，边框和底纹，项目符号和编号，页面设置，打印预览和打印。

任务实现

1.1.1 新建 Word 文档

单击任务栏上的“开始”按钮，在“开始”菜单中选择“Word”应用程序，或双击桌面上的 Word 快捷图标，启动 Word 2016，打开 Word 窗口，如图 1.1.2 所示，此时系统自动创建了一个名为“文档 1”的空白文档。

> **小贴士**
> 新建 Word 文档的方法如下：
> （1）在桌面空白处右键单击，选择“新建”→“Word 文档”。
> （2）在 Word 窗口中，选择“文件”→“新建”命令。
> （3）在 Word 窗口中，单击“快速访问工具栏”中的“新建”按钮。
> （4）在 Word 窗口中，使用快捷键 Ctrl+N。

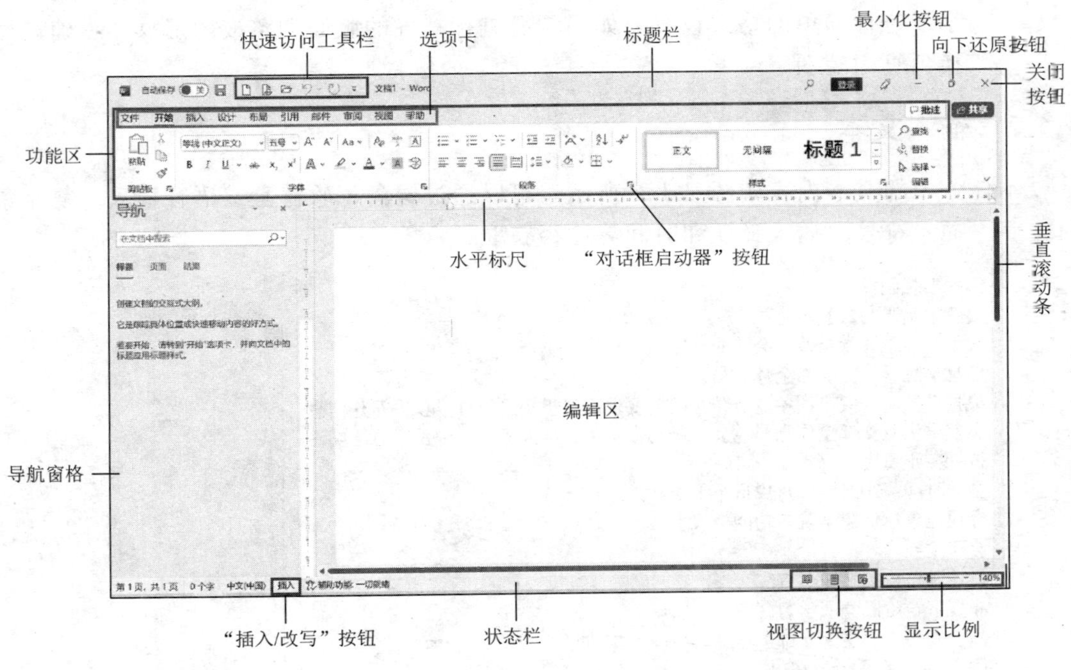

图 1.1.2 Word 2016 窗口界面

Word 窗口中的功能区由多个选项卡和相应的命令按钮组成。单击不同的选项卡，可以切换并显示相应的命令按钮集合。直接单击某个按钮，即可执行与之对应的命令。如果需要了解某个按钮的名称或功能，可以将鼠标指针悬停在该按钮上片刻，此时按钮下方会显示一个小方框（提示框），标明按钮的名称及其功能。

虽然 Word 的大多数功能都可以通过功能区直接访问，但某些高级设置仍需要通过对话框来完成。在功能区中，有些选项组的右下角有一个“对话框启动器”按钮，单击该按钮，可以打开对应的对话框或任务窗格，进行更全面的设置。

为了提供更灵活的文档使用方式，Word 设置了 5 种不同的视图模式。用户可以通过单击状态栏右侧的视图按钮，或者在“视图”选项卡中的“视图”选项组里选择相应的视图按钮，从而切换到所需的视图模式。

- 阅读视图：以类似纸质文档的翻页样式显示文档，隐藏快速访问工具栏、功能区等窗口元素，从而最大化阅读空间，适合阅读和批注文档。
- 页面视图：显示最接近打印效果的文档外观，包括图形对象、页眉和页脚、背景、多栏排版等元素。适合进行文本、格式、版面和外观的修改操作。
- Web 版式视图：主要用于编辑网页内容，显示文档的网页布局效果，适合创建和编辑 Web 页面。
- 大纲视图：主要用于显示和编辑文档的大纲结构。它将标题按层级显示，便于快速浏览和管理长文档。大纲视图不显示页边距、图形对象、页眉和页脚、背景等元素。进入大纲视图后，功能区会出现“大纲工具”选项卡，可用于对标题进行升降级、调整顺序、折叠或展开等操作。
- 草稿视图：类似于早期版本中的“普通视图”，仅显示标题、正文以及基本的文本格式（如字体、字号、字形、段落缩进、行间距等），不显示页边距、分栏、页眉和页脚、图片等元素。这种视图方式最节省系统资源，适合输入和编辑文字或进行简单的格式设置。如果需要进行精确的版面调整或图形操作，建议切换到页面视图。

1.1.2 输入文本

本任务中的文本内容如图 1.1.3 所示。可以通过键盘、软键盘或语音输入，复制素材文字，插入符号，插入日期和时间等途径获取。

信息学院函件
信院学函【2021】25号
关于召开预备党员转正会议的通知
（键盘、软键盘输入）

信息学院学生党支部全体党员：
根据学校党委关于预备党员转正相关要求，拟于2021年11月12日召开信息学院学生党支部全体党员大会，研究张晓山、李大华、胡中正等五位同志按期转正事宜。
会议时间：2021年11月12日下午 3:30
会议地点：信息学院多功能会议室
会议主要内容：
讨论预备党员转正事宜;
布置下一阶段党员学习任务。
参会人员：学生党支部全体党员
联系人：赵朋 ☎34668795 （插入“符号”）
会议要进行投票表决，如无特殊情况，不得缺席会议，由于特别事宜不能与会者请履行请假手续。
特此通知
信息学院学生党支部
（复制/粘贴）

2021年11月10日 （插入“日期和时间”）

图 1.1.3 文本内容

1. 键盘输入

在用键盘输入文本时，首先需要定位插入点。插入点是指光标（不断闪烁的黑色竖线）所在的位置，表示文本输入的位置，输入的内容将显示在插入点的右侧。可以通过单击鼠标或使用键盘上的光标移动键来调整插入点的位置。

此外，Word 还具备“即点即输”功能。在页面的有效空白区域内双击鼠标左键，插入点即可定位到该处。

启动 Word 后，光标默认位于文档编辑区的左上角。选择一种中文输入法，直接顶格输入“信息学院函件”，此时无须考虑格式问题。输入完成后，按 Enter 键另起一段，段尾会自动生成一个段落标记 ↵ 。如果段内文字较多，到达行尾时，Word 会自动换行。

Word 提供插入和改写两种编辑状态，默认为插入状态。在插入状态下，输入的文本会使插入点后的文本向后移动；而在改写状态下，新输入的文本会替换插入点后的原有文本。可以通过单击状态栏上的“插入/改写”按钮或者使用键盘上的 Insert 键来切换这两种状态。

在输入过程中，如果发现错误，可以使用 Delete 键逐个删除插入点右侧的字符，或者使用 Backspace 键逐个删除插入点左侧的字符。如果需要删除的内容较多，可以先选中这段文字，然后用 Delete 键删除。

在编辑文档时，难免会出现误操作。此时，可以单击快速访问工具栏中的“撤销”按钮，或者使用快捷键 Ctrl+Z 来撤销误操作。每执行一次“撤销”操作，就会有一个对应的“恢复”操作。用户可以单击“恢复”按钮，或者使用快捷键 Ctrl+Y 来恢复被撤销的操作。

2. 软键盘输入

有些符号并不直接显示在键盘上，可以使用中文输入法工具栏上的“软键盘”来输入。

（1）右键单击输入法工具栏中的“软键盘”按钮 ⌨，在展开的列表中选择“标点符号”类别，如图 1.1.4 所示。

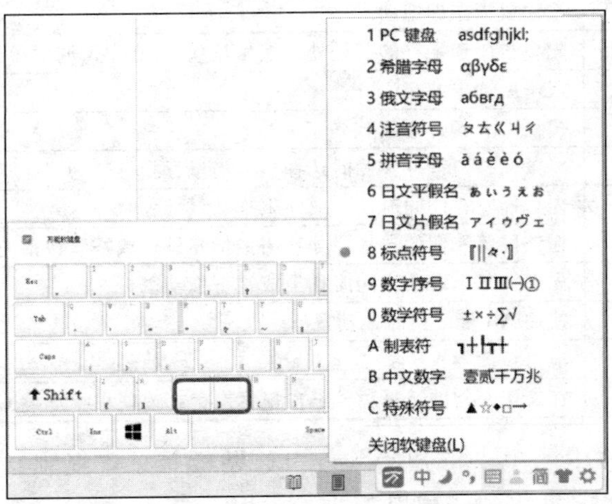

图 1.1.4 软键盘输入

（2）参照图 1.1.3 定位插入点，依次单击软键盘上的“【”和“】”符号进行输入。

（3）输入完成后，关闭软键盘。

3. 复制文本

小贴士

打开 Word 文档的方法如下：

（1）双击文档图标直接打开。

（2）在 Word 窗口中选择“文件”→“打开”命令。

（3）在 Word 窗口中，单击“快速访问工具栏”中的“打开”按钮。

（4）在 Word 窗口中，使用快捷键 Ctrl+O。

（1）打开“通知（复制文字）.docx”文档。在 Word 窗口中选择“文件”→“打开”命令，在图 1.1.5 所示的界面中单击“浏览”按钮，弹出“打开”对话框，在此对话框中选择“通知（复制文字）.docx”文件，如图 1.1.6 所示，单击“打开”按钮打开此文档。

图 1.1.5 打开文件

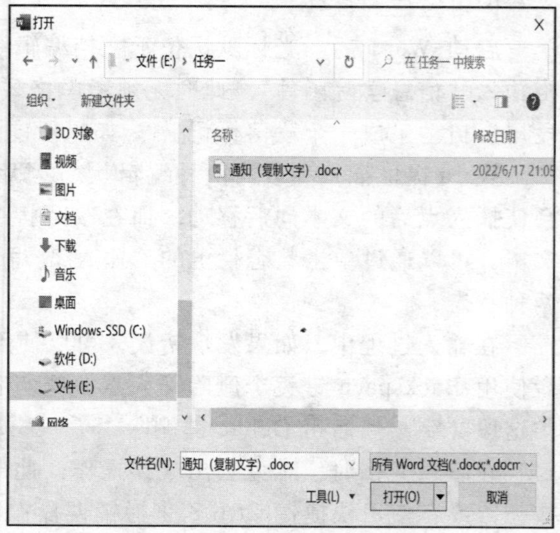

图 1.1.6 “打开”对话框

（2）在“通知（复制文字）.docx”文档中，使用快捷键 Ctrl+A，选中所有文本。

在对文本进行编辑操作时，需要遵循“先选定，后操作”的原则。在 Word 中，可以使用鼠标或键盘选取内容。表 1.1.1 列出了常用的鼠标选取方法。

小贴士

选择栏位于文本编辑区左侧的空白区域处。

表 1.1.1 常用的鼠标选取方法

选取内容	鼠标操作
连续字符	按住鼠标左键拖动
大块连续字符	先单击所选字符的起始处，然后按住 Shift 键，同时单击结束处
一个单词或一个中文字/词	双击要选定的字/词
一个句子	按住 Ctrl 键，单击该句子
一行	将鼠标移到该行左侧的选择栏，当鼠标指针变为“↗”时单击鼠标左键
多行	先选择一行，同时向上或向下拖动鼠标
一个段落	在该段落左侧的选择栏处双击鼠标左键；或在该段落内任意处三击鼠标左键
多个段落	先选择一个段落，同时往上或往下拖动鼠标
矩形字符块（列块）	按住 Alt 键，同时拖动鼠标
一个图形	单击该图形
整篇文档	在文档左侧的选择栏处三击鼠标左键，或使用快捷键 Ctrl+A

（3）在 Word 窗口中，单击“开始”→“剪贴板”→“复制”按钮，或使用快捷键 Ctrl+C，此时选中的文字复制到了剪贴板中。

（4）切换到“文档 1”窗口，将光标定位到第 4 段行首。

（5）单击“开始”→“剪贴板”→“粘贴”按钮，或使用快捷键 Ctrl+V，将文本粘贴到当前位置。

小贴士

执行粘贴操作时，会出现“粘贴选项”，具体如下：
- 保留源格式：保留源文件内容的原有格式，粘贴后格式不变。
- 合并格式：将目标内容的格式调整为当前文档的格式，舍弃原有的格式。
- 只保留文本：仅粘贴文本内容，不保留任何格式。

4. 插入符号

有些字符和特殊符号需要通过“符号”对话框插入。

（1）参照图 1.1.3，将光标定位到电话号码“34668795”前。

（2）在 Word 窗口中，单击“插入”→“符号”→“符号”按钮，在打开的下拉列表中选择“其他符号”命令，打开“符号”对话框，如图 1.1.7 所示。单击“字体”下拉按钮，在下拉列表中选择“Wingdings”，找到并选中“☎”符号，单击“插入”按钮，单击“关闭”按钮关闭对话框。

5. 插入系统日期和时间

参照图 1.1.3，将光标定位到最后一行。在 Word 窗口中，单击“插入”→“文本”→“日期和时间”按钮，打开“日期和时间”对话框，如图 1.1.8 所示。在“可用格式”列表框中选择所需的日期格式，单击“确定”按钮。

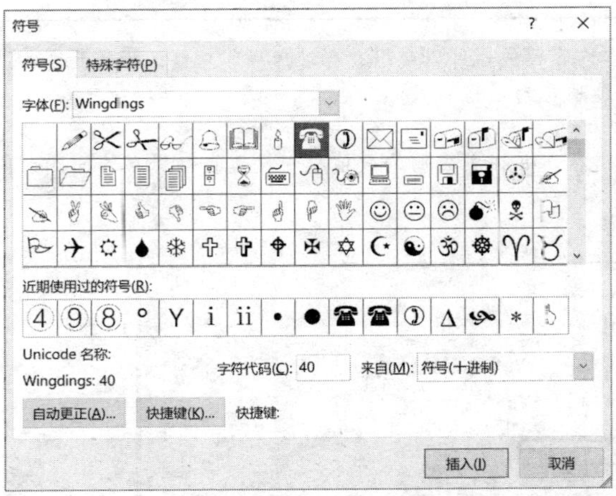

图 1.1.7 “符号”对话框

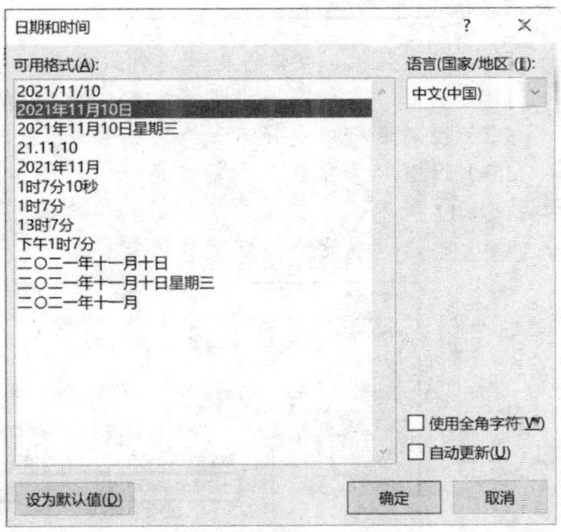

图 1.1.8 “日期和时间”对话框

1.1.3 保存文档

在输入文本时，务必及时将文档保存到磁盘中。如果不小心遇到断电或系统死机，之前输入的内容可能会丢失。因此，养成及时保存文件的习惯非常重要。

保存文档的方法有以下三种。

方法一：选择“文件”→“保存”命令。

方法二：单击快速访问工具栏中的“保存”按钮。

方法三：使用快捷键 Ctrl+S。

如果文档尚未保存过，上述操作会出现如图 1.1.9 所示的界面，单击“浏览”按钮，打开“另存为”对话框，如图 1.1.10 所示。在该对话框中，选择文件保存的位置，输入文件名，并选择文件保存类型，单击“保存”按钮完成保存。

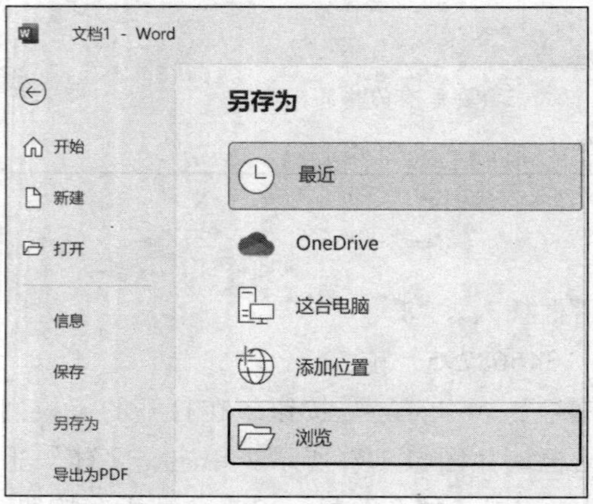

图 1.1.9 保存文件

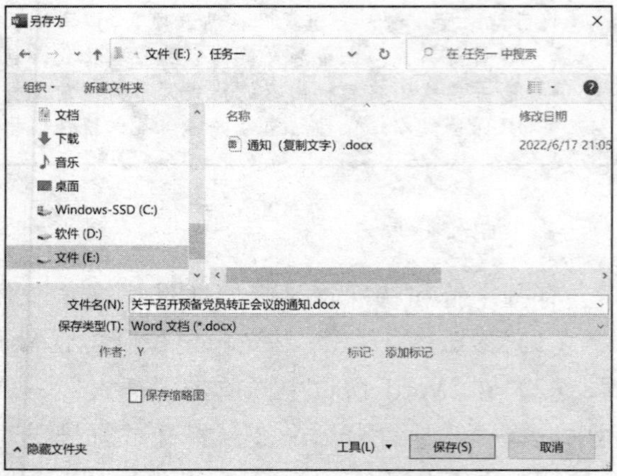

图 1.1.10 “另存为”对话框

默认的文件保存类型是“Word 文档”，扩展名为“docx”。如果需要保存为其他格式，可以单击“另存为”对话框中的“保存类型”下拉按钮，在下拉列表中选择其他文件类型。文件保存成功后，文件名会出现在窗口的标题栏中。

需要注意的是，文档只有在第一次保存时才会弹出“另存为”对话框。对于已经保存过的文档，再次单击“保存”按钮时，将直接保存修改后的版本，不会弹出“另存为”对话框。

小贴士

为避免因死机、突然停电等意外故障导致工作内容丢失，可以启用“自动保存”功能。操作步骤如下：

（1）选择“文件”→“选项”，打开“Word 选项”对话框。

（2）在对话框中选择“保存”选项卡。

（3）选中“保存自动恢复信息时间间隔”复选框，并在其右侧的数值框中设置自动保存的间隔时间，如图 1.1.11 所示。

（4）单击“确定”按钮完成设置。

图 1.1.11 自动保存

1.1.4 设置文档密码

为了防止文档被他人修改，可以为文档设置密码保护。设置密码后，任何想要打开该文档的人都需要输入正确的密码。操作步骤如下：

（1）单击“文件”→“信息”→“保护文档”→“用密码进行加密”命令，打开‘加密文档”对话框。输入密码，单击“确定”按钮，如图 1.1.12（a）所示。

（2）在随后弹出的“确认密码”对话框中，输入相同的密码，如图 1.1.12（b）所示。

（3）单击“确定”按钮，返回 Word 窗口。

（4）单击“保存”按钮保存密码。

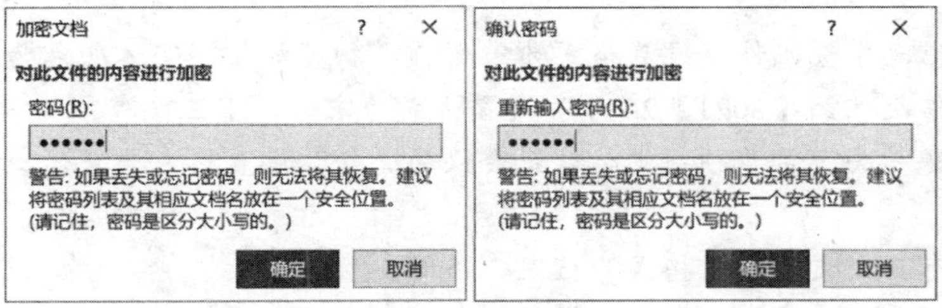

（a） （b）

图 1.1.12 加密文档

1.1.5 设置字体格式

字体格式可以通过两种方法设置：一种是使用“开始”选项卡的“字体”选项组中的命令按钮进行设置；另一种是通过“字体”对话框进行更全面的设置。

“字体”选项组提供了基本且常用的字体格式设置功能，如字体、字号、加粗、倾斜等，如图 1.1.13 所示；而“字体”对话框则支持更高级的格式设置，如着重号、双删除线、字符缩放和字符间距等。

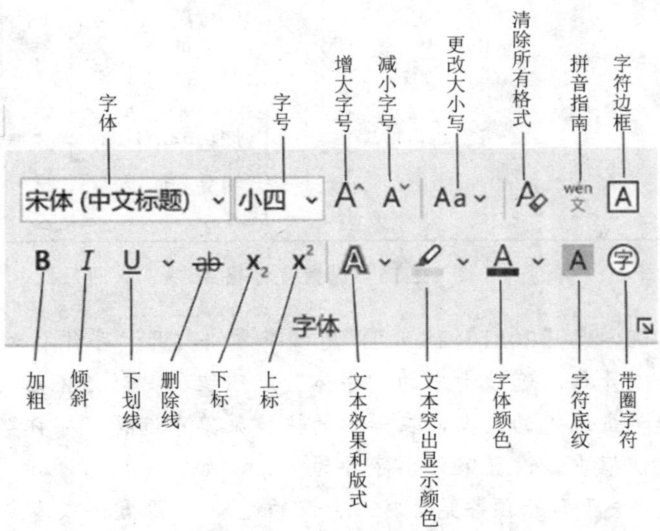

图 1.1.13 “字体”选项组的命令按钮

实践与体验

请参照图 1.1.14 所示，设置字体格式。

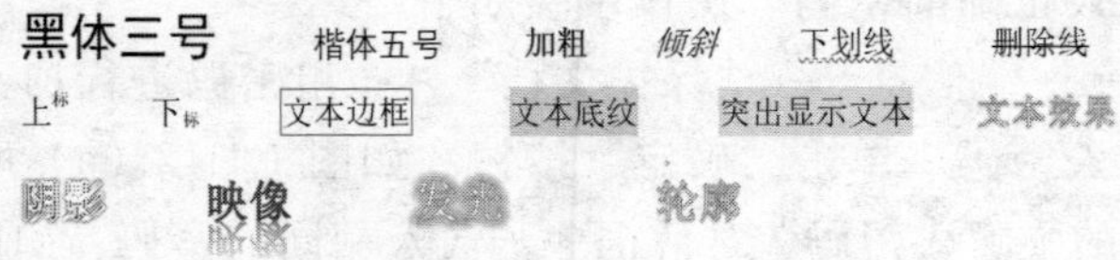

图 1.1.14　设置字体格式

1. 设置字体格式

（1）将“信息学院函件”设置格式为宋体、小初、加粗，字体颜色为标准色-红色。

（2）将“信院学函【2021】25 号”设置格式为宋体、小三。

（3）将标题“关于召开预备党员转正会议的通知”设置格式为黑体、小二，字符间距为加宽 1 磅。

（4）将所有正文文字设置格式为仿宋、小四。

2. 操作步骤

（1）选定“信息学院函件”，单击“开始”→“字体”→“字体”下拉按钮，在字体下拉列表中选择“宋体”；单击“字号”下拉按钮，在字号下拉列表中选择“小初”；单击“加粗”按钮；单击“字体颜色”下拉按钮，在“标准色”中选择“红色”，如图 1.1.15 所示。

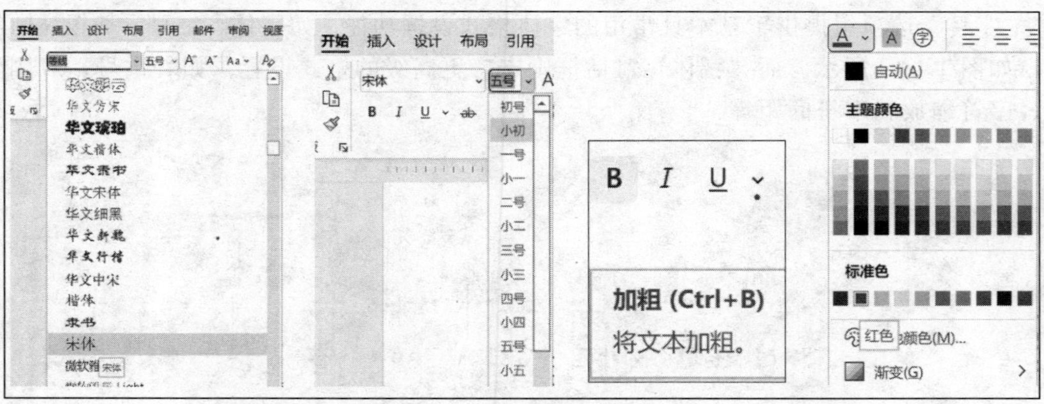

图 1.1.15　设置字体格式

（2）选定“信院学函【2021】25 号”，用以下方法打开“字体”对话框。

方法一：单击“开始”选项卡中的“字体”选项组的“对话框启动器”按钮。

方法二：右键单击选定的文本，在弹出的快捷菜单中选择“字体”命令。

在“字体”对话框中，设置宋体，字号为小三，如图 1.1.16 所示。

（3）选定标题“关于召开预备党员转正会议的通知”，设置格式为黑体，字号为小二。在“字体”对话框中选择“高级”选项卡，在“字符间距”区域内，“间距”下拉列表中选择“加宽”选项，在“磅值”微调框中输入“1”，如图 1.1.17 所示，单击“确定”按钮完成设置。

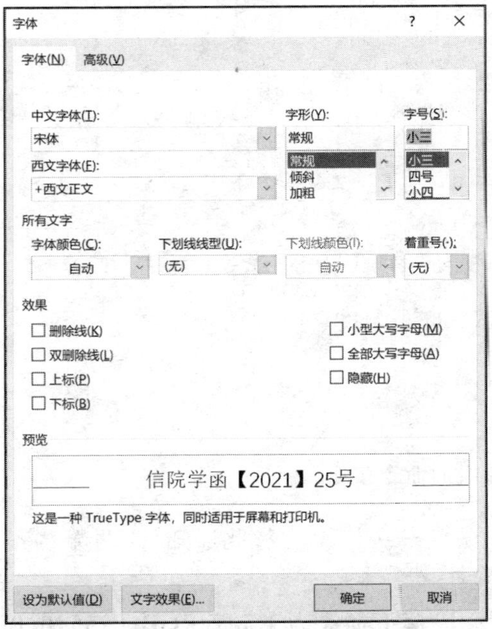

图 1.1.16 “字体”对话框

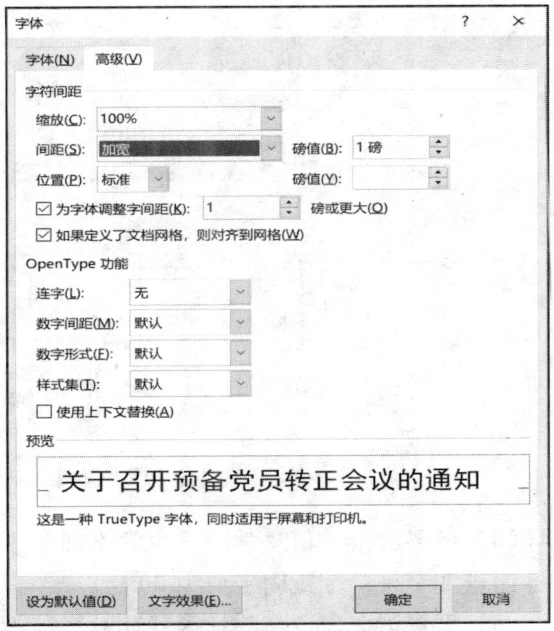

图 1.1.17 设置字符间距

小贴士

在“字体”对话框的“高级”选项卡中，不仅可以设置字符间距，还可以调整字符缩放和字符位置。

缩放：字符缩放功能允许在保持文本高度不变的情况下，调整文本的横向伸缩比例。例如，设置为150%时，字符会横向拉伸；设置为 50%时，字符会横向压缩。

位置：可以调整文本相对于基线的垂直位置。具体来说，“提升”会使字符相对于基线向上移动一定的磅值，而“降低”则会使字符相对于基线向下移动一定的磅值。设置效果如图 1.1.18 所示。

图 1.1.18 设置“缩放”和“位置”效果

（4）选定所有正文文字，设置格式为仿宋，字号为小四。

1.1.6 设置段落格式

设置段落格式，首先要选定段落，可以将插入点定位到某个段落中，或者选定多个段落。可以使用“开始”选项卡的“段落”选项组中的命令按钮进行设置，也可以在“段落”对话框中进行更全面的设置。“段落”选项组的命令按钮名称及功能如图 1.1.19 所示。

1. 设置段落格式

（1）设置“信息学院函件”，居中对齐，段后间距为 1 行。

（2）设置“信院学函【2021】25 号”，居中对齐，行距为 1.08 倍。

（3）设置标题“关于召开预备党员转正会议的通知”，居中对齐，段前和段后间距各 14 磅，行距为 1.08 倍。

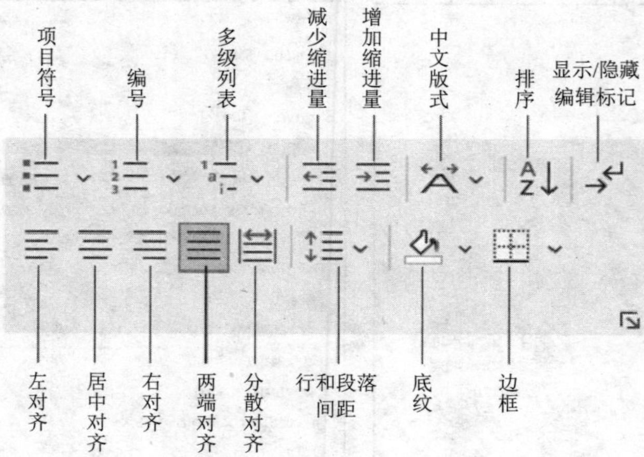

图 1.1.19 “段落”选项组的命令按钮

（4）设置段落“信息学院学生党支部全体党员：……”至“特此通知”，两端对齐，首行缩进 2 字符，行距固定值为 20 磅。

（5）设置第 2 段“信院学函【2021】25 号”，段落下框线为 1.5 磅 RGB（255, 0, 0）单实线。

（6）取消段落“信息学院学生党支部全体党员:”的首行缩进。

（7）调整单位名称和日期的位置。

（8）为段落“会议时间”至“联系人”，添加“一、二、三……”样式的编号，并为“会议主要内容:”下的事项添加（一）、（二）样式的编号，使内容条理更加清晰。

（9）调整单位名称和日期的段前、段后间距，使布局更加合理。

2. 操作步骤

（1）设置段落居中。选定第 1 段“信息学院函件”，单击“开始”→“段落”→“居中”按钮，如图 1.1.20 所示。

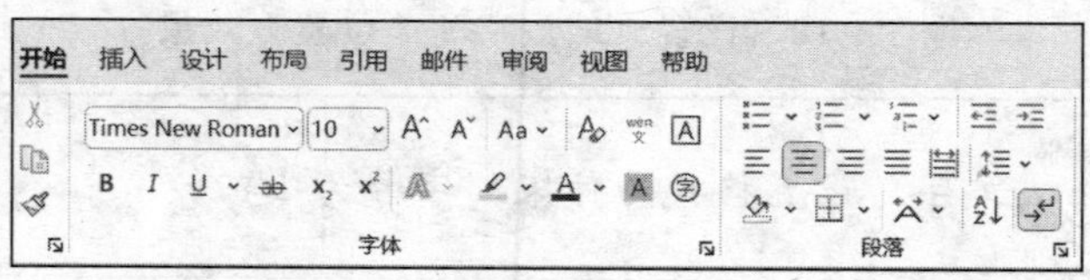

图 1.1.20 设置对齐方式

小贴士

段落对齐方式是指段落内容在页面上的对齐方式，Word 提供了以下五种对齐方式：

- 左对齐：段落内容与左边距对齐，右边则参差不齐。
- 居中对齐：段落内容在页面上水平居中排列。
- 右对齐：段落内容与右边距对齐，左边则参差不齐。
- 两端对齐：这是 Word 的默认对齐方式，段落内容的左右两端均对齐。如果段落的最后一行不满一行，则默认左对齐。
- 分散对齐：段落内容的左右两边均对齐。如果段落的最后一行不满一行，Word 会自动调整字符间距，使字符均匀分布，以保持对齐效果。

将光标定位于第 1 段中，单击“段落”选项组的“对话框启动器”按钮，打开“段落”对话框，在“缩进和间距”选项卡的“间距”区域中，单击“段后”微调按钮将数值调整成 1 行，如图 1.1.21 所示，单击“确定”按钮。

（2）选定第 2 段“信院学函【2021】25 号”，设置居中对齐。单击“段落”选项组的“对话框启动器”按钮 ↘，打开“段落”对话框，单击“行距”下拉按钮，选择“多倍行距”，在“设置值”数值框中输入“1.08”，如图 1.1.22 所示，单击“确定”按钮。

小贴士

段与段之间的距离称为段间距，可以在“段落”对话框中的“缩进和间距”选项卡中设置。

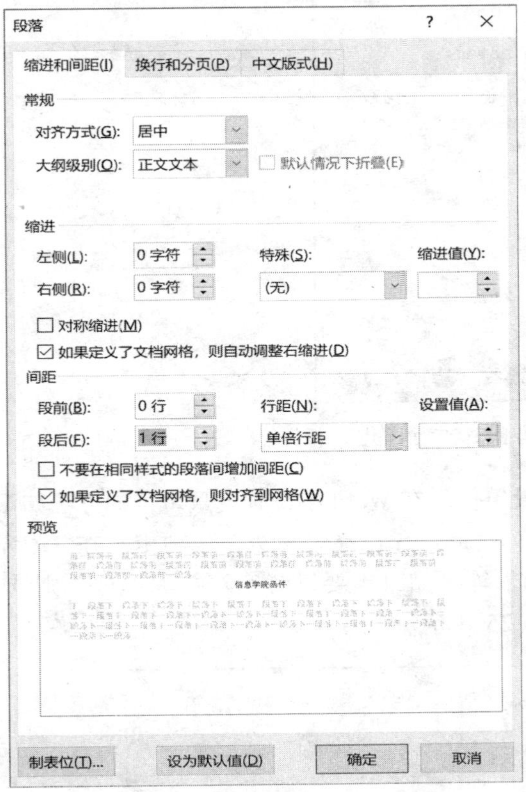

图 1.1.21　设置段落间距

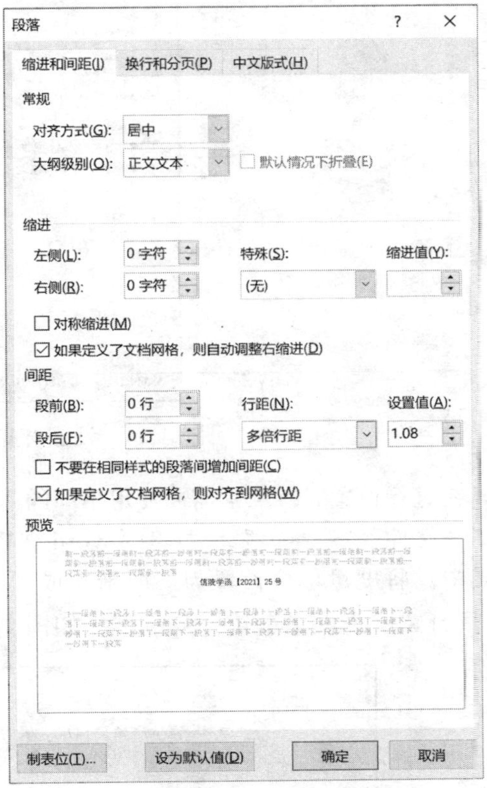

图 1.1.22　设置行距

小贴士

行与行之间的距离称为行间距，简称行距。Word 会根据文章中的字号自动调整行距，默认行距为单倍行距。

（3）选定标题“关于召开预备党员转正会议的通知”，设置居中对齐和行距 1.08 倍。打开“段落”对话框，在“间距”区域中的“段前”和“段后”框中输入“14 磅”，如图 1.1.23 所示，单击“确定”按钮。

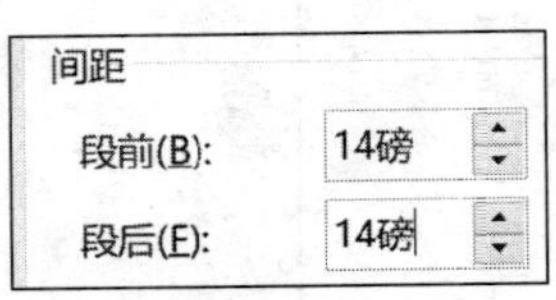

图 1.1.23　设置段间距

注意：度量单位通常在“Word 选项”对话框的“高级”选项卡中设置。

（4）选定段落“信息学院学生党支部全体党员：……”至“特此通知”，打开“段落”对话框，单击“对齐方式”下拉按钮，选择“两端对齐”；单击“特殊”下拉按钮，选择“首行”，缩进值为“2 字符”；单击“行距”下拉按钮，选择“固定值”，“设置值”改成“20 磅”，如图 1.1.24 所示，单击“确定”按钮。

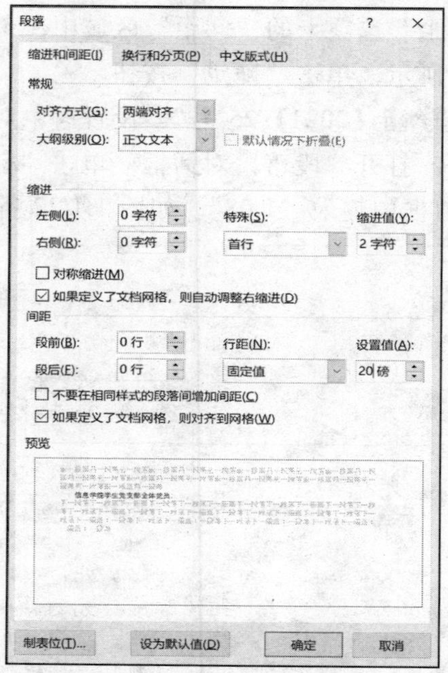

图 1.1.24 设置对齐方式、首行缩进、行距

在进行设置时，经常需要使用不同的度量单位。在 Word 中设置度量单位的方法如下：选择“文件”→“选项”，打开“Word 选项”对话框，选择“高级”选项卡，在“显示”区域中，将度量单位设置为“厘米”或“磅”等。如果需要以“字符”为单位，则选中“以字符宽度为度量单位”复选框，如图 1.1.25 所示。

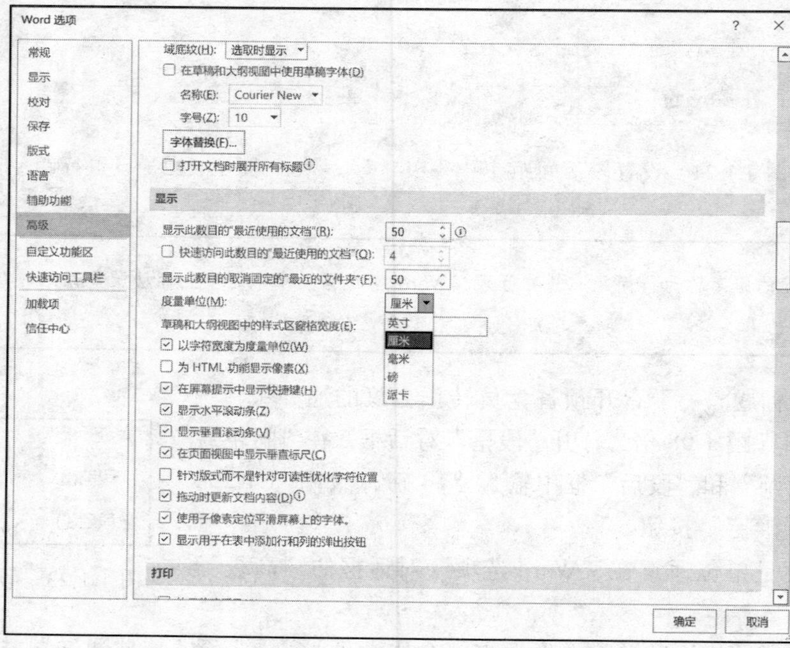

图 1.1.25 设置度量单位

（5）文档中红色的横线是通过设置段落下框线实现的。操作步骤如下：

① 选定第 2 段，单击“开始”→“段落”→“边框”下拉按钮，在下拉列表中选择

“边框和底纹”，打开“边框和底纹”对话框，如图 1.1.26（a）所示。

② 在“边框”选项卡中，依次进行以下设置：

a. 在“设置”区域中选择“方框”。

b. 在“样式”框中选择“单实线”。

c. 单击“颜色”下拉按钮，选择“其他颜色”，打开“颜色”对话框，在“自定义”选项卡中“颜色模式”选择“RGB”，输入“红色”值 255，“绿色”值 0，“蓝色”值 0，如图 1.1.26（b）所示。

d. 在“边框和底纹”对话框中，单击“宽度”下拉按钮，选择“1.5 磅”。

e. 在右侧的“预览”区域中，分别单击“上框线”“左框线”“右框线”按钮，取消对应的边框线，仅保留“下框线”。

f. 在“应用于”下拉列表中选择“段落”，单击“确定”按钮。

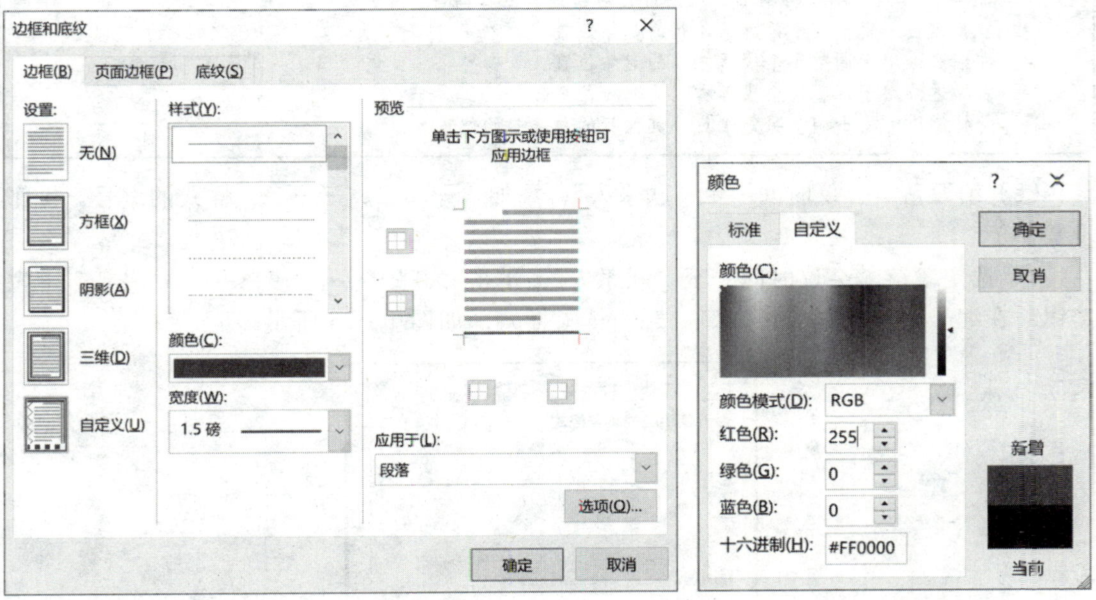

（a）　　　　　　　　　　　　（b）

图 1.1.26　设置下框线

小贴士

在“边框和底纹”对话框的“底纹”选项卡中，可以分别为段落或文本设置底纹。单击“填充”下拉按钮，选择填充色；在“图案”区域中，可以设置底纹图案的样式和颜色。设置的底纹图案将叠加在填充色之上。

（6）选定段落“信息学院学生党支部全体党员：”，在“段落”对话框中，单击“特殊”下拉按钮，选择“无”，取消首行缩进。

（7）调整单位名称和日期的位置，可以通过拖动缩进标记的方法来实现。操作步骤如下：

① 将光标定位于“信息学院学生党支部”段落中，将鼠标指针移到标尺的“左缩进”标记上，缩进标记如图 1.1.27 所示。按住鼠标左键拖动“左缩进”标记，此时编辑区中会出现一条竖直虚线，显示缩进的位置，拖至合适位置松开鼠标左键即可。

② 将光标定位于日期段落中，按住 Alt 键不放同时拖动“左缩进”标记，可以在

标尺上看到缩进值，默认单位为厘米，可以精确地调整缩进位置。

图 1.1.27 缩进标记

小贴士

段落的缩进方式包括首行缩进、左缩进、右缩进和悬挂缩进。

- 首行缩进：用于调整段落第 1 行的起始位置。
- 左缩进：用于调整整个段落左端的起始位置。
- 右缩进：用于调整整个段落右端的起始位置。
- 悬挂缩进：用于调整除第 1 行外其他行的左端起始位置。

（8）给段落“会议时间”至“联系人”，添加“一、二、三……”样式的编号。操作步骤如下：

① 选定段落“会议时间”至“联系人”，单击“开始”→“段落”→“编号”下拉按钮，在编号库中选择“一、二、三……”样式，如图 1.1.28 所示。

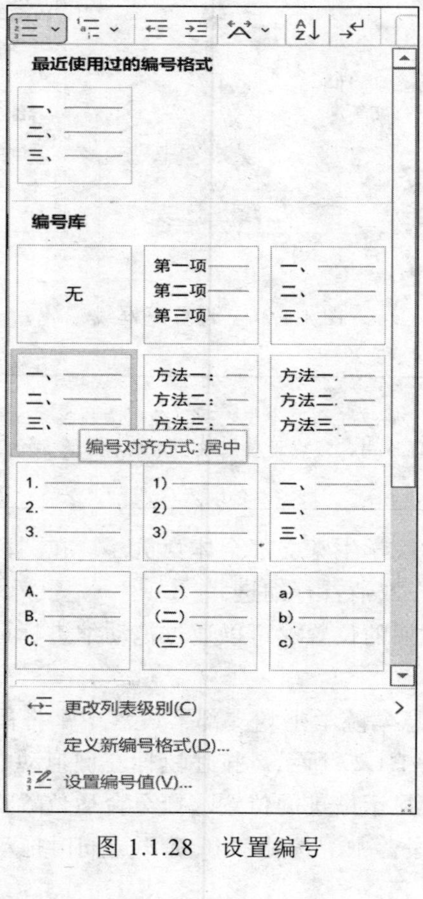

图 1.1.28 设置编号

② 选定“讨论预备党员转正事宜”和“布置下一阶段党员学习任务”这两段，单击“开始”→“段落”→“增加缩进量”按钮；再单击“编号”下拉按钮，在编号库中选择“(一)、(二)、(三)……”样式。

在文档中，条目性文本（如报告提纲、讲座提纲或条目性内容提要等）常用于清晰展示条理和层次，便于读者快速理解。为了达到这一效果，通常需要为这些文本添加项目符号或编号。

选定需要添加项目符号或编号的段落，然后单击“开始”→“段落”→“项目符号”或“编号”下拉按钮，在下拉列表中选择所需的项目符号或编号样式。

除了使用内置的项目符号库，还可以自定义新的项目符号。单击“开始”→“段落”→“项目符号”→“定义新项目符号”命令，打开“定义新项目符号”对话框。在对话框中，可通过单击“符号”“图片”“字体”按钮进行自定义设置。

同样，也可以自定义编号。单击“开始”→“段落”→“编号”→“定义新编号格式”命令，打开“定义新编号格式”对话框，可对编号进行自定义设置。

创建多级列表的操作与添加编号类似，但多级列表的编号会根据缩进范围自动变化，最多支持 9 个层次。在设置过程中，可以通过“增加缩进量”或“减少缩进量”按钮调整列表项的级别。

对于已添加项目符号或编号的段落，再次单击“项目符号”或“编号”按钮，可以取消项目符号或编号。

(9) 根据情况进行微调，可使整个版面布局更加平衡。例如，可以将“信息学院学生党支部”的段前间距调整为 3.5 行，日期的段前间距调整为 0.5 行。

1.1.7　查找与替换

将文档中的“信息学院”替换为“信息技术学院”。操作步骤如下：

(1) 将光标定位于文档起始处，单击“开始”→“编辑”→“替换”按钮，打开“查找和替换”对话框，如图 1.1.29 所示。

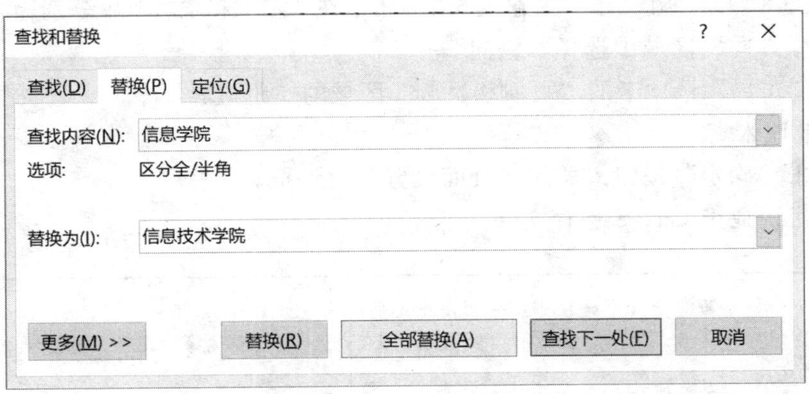

图 1.1.29　查找和替换

(2) 在“查找内容”框中输入“信息学院”，在“替换为”框中输入“信息技术学院”。

(3) 单击“全部替换”按钮。

(4) 单击“关闭”按钮关闭对话框。

1.1.8 页面设置

设置文档纸张大小为 A4，页边距上为 3.8 厘米、下为 3.6 厘米、左右各 2.7 厘米，纸张方向为纵向，页眉距边界为 1.6 厘米，页脚距边界为 1.8 厘米。

操作步骤如下:

（1）单击“布局”→“页面设置”组的“对话框启动器”按钮，打开“页面设置”对话框，如图 1.1.30 所示。

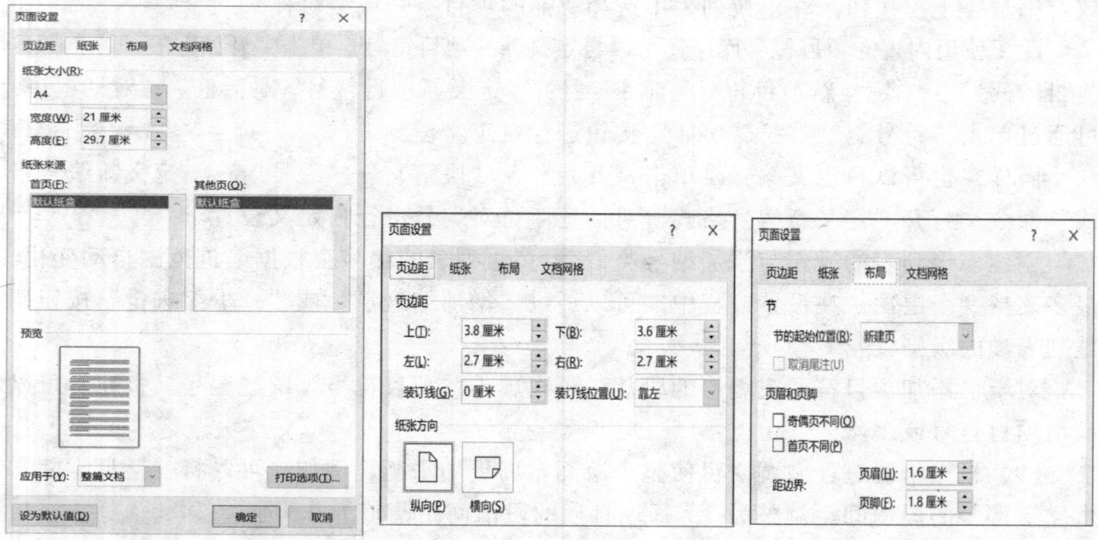

图 1.1.30 页面设置

（2）在“纸张”选项卡中，单击“纸张大小”下拉按钮，选择“A4”。也可以选择“自定义大小”，在“宽度”和“高度”中自行定义纸张尺寸。

（3）在“页边距”选项卡的“页边距”区域中设置上、下、左、右 4 个页边距。在“上”中输入 3.8 厘米，在“下”中输入 3.6 厘米，在“左”和“右”中分别输入 2.7 厘米。在“纸张方向”区域中选择“纵向”。

（4）在“布局”选项卡的“页眉和页脚”区域的“距边界”中，设置页眉 1.6 厘米，设置页脚 1.8 厘米。

（5）单击“确定”按钮，关闭“页面设置”对话框。

（6）使用快捷键 Ctrl+S 保存文件。

小贴士

“页面设置”对话框包含 4 个选项卡，分别用于不同的设置:

- “页边距”选项卡：用于设置版面内容与纸张上、下、左、右边缘的距离，以及纸张方向（纵向或横向）。
- “纸张”选项卡：用于设置纸张的大小和来源。
- “布局”选项卡：用于设置节的起始位置，页眉和页脚与纸张边缘的距离等。
- “文档网格”选项卡：用于设置每页的行数和文字的排列方向等。

1.1.9 打印文档

完成文档的修饰工作后，即可进行打印。Word 的“所见即所得”功能确保了打印效果与屏幕显示一致，极大地方便了文档打印。为确保打印质量，建议先使用打印预览功能查看文档的打印效果。如果预览满意，才可打印。

将文档打印 2 份。操作步骤如下：

（1）选择“文件”→“打印”命令，进入打印预览状态，如图 1.1.31 所示。

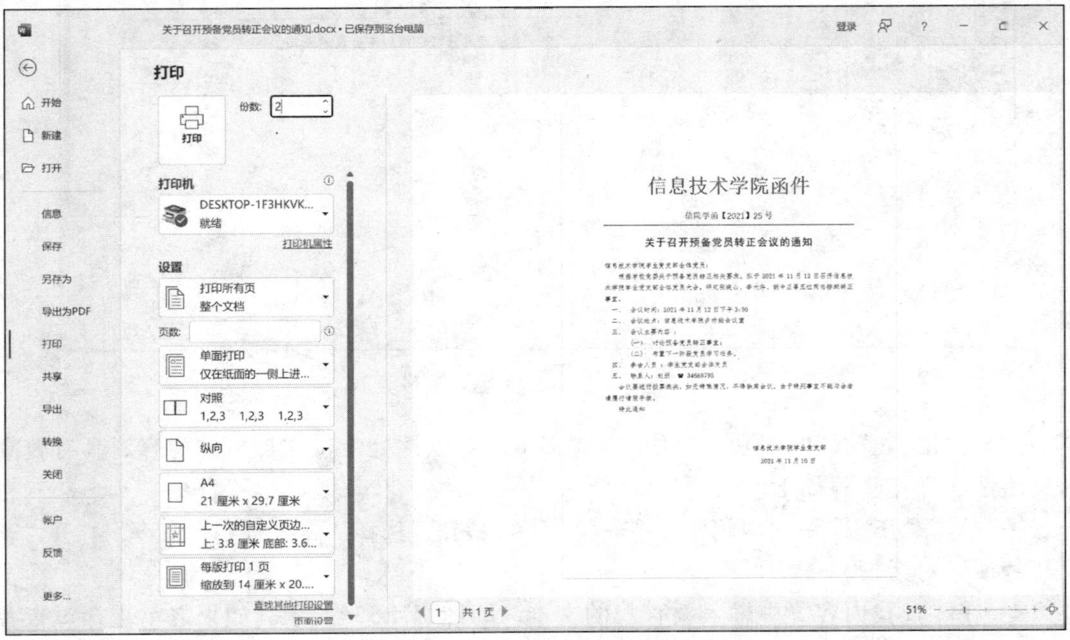

图 1.1.31　打印预览与打印

（2）在预览区右下方调整显示比例，可以切换多页或单页预览效果，以便更好地查看文档布局。

（3）确认打印机已开启且纸张放置正确。准备就绪后，进行打印设置，将打印份数设置为 2 份。

（4）单击“打印”按钮，开始打印文档。

（5）打印完成后，单击窗口的“关闭”按钮，或者选择“文件”→“关闭”命令，关闭文档窗口。

知识拓展

1. 查找与替换

使用 Word 的查找与替换功能，可以快速在文档中查找特定字符或带有指定格式的字符，还可以将多次出现的字符替换成其他字符。

1）查找

可以使用“导航”窗格和“查找和替换”对话框进行查找。

（1）使用“导航”窗格查找的方法如下：

① 打开 Word 文档，选中“视图”→“导航窗格”复选框，打开“导航”窗格。

② 在“导航”窗格的搜索框中输入需要查找的内容，Word 会自动用黄色背景突出显示文档中所有匹配的内容，方便快速定位，如图 1.1.32 所示。

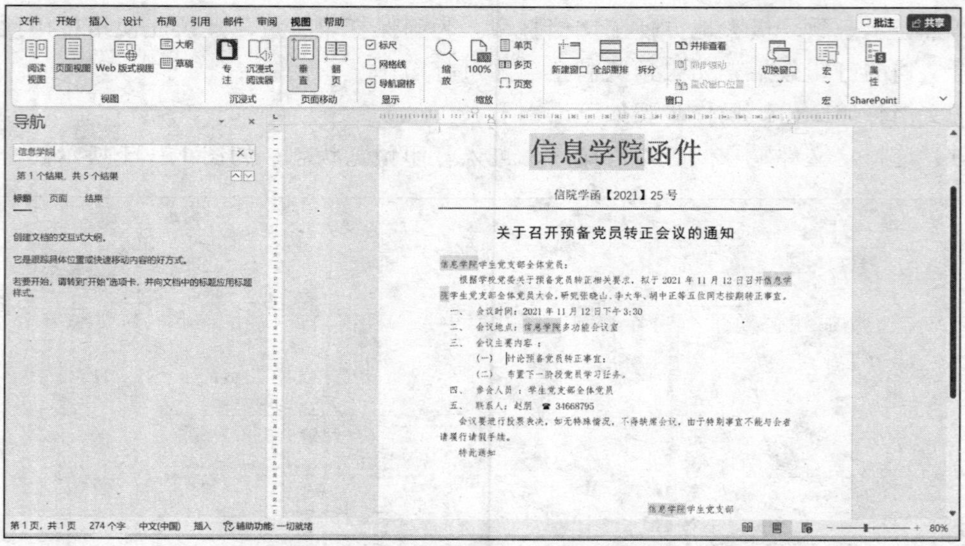

图 1.1.32　使用“导航”窗格查找

（2）使用“查找和替换”对话框查找文本，可以逐处定位文档中的内容，具有较高的灵活性。操作步骤如下:

① 单击“开始”→“编辑”→“查找”下拉按钮，选择“高级查找”命令，打开“查找和替换”对话框。

② 在“查找内容”中输入要查找的文本，如图 1.1.33 所示。如果之前进行过查找操作，也可以从“查找内容”下拉列表中选择历史记录。

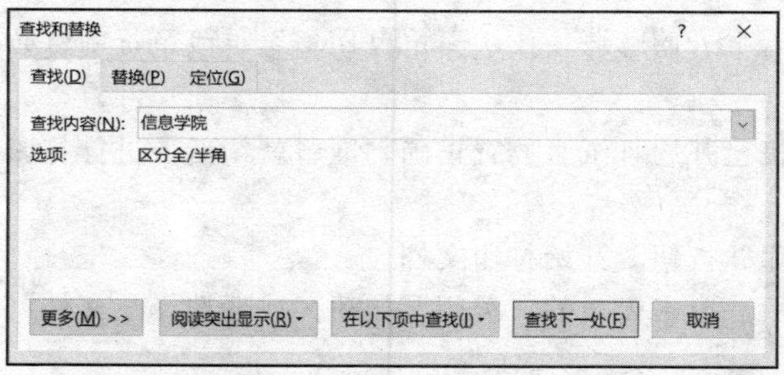

图 1.1.33　查找

③ 按 Enter 键或单击“查找下一处”按钮，Word 将从插入点位置开始查找。如果找到匹配内容，Word 会用灰色底纹突出显示该内容，并暂停查找。

单击“查找下一处”按钮继续向下查找；单击“取消”按钮结束查找，返回文档窗口，此时光标将停留在最后一次查找到的文本处。

④ 当所有匹配的文本查找完毕后，会弹出“搜索完毕”提示框，显示查找结果。如果查找的文本不存在，则会弹出“未找到结果”提示框。

2）替换

替换文本是指将文档中查找到的文本替换为新文本。在进行查找和替换操作时，先选定要查找和替换的范围。操作步骤如下:

① 单击“开始”→“编辑”→“替换”命令，或者单击“导航”窗格搜索栏的下拉

按钮，在展开的列表中选择“替换”命令，打开“查找和替换”对话框。

② 在“查找内容”框中输入要被替换的文本，在“替换为”框中输入新的文本。如果在“替换为”框中不输入任何内容，则表示删除查找到的内容。

③ 单击“全部替换”按钮，完成对选区内所有查找到的内容的替换。如果需要进行选择性替换，可以连续单击“替换”按钮逐一替换；对于暂时不需要替换的内容，可以单击“查找下一处”按钮跳过。

3）高级用法

如果需要查找和替换带有特定格式的文本，可以单击“查找和替换”对话框中的“更多”按钮，展开更多选项。单击“格式”按钮，进行更多格式设置，如图 1.1.34（a）所示。

如果需要查找和替换特殊字符和不可打印的字符，可以单击“特殊格式”按钮，展开“特殊格式”列表，如图 1.1.34（b）所示。在其中选择要查找的特殊字符，该字符将自动填入“查找内容”和“替换为”框中。

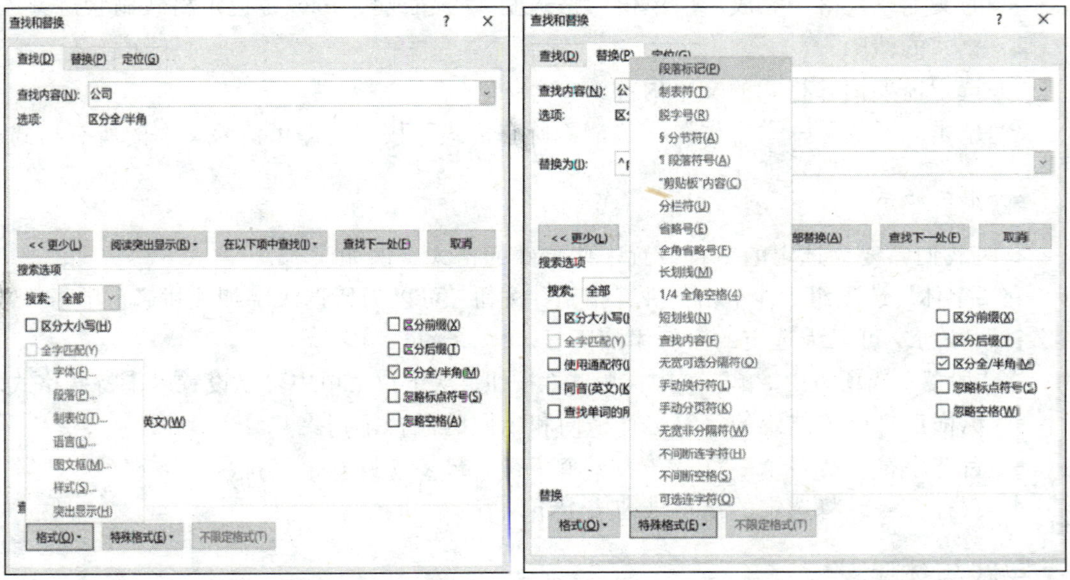

（a） （b）

图 1.1.34 “查找和替换”更多选项

2. 首字下沉

首字下沉功能提供“下沉”和“悬挂”两种效果。

下沉：将段落的第一个字符放大并下沉，字符置于页边距内。

悬挂：将字符下沉并置于页边距之外。

设置方法如下：

（1）将光标置于目标段落中，单击“插入”→“文本”→“首字下沉”按钮，在下拉菜单中选择“下沉”或“悬挂”选项。

（2）如果需要进行更详细的设置，单击“首字下沉选项”命令，打开“首字下沉”对话框，如图 1.1.35

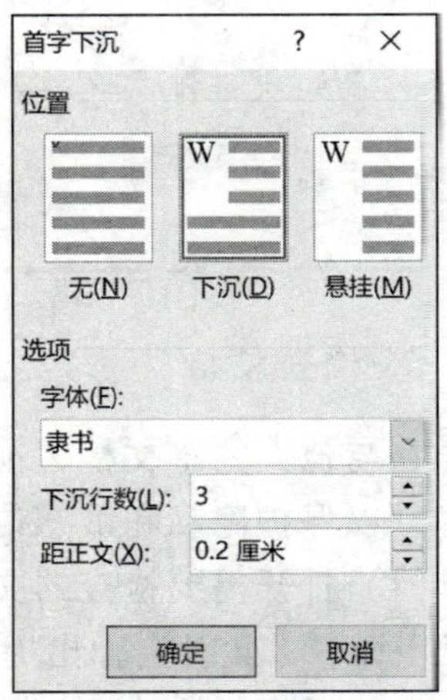

图 1.1.35 “首字下沉”对话框

所示。在对话框中，可以设置下沉行数、下沉字符的字体以及距正文的距离。

如果需要取消首字下沉效果，可在“首字下沉”对话框中选择“无”。

3. 格式的复制与清除

1）格式的复制

格式刷可以用来复制字体格式或段落格式。操作方法如下：

① 选定含有目标格式的文本或段落。

② 单击“开始”→“剪贴板”→“格式刷”按钮，此时鼠标指针变成刷子形状。

③ 按住鼠标左键拖动，去刷需要应用该格式的文本或段落。

注意：

- 复制段落格式时，选定的内容必须包含段落标记。
- 如果需要多次复制格式，可以双击“格式刷”按钮，然后依次刷过需要应用格式的文本或段落。完成后，单击“格式刷”按钮或按 Esc 键退出格式刷状态。

2）格式的清除

① 选定需要清除格式的文本内容。

② 单击“开始”→“字体”→“清除所有格式”按钮，即可清除文本的所有格式。

4. 中文版式

有时我们需要为选定的字符设置一些特殊的格式。例如：

在“字体”选项组中，单击“拼音指南”按钮，可以为所选汉字加注拼音；单击“带圈字符”按钮，可以为选定的字符添加圈号。

在“段落”选项组中，单击“中文版式”按钮，从下拉菜单中可以设置以下特殊格式：

- 纵横混排：将选定的字符进行横向和纵向的混合排列。
- 合并字符：将多个字符合并为一个字符，最多支持 6 个字符。
- 双行合一：将选定的字符排列成上下两行。

实践与体验

请参照图 1.1.36 进行中文版式练习。

纵横混排　合并字符　双行合一　带㊣圈字符　拼音指南（pīn yīn zhǐ nán）

图 1.1.36 中文版式

5. 检查文档

在与他人共享文档之前，建议使用文档检查器查找并删除文档中的隐藏数据和个人信息，以保护隐私和敏感信息。操作步骤如下：

（1）打开需要检查的文档，依次选择“文件”→“信息”→“检查问题”→“检查文档”命令。此时会弹出提示信息，如图 1.1.37 所示，单击“是”按钮，系统将打开“另存为”对话框，生成文档的电子副本。

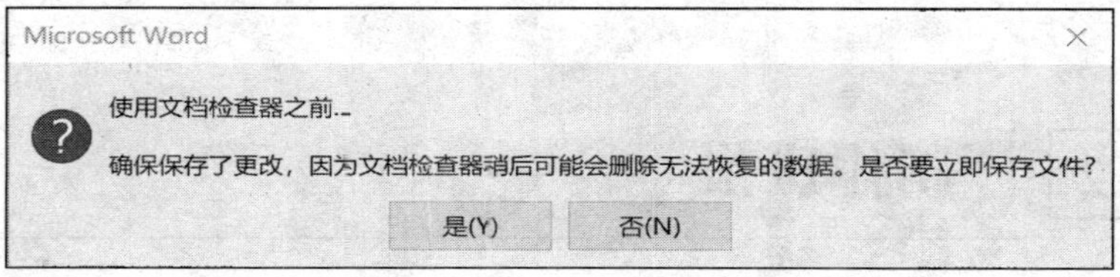

图 1.1.37　另存为电子副本

（2）系统会自动弹出“文档检查器”对话框，如图 1.1.38 所示。在该对话框中，选中要检查的内容类型的复选框，单击“检查”按钮开始检查。

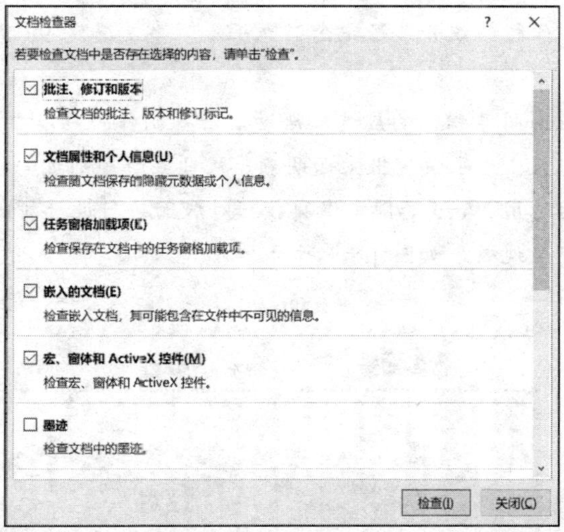

图 1.1.38　“文档检查器”对话框

（3）在“文档检查器”对话框中审阅检查结果。对于需要从文档中删除的隐藏内容类型，单击“全部删除”按钮删除，如图 1.1.39 所示。

图 1.1.39　审阅检查结果

注意：删除的隐藏内容无法通过“撤销”操作恢复。

任务 1.2 制作班报

任务描述

2021 年 9 月 18 日是“九一八”事变 90 周年纪念日，也是我国第 21 个“全民国防教育日”。为铭记历史、缅怀先烈，弘扬爱国主义精神，增强大学生的国防观念，学校组织开展了纪念“九一八”事变爆发 90 周年暨全民国防教育日系列活动。

赵振国同学积极响应这次活动，准备制作一期以“勿忘国耻 振兴中华”为主题的班报。为了使班报主题明确、醒目且新颖别致，他先参阅了一些报纸和杂志，然后运用 Word 的图文混排技巧对版面进行设计排版，最终制作出令人满意的班报，呈现效果如图 1.2.1 所示。

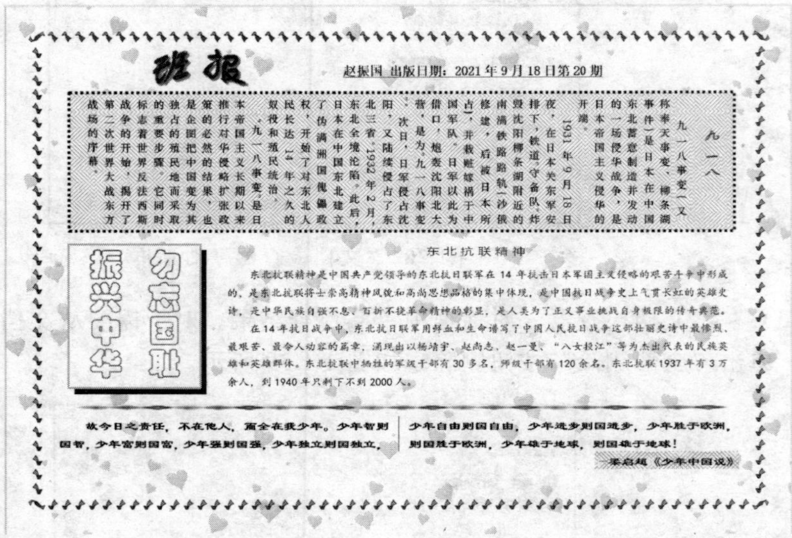

图 1.2.1 班报

任务分析

任务技能目标

通过本次任务，掌握以下技能：

（1）掌握图片、图形、文本框、艺术字等图形对象的插入、编辑和格式设置等操作；

（2）能熟练应用图文混排技巧对文档进行排版。

核心知识点

插入图片、文本框、艺术字等图形对象，绘制自选图形，设置图形对象格式，多个图形对象的编辑，文字环绕方式，插入公式，分栏，水印。

任务实现

1.2.1　艺术字

艺术字是一种特殊的文字表现形式，它将文字与图形设计相结合，通过添加装饰效果、改变字体样式和布局，使文字具有更强的视觉冲击力和艺术感染力。与普通文字不同，艺术字本质上是一种图形对象，可以像图片一样进行编辑和排版。

1. 新建“班报”文档

（1）启动 Word 2016，新建一个空白文档。单击“布局”→“页面设置”选项组中的“对话框启动器”按钮，打开“页面设置”对话框。在对话框中，设置纸张大小为 A4，纸张方向为横向，上、下、左、右页边距均为 2 厘米。

（2）单击“设计”→“页面背景”→“页面边框”按钮，打开“边框和底纹”对话框。在“页面边框”选项卡中，选择如图 1.2.2 所示的“艺术型”页面边框。

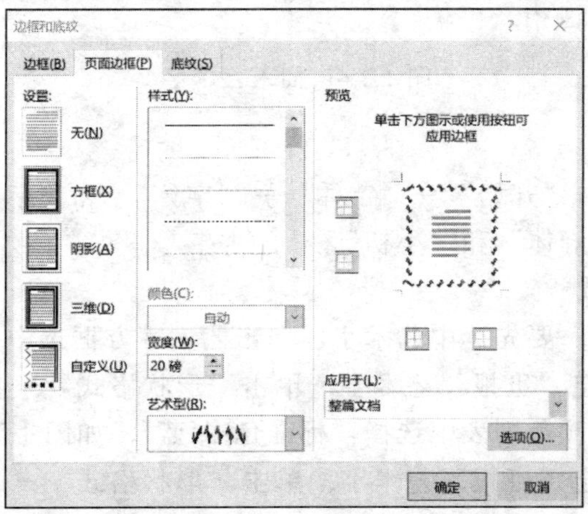

图 1.2.2　设置页面边框

（3）在文档首行输入文字“赵振国 出版日期：2021 年 9 月 18 日第 20 期”，并设置为宋体，四号，加粗，红色下划线。拖动“首行缩进”标记至图 1.2.3 所示的位置。

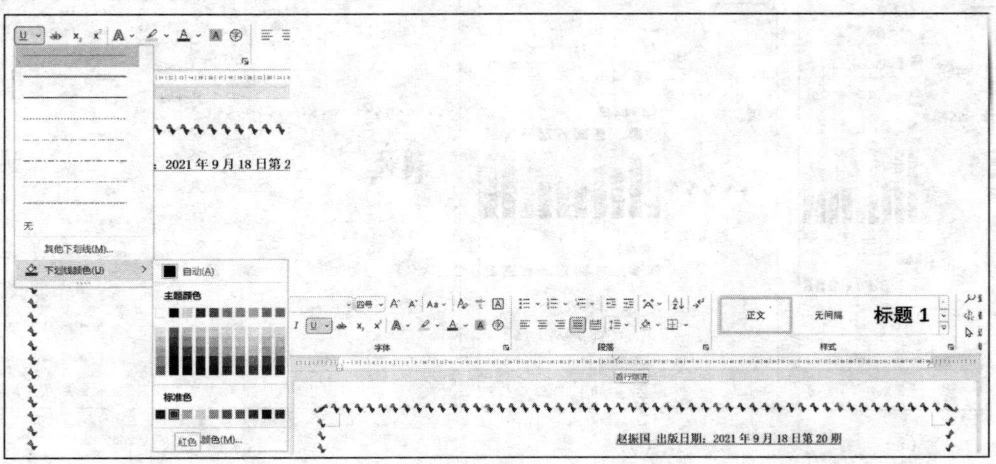

图 1.2.3　设置报头文字格式

（4）单击快速访问工具栏中的“保存”按钮，将文档保存为“班报.docx”。

2. 制作“班报”艺术字

1）插入艺术字

单击“插入”→“文本”→“艺术字” 按钮，在艺术字库中，选择一种艺术字样式（如第3行第1个样式），在“请在此放置您的文字”提示框中输入“班报”，系统将自动激活“形状格式” 选项卡，如图1.2.4所示。

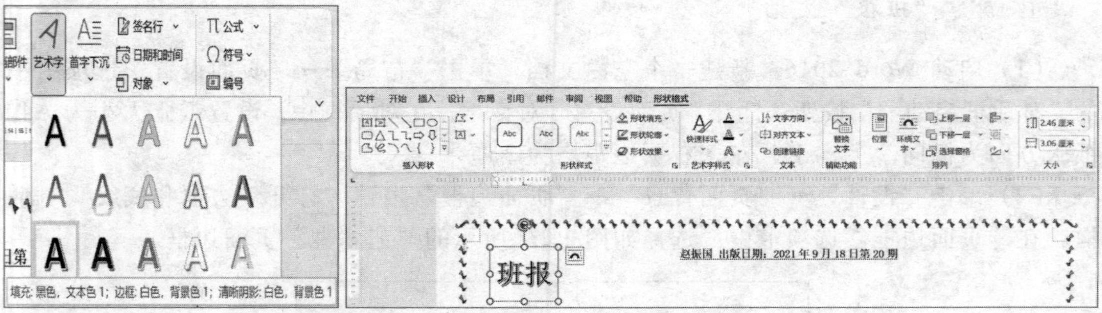

图1.2.4 插入艺术字

2）设置字体

选定“班报”，单击“开始”→“字体”→“字体” 和“字号”下拉按钮，在下拉列表中分别选择“方正舒体”和“小初”。

3）设置艺术字格式

设置艺术字格式前，要先选中艺术字。单击艺术字方框选中艺术字。

① 文本填充。选定“班报”艺术字，单击“形状格式”→“艺术字样式”→“文本填充”下拉按钮，在颜色列表中选择“标准色-深蓝”，如图1.2.5（a）所示。

② 文本轮廓。选定“班报”艺术字，单击“形状格式”→“艺术字样式”→“文本轮廓”下拉按钮，在颜色列表中选择“标准色-红色”，如图1.2.5（b）所示。

③ 文字效果。选定“班报”艺术字，单击“形状格式”→“艺术字样式”→“文字效果”→“转换”命令，设置艺术字弯曲形状为“V形：倒”，如图1.2.5（c）所示。

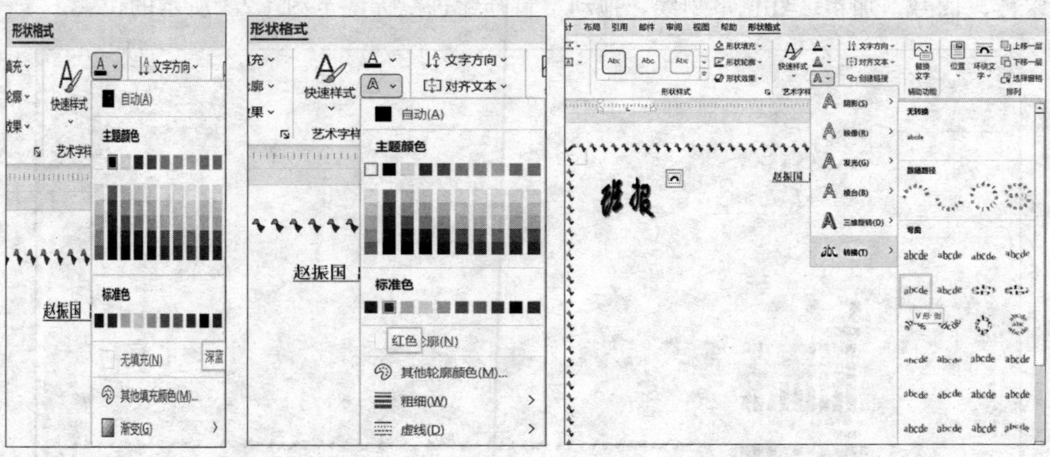

（a） （b） （c）

图1.2.5 设置艺术字格式

4）调整艺术字大小和位置

选定艺术字，其四周会出现 8 个尺寸控制点。

- 将鼠标指针移至尺寸控制点上，指针变为双向箭头时，按住鼠标左键拖动，即可调整艺术字的大小。
- 将鼠标指针移至艺术字的边框线上，指针变为四向箭头时，按住鼠标左键拖动，即可移动艺术字位置。
- 将鼠标指针移至黄色控制点上，指针变为双向箭头时，按住鼠标左键拖动，可以调整艺术字的形状。
- 将鼠标指针移至顶部的旋转控制点上，指针变为旋转箭头时，按住鼠标左键拖动，可以按任意角度旋转艺术字。

在艺术字外的任意位置单击，艺术字的控制点将消失。

1.2.2　文本框

文本框是一种图形对象，是版面中的一个独立区域，可以放置在页面的任意位置。插入文本框的方法有以下两种。

方法一：先选定内容，再插入文本框。单击“插入”→“文本”→“文本框”按钮，在打开的下拉列表中选择“绘制横排文本框”或“绘制竖排文本框”命令，会在选定内容的四周自动添加文本框。

方法二：先插入空白文本框，再输入内容。插入一个空白文本框后，可以在其中输入文字或插入图形。

1. 制作“九一八”文本框

1）插入文本框

单击“插入”→“文本”→“文本框”按钮，在打开的下拉列表中选择“绘制竖排文本框”命令，如图 1.2.6 所示，鼠标指针变成“+”字形，将鼠标指针移至需要插入文

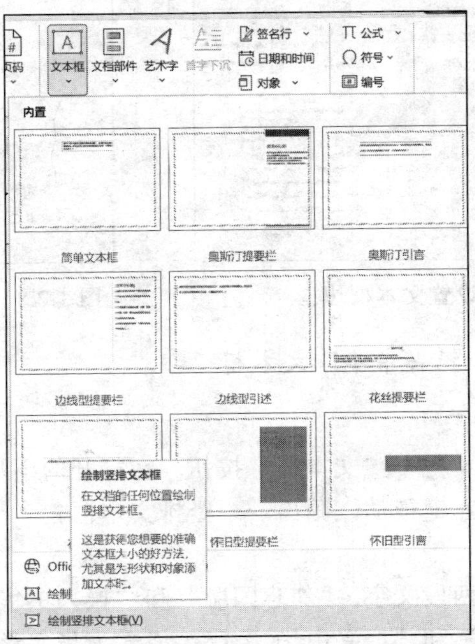

图 1.2.6　插入竖排文本框

本框的位置，按住鼠标左键拖动，画出一个竖排文本框。此时，系统会自动激活“形状格式”选项卡。

2）设置文本格式

① 打开“班报（文字素材）.docx”文档，将第 1 个版块的文字复制到文本框中。

② 将标题“九一八”格式设置为方正舒体，小二，加粗，红色，居中对齐，段后间距 0.5 行。

③ 将正文格式设置为华文中宋，小四，首行缩进 2 字符，行距为固定值 17.5 磅。可以根据情况，自行调整行距以达到最佳效果。

3）设置文本框格式

设置文本框格式有两种方法：一种是用“形状样式”选项组中的命令按钮设置，另一种是用“设置形状格式”任务窗格设置。

① 设置文本框边框。单击文本框，使其选中，单击“形状格式”→“形状样式”→“形状轮廓”按钮，在下拉列表中依次选择“虚线”→“圆点”、“粗细”→“3 磅”命令，如图 1.2.7 所示。

② 设置文本框填充。选定文本框，单击“形状格式”选项卡中的“形状样式”组的“对话框启动器”按钮，打开“设置形状格式”任务窗格。在任务窗格中，选择“形状选项”→“填充与线条”，单击“填充”展开选项，选择“图案填充”，选择“小棋盘”图案。设置前景为“白色，背景 1，深色 15%”，背景为“白色，背景 1”，如图 1.2.8 所示。

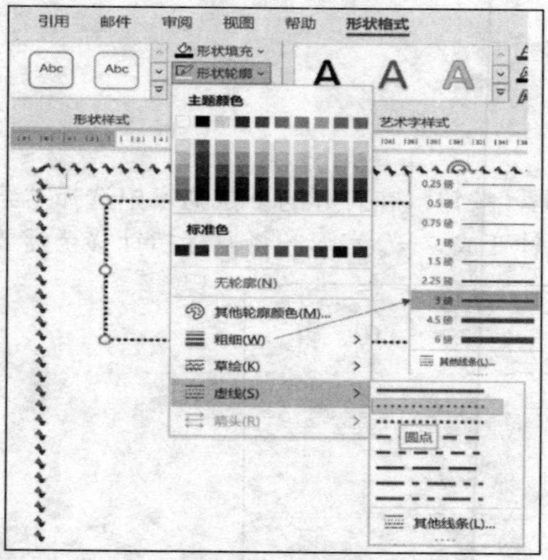

图 1.2.7 设置文本框边框

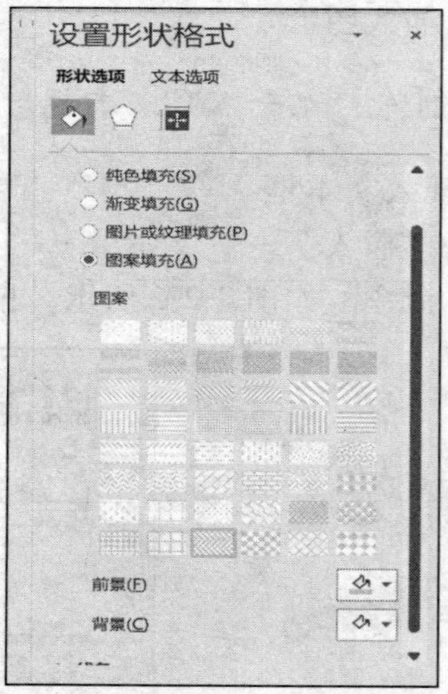

图 1.2.8 设置文本框填充

2. 制作“勿忘国耻 振兴中华”文本框

1）绘制文本框

单击“插入”→“文本”→“文本框”按钮，在打开的下拉列表中选择“绘制竖排文本框”命令，按住鼠标左键拖动，画出一个竖排文本框。

2）设置文本格式

（1）在文本框中输入两段文字，“勿忘国耻”和“振兴中华”。

（2）设置“勿忘国耻”和“振兴中华”，字体格式为华文彩云，小初。

（3）设置字体颜色为渐变色“红→绿”。操作方法如下:

① 选中“勿忘国耻”和“振兴中华”，单击“开始”→“字体”→“字体颜色”下拉按钮，在颜色列表中，依次选择“渐变”→“其他渐变”，打开“设置形状格式”任务窗格。

② 在任务窗格中，选择“文本选项”中的“文本填充与轮廓”。

③ 单击“文本填充”展开设置，选择“渐变填充”。

④ 选择渐变填充“类型”为“线性”，并设置渐变“方向”为“线性向下”。

⑤ 设置起始光圈的颜色为“红色”，结束光圈的颜色为“绿色”。

⑥ 删除中间的渐变光圈，确保文字颜色从红色平滑过渡到绿色，如图 1.2.9 所示。

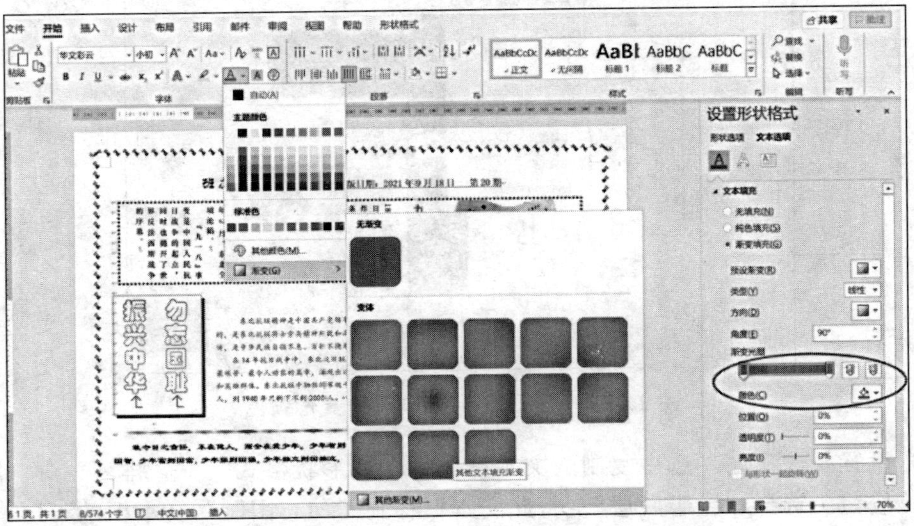

图 1.2.9　设置字体渐变色

3）调整文本框大小和位置

（1）调整文本框的大小。

① 选中文本框，此时边框上会出现 8 个尺寸控制点。

② 将鼠标指针移至任意一个尺寸控制点上，当指针变为双向箭头时，按住鼠标左键拖动。

③ 大小合适后松开鼠标左键。

（2）移动文本框的位置。

① 将鼠标指针移至文本框的边框线上，当鼠标指针形状变为 时，按住鼠标左键拖动。

② 拖动文本框到所需位置后松开鼠标左键。

4）设置文本框边框

选定文本框，单击“形状格式”→“形状样式”→“形状轮廓”按钮，在下拉列表中，设置轮廓为“白色，背景 1，深色 25%”的 2.25 磅实线。

5）制作底层文本框

（1）复制文本框。

① 在“勿忘国耻”文本框的框线上单击，选中文本框，按快捷键 Ctrl+C 复制，再按快捷键 Ctrl+V 粘贴，完成复制文本框的操作。

② 删除文本框里的文本内容。

（2）设置文本框无边框。选中复制的文本框，单击“形状格式”→“形状样式”→“形状轮廓”按钮，在下拉列表中选择“无轮廓”。

（3）设置文本框填充。选中复制的文本框，单击“形状格式”→“形状样式”→“形状填充”按钮，在下拉列表中选择“其他填充颜色”，打开“颜色”对话框。在对话框中选择“自定义”，RGB 的值为（0，0，0），即黑色，如图 1.2.10 所示。

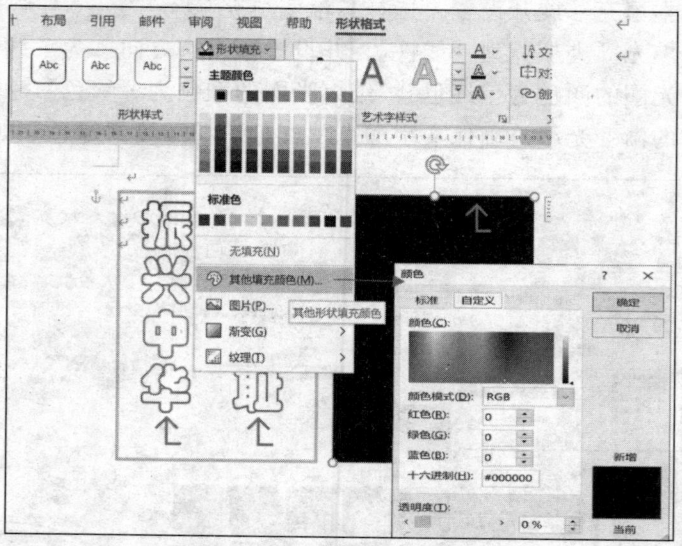

图 1.2.10 设置底层文本框的填充颜色

> **小贴士**
> 若要设置多个对象的对齐方式，可以选中多个图形对象，然后单击“形状格式”→“排列”→“对齐”按钮，在下拉列表中选择对齐方式。

（4）设置叠放次序。选中复制的文本框，单击“形状格式”→“排列”→“下移一层”下拉按钮，选择“置于底层”，将此文本框移到“勿忘国耻”文本框的下层。

使用键盘的上、下、左、右光标键，微调底层文本框，使其移动到合适的位置。

6）组合

（1）选择多个图形对象。

方法一：按住 Shift 键，依次单击多个图形对象。

方法二：单击选中一个图形对象，在“形状格式”选项卡中，单击“形状格式”→“排列”→“选择窗格”按钮，打开“选择窗格”任务窗格。在“选择窗格”中，按住 Ctrl 键，单击其他图形对象。

使用上述方法选中“勿忘国耻”和底层两个文本框，如图 1.2.11 所示。

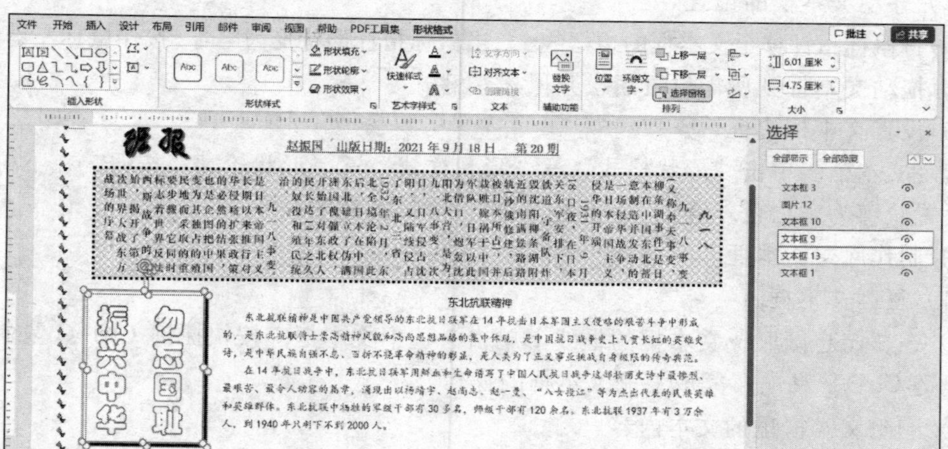

图 1.2.11 选择多个图形对象

（2）单击“形状格式”→“排列”→“组合”按钮，选择“组合”命令，将“勿忘国耻”文本框和底层文本框组合为一个整体，如图 1.2.12 所示。

图 1.2.12 组合对象

若要取消组合，可以选中已组合的对象，然后单击“形状格式”→“排列”→“组合”按钮，选择“取消组合”命令。

3. 制作“东北抗联精神”文本框

1）绘制横排文本框

单击“插入”→“文本”→“文本框”按钮，选择“绘制横排文本框”命令，在目标位置按住鼠标左键拖动。

2）设置文本格式

（1）打开“班报（文字素材）.docx”文件，复制第 2 个版块的文字到文本框中。

（2）设置标题格式。

① 设置标题“东北抗联精神”的格式为微软雅黑，小四，字体颜色为标准色-深蓝。

② 打开“字体”对话框，在“高级”选项卡中，设置字符缩放 120%，字符间距加宽 2 磅。

③ 设置标题居中对齐。

（3）设置正文格式。选中正文，设置格式为楷体，小四，首行缩进 2 字符，行距固定值 20 磅。

3）设置文本框无边框

选中文本框，单击“形状格式”→“形状样式”→“形状轮廓”按钮，在下拉列表中选择“无轮廓”。

4）设置文本框透明

选中文本框，单击“形状格式”→“形状样式”→“形状填充”按钮，在下拉列表中选择“无填充”。

5）调整文本框的大小和位置

根据情况调整文本框的大小和位置，使整个版面更加协调。

1.2.3 图片

Word 支持从计算机、Office 图像库或网页插入图片。其中，艺术横线图片常用于隔离版块、美化整体版面。

1. 定位

将鼠标指针移至第 2 个版块的下方，双击鼠标，光标快速定位于此。这是 Word 的“即点即输”功能，方便快速定位插入点。

2. 插入图片

单击“插入”→“插图”→“图片”按钮，在打开的菜单中选择“此设备”，在“插入图片”对话框中，选择“艺术横线.png”文件，单击“插入”按钮。

此时，系统会自动激活“图片格式”选项卡，如图 1.2.13 所示。在该选项卡中，提供了丰富的图片修饰工具，例如为图片添加边框，调整图片的饱和度和透明度，对图片进行重新着色，裁剪图片以适应版面需求等。

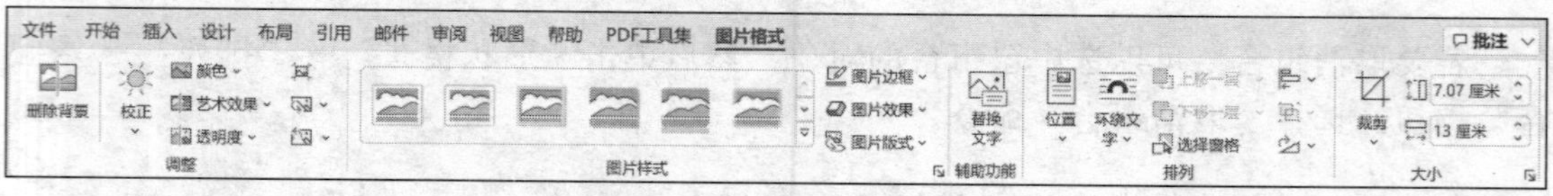

图 1.2.13 “图片格式”选项卡

> **小贴士**
>
> 单击选中图片，在“图片格式”选项卡中，单击“大小”选项组中的“裁剪”按钮。此时，图片四周会出现裁剪控点。拖动这些控点，裁剪框的范围会随之变化。完成裁剪后，在图片外单击，裁剪框外部的阴影部分将被裁剪掉，如图 1.2.14 所示。
>
> 
>
> 图 1.2.14 裁剪图片

3. 设置图片的文字环绕方式

在图片上单击，选中图片，单击“图片格式”→“排列”→“环绕文字”按钮，在下拉列表中选择“浮于文字上方”，可以设置图片与周围文字的环绕关系，如图 1.2.15 所示。

> **小贴士**
>
> 在图文混排中，通过设置图片的文字环绕方式，可以指定文字围绕图片或其他图形对象的排版方式，从而实现“文绕图”的效果，使文字与图形对象之间的布局更加协调和美观。

图 1.2.15 设置图片的文字环绕方式

也可以单击图片右上角的“布局选项”按钮设置文字环绕方式。

默认情况下，图片的文字环绕方式为嵌入式，此时图片被视为文字的一部分进行处理。将图片设置为其他文字环绕方式（如“浮于文字上方”）后，图片将独立于文字排版，可以自由移动到页面的任意位置，包括版心之外。

4. 调整图片的大小和位置

选中图片，此时图片四周会出现 8 个尺寸控制点和 1 个旋转控制点。

1）调整图片大小

选定图片，将鼠标指针移至任意一个尺寸控制点上，在指针形状变成双向箭头时按住鼠标左键拖动，可以调整图片的大小。

2）移动图片位置

将鼠标指针移至图片上，在指针形状变成四向箭头时按住鼠标左键拖动，可以移动图片的位置。

3）旋转图片

将鼠标指针移至旋转控制点上，在指针形状变成旋转箭头时按住鼠标左键拖动，可以旋转图片。

需要更精确地设置图片的大小和旋转角度，则可以如下操作：

① 选定图片，单击“图片格式”→“大小”选项组的“对话框启动器”按钮，打开“布局”对话框的“大小”选项卡，如图 1.2.16 所示。

② 取消“锁定纵横比”，在“高度”和“宽度”中输入对应数值。

③ 在“旋转”框中输入旋转角度，可以精准旋转。

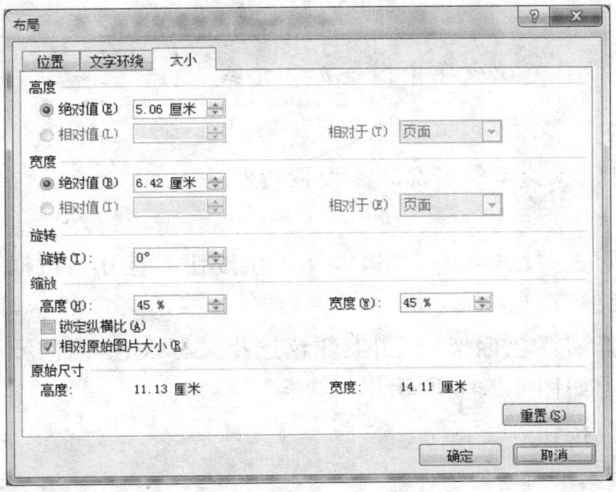

图 1.2.16　“布局”对话框的“大小”选项卡

1.2.4　分栏

1. 复制文字

将“班报（文字素材）.docx”文档中第 3 个版块的文字复制到艺术横线下方。

2. 设置文字格式

选中文字，设置格式为隶书，四号，加粗，首行缩进 2 字符，行距固定值 20 磅。

3. 分栏

① 选中需要分栏的段落“故今日之责任……”，单击“布局”→“页面设置”→“栏”→“更多栏…”命令。

② 在弹出的“栏”对话框中，选择“栏数”为 2，并选中“分隔线”复选框，如

图 1.2.17 所示。

③ 单击“确定”按钮。

> **小贴士**
>
> 在进行分栏操作时，建议在分栏内容的前后各插入一个空白段。这样可以在排版时更灵活地调整布局，避免分栏内容与前后文字过于拥挤。完成排版后，根据实际效果决定是否删除这些空白段。如果需要保留空白段但又不希望它占用过多空间，可以将该空白段的行间距设置为较小值，例如“固定值，4 磅”。

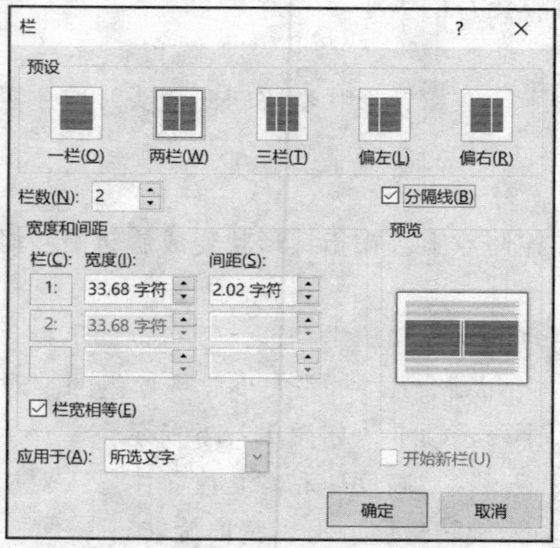

图 1.2.17　分栏

4. 设置“——梁启超《少年中国说》”格式

1）设置对齐方式

选定“——梁启超《少年中国说》”，设置右对齐。

2）设置底纹

① 单击“开始”→“段落”→“边框”下拉按钮，打开“边框和底纹”对话框。

② 切换到“底纹”选项卡。

③ 图案样式选择“浅色棚架”，图案颜色选择“标准色-橙色”，在“应用于”下拉列表中选择“文字”，如图 1.2.18 所示。

④ 单击“确定”按钮。

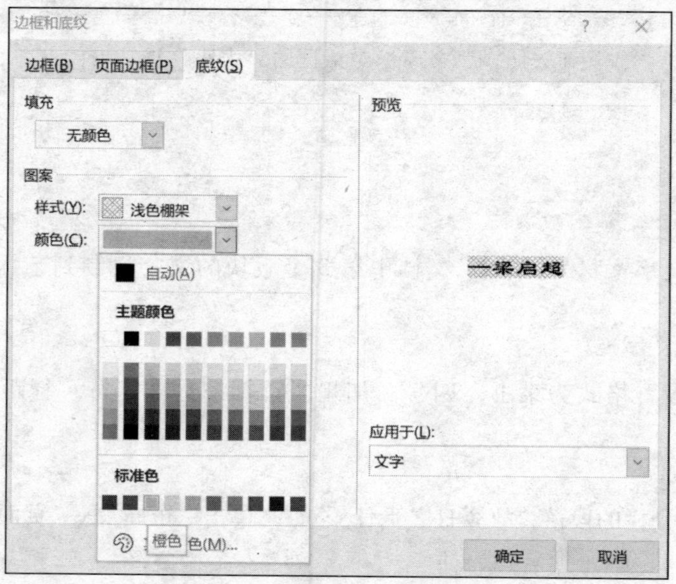

图 1.2.18　设置底纹

1.2.5 设置页面背景

为页面添加背景可以让班报的效果更加多姿多彩。具体操作如下:

（1）选择“设计”→“页面背景”→“页面颜色”→“填充效果”，打开“填充效果”对话框。

（2）切换到“图片”选项卡，如图 1.2.19 所示。

（3）单击“选择图片”按钮，打开“插入图片”对话框，在“必应图像搜索”框中输入“背景”，按 Enter 键。

（4）打开“联机图片”窗口，选择背景图片，单击“插入”按钮。

（5）返回“填充效果”对话框，单击“确定”按钮。

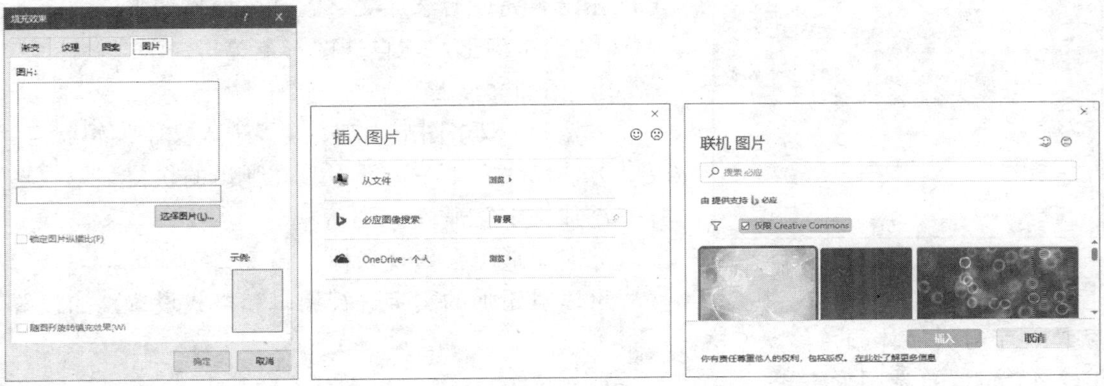

图 1.2.19 设置页面背景

1.2.6 保存文档并关闭窗口

（1）按快捷键 Ctrl+S，保存文档。

（2）单击窗口的“关闭”按钮，关闭文档。

至此，任务全部完成。

知识拓展

1. 绘制形状

Word 2016 支持手工绘制形状，如直线、箭头、标注、流程图等，这些图形被称为自选图形。

1）新建画布

单击“插入”→“插图”→“形状”按钮，在打开的下拉列表中选择“新建画布”，在文档中新建一个绘图画布。

画布的作用：整个画布相当于一幅图片，可以整体移动并调整大小。它能够避免因文档中其他文本的增删而导致插入形状位置发生错误。

移动画布：将鼠标指针移至画布的边框上，当指针形状变成四向箭头时，按住鼠标左键拖动，可移动画布的位置。

调整画布大小：在画布中绘制图形后，画布四周会出现尺寸控制点。将鼠标指针移

> **小贴士**
> 在绘制图形时，按住 Shift 键可以绘制标准图形，例如正圆、正方形、正五角星等。

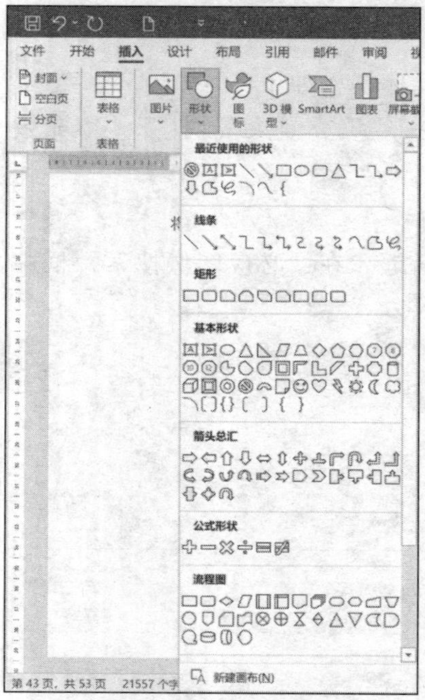

图 1.2.20 绘制自选图形

至这些控制点上，按住鼠标左键拖动，可以改变画布的大小。

2）绘制自选图形

① 单击“插入”→“插图”→“形状”按钮。

② 在展开的下拉列表中选择要绘制的形状模板，如图 1.2.20 所示。此时，鼠标指针会变成“十”字形状。

③ 按住鼠标左键拖动，即可绘制所选形状。

3）在自选图形中添加文字

除了线条和任意多边形以外，大多数自选图形都可以在绘制完成后添加文字。具体操作如下:

① 选中图形。在自选图形上单击。

② 添加文字。

方法一：双击图形内部，直接进入文字编辑状态。

方法二：右键单击图形，在弹出的快捷菜单中选择“添加文字”命令。

此时图形中会出现光标，输入文字即可。

可以对添加的文字进行编辑和格式设置，如设置字体、字号、字体颜色等。

4）设置自选图形格式

选中自选图形，可以使用以下两种方法设置格式。

① 使用“形状格式”选项卡。单击自选图形，在自动激活的“形状格式”选项卡中，可以设置图形的填充效果、线条颜色、线型、阴影效果、三维效果等。

② 使用“设置自选图形格式”对话框。单击“形状格式”→“形状样式”选项组的“对话框启动器”按钮，打开“设置自选图形格式”对话框，从而进行更详细的设置。

5）多个图形对象的编辑

当文档中有多个图形对象时，为了使图文混排更加便捷，有时需要对这些图形对象进行对齐、调整叠放次序以及组合等操作。

① 对齐方式。选中需要对齐的多个图形对象，单击“形状格式”→“排列”→“对齐对象”按钮，在下拉列表中选择所需的对齐方式（如左对齐、居中对齐、右对齐等)。

② 叠放次序。选中需要调整叠放次序的图形对象，单击“形状格式”→“排列”→“上移一层”或“下移一层”按钮，在下拉列表中选择相应的命令。

③ 组合和取消组合。

组合：选中需要组合的多个图形对象，单击“形状格式”→“排列”→“组合对象”按钮，在下拉列表中选择“组合”命令。

取消组合：选中已组合的对象，单击“形状格式”→“排列”→“组合对象” 按钮，在下拉列表中选择“取消组合”命令。

实践与体验

请根据图 1.2.21 完成练习。

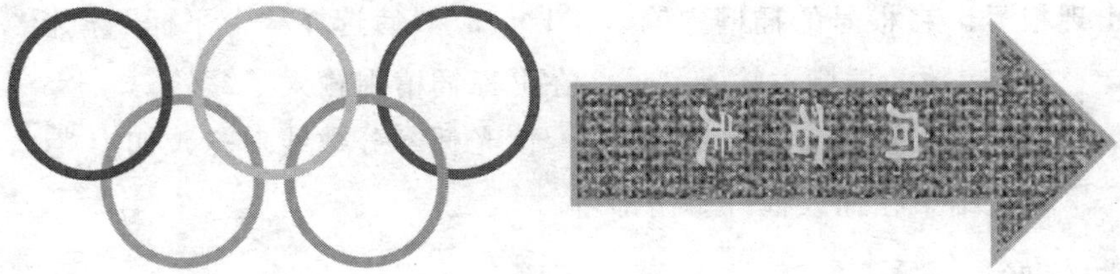

图 1.2.21　练习题图

2. 插入公式

Word 2016 提供了强大的公式编辑功能，可以方便地在文档中插入复杂的数学公式。具体操作如下：

1）定位插入点

将光标定位到需要插入公式的位置。

2）插入公式

单击“插入”→“符号”→“公式”按钮，在打开的下拉菜单中，可以选择系统内置的常见公式直接使用，也可以选择“插入新公式”来自行编辑。

3）编辑公式

插入公式后，系统会自动激活“公式”选项卡，如图 1.2.22 所示。该选项卡主要包含“符号”和“结构”两个选项组：

- “符号”选项组：包含 150 多个常用的数学符号，可供直接使用。
- “结构”选项组：提供了多种模板，用于构建复杂的数学表达式。这些模板是预设格式的符号和空白插槽的集合。通过插入模板并填充其插槽，可以快速建立数学表达式。此外，用户可以在模板的插槽内继续插入其他模板，从而构建结构复杂的多级公式。

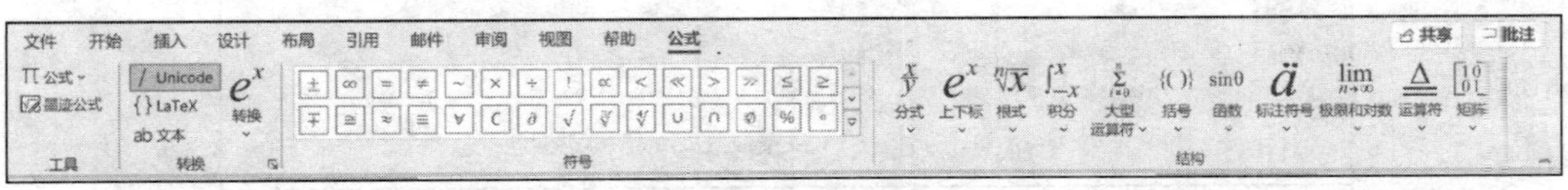

图 1.2.22　“公式”选项卡

示例：输入公式 $\int\frac{\mathrm{d}x}{\sqrt{1-x^2}}=\arcsin x+c$。

① 插入公式。单击“插入”→“符号”→“公式”按钮，在编辑区中出现公式输入框 在此处键入公式。。

② 选择积分模板。在“公式”选项卡中，选择“结构”→“积分”模板中的“积分”模板 $\int\square$，输入框中显示 $\int\square$ 积分符号。

③ 选择分式模板。单击输入框中的插槽（虚线小方框），选择“公式”→“结构”→“分式”模板中的“分式（竖式）”模板 $\frac{\square}{\square}$，输入框中出现分数线，在分子和分母中分别出现插槽。在分子插槽中，输入“dx”。

④ 选择平方根模板。在分母插槽中，选择“根式”模板中的“平方根”模板 $\sqrt{\square}$．

输入框中出现根号。在根号的插槽中输入“1 -”，然后选择“上下标”模板中的“上标”模板。在底数的插槽中输入“x”，在上标插槽中输入“2”。

在分数线后单击（或按键盘上的→键），使光标与分数线对齐，如$\int\frac{dx}{\sqrt{1-x^2}}$，输入“= arcsin$x$ + c”。输入结束在输入框外单击即可。

实践与体验

完成以下公式的练习。

$$\frac{1}{2}\ln|2y+1|=x+C_1y=\pm\frac{e^{2C_1}}{2}e^{2x}-\frac{1}{2}$$

3. 添加水印

水印是衬于文本底部、具有一定透明效果的文字或图形，作用于文档的每个页面，常用于保护文档版权或标识文档状态。添加水印的方法如下：

（1）单击“设计”→“页面背景”→“水印”→“自定义水印”命令。

（2）打开“水印”对话框，选择水印类型（如文字水印或图片水印），并根据需要设置水印的文字、字体、字号、颜色及透明度等参数，如图 1.2.23 所示。

（3）单击“确定”按钮。

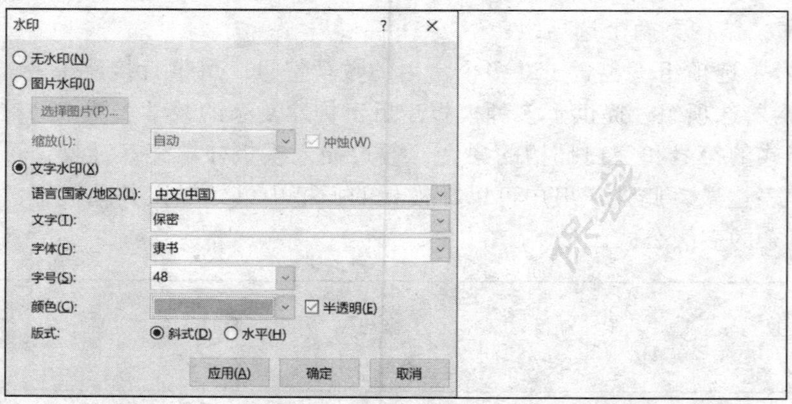

图 1.2.23 水印

任务 1.3 制作学生成绩表

任务描述

李辉是班里的学习委员。期末考试结束后，为了及时将班级的学习情况反馈给老师，他需要制作一份学生成绩表，并对成绩进行简单的统计。为此，李辉使用 Word 2016 提供的表格功能制作了学生成绩表，最终呈现出如图 1.3.1 所示的效果。

2020 级软件(1)班学生成绩表

课程 姓名	英语	思想政治	微机原理	数据结构	C 语言	总分
李小明	67	70	54	60	85	336
赵蝶	84	79	66	68	78	375
黄南	79	84	66	61	85	375
林杰	91	90	87	67	80	415
陈强	53	70	49	72	65	309
单科平均分	74.8	78.6	64.4	65.6	78.6	

图 1.3.1　学生成绩表

任务分析

任务技能目标

通过本次任务，掌握以下技能：

（1）掌握创建表格和编辑表格的方法；

（2）掌握美化表格的方法；

（3）能够对表格中的数据进行简单处理。

核心知识点

创建表格，调整表格布局，美化表格，排序，计算。

任务实现

1.3.1　制作表格

在日常工作中，我们经常需要使用各种表格，如工资报表、档案统计表、日程表等。Word 2016 提供了强大的表格制作功能，不仅可以快速创建表格，还能对表格内的数据进行排序、计算等。

在开始制作表格之前，先要了解表格中常用的几个名词，如图 1.3.2 所示。

- 行线：表格中的水平线。
- 列线：表格中的垂直线。
- 单元格：由行线和列线围成的小方块，表格的内容存放在这些单元格中。
- 行：水平方向的单元格集合。
- 列：垂直方向的单元格集合。

	A 列	B 列	C 列	D 列
第 1 行	A1			
第 2 行		B2		
第 3 行				D3

图 1.3.2　表格元素

1. 插入表格

启动 Word 2016，新建名为“学生成绩表.docx”的 Word 文档，在此文档中创建一个 7 行 6 列的表格。

常用的插入表格的方法有以下三种。

方法一：使用网格。将光标定位于要插入表格的位置，单击“插入”→“表格”→“插入表格”按钮，在网格上移动鼠标，当网格上方出现“6 × 7 表格”时单击鼠标，如图 1.3.3（a）所示。

方法二：使用“插入表格”对话框。将光标定位于要插入表格的位置，选择“插入”→“表格”→“插入表格”命令，在打开的“插入表格”对话框中，输入行数和列数，单击“确定”按钮，如图 1.3.3（b）所示。可以在“固定列宽”中设置列宽值。

方法三：绘制表格。单击“插入”→“表格”→“绘制表格”按钮，按住鼠标左键在文档中拖动，绘制表格的外框线、行线和列线。

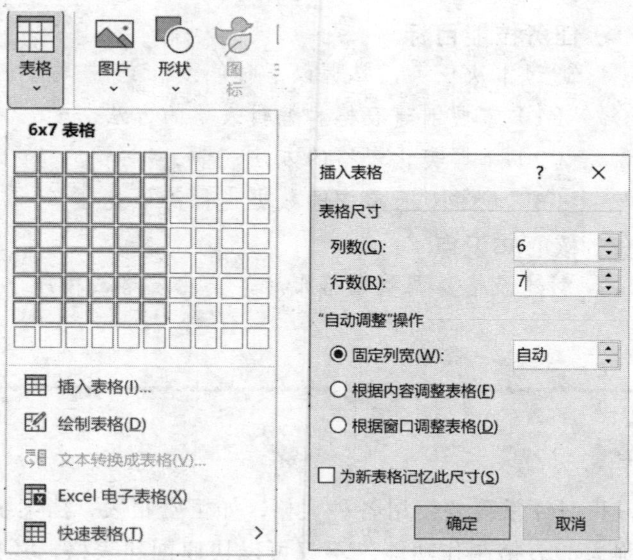

（a）　　（b）

图 1.3.3　插入表格

和 Excel 一样，表格的行号默认用数字表示，列标默认用英文字母表示，单元格名称则由列标+行号表示，如图 1.3.4 所示。

	A 列	B 列	C 列	D 列
第 1 行	A1			
第 2 行		B2		
第 3 行				D3

图 1.3.4　单元格名称

2. 选定表格

在对表格进行操作之前，需要先选定表格。选定表格中各区域的方法主要有两种：一种是通过鼠标操作，另一种是通过菜单命令选择。

（1）用鼠标选定，如表 1.3.1 所示。

表 1.3.1 选定表格中各区域的方法

选定区域	鼠标操作
一个单元格	将鼠标指针移至单元格左下角，当指针变成➚形状时单击
相邻单元格	选中起始单元格并按住左键拖动鼠标
不相邻单元格	选定一个单元格后，按住 Ctrl 键，再依次选定其他单元格
一行	将鼠标指针移至该行的左侧，当指针变成↗形状时单击
相邻多行	将鼠标指针移至首行的左侧，当指针变成↗形状时按住鼠标左键向下拖动
不相邻多行	选定一行后，按住 Ctrl 键，再依次选定其他行
一列	将鼠标指针移至该列的上方，当指针变成⬇形状时单击
相邻多列	将鼠标指针移至首列的上方，当指针变成⬇形状时按住鼠标左键向右拖动
不相邻多列	选定一列后，按住 Ctrl 键，再依次选定其他列
整个表格	将鼠标指针移至表格左上角的移动控制手柄⊞处，当指针变成✥形状时单击

需要注意的是，在表格中的任意位置单击，之前对表格或单元格的选定状态将被取消。

（2）用菜单选定。单击“表布局”→“表”→“选择”按钮，在如图 1.3.5 所示的下拉菜单中选择所需的菜单命令。

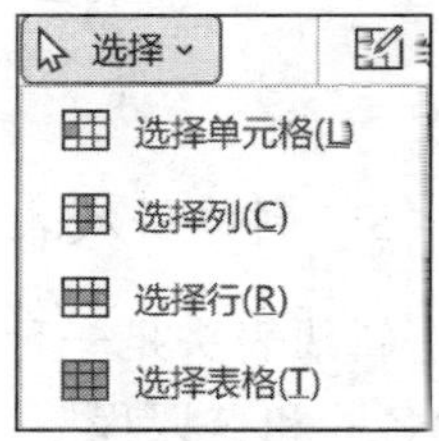

图 1.3.5 选定表格对象

3. 合并单元格

表格可分为标准表格和非标准表格。标准表格是指每一行的单元格数量和布局完全相同的表格；而非标准表格则指各行、列单元格数量或布局存在较大差异的表格。

对于非标准表格，通常的制作方法是先创建一个标准表格，然后根据需要对行、列或单元格进行适当的合并、拆分或调整，以满足特定的布局需求。

合并单元格的方法如下:

（1）选中需要合并的单元格区域。此时，选定第 1 行中的 6 个单元格。

（2）单击“表布局”→“合并”→“合并单元格” 按钮，这 6 个单元格将合并成一个单元格，如图 1.3.6 所示。

如果原单元格中有内容，合并单元格后，这些内容将被合并并显示在新的单元格中。

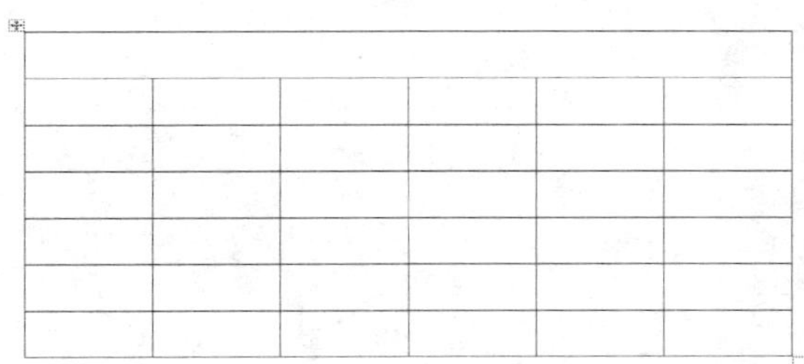

图 1.3.6 合并单元格

小贴士

在 Word 中，拆分单元格是将一个较大的单元格拆分成多个较小的单元格，这在调整表格布局时非常有用。

操作步骤如下:

（1）选中目标单元格：将光标定位到需要拆分的单元格中，或直接选中该单元格。

（2）打开“拆分单元格”对话框：单击 “表布局”→“合并”→“拆分单元格”按钮。

（3）设置拆分参数：在弹出的“拆分单元格”对话框中，设置需要拆分的行数和列数。

（4）完成拆分：设置完成后，单击“确定”按钮，完成单元格的拆分操作。

4. 输入表格内容

光标所在的单元格称为当前单元格。只能在当前单元格中输入文字或数据，可以用鼠标或键盘的上、下、左、右 4 个方向键，跳转到相邻单元格。

注意：不能使用 Enter 键跳转到相邻单元格，否则会导致当前单元格所在行的高度增加。

请参照图 1.3.7 所示输入表格内容。

2020 级软件(1)班学生成绩表					
	英语	思想政治	微机原理	数据结构	C 语言
林杰	91	90	87	67	80
黄南	79	84	66	61	85
赵蝶	84	79	66	68	78
李小明	67	70	54	60	85
陈强	53	70	49	72	65

图 1.3.7 输入表格内容

5. 制作斜线表头

斜线表头是一种特殊的表格表头设计，通常用于将表头内容分为上下两部分，例如“姓名”和“课程”。以下是制作斜线表头的具体步骤：

（1）将光标置于要绘制斜线表头的单元格内，即第 2 行第 1 列内。

（2）单击“表设计”→“边框”→“边框”按钮，在下拉菜单中选择“斜下框线”。

（3）在该单元格中输入“姓名课程”，将“姓名”设为下标，“课程”设为上标，并适当调整文字大小。

（4）将光标置于“姓名”和“课程”之间，按空格键调整距离，制作效果如图 1.3.8 所示。

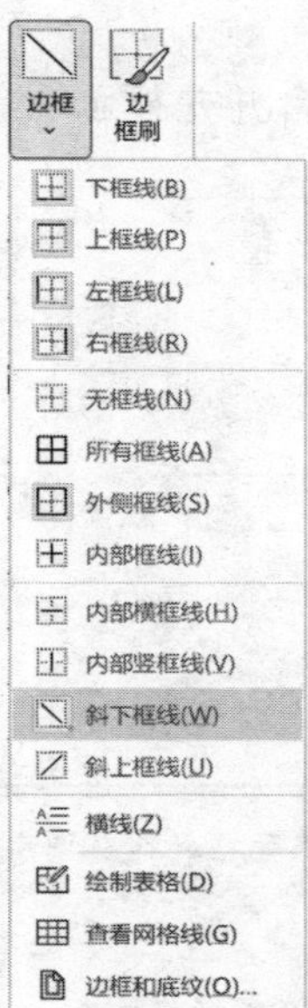

2020 级软件(1)班学生成绩表					
课程 姓名	英语	思想政治	微机原理	数据结构	C 语言
林杰	91	90	87	67	80
黄南	79	84	66	61	85
赵蝶	84	79	66	68	78
李小明	67	70	54	60	85
陈强	53	70	49	72	65

图 1.3.8 制作斜线表头

6. 设置字体格式

选中“姓名”和“课程”，设置字体格式为楷体、小二、加粗。选中同行其他单元格，设置为楷体、小二号、加粗。选中“林杰”行到“陈强”行，设置为楷体、五号。

1.3.2　编辑表格

在“表布局”选项卡中，可以通过以下功能组对表格进行编辑：

- “表”选项组：用于选择表格及其局部，以及设置表格属性（如对齐方式、文字环绕等）。
- “行和列”选项组：用于增删行、列和单元格。
- “合并”选项组：用于拆分和合并单元格，以及拆分表格。
- “单元格大小”选项组：通过调整行高和列宽来改变单元格大小。
- “对齐方式”选项组：用于设置单元格内容的对齐方式和文字方向等。

1. 删除行或列

将光标移至第 1 行，单击“表布局”→“行和列”→“删除”按钮，选择“删除行”命令，即可删除第 1 行，如图 1.3.9 所示。

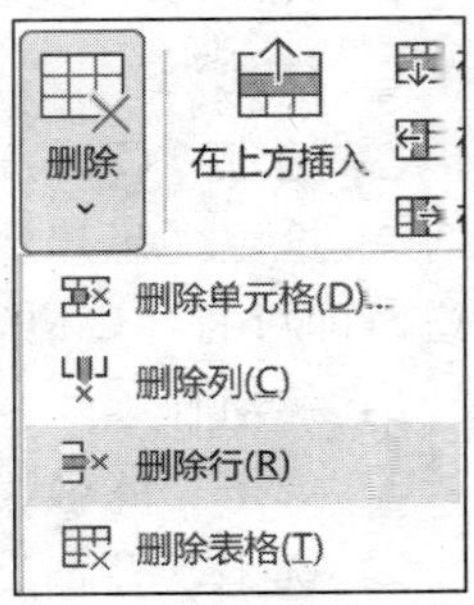

图 1.3.9　删除行、列

小贴士

选定要删除的行、列、单元格或表格，单击“表布局”→“行和列”→“删除”按钮，在下拉菜单中选择对应命令即可删除。此外，选定表格后，也可直接按 Backspace 键删除表格。

2. 添加表格标题

1）移动表格

将鼠标指针移至表格左上角的移动控制手柄⊞处，指针形状变为四向箭头✥时，按住鼠标左键拖动，可以移动表格。

2）输入表格标题

在表格的第一行单元格内输入“2020 级软件（1）班学生成绩表”，并设置格式为隶书、四号、居中。

3. 插入行或列

在表格最后插入一个新行和一个新列，在新行的第一个单元格中输入“单科平均分”，在新列的第一个单元格中输入“总分”。

1）插入新行

① 插入新行有以下三种方法。

方法一：将鼠标指针移至表格最后一条行线的左侧，当指针变为⊕号时，如图 1.3.10（a）所示，单击⊕号即可在最后一行下方插入一个新行。

方法二：单击表格最后一行的最后一个单元格，然后按下 Tab 键，也可在最后一行下方插入一个新行。

方法三：将光标定位到最后一行，单击“表布局”→“行和列”→“在下方插入”按钮。

② 在新行的第一个单元格中输入“单科平均分”。

2）插入新列

① 在最后一列的任意单元格中单击，将光标定位到该列。

② 单击“表布局”→“行和列”→“在右侧插入”按钮，如图 1.3.10（b）所示，即可在最后一列的右侧插入一个新列。

③ 在最后一列的第一个单元格中输入“总分”。

2020 级软件(1)班学生成绩表

课程 姓名	英语	思想政治	微机原理	数据结构	C 语言
林杰	91	90	87	67	80
黄南	79	84	66	61	85
赵蝶	84	79	66	68	78
李小明	67	70	54	60	85
陈强	53	70	49	72	65

（a）

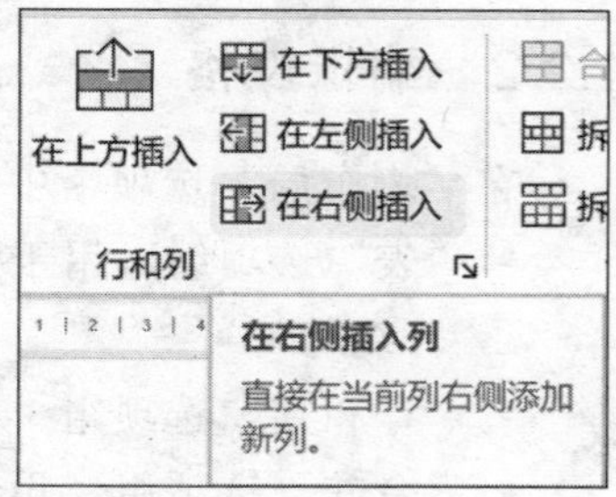

（b）

图 1.3.10 插入行、列

4. 移动行或列

将“C 语言”列移到“思想政治”列的前面，将“陈强”行移到“黄南”行的上方。

1）移动列

① 选定“C 语言”列，单击“开始”→“剪贴板”→“剪切”按钮。

② 选定“思想政治”列，单击“开始”→“剪贴板”→“粘贴选项：插入为新列”按钮，即可将“C 语言”列移动到“思想政治”列的前面。

2）移动行

① 选定“陈强”行，右键单击选定行，在弹出的快捷菜单中选择“剪切”命令。

② 选定“黄南”行，右键单击选定行，在快捷菜单中选择“粘贴选项：以新行的形式插入”，即可将“陈强”行移动到“黄南”行的上方。

5. 调整行高和列宽

将“学生成绩表”中的第 2 列至最后一列的列宽平均分布。

操作方法是：选定第 2 列至最后一列，单击“表布局”→“单元格大小”→“分布列”按钮。

在新建立的表格中，列宽和行高默认为固定值。当单元格中输入的文字较多时，行高会自动增加，但列宽不会自动变化。可以根据需要调整表格的行高和列宽。

1）自动调整

在表格的任意位置单击，再单击“表布局”→“单元格大小”→“自动调整”按钮，在下拉菜单中出现以下选项：

- “根据内容自动调整表格”：表格的列宽会根据单元格中内容的最大宽度自动调整。
- “根据窗口自动调整表格”：表格中每一列的宽度将按照相同的比例扩大，使调整后的表格宽度与页面的版心宽度相同。

2）平均分布行高和列宽

选定多行或多列，单击“表布局”→“单元格大小”→“分布行”或“分布列”按钮，可以使选定的行或列具有相同的高度或宽度。

小贴士

单击表格，表格左上角会出现标记，右下角会出现□标记。

选定整个表格：单击左上角的标记。

移动表格的位置：将鼠标指针指向标记，当指针形状变成时按住鼠标左键拖动。

调整表格大小：将鼠标指针移至表格右下角的□标记，当指针变为形状时，按住鼠标左键拖动。按住 Shift 键同时拖动，可以等比例调整表格大小。

3）用鼠标拖动

将鼠标指针移至行线或列线上，当指针形状变为双向箭头时，按住鼠标左键拖动即可调整行高和列宽。按住 Alt 键同时拖动，可以更精细地调整行高和列宽。

4）精确设置

在“表布局”→“单元格大小”→“高度”或“宽度”框中输入具体数值可以精确设置行高和列宽。

6. 设置单元格对齐方式

由于行高和列宽的变化，单元格中的文字排列可能不够美观，需要进行调整。

选中图 1.3.11（a）所示的单元格区域，单击“表布局”→“对齐方式”→“水平居中”按钮，如图 1.3.11（b）所示，将选定区域内的文字设置为水平和垂直同时居中。

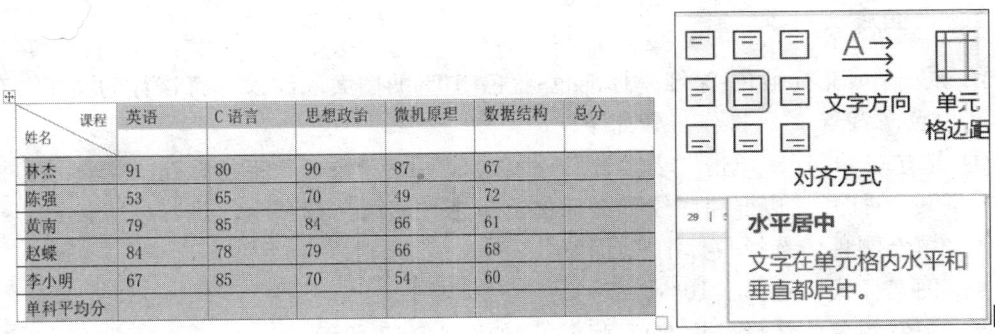

课程 姓名	英语	C 语言	思想政治	微机原理	数据结构	总分
林杰	91	80	90	87	67	
陈强	53	65	70	49	72	
黄南	79	85	84	66	61	
赵蝶	84	78	79	66	68	
李小明	67	85	70	54	60	
单科平均分						

（a）　　（b）

图 1.3.11 设置文字的对齐方式

1.3.3 美化表格

1. 设置边框

1）设置外边框

设置表格外边框为 3 磅 RGB（12, 45, 255）颜色的上粗下细型双线。操作步骤如下：选定表格，单击“表设计”→“边框”选项组中的按钮进行以下操作：

- 单击“笔样式”按钮，选择“上粗下细双线”。
- 单击“笔画粗细”按钮，选择“3 磅”。
- 单击“笔颜色”按钮，选择“其他颜色”，设置颜色为 RGB（12, 45, 255）。
- 单击“边框”下拉按钮，选择“外侧框线”，如图 1.3.12（a）所示。

2）设置内边框

设置表格内边框为浅绿色 1.5 磅单实线。方法同上，在最后要选择“内部框线”，如图 1.3.12（b）所示。

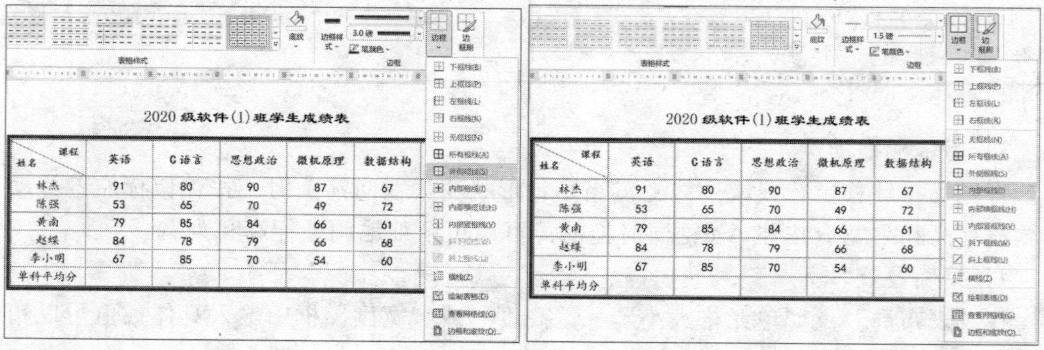

（a）　　　　（b）

图 1.3.12　设置表格边框

3）设置表头斜线

单击“边框刷”按钮，在表头的斜线上单击，应用内边框设置。再次单击“边框刷”按钮，退出“边框刷”状态。

2. 设置底纹

给第一行填充标准色-深红，标准色-蓝色 10%的图案底纹，并将该行的文字颜色调整为“白色，背景 1”。操作步骤如下：

① 选定第 1 行，单击“表设计”→“边框”→“边框”下拉按钮，选择“边框和底纹”命令，打开“边框和底纹”对话框。单击“底纹”选项卡，进行以下设置：

- 填充颜色：选择“标准色-深红”。
- 图案样式：选择“10%”。
- 图案颜色：选择“标准色-蓝色”，如图 1.3.13 所示。

② 将字体颜色设置为“白色，背景 1”。

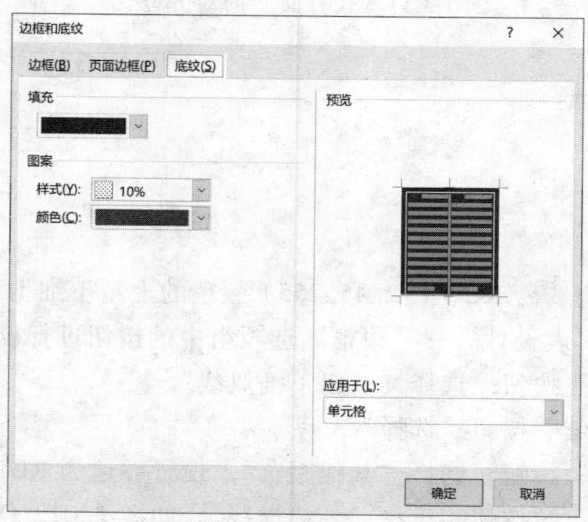

图 1.3.13　设置表格底纹

1.3.4　计算

Word 表格具有自动计算功能，可以自动计算某些单元格中的数据。

1. 计算总分

1）输入公式

计算林杰的总分。单击林杰的总分单元格（G2），单击“表布局”→“数据”→“fx 公式”按钮，打开“公式”对话框，如图 1.3.14 所示。

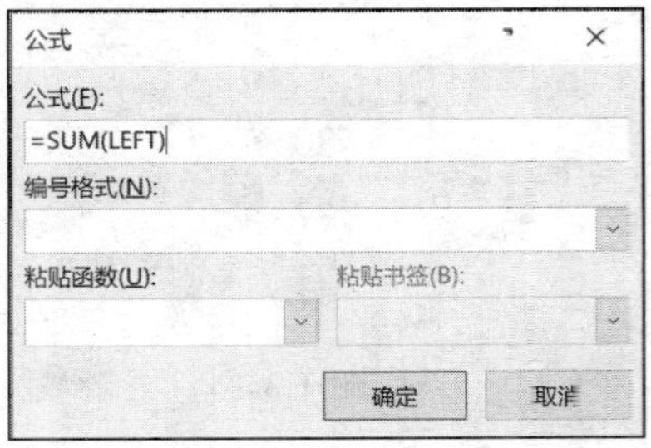

图 1.3.14　“公式”对话框

对话框中默认填入公式“=SUM（LEFT）”，表示计算当前单元格左侧的所有数字单元格中数字的和，单击“确定”按钮，林杰的总分计算结果自动填入 G2 单元格中。

说明：“=SUM（LEFT）”是一个函数，其中“SUM”表示求和，“LEFT”表示当前单元格左侧的所有数字单元格。

小贴士

常用函数及其功能：

=SUM（运算范围）：计算指定范围内各单元格中数字的和。

=AVERAGE（运算范围）：计算指定范围内各单元格中数字的平均值。

=MIN（运算范围）：求指定范围内各单元格中数字的最小值。

=MAX（运算范围）：求指定范围内各单元格中数字的最大值。

=PRODUCT（运算范围）：计算指定范围内各单元格中数字的乘积。

=COUNT（运算范围）：计算指定范围内包含数字的单元格的个数。

常用运算范围：

LEFT：当前行中，当前单元格左边的所有数字单元格。

RIGHT：当前行中，当前单元格右边的所有数字单元格。

ABOVE：当前列中，当前单元格上边的所有数字单元格。

BELOW：当前列中，当前单元格下边的所有数字单元格。

2）复制公式

① 将林杰的总分复制到其他同学的总分单元格中。

② 在其他同学的总分单元格中右击，并在快捷菜单中选择“更新域”，如图 1.3.15 所示，或者按“F9”键，即可更新每位同学的总分。

2. 计算单科平均分

1）计算英语的单科平均分

① 单击英语的单科平均分单元格（B7），单击“表布局”→“数据”→“fx 公式”按钮，打开“公式”对话框。

② 在“公式”框中，仅保留“=”。

③ 单击“粘贴函数”下拉按钮，在下拉列表中选择“AVERAGE”函数。

④ 在小括号内输入“ABOVE”，表示计算当前单元格上方所有数字单元格的平均值，如图 1.3.16 所示。

⑤ 单击“确定”按钮，完成英语单科平均分的计算。

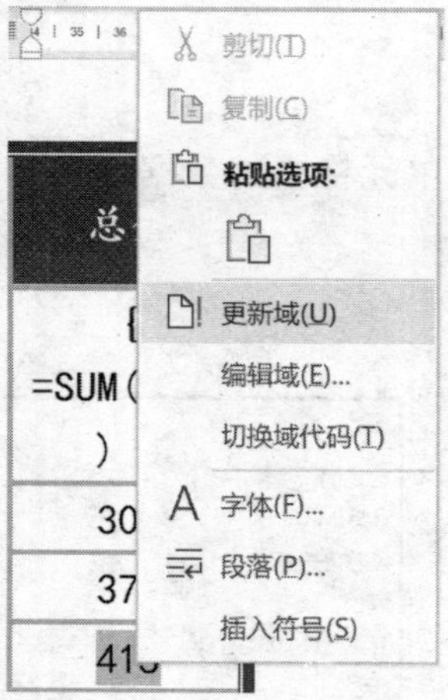

图 1.3.15 更新域

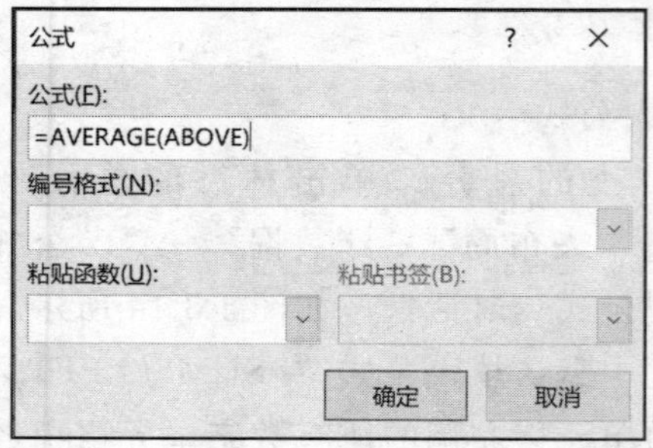

图 1.3.16 计算“平均分”

2）计算其他科目的单科平均分

将英语的单科平均分复制到其他科目的单科平均分单元格中，按“F9”键，更新计算结果。

1.3.5 排序

在学生成绩表中，按“总分”升序排序，总分相同的情况下按“C 语言”升序排序。

如果对整个表格进行排序，将光标置于表格内任意单元格即可；如果对表格的部分区域进行排序，则需要选定这些单元格区域。

操作步骤如下：

(1) 选定第 1 行至第 6 行，单击“表布局”→“数据”→“排序”按钮，弹出“排序”对话框。

(2) 在“主要关键字”下拉列表中选择“总分”，并选择“升序”按钮。

(3) 在“次要关键字”下拉列表中选择“C 语言”，并选择“升序”按钮，如图 1.3.17 所示。

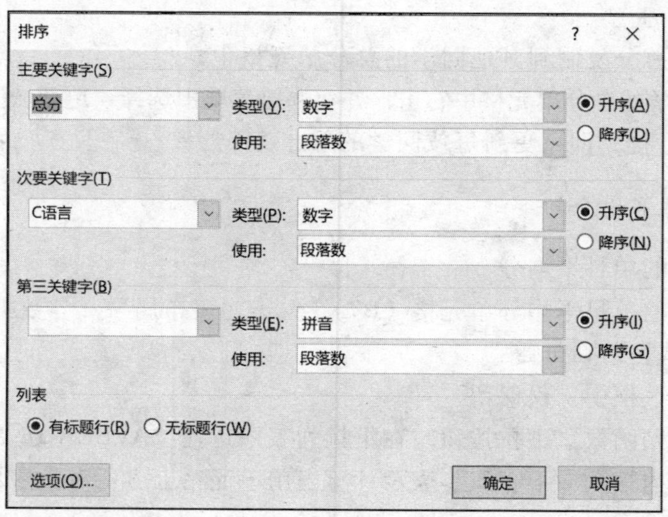

图 1.3.17 “排序”对话框

（4）单击“确定”按钮。排序结果如图 1.3.18 所示。

2020 级软件(1)班学生成绩表

课程 姓名	英语	C 语言	思想政治	微机原理	数据结构	总分
陈强	53	65	70	49	72	309
李小明	67	85	70	54	60	336
赵蝶	84	78	79	66	68	375
黄南	79	85	84	66	61	375
林杰	91	80	90	87	67	415
单科平均分	74.8	78.6	78.6	64.4	65.6	

图 1.3.18　排序结果

知识拓展

1. 拆分表格

在 Word 中，可以通过拆分功能将一个表格拆分为两个或多个独立的表格，以便更好地组织和管理表格内容。以下是拆分表格的步骤：

1）选择拆分位置

将光标置于需要拆分的行中。例如，如果希望从第 3 行开始拆分表格，可以将光标置于第 3 行的任意单元格内。

2）执行拆分操作

单击“表布局”→“合并”→“拆分表格”按钮，或右击并在快捷菜单中选择“拆分表格”命令。此时，表格将从选定行的位置被拆分为上下两个独立的表格。

注意：

- 拆分表格时，光标所在的行将成为新表格的第一行，因此请确保选择正确的拆分位置。
- 拆分后，两个表格的格式和样式保持一致，但可以独立修改。
- 如果需要将拆分后的表格重新合并，可以使用“合并表格”功能。

2. 重复标题行

在 Word 中，当表格跨越多个页面时，可以通过“重复标题行”功能，使表格的标题行在每个页面的顶部重复显示，便于阅读和参考。

设置方法：选择需要重复显示的标题行，单击“表布局”→“数据”→“重复标题行”按钮。此时，所选行将被设置为每个页面顶部的标题行。

注意：

- 只有表格的第一行或连续的多行可以重复。
- 如果需要修改标题行的内容，只需在第一页上进行编辑，其他页面的标题行会自动更新。
- 如果需要取消重复标题行，再次单击“重复标题行”按钮即可。

3. 表格与文本的相互转换

Word 支持将有规律的文本内容转换为表格，也支持将表格转换为排列整齐的文本。

1）将文本转换成表格

在 Word 中，可以将有规律的文本内容快速转换为表格。操作步骤如下：

① 在 Word 文档中输入需要转换的文本，并通过分隔符（如制表符、逗号、空格或段落标记）明确文本的行列分隔位置。例如，使用制表符分隔列，使用段落标记分隔行。

② 选中需要转换为表格的文本内容，单击“插入”→“表格”按钮，选择“将文字转换成表格”命令，打开“将文字转换成表格”对话框，如图 1.3.19 所示。

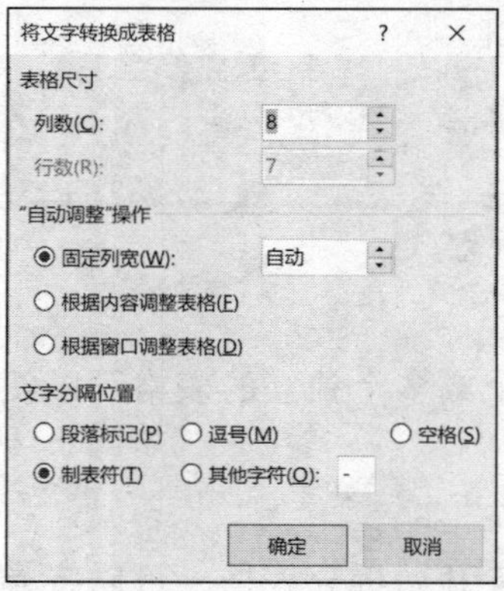

图 1.3.19 “将文字转换成表格”对话框

③ 在“将文字转换成表格”对话框中，输入表格的列数（Word 会根据分隔符自动预估列数，也可手动调整）。在“文字分隔位置”区域中选择与文本一致的分隔符（如制表符、逗号等）。

④ 单击“确定”按钮，文本将自动转换为表格。

注意：

- 确保文本中的分隔符一致，以便正确转换为表格。
- 如果文本中的分隔符与表格列数不匹配，可能会导致转换结果不符合预期。

2）将表格转换成文本

在 Word 中，可以将表格内容快速转换为文本，同时选择合适的分隔符来组织文本格式。操作步骤如下：

① 选定需要转换为文本的表格。如果只需转换表格的部分内容，可以选中特定的单元格区域。

② 在“表格工具”中，单击“表布局”→“数据”→“转换为文本”命令，打开“表格转换成文本”对话框，如图 1.3.20 所示。

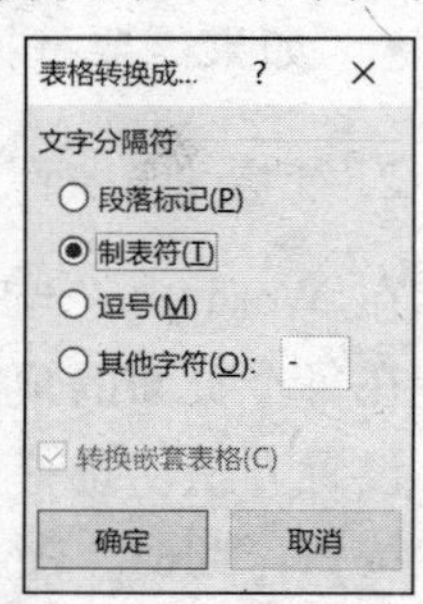

图 1.3.20 “表格转换成文本”对话框

③ 在“表格转换成文本”对话框的“文字分隔符”选项中，选择一种合适的分隔符，用于分隔转换后的文本内容。常用的分隔符包括：

- 段落标记：适用于将表格行转换为独立的段落。
- 制表符：适用于将表格列转换为多列文本。
- 逗号：适用于生成逗号分隔值（CSV）格式的文本，便于后续处理。

④ 单击“确定”按钮，表格内容将根据所选分隔符转换为文本。

任务 1.4　排版毕业论文

任务描述

张健临近毕业，按照毕业设计任务书的要求，在老师指导下完成了论文内容的书写。下一步，他将使用 Word 2016 对论文进行编辑排版，依据是教务处公布的“毕业论文格式要求”。

毕业论文篇幅长、格式要求复杂，处理难度远高于普通文档。例如，需要为章节和正文快速设置格式、自动生成目录，以及为奇偶页添加不同的页眉和页脚等。在老师的指导下，张健经过反复调整，顺利解决了这些问题，完成了毕业论文的排版工作，最终排版效果如图 1.4.1 所示。

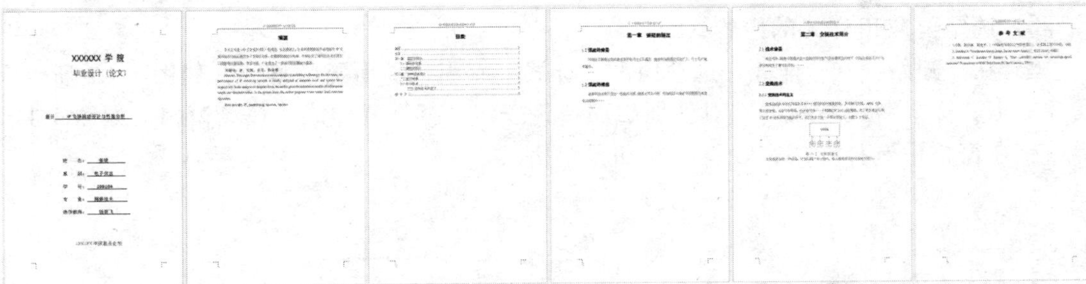

图 1.4.1　毕业论文

任务分析

任务技能目标

通过本次任务，掌握以下技能：

（1）掌握样式与模板的使用方法；

（2）能灵活运用分页符和分节符；

（3）掌握长文档中页眉、页脚和页码的设置方法；

（4）掌握创建题注并交叉引用的操作方法；

（5）掌握制作目录的方法；

（6）掌握给文档加密及以 PDF 格式发布的方法。

核心知识点

创建样式，应用样式，修改样式，分页符和分节符，设置页眉、页脚和页码，创建题注并交叉引用，制作目录，给文档加密并以 PDF 格式发布。

任务实现

1.4.1 样式

1. Word 内置样式

在 Word 中，可以通过两种方法进行格式设置：一种是对文字、段落或图片逐一设置格式；另一种是使用样式进行设置。

样式是一组预定义的格式集合，可以快速应用于文档中的文字或段落。使用样式（包括 Word 内置样式和自定义样式）进行格式设置更加高效。

1）了解内置样式

内置样式是 Word 系统自带的预定义格式集合，可以直接应用于文档中的文字或段落。使用内置样式设置格式的方法如下：

① 选定要应用样式的内容。

② 在“开始”→“样式”选项组的“样式”库中选择所需的样式，如图 1.4.2 所示。或者单击“样式”选项组的“对话框启动器”按钮，打开“样式”任务窗格，如图 1.4.3 所示，在窗格中选择样式来设置字符和段落格式。

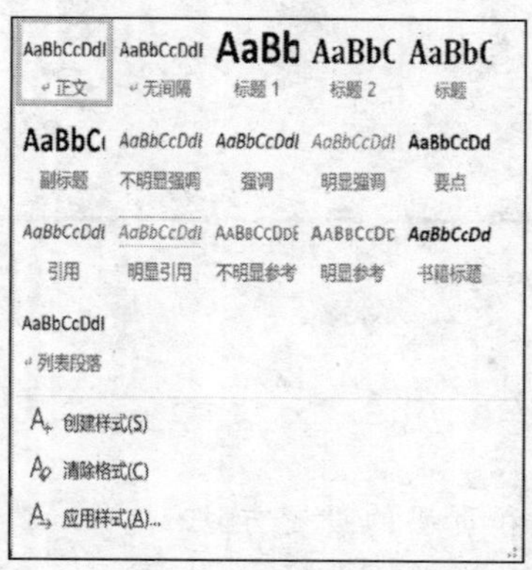

图 1.4.2 样式库

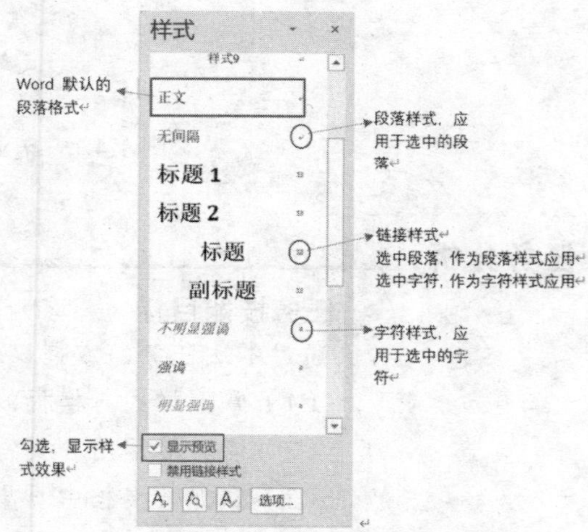

图 1.4.3 “样式”任务窗格

使用内置样式有两大好处：一是省时且不会被误删除；二是使用内置样式（如标题 1～标题 9）可以充分利用 Word 的自动功能，例如自动生成目录和建立索引。

2）修改内置样式

当内置样式不能完全满足用户需求时，可以对内置样式的格式进行修改。

实践与体验

将“标题 1”样式修改为宋体、三号、加粗，字体颜色为标准色-蓝色，段前和段后间距均为 0.5 行，单倍行距。

操作步骤如下：

① 在“样式”任务窗格中，单击“标题 1”右侧的三角箭头，选择“修改”命令，

如图 1.4.4 所示，打开“修改样式”对话框，如图 1.4.5 所示。

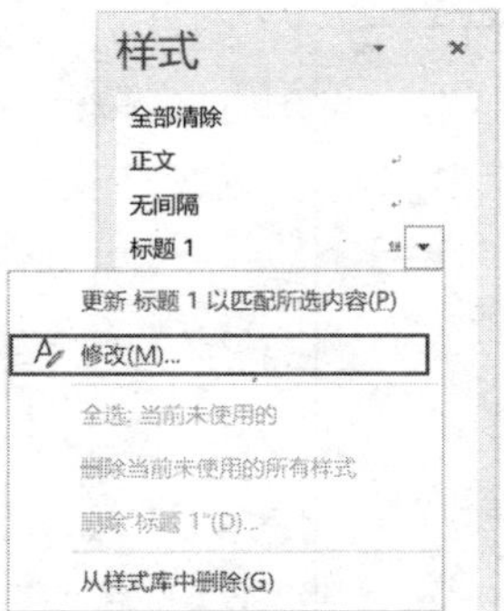

图 1.4.4 修改样式

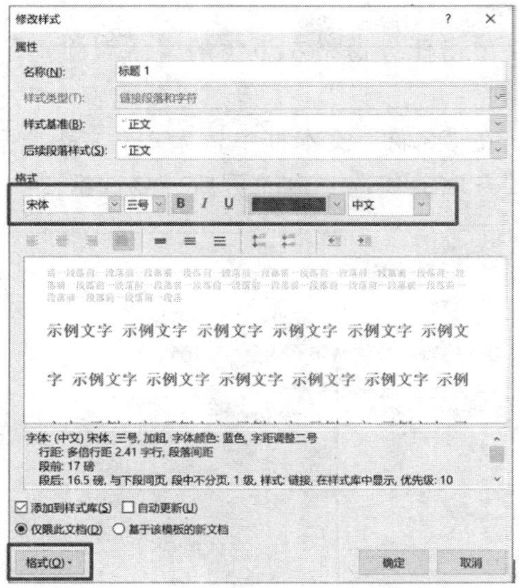

图 1.4.5 “修改样式”对话框

② 在“修改样式”对话框中，设置字体为宋体，字号为三号，加粗，字体颜色为标准色-蓝色。

③ 单击“格式”按钮，在展开的列表中选择“段落…”，打开“段落”对话框，设置段前间距和段后间距均为 0.5 行，行距设置为单倍行距。

④ 单击“确定”按钮，完成修改。

注意：

- 在“修改样式”对话框中，如果勾选“自动更新”复选框，文档中所有应用该样式的部分会自动同步更新。通常不建议勾选此选项，以免误操作导致格式混乱。
- 如果选中“基于该模板的新文档”选项，修改将保存到模板中，影响后续新建文档的格式。

---

2. 自定义样式

可以创建新的样式并为其命名，创建后即可像使用 Word 内置样式一样设置文档格式。

通过“样式”任务窗格可以创建新样式。需要注意的是，新建样式后，会自动应用到光标所在位置。因此，建议将光标定位在空白行或准备应用该样式的段落中，再进行新建样式操作。

现在打开“毕业论文（素材）.docx”文档，设置上、下、右页边距均为 2.54 厘米，左页边距为 3.17 厘米；装订线 0.6 厘米，位置靠左。接下来将毕业论文所需的样式全部创建出来。

1）创建“论文正文”样式

设置论文正文样式，中文为宋体、五号，西文和数字为 Times New Roman、五号，首行缩进 2 字符，1.5 倍行距。具体操作步骤如下：

① 按快捷键 Ctrl+End，将光标置于“毕业论文（素材）.docx”文档末尾的空白段落。

② 单击“开始”选项卡的“样式”选项组的“对话框启动器”按钮，打开“样式”任务窗格。

③ 单击任务窗格左下角的“新建样式”按钮，打开“根据格式化创建新样式”对话框。

④ 在“名称”文本框中输入“论文正文”，在“后续段落样式”下拉列表中选择“论文正文”，取消勾选“自动更新”复选框，如图 1.4.6 所示。

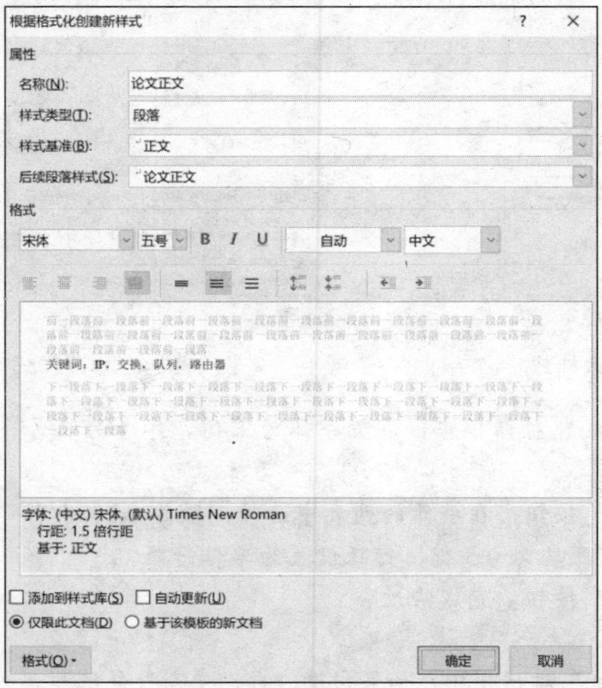

图 1.4.6　新建“论文正文”样式

⑤ 单击“格式”按钮，依次选择“字体...”和“段落...”，设置如下：

字体：中文为宋体、五号；西文和数字为 Times New Roman、五号。

段落：首行缩进 2 字符，1.5 倍行距，取消“如果定义了文档网格，则对齐到网格”复选框。

2）创建论文其他样式

依照上述方法，依次新建以下样式：

论文一级标题：黑体，三号，加粗，居中，段前、段后间距均为 0.5 行，行距为 1.5 倍。

论文二级标题：黑体，四号，加粗，左对齐，段前、段后间距均为 13 磅，行距为固定值 20 磅。

论文三级标题：黑体，小四，加粗，左对齐，段前、段后间距均为 13 磅，行距为固定值 20 磅。

关键词：宋体，小四，加粗，首行缩进 2 字符。

图表标题：宋体，小四，居中对齐。

3）设置样式基准

① 在“根据格式化创建新样式”对话框中，将“样式基准”设置为 Word 默认的同

级标题样式，如图 1.4.7 所示。

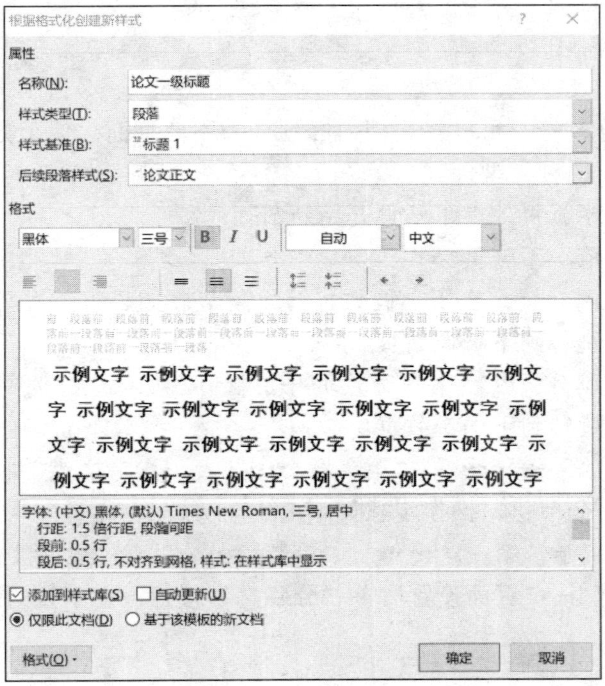

图 1.4.7　新建“论文一级标题”样式

② 对于“关键词”和“图表标题”等样式，将“样式基准”设置为“正文”。

③ 在所有新建样式的对话框中，将“后续段落样式”均设置为“论文正文”。

3. 应用样式

(1) 应用一级标题样式。

① 将光标置于标题“摘要”中，在“样式”任务窗格中选择“论文一级标题”样式。

② 将“第 × 章……”和“参考文献”也应用“论文一级标题”样式。

(2) 应用二级标题样式。

将类似“1.1……”的标题应用“论文二级标题”样式。

(3) 应用三级标题样式。

将类似“1.1.1……”的标题应用“论文三级标题”样式。

(4) 启用格式跟踪。

选择“文件”→“选项”，打开“Word 选项”对话框。在“高级”选项卡中勾选“保持格式跟踪”复选框，单击“确定”按钮。

(5) 应用正文样式。

① 将光标置于摘要正文中，单击“开始”→“编辑”→“选择”按钮，在下拉菜单中选择“选择格式相似的文本”命令，可以选中所有正文。

② 在“样式”任务窗格中选择“论文正文”样式，将所有正文统一应用该样式。

(6) 应用关键词样式。

参照样张，将摘要中的中英文关键词（如“关键词：IP，交换，队列，路由器”和“Key words: IP, switching, queue, router”）应用“关键词”样式。

1.4.2 分节符

1. 分节符

在文档中插入分节符，可以将文档内容划分为不同页面，便于分别对各节进行页面设置。分节符有以下四种类型：

- 下一页：强制分页，在下一页开始新节。
- 连续：仅分节，不分页。
- 偶数页：强制分页，在下一偶数页开始新节。如果下一页是奇数页，会自动插入空白页，跳转到下一偶数页。
- 奇数页：强制分页，在下一奇数页开始新节。如果下一页是偶数页，会自动插入空白页，跳转到下一奇数页。

毕业论文要求“第一章……”、“第二章……”及“参考文献”在新页上开始，因此需要插入“下一页”分节符。操作步骤如下：

① 将光标分别置于“第一章……”、“第二章……”及“参考文献”前。

② 单击“布局”→“页面设置”→“分隔符”按钮，在下拉列表中选择“下一页”分节符。

2. 制作封面

要求毕业论文封面使用教务规定的统一封面。操作步骤如下：

（1）按快捷键 Ctrl+Home，将光标定位到“摘要”标题前。

（2）单击“插入”→“文本”→“对象”下拉按钮，选择“文件中的文字”命令，打开“插入文件”窗口。

（3）在“插入文件”窗口中选择“论文封面.docx”文件，单击“插入”按钮，如图 1.4.8 所示。

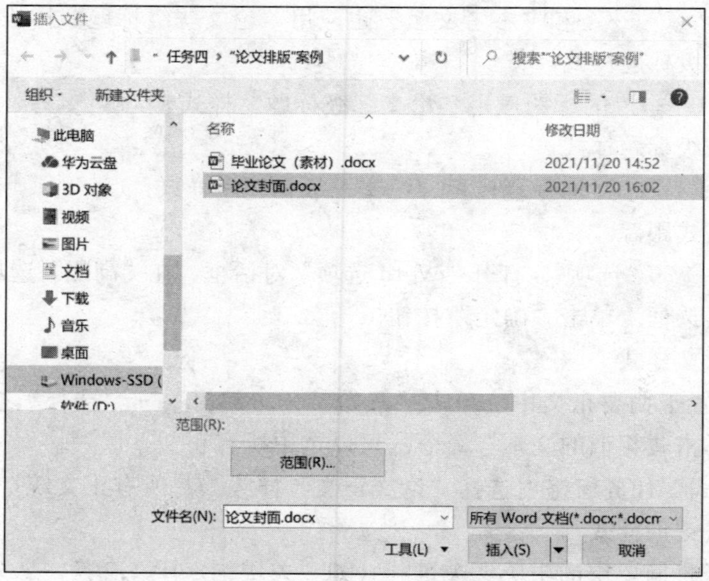

图 1.4.8 插入封面

1.4.3　创建题注并交叉引用

题注是为文档中的图、表格、公式或其他对象添加的编号标签。在文档编辑过程中，如果对题注执行添加、删除或移动操作，可以一次性更新所有题注编号，无须单独调整。

参照样张，将“2.2.1 交换技术的定义”这一节中的图片设置题注“图 2-1 交换的定义”，并在文中相应位置做交叉引用。

1. 插入题注

（1）选定“2.2.1 交换技术的定义”这一节中的图片，单击“引用”→“题注”→“插入题注”按钮，打开“题注”对话框，如图 1.4.9 所示。

（2）单击“新建标签”按钮，打开“新建标签”对话框，在“标签”文本框中输入“图 2-”，单击“确定”按钮返回“题注”对话框，再次单击“确定”按钮。此时，图片下方会出现题注“图 2-1”。

（3）在题注“图 2-1”后连续按两个空格键，输入“交换的定义”。

2. 交叉引用

（1）将光标定位于“2.2.1 交换技术的定义”这一节中的文字“如图所示”的“如”之后，删除“图”字。

（2）单击“引用”→“题注”→“交叉引用”按钮，打开“交叉引用”对话框。

① 在“引用类型”下拉列表中选择“图 2-”。

② 在“引用内容”下拉列表中选择“仅标签和编号”。

③ 在“引用哪一个题注”列表中选择“图 2-1 交换的定义”，如图 1.4.10 所示。

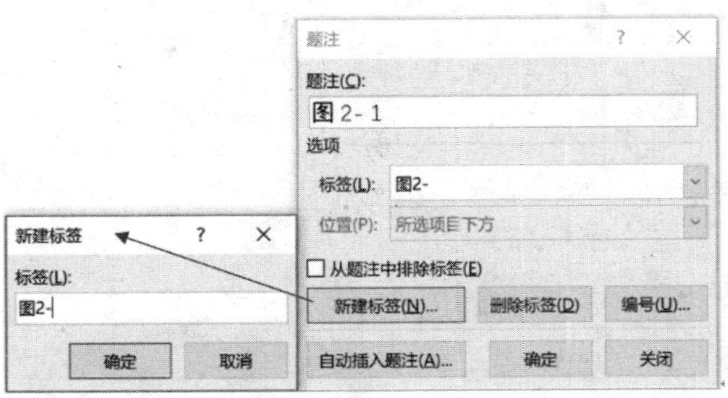

图 1.4.9　“题注”对话框

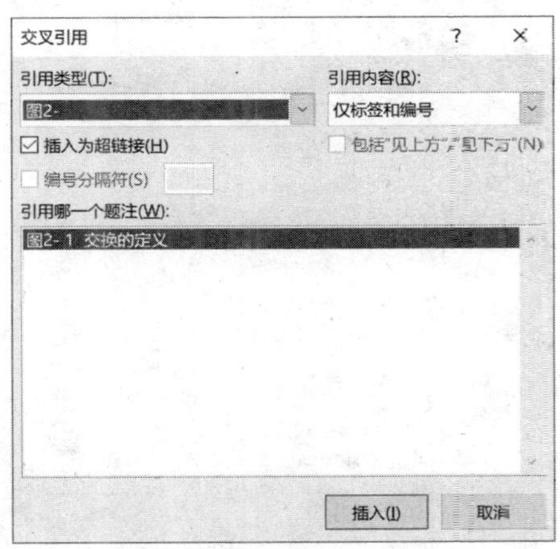

图 1.4.10　“交叉引用”对话框

④ 单击“插入”按钮，再单击“交叉引用”对话框的“关闭”按钮，关闭“交叉引用”对话框。

注意：交叉引用是以域的形式插入到文档中的。当文档中的题注发生变化时，只需进行打印预览，文档中的其他题注序号及引用内容会自动更新。

3. 为图片和题注设置格式

（1）将图片设置为居中对齐。

（2）将题注应用“图表标题”样式。

1.4.4 创建目录

目录是长文档中不可或缺的部分，它可以帮助读者了解文档的章节结构并快速检索内容。Word 2016 提供了自动目录功能，便于快速制作目录。由于目录是基于样式创建的，因此在自动生成目录前，需要将章节标题应用样式（如“标题 1”“标题 2”）。一般情况下，使用 Word 内置的标题样式即可。

之前已经为各标题应用了自定义的各级论文标题样式，接下来可以直接创建目录。

操作步骤如下：

（1）将光标置于标题“第一章 课题的提出”前，单击“插入”→“页面”→“空白页”按钮，在第 3 页插入一个空白页。

（2）将光标置于空白页页首，输入“目录”，应用“论文一级标题”样式，按 Enter 键换行。

（3）单击“引用”→“目录”→“目录”按钮，在下拉列表中选择“自定义目录”命令，打开“目录”对话框。

（4）单击“选项”按钮，打开“目录选项”对话框。在“目录级别”下方的文本框中，仅保留“论文一级标题”“论文二级标题”“论文三级标题”，删除其余内容，如图 1.4.11 所示。单击“确定”按钮返回“目录”对话框，再次单击“确定”按钮完成目录创建。

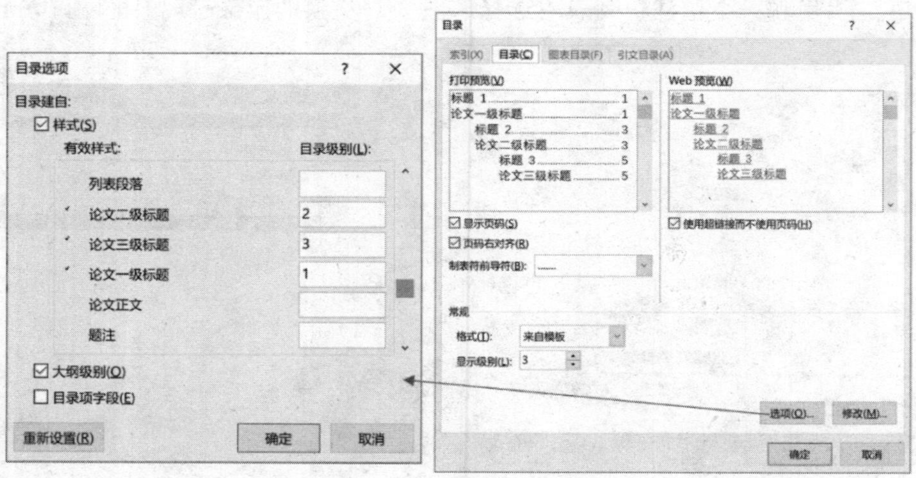

图 1.4.11 创建目录

1.4.5 页眉和页脚

1. 短文档中的页眉和页脚

页眉和页脚是文档中用于显示注释性信息的部分，如章节标题、作者、日期和时间、文件名或公司标志等。通常，页眉位于页面顶部，页脚位于页面底部。需要注意的是，页眉和页脚的效果仅在页面视图和打印预览模式下可见。

对于较短的文档，整篇文档被视为一节。在 Word 中创建页眉和页脚时，无须为每一页单独输入内容。只需在任意一页上输入页眉和页脚内容，Word 会自动将其应用到该节的所有页面上。

1）插入页眉和页脚

操作步骤如下：

① 单击“插入”→“页眉和页脚”→“页眉”或“页脚”按钮。

② 在展开的下拉列表中选择“编辑页眉”或“编辑页脚”命令。也可以直接选择内置的页眉或页脚样式，如图 1.4.12 所示。

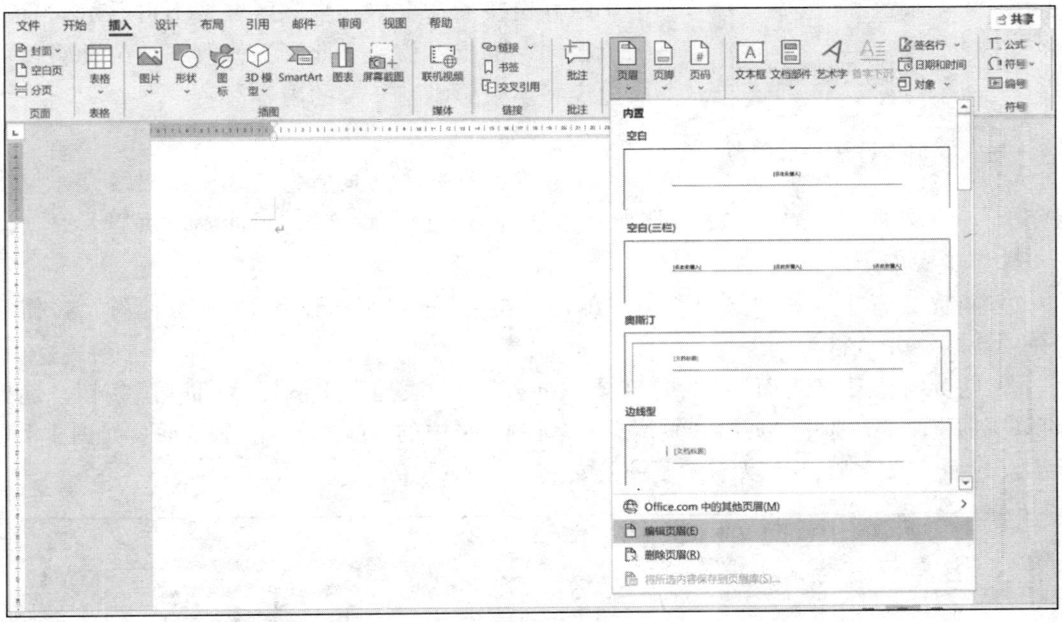

图 1.4.12 插入页眉和页脚

③ 在页眉或页脚区域输入文本内容，或使用“页眉和页脚”选项卡中“插入”选项组中的命令插入日期、文档属性、logo 图片等对象，或添加页码。

插入页眉和页脚后，会自动显示“页眉和页脚”选项卡，如图 1.4.13 所示。通过该选项卡，可以对页眉和页脚进行编辑和修改。

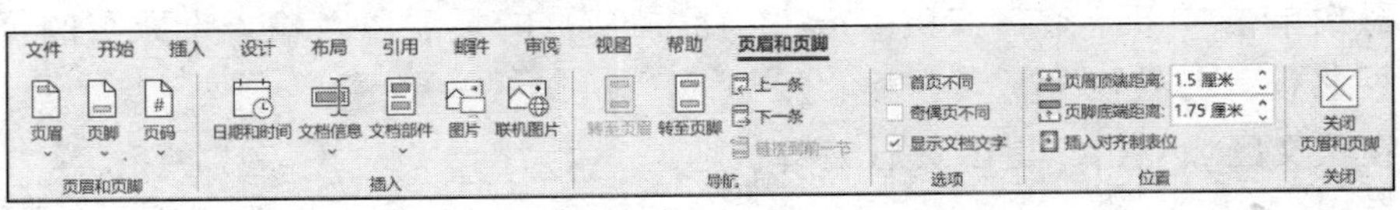

图 1.4.13 “页眉和页脚”选项卡

2）退出页眉和页脚编辑状态

退出页眉和页脚编辑状态有以下两种方法：

方法一：单击“页眉和页脚”→“关闭”→“关闭页眉和页脚”按钮。

方法二：直接在文档正文区域双击。

同样，双击页眉或页脚区域，可以快速进入页眉和页脚编辑状态。

3）删除页眉和页脚

删除页眉和页脚，可以分别单击“插入”→“页眉和页脚”→“页眉”按钮或“页脚”按钮，在展开的列表中选择“删除页眉”或“删除页脚”命令。

2. 长文档中的页眉和页脚

在 Word 中，页眉和页脚是以“节”为单位设置的，各节之间默认是“链接”的。这意味着修改上一节的页眉或页脚会自动影响下一节。为了避免这种情况，需要断开各节之间的链接。

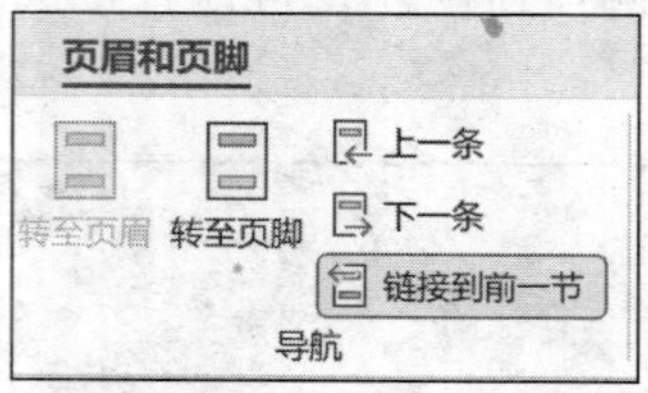

图 1.4.14 取消“链接到前一节”

单击“页眉和页脚”→“导航”→“链接到前一节”按钮，如图 1.4.14 所示，各节之间的链接就断开了。断开链接后，页眉和页脚区域将不再显示“与上一节相同”的提示信息。此时，修改本节的页眉和页脚内容将不会影响前一节的内容。

1）页眉

设置论文奇数页的页眉为“IP 交换网络设计与性能分析”，偶数页的页眉为“××职业技术学院毕业设计论文”，封面不设页眉。

操作步骤如下:

① 将光标置于标题“摘要”前，单击“布局”→“页面设置”→“分隔符”按钮，选择“连续”分节符。

② 将光标置于“封面”页中，单击“插入”→“页眉和页脚”→“页眉”按钮，选择“编辑页眉”命令。选中“页眉和页脚”→“选项”组中的“首页不同”复选框，如图 1.4.15 所示。封面不设页眉，所以不需要输入文字。

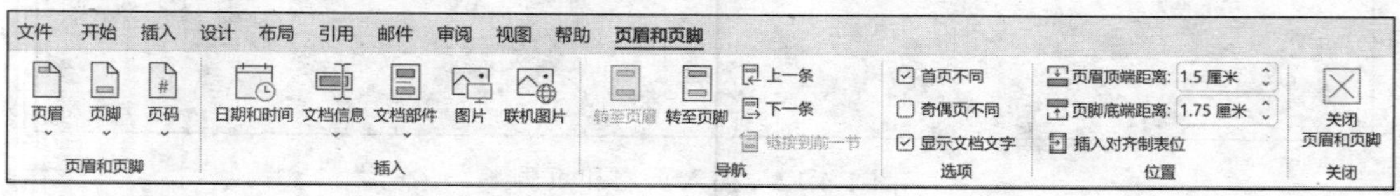

图 1.4.15 “首页不同”选项

③ 单击“页眉和页脚”→“导航”→“下一条”按钮，进入“摘要”页的页眉区，选中“奇偶页不同”复选框，单击“链接到前一节”按钮取消各节之间的链接，输入偶数页的页眉内容“××职业技术学院毕业设计论文”。

④ 再次单击“下一条”按钮，进入“目录”页的页眉区，输入奇数页的页眉内容“IP 交换网络设计与性能分析”。

⑤ 在正文区域双击，退出页眉编辑状态。

2）页码

封面不设页码，从“摘要”页至最后一页在页脚区居中设置连续页码。

操作步骤如下:

① 在“摘要”页的页脚区双击，单击“页眉和页脚”→“导航”→“链接到前一节”按钮，取消与上一节相同。

② 单击“页眉和页脚”→“页码”按钮，在下拉菜单中选择“设置页码格式…”，打开“页码格式”对话框，选择“编号格式”为“1, 2, 3...”，选中“起始页码”单选按

钮并设置起始页码为“1”，如图 1.4.16 所示，单击“确定”按钮。

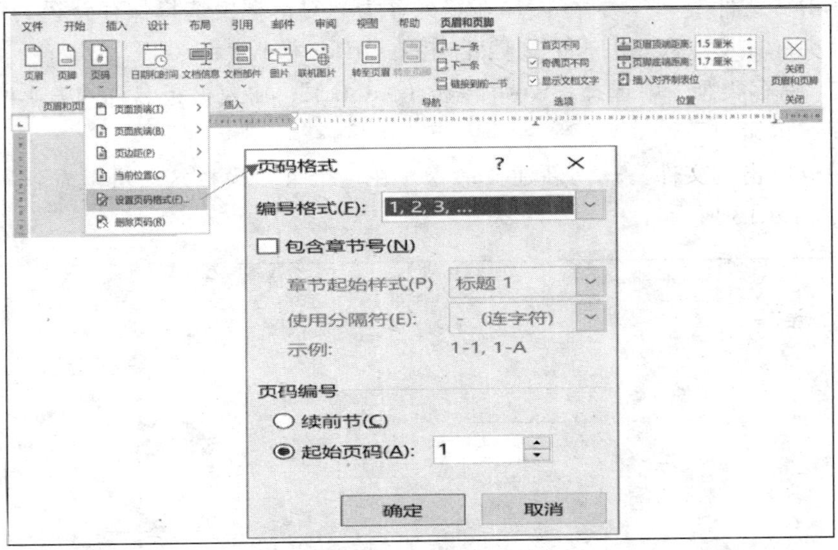

图 1.4.16 设置页码格式

③ 单击“页眉和页脚”→“页码”按钮，选择“当前位置”中的“普通数字”，在“摘要”页的页脚区中出现页码“1”。单击“开始”→“段落”→“居中”按钮，设置页码居中对齐。

④ 单击“下一条”按钮，转至下一页的页脚，同样单击“链接到前一节”按钮取消与上一节相同，重复步骤③，插入页码“2”，设置页码居中对齐。

⑤ 在正文区双击退出页眉、页脚编辑状态，完成设置。

1.4.6 更新目录

目录可以自动创建，但不会自动更新。当文档内容发生变化后，需要手动更新目录以反映最新的章节结构。

单击“引用”→“目录”→“更新目录”按钮，或者在目录区域右击，选择“更新域”，打开“更新目录”对话框，如图 1.4.17 所示。在对话框中，选中“更新整个目录”单选按钮，然后单击“确定”按钮，完成目录更新。

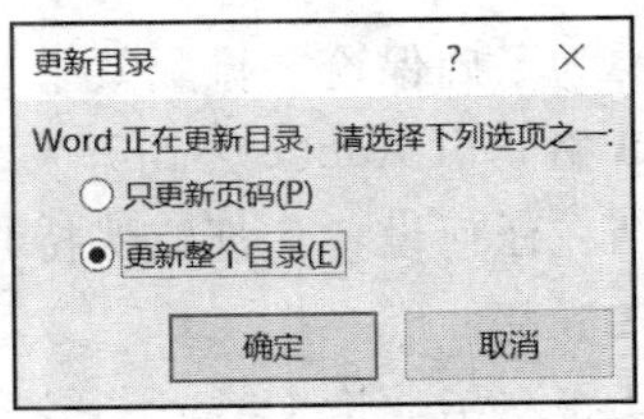

图 1.4.17 “更新目录”对话框

选择“文件”→“另存为”命令，将文档另存为“毕业论文.docx”。

1.4.7 模板

模板是预设了固定格式的文档，使用模板可以快速创建具有一定专业水平的文档。Word 提供了多种模板，包括本地模板和联机模板。本地模板包括已安装的模板和用户自定义模板，而联机模板需要从 Office.com 获取。Normal 模板是 Word 的基础模板，如果遭到破坏，可能导致文档无法打开。

现在需要将排好版的毕业论文格式保存为模板，方便今后使用。

（1）打开“毕业论文.docx”文档，删除内容，仅保留提示性信息。

（2）单击“文件”→“另存为”，在“另存为”对话框中选择保存路径为 Word 默认的模板文件夹（如 C:\user\用户名\文档\自定义 Office 模板）。

（3）在“保存类型”中选择“Word 模板（*.dotx）”，输入模板名称“毕业论文模板”，单击“保存”按钮。

保存后，单击“文件”→“新建”命令，在“个人”模板区域可以看到“毕业论文模板”，如图 1.4.18 所示。

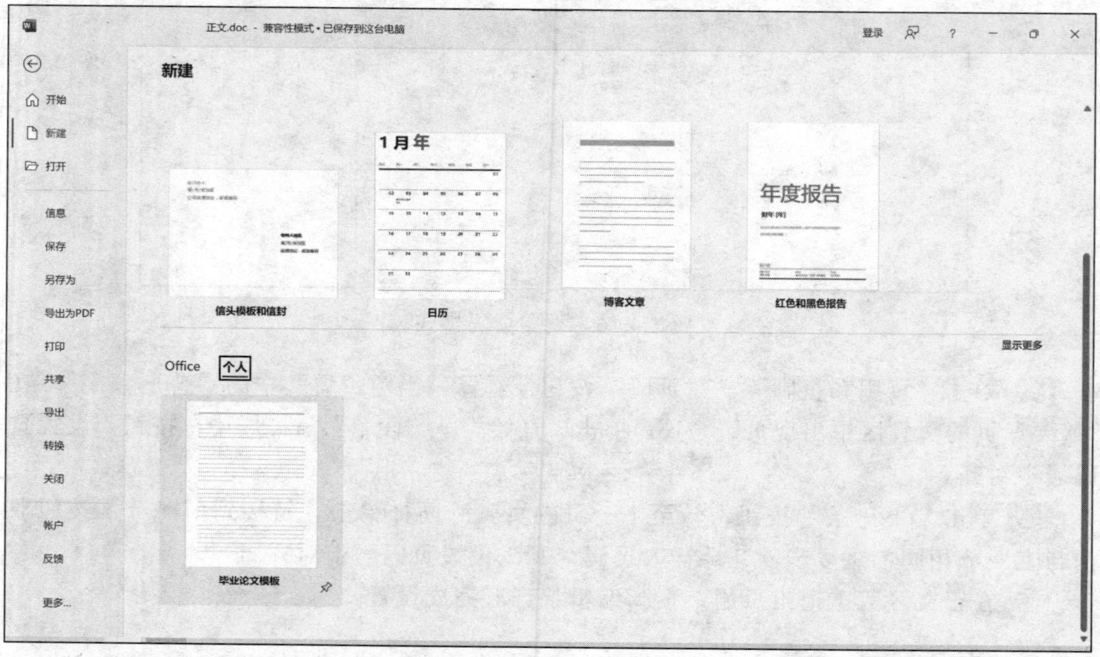

图 1.4.18 模板

1.4.8 PDF 格式

为了确保论文排版效果在任何设备上都能保持一致，建议将文档保存为 PDF 格式。PDF 格式由 Adobe 公司开发，全称为 Portable Document Format（便携式文档格式）。PDF 文档在任何设备上都能保持与原设计完全相同的显示效果，避免因字体缺失等问题导致格式混乱。

将“毕业论文.docx”文档加密并以 PDF 格式发布。

操作步骤如下：

（1）单击“文件”→“另存为”→“浏览”，打开“另存为”对话框，在对话框中选择“PDF（*.pdf）”保存类型。

（2）如果需要为 PDF 文档加密，单击“选项”按钮，打开“选项”对话框，如图 1.4.19 所示，选中“使用密码加密文档”复选框，然后单击“确定”按钮。

（3）在弹出的“加密 PDF 文档”对话框中，输入密码，如图 1.4.20 所示，单击“确定”按钮，返回“另存为”对话框。

（4）单击“保存”按钮。

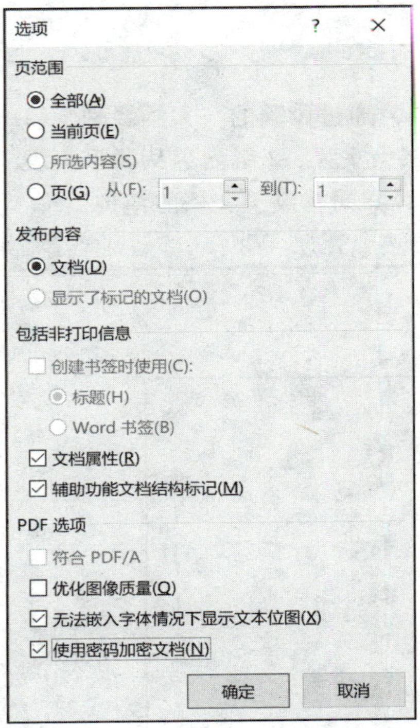

图 1.4.19　“选项”对话框

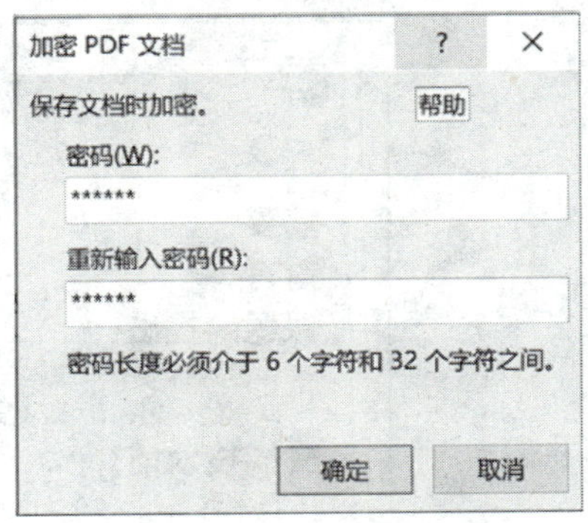

图 1.4.20　加密 PDF 文档

知识拓展

1. 分页符

在文档编辑过程中，有时需要另起一页。通常人们习惯通过插入多个空行来实现，但这会导致文档修改时重复排版，降低工作效率。使用分页符可以更高效地实现分页布局。

操作步骤如下：

(1) 将光标置于需要分页的位置。

(2) 单击“布局”→“页面设置”→“分隔符”按钮，在下拉列表中选择“分页符”。

分页符会将光标后的内容布局到一个新页面中，且分页符前后页面的设置属性及参数均保持一致。

2. 自动换行符

如果需要在一个段落内强制换行，可以使用自动换行符。操作步骤如下：

(1) 将光标置于需要换行的位置。

(2) 在“分隔符”下拉列表中选择“自动换行符”，或者按下快捷键 Shift + Enter。

自动换行符后的文字将另起一行，但新行仍属于同一个段落。

3. 撰写长文档

撰写长文档时，通常需要先确定文档的结构和大纲，再根据大纲收集素材和编写文稿。这种工作方式在 Word 中体现为，先在大纲视图中草拟大纲，然后切换到页面视图中编辑文档的其他内容。

1）草拟大纲

Word 中的文字分为“正文”和“标题”两类，通过段落的“大纲级别”（1～9 级、正文文本）属性来区分。大纲级别体现了内容的层级关系，2 级内容从属于 1 级，3 级内容从属于 2 级，以此类推。所有这些有层级的内容共同构成了文档的结构。

实践与体验

参照图 1.4.21，在大纲视图中草拟大纲。

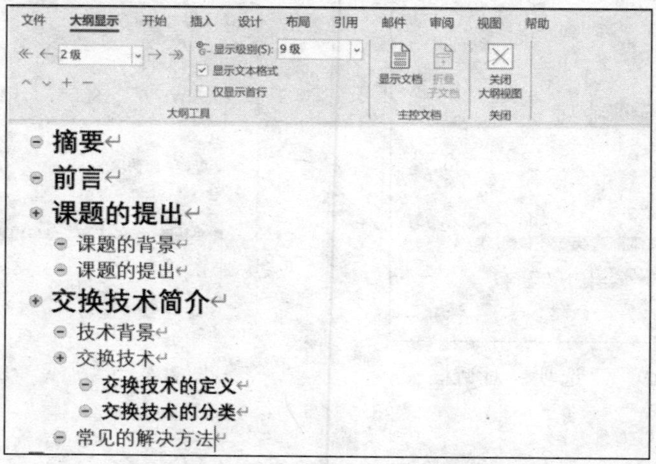

图 1.4.21　在大纲视图中草拟大纲

操作步骤如下：

① 新建空白文档，单击“视图”→“大纲”按钮，进入大纲视图。

② 参照图 1.4.21，输入文档标题和各章节标题，默认大纲级别为 1 级。

③ 选定需要降级的内容，如“课题的背景”“课题的提出”，以及“技术背景”“交换技术”“常见的解决方法”，设置大纲级别为 2 级。

④ 同理，设置更细分的内容为 3 级，如“交换技术的定义”和“交换技术的分类”。

⑤ 完成大纲后，单击“关闭大纲视图”按钮，返回页面视图。

2）收集素材

初步确定文档结构后，可在书籍或互联网上查找资料，复制到文档中。建议使用“直接粘贴”保留源格式（如大纲级别、项目符号等），以便后期整理。

4. 插入脚注和尾注

脚注和尾注通常用于显示引用资料的来源或输入说明性信息。脚注位于页面底部或指定文字下方，尾注位于文档结尾或指定节的结尾。两者均通过短横线与正文分隔，且注释文本的字号通常小于正文字号。

在文档中插入脚注或尾注的方法如下：

（1）选择需要添加脚注或尾注的文本。

（2）单击“引用”→“脚注”→“插入脚注”按钮，在页面底端输入脚注的注释文本，如图 1.4.22 所示。

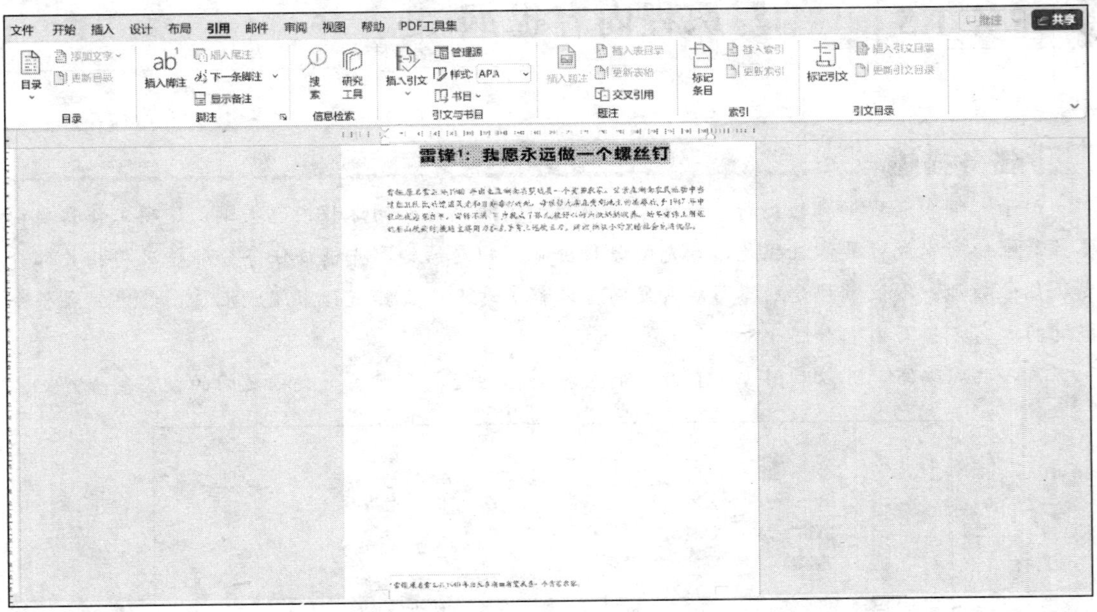

图 1.4.22　插入脚注

（3）单击“插入尾注”按钮，在文档结尾输入尾注的注释文本。

（4）单击“脚注”选项组中的“对话框启动器”按钮，打开“脚注和尾注”对话框，如图 1.4.23 所示，可设置脚注或尾注的位置、格式及应用范围。

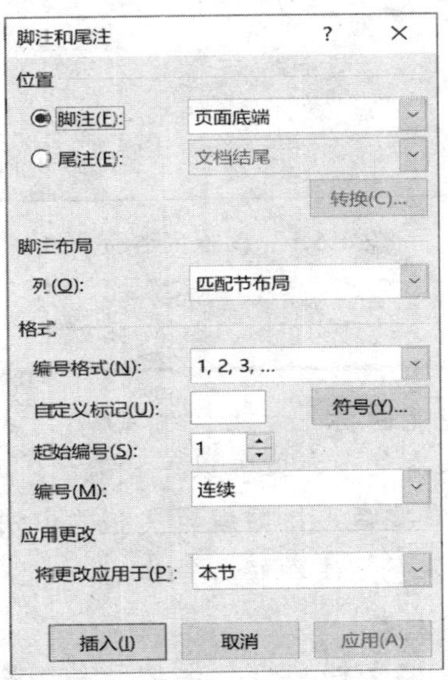

图 1.4.23　“脚注和尾注”对话框

插入脚注或尾注后，将鼠标指针停留在引用标记上，注释文本会以屏幕提示形式显示，无须滚动到页面底部或文档结尾。

任务 1.5 编写课程内容提纲

任务描述

由于大纲和课程标准的更新，教研室安排教师团队编写新的课程内容提纲，这项工作需要由多位教师协同完成。具体流程是，首先由课程负责人拟定结构，并根据任务分配情况将相关部分发给各位教师。各位教师分别撰写后，发回给课程负责人，由其进行审阅和汇总，最终完成整个提纲的编写。撰写内容如图 1.5.1 所示。

多人共同编写，可以利用 Word 2016 的主控文档功能，实现多个文档之间的数据整合。

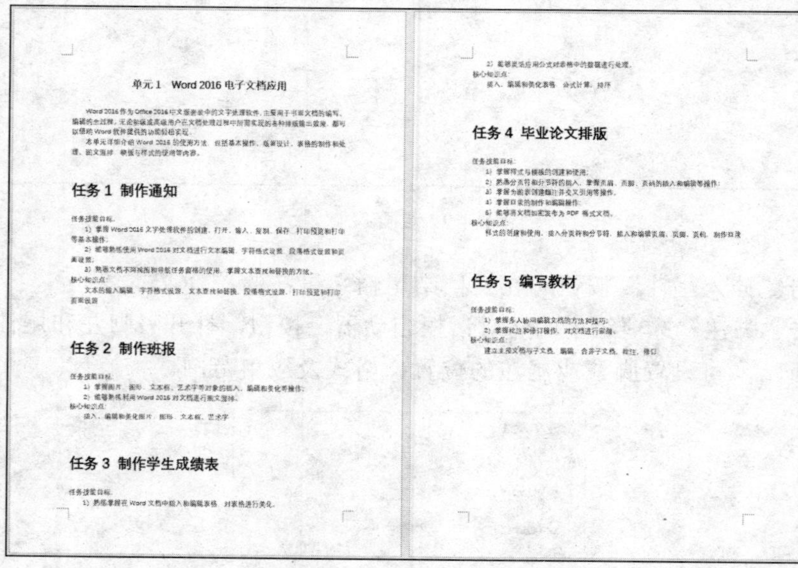

图 1.5.1 课程内容提纲

任务分析

任务技能目标

通过本次任务，掌握以下技能：

（1）掌握多人协同编辑文档的方法和技巧；

（2）掌握批注和修订操作。

核心知识点

建立主控文档，拆分主控文档，合并子文档，批注，修订，共享文档。

任务实现

1.5.1 建立主控文档和子文档

课程负责人需要先创建主控文档，并通过主控文档组织管理子文档。

1. 创建主控文档

启动 Word 2016，创建一个新的文档作为主控文档，内容如图 1.5.2 所示。

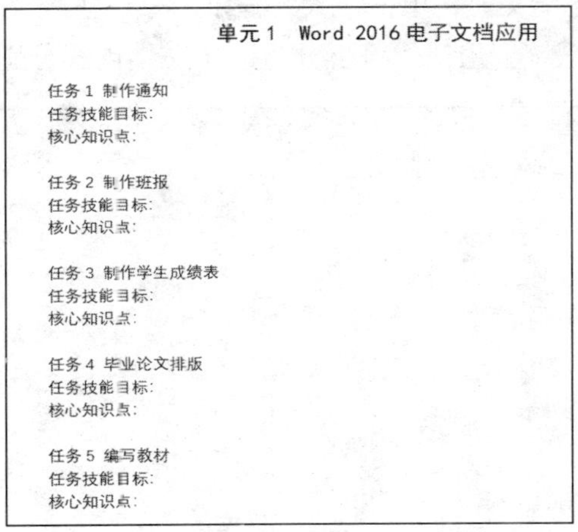

单元 1　Word 2016 电子文档应用

任务 1 制作通知
任务技能目标:
核心知识点:

任务 2 制作班报
任务技能目标:
核心知识点:

任务 3 制作学生成绩表
任务技能目标:
核心知识点:

任务 4 毕业论文排版
任务技能目标:
核心知识点:

任务 5 编写教材
任务技能目标:
核心知识点:

图 1.5.2　主控文档

2. 设置标题样式

将标题“单元 1　Word 2016 电子文档应用”设置为标题样式。将“任务 1 制作通知”“任务 2 制作班报”“任务 3 制作学生成绩表”“任务 4 毕业论文排版”“任务 5 编写教材”设置为“标题 1”样式。操作步骤如下：

（1）选定主控文档中的标题“单元 1　Word 2016 电子文档应用”，选择“开始”→“样式”→“标题”，将其应用标题样式。

（2）同上，将“任务 1 制作通知”“任务 2 制作班报”“任务 3 制作学生成绩表”“任务 4 毕业论文排版”“任务 5 编写教材” 应用“标题 1”样式，如图 1.5.3 所示。

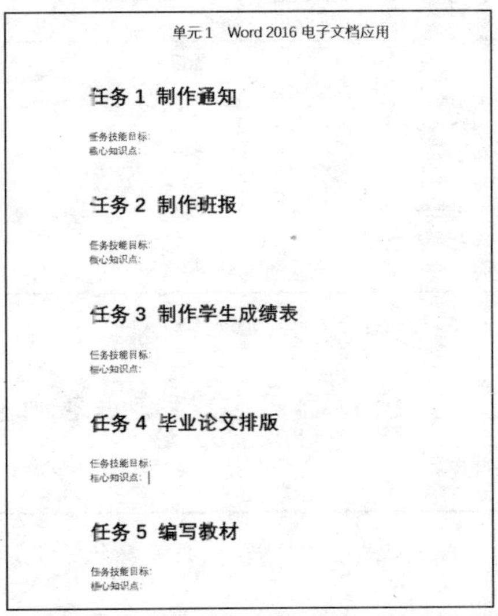

单元 1　Word 2016 电子文档应用

任务 1 制作通知

任务技能目标:
核心知识点:

任务 2 制作班报

任务技能目标:
核心知识点:

任务 3 制作学生成绩表

任务技能目标:
核心知识点:

任务 4 毕业论文排版

任务技能目标:
核心知识点:

任务 5 编写教材

任务技能目标:
核心知识点:

图 1.5.3　设置样式

3. 切换到大纲视图

单击“视图”→“大纲”按钮，切换到大纲视图。

4. 创建子文档

单击“大纲显示”→“主控文档”→“显示文档”按钮，展开“主控文档”区域。

按快捷键 Ctrl+A 选定全文，再单击“大纲显示”→“主控文档”→“创建”按钮，将文档拆分为 6 个子文档。系统会用框线将拆分后的子文档内容分别围起来，如图 1.5.4 所示。

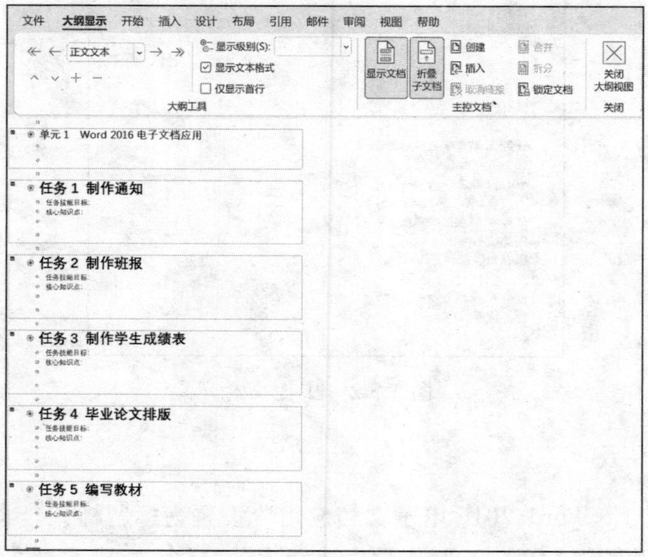

图 1.5.4 将主控文档拆分成子文档

5. 保存主控文档和子文档

将主控文档另存为“Word 课程内容提纲.docx”，并保存到一个单独的文件夹中。

此时，Word 会自动在该文件夹中创建“单元 1 Word 2016 电子文档应用.docx”“任务 1 制作通知.docx”等 6 个子文档，如图 1.5.5 所示。

名称	修改日期	类型
Word课程内容提纲.docx	2022/6/23 21:51	DOCX 文档
单元1 Word 2016电子文档应用.docx	2022/6/23 21:51	DOCX 文档
任务1 制作通知.docx	2022/6/23 21:51	DOCX 文档
任务2 制作班报.docx	2022/6/23 21:51	DOCX 文档
任务3 制作学生成绩表.docx	2022/6/23 21:51	DOCX 文档
任务4 毕业论文排版.docx	2022/6/23 21:51	DOCX 文档
任务5 编写教材.docx	2022/6/23 21:51	DOCX 文档

图 1.5.5 保存子文档

注意：保存主控文档后，子文档不能改名或移动，否则主控文档将因找不到子文档而无法显示。

小贴士

已存在的文档也可以作为子文档插入主控文档中，从而将多个文档合理组织成一个长文档。具体操作步骤如下：

（1）打开主控文档，切换到大纲视图，并将光标定位到要插入子文档的位置。

（2）单击“大纲显示”→“主控文档”→“展开子文档”，再单击“插入”按钮，弹出“插入子文档”对话框。

（3）在“插入子文档”对话框的文件列表中，找到要添加的文件并单击“打开”按钮，即可将该文档作为子文档插入主控文档中。

1.5.2 打开、编辑、锁定及删除子文档

1. 子文档的编辑与汇总

课程负责人将各个子文档按分工发给各位老师进行编辑。老师编辑完成后，将文档发回。课程负责人将收回的文档复制粘贴到原文件夹中，覆盖同名文件，完成汇总。

2. 打开子文档

打开主控文档“Word 课程内容提纲.docx”，文档中显示的是子文档的地址链接，如图 1.5.6 所示。若要打开某个子文档，按住 Ctrl 键的同时单击子文档名称，子文档内容将在 Word 新窗口中显示，可以对子文档进行修改和批注，如图 1.5.7 所示。

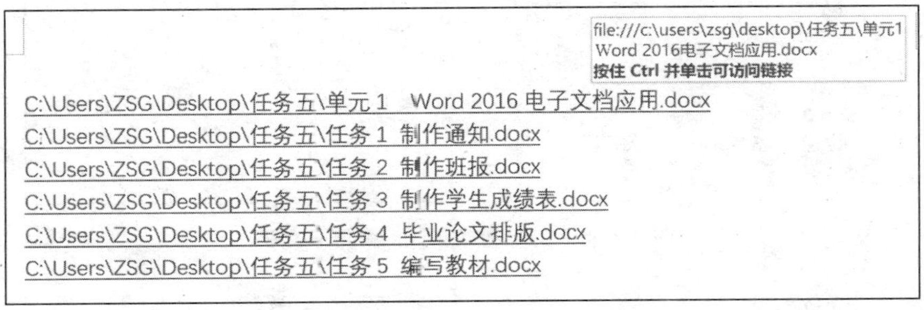

图 1.5.6 主控文档中的子文档链接

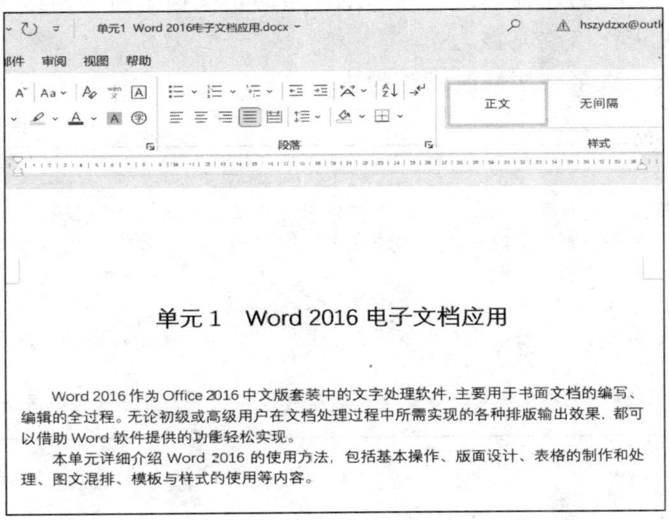

图 1.5.7 在子文档窗口中编辑子文档

3. 在主控文档中编辑子文档

也可将主控文档切换到大纲视图，单击“大纲显示”→“主控文档”→“展开子文档”按钮，在主控文档中直接显示各子文档内容，可以进行修改和批注。所有操作会同步保存到对应的子文档文件中，如图 1.5.8 所示。完成编辑后，单击“折叠子文档”按钮，子文档又会以超链接形式显示。

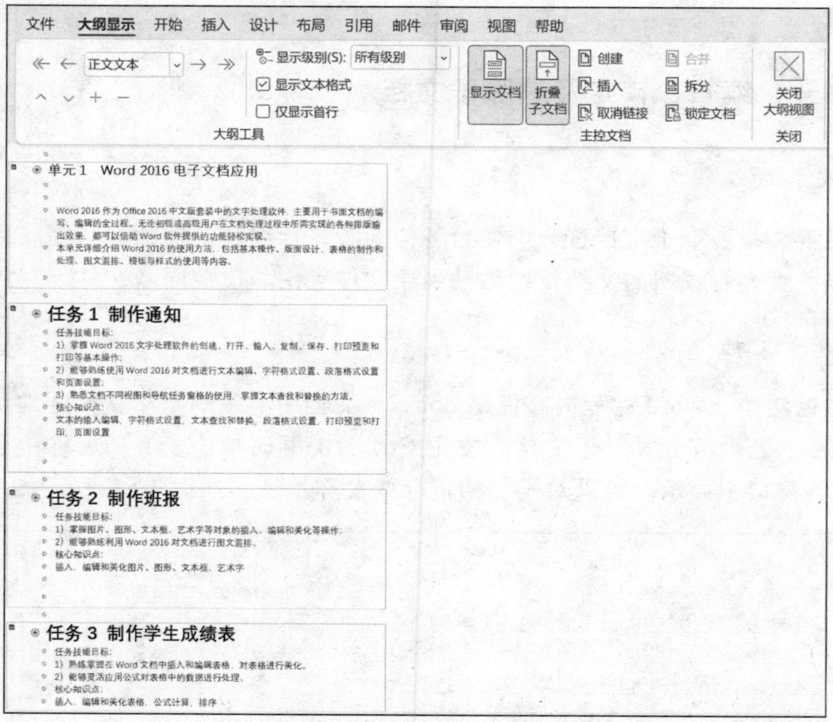

图 1.5.8 在主控文档中编辑子文档

4. 修订与反馈

主控文档修改完成后保存，并将修订批注后的子文档重新发回给各位老师。老师根据修订和批注意见进行修改完善。

重复以上步骤，直至文档修改满意为止。

小贴士

1. 锁定子文档

若需禁止在主控文档中编辑子文档，可在大纲视图下单击“锁定文档”按钮。此时，子文档标记下方将显示锁形标记，表示子文档已被锁定，无法在主控文档中进行编辑。再次单击“锁定文档”按钮可解除锁定。

2. 删除子文档

若要删除主控文档中的子文档，需在大纲视图下且子文档处于展开状态。单击子文档左上角的标记按钮选中该子文档，然后按 Delete 键删除。

注意：删除操作仅移除主控文档中与该子文档的超链接关系，子文档本身仍保留在其原始位置。

1.5.3 合并子文档

为便于学校审阅，“Word 课程内容提纲.docx”文档需转换为普通文档再提交，因为主控文档打开时不会自动显示子文档内容，且必须附上所有子文档。操作步骤如下：

（1）打开主控文档“Word 课程内容提纲.docx”，单击“大纲显示”→“主控文档”→“展开子文档”和“显示文档”按钮，将所有子文档内容完全显示。

（2）将光标移至要合并的子文档中，单击“大纲显示”→“主控文档”→“取消链接”按钮。此时，子文档标记消失，其内容自动成为主控文档的一部分，如图 1.5.9 所示。

（3）选择“文件”→“另存为”，将合并后的文档另存为普通文档。

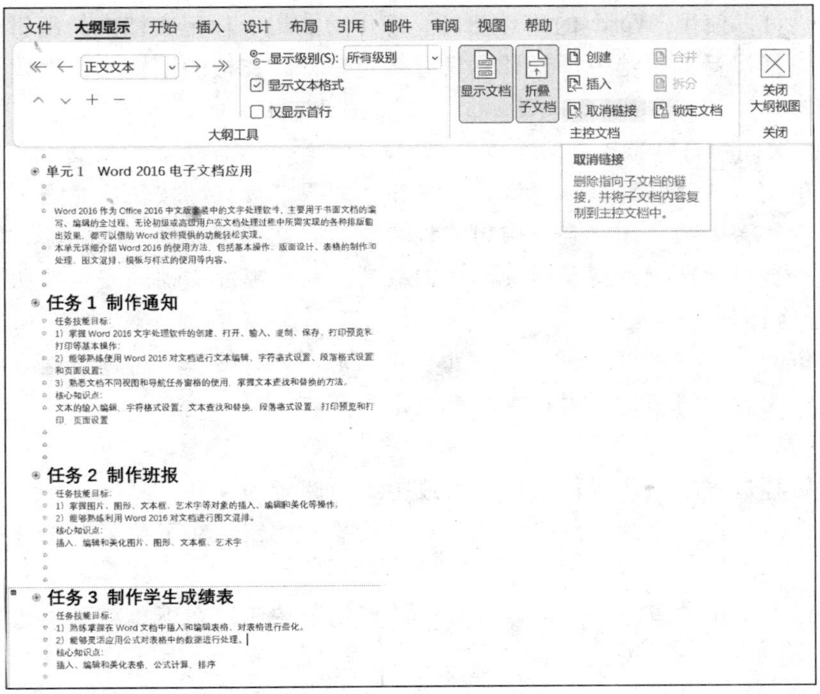

图 1.5.9 取消链接

注意： 建议使用“另存为”而不是直接保存，以保留原始主控文档，便于后续可能的编辑操作。

知识拓展

1. 批注

在多人协同处理文档时，为表达审阅意见，可在文档中插入批注。批注不会修改文档本身，而是以带颜色的方框形式在页面空白处添加注释信息。

1）插入批注

选定要批注的内容，单击“审阅”→“批注”→“新建批注”按钮，页面右侧将显示批注框。在批注框中输入内容，单击框外任意区域完成批注。

2）编辑批注

若需修改批注，单击批注框进行编辑，完成后单击框外任意区域即可。

3）删除批注

删除单条批注：单击“审阅”→“批注”→“删除”→“删除”命令，或者右键单击该批注，选择“删除批注”命令。

删除所有批注：单击“审阅”→“批注”→“删除”→“删除文档中的所有批注”命令，如图 1.5.10 所示。

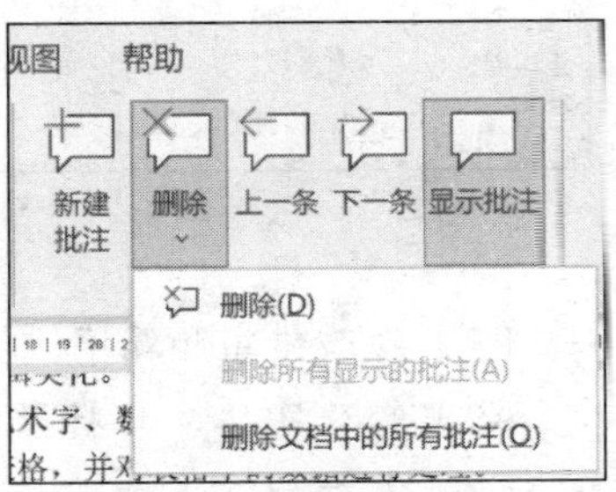

图 1.5.10 删除批注

2. 修订

在工作中，当报告或策划文案需要多人共同修改或补充意见时，可以使用 Word 的修订功能。修订功能用于标记文档中的编辑操作，用户可根据需求选择接受或拒绝每处修订。只有接受修订，文档的编辑才会生效，否则文档将保留原内容。

1）打开/关闭修订功能

单击“审阅”→“修订”→“修订”按钮。如果“修订”按钮加亮显示，则表示修订功能已开启；否则为关闭状态。启用修订功能后，文档中的插入、删除、修改或格式更改等操作将被自动标记，便于后续确认或取消，从而提高文档的安全性和严谨性。

2）查看修订

单击“审阅”→“修订”→“上一处”或“下一处”按钮，可逐条查看修订标记。如果有多位审阅者参与修订，可在查看前指定审阅者。

3）审阅修订

在查看修订过程中，作者可选择接受或拒绝审阅者的修订。

接受修订：单击“审阅”→“修订”→“接受”按钮，在下拉菜单中选择相应的接受命令。

拒绝修订：单击“审阅”→“修订”→“拒绝”按钮，在下拉菜单中选择相应的拒绝命令。

实践与体验

这是一首北宋范仲淹的词《渔家傲》，其中有多处错误，请进行修订，并为某些词语加上批注，如图 1.5.11 所示。

渔家傲

塞下秋来风景异，衡阳雁去无留意。四面边声连角起。千账里，长烟落日孤城闭。

浊酒一杯家万里，燕然未勒归无计。羌管悠霜满地。人不寐，将军白发征夫泪！

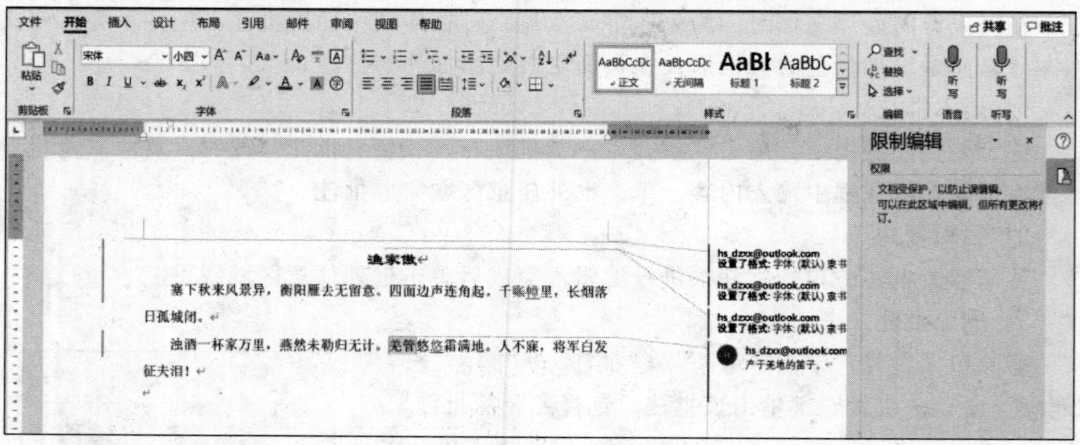

图 1.5.11 修订、批注

（1）修改错字和漏字。将“账”改为“幛”；补全“羌管悠悠霜满地”中的“悠”字。

（2）修改字体。将标题“渔家傲”字体设置为隶书。

（3）添加批注。为“羌管”添加批注，批注内容为“产于羌地的笛子”。

（4）保护文档。选择“文件”→“信息”→“保护文档”→“限制编辑”命令，设置该文档仅允许审阅者进行修订。

3. 多人协同编辑

Word 2016 提供 1TB 的 OneDrive 云存储空间，可将文件保存到云端，并通过设置共享实现多人协作编辑。

1）登录微软账户

单击“文件”→“账户”→“登录”按钮，登录微软账户，如图 1.5.12 所示。这是使用 OneDrive 云存储的前提。

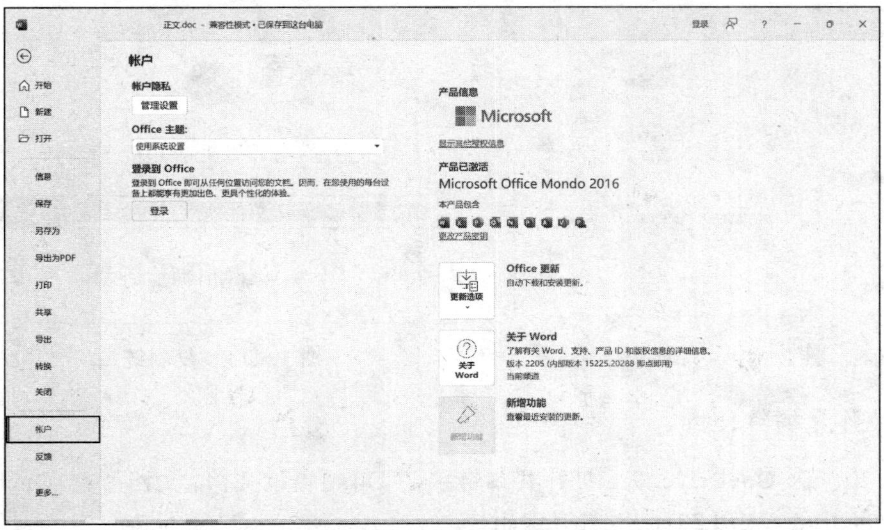

图 1.5.12　登录微软账户

2）将文件保存到云端

选择“文件”→“另存为”，选择保存位置为“OneDrive”，将文件保存到云端，如图 1.5.13 所示。这一步确保文件存储在可共享的位置。

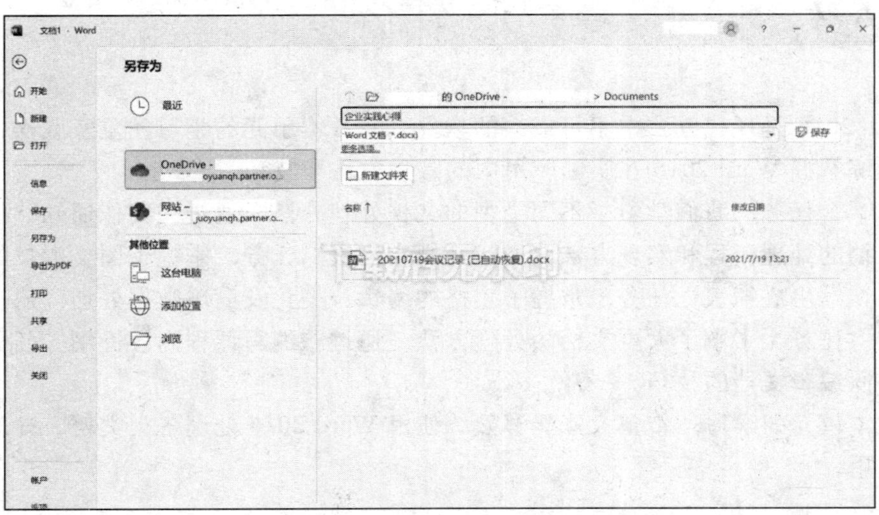

图 1.5.13　保存到 OneDrive 云

4. 共享文件

单击“文件”→“共享”，打开“发送链接”对话框，输入协作者的电子邮箱，并将权限设置为“可编辑”，如图 1.5.14 所示，然后单击“发送”按钮，将文件共享给协作者。或者，在“发送链接”对话框中单击“复制”按钮，将复制链接发送给协作者，如图 1.5.15 所示。

图 1.5.14 共享文件

图 1.5.15 复制链接

5. 协作者编辑文档

协作者登录 OneDrive 云，打开共享链接，即可编辑该文档。文档可在 OneDrive 在线编辑，也可在 Word 2016 中打开编辑。

如果多人同时编辑，文档下方会显示正在编辑的用户数及文档的更新情况。当出现“可用更新”提示时，表示文档已被他人修改，此时可保存这些更新到本地文档。

单元小结

Word 2016 是现代办公中不可或缺的软件之一。本单元的学习注重实践操作，以帮助大家熟练掌握 Word 2016 在实际应用中的各种方法和技巧。

通过 5 个任务，我们学习了不同类型的文档处理方法。通过“制作通知”任务，学习了短文档的处理流程和实现方法；通过“制作班报”任务，掌握了图文混排的方法；通过“制作学生成绩表”任务，掌握了表格的编辑、美化及简单数据处理；通过“排版毕业论文”任务，了解了大型文档的处理方法；通过“编写课程内容提纲”任务，学习了多人协同编辑文档的技巧。

通过本单元的学习，希望大家能够熟练使用 Word 2016 处理各类文档，并使其更加美观、实用。

课后习题

一、选择题

1. 在 Word 2016 中，选择一个矩形块时，应按住（ ）键并按下鼠标左键拖动。

A. Ctrl B. Shift C. Alt D. Tab

2. 在 Word 2016 中，段落对齐方式中的“分散对齐”指的是（ ）。

A. 左右两端都对齐，字符少的则加大间隔，把字符分散开以使两端对齐

B. 左右两端都要对齐，字符少的则靠左对齐

C. 或者左对齐或者右对齐，统一就行

D. 段落的第一行右对齐，末行左对齐

3. 关于 Word 2016，下面说法错误的是（ ）。

A. 既可以编辑文本内容，也可以编辑表格

B. 可以利用 Word 2016 制作网页

C. 可在 Word 2016 中直接将所编辑的文档通过电子邮件发送给接收者

D. Word 2016 不能编辑数学公式

4. 在 Word 2016 中，将文字转换为表格时，不同单元格的内容需放入同一行时，文字间（ ）。

A. 必须用逗号分隔开

B. 必须用空格分隔开

C. 用制表符分隔开

D. 可以用以上任意一种符号或其他符号分隔开

5. 在编辑 Word 2016 文档时，如果输入的新字符总是覆盖文档中插入点处的字符，原因是（ ）。

A. 当前文档正处于改写的编辑方式 B. 当前文档正处于插入的编辑方式

C. 文档中没有字符被选择 D. 文档中有相同的字符

6. 使用 Word 2016 中的“矩形”或“椭圆”绘图工具按钮绘制正方形或圆形时，应按（ ）键的同时拖曳鼠标。

A. Tab B. Alt C. Shift D. Ctrl

7. 在 Word 2016 中，下列关于查找、替换功能的叙述，正确的是（ ）。

A. 不可以指定查找文字的格式，但可以指定替换文字的格式

B. 不可以指定查找文字的格式，也不可以指定替换文字的格式

C. 可以指定查找文字的格式，但不可以指定替换文字的格式

D. 可以指定查找文字的格式，也可以指定替换文字的格式

8. Word 2016 的文本框可用于将文本置于文档的指定位置，但文本框中不能直接插入（ ）。

A. 文本内容 B. 图片 C. 形状 D. 特殊符号

9. 在 Word 2016 中编辑文档时，为了使文档更清晰，可以对页眉页脚进行编辑，如输入时间、日期、页码、文字等，但要注意的是页眉页脚只允许在（ ）中使用。

A. 大纲视图 B. 草稿视图 C. 页面视图 D. 以上都不对

10. 要将在其他软件中制作的图片复制到当前 Word 文档中，下列说法中正确的是（ ）。

A. 不能将其他软件中制作的图片复制到当前 Word 文档中
B. 可通过剪贴板将其他软件中制作的图片复制到当前 Word 文档中
C. 可以通过鼠标直接从其他软件中将图片移动到当前 Word 文档中
D. 不能通过“复制”和“粘贴”命令来传递图形

11. 关于 Word 中分页符的描述，错误的是（　　）。
A. 分页符的作用是分页
B. 按快捷键 Ctrl+Shift+Enter 可以插入分页符
C. 在“草稿”文档视图下分页符以虚线显示
D. 分页符不可以删除

12. 在 Word 表格中，拆分单元格指的是（　　）。
A. 对表格中选取的单元格按行列进行拆分
B. 将表格从某两列之间分为左右两个表格
C. 从表格的中间把原来的表格分为两个表格
D. 将表格中指定的一个区域单独保存为另一个表格

13. 一位同学正在撰写毕业论文，并且要求只用 A4 规格的纸输出，在打印预览中，发现最后一页只有一行，她想把这一行提到上一页，最好的办法是（　　）。
A. 改变纸张大小　　B. 增大页边距
C. 减小页边距　　D. 将页面方向改为横向

14. 等于每行中最大字符高度两倍的行距被称为（　　）行距。
A. 两倍　　B. 单倍　　C. 1.5 倍　　D. 最小值

15. 当一页已满，而文档仍然继续被输入，Word 将插入（　　）。
A. 硬分页符　　B. 硬分节符　　C. 软分页符　　D. 软分节符

16. 在 Word 中可以在文档的每页或一页上打印一图形作为页面背景，这种特殊的文本效果被称为（　　）。
A. 图形　　B. 艺术字　　C. 插入艺术字　　D. 水印

17. 在 Word 编辑状态下，操作的对象经常是被选择的内容，若鼠标在某行行首的左边，下列（　　）操作可以仅选择光标所在的行。
A. 双击鼠标左键　　B. 单击鼠标右键
C. 将鼠标左键击三下　　D. 单击鼠标左键

18. 在 Word 编辑中，模式匹配查找中能使用的通配符是（　　）。
A. +和-　　B. *和,　　C. *和?　　D. /和*

19. 要想观察一个长文档的总体结构，应当使用（　　）方式。
A. 主控文档视图　　B. 页面视图　　C. 全屏幕视图　　D. 大纲视图

20. 当插入点在表格的最后一行最后一单元格时，按 Tab 键，将（　　）。
A. 在同一单元格里建立一个文本新行
B. 产生一个新列
C. 将插入点移到新的一行的第一个单元格
D. 将插入点移到第一行的第一个单元格

二、填空题

1. 在 Word 中，单击鼠标____可以取得与当前工作相关的快捷菜单，方便快速地选取命令。

2. Word 文档中的段落标记可按____键产生，它在表示本段落结束的同时，还记载了____信息。

3. 只查看大标题，或重组长文档时，运用____视图是很方便的。

4. 在 Word 编辑状态下，要在 Word 窗口中显示水平标尺，应选中____选项卡里的____选项组中的____复选框。

5. 制表位包括五种，即左对齐、右对齐、____、____和____。

6. 打印文件时，如果只需要打印第 1 页和第 4 页至第 8 页，应在“打印”对话框中设置页面范围为____。

7. Word 模板文件的扩展名为____。

8. Word 样式是____；对文档中某个文本使用某种样式，可使该文本具有____。

9. 在 Word 中可以使用____选项卡里的____选项组中的____命令，轻松地统计出当前文档字数、段数、页数等信息。

10. 文档在____和____方式下，屏幕显示可与打印结果完全相同，即可看到页面上多栏版面、页眉页脚、脚注、尾注。

三、操作题

1. 参照样张，对“雷锋（素材）.docx”文档（图 T1.1）进行排版。

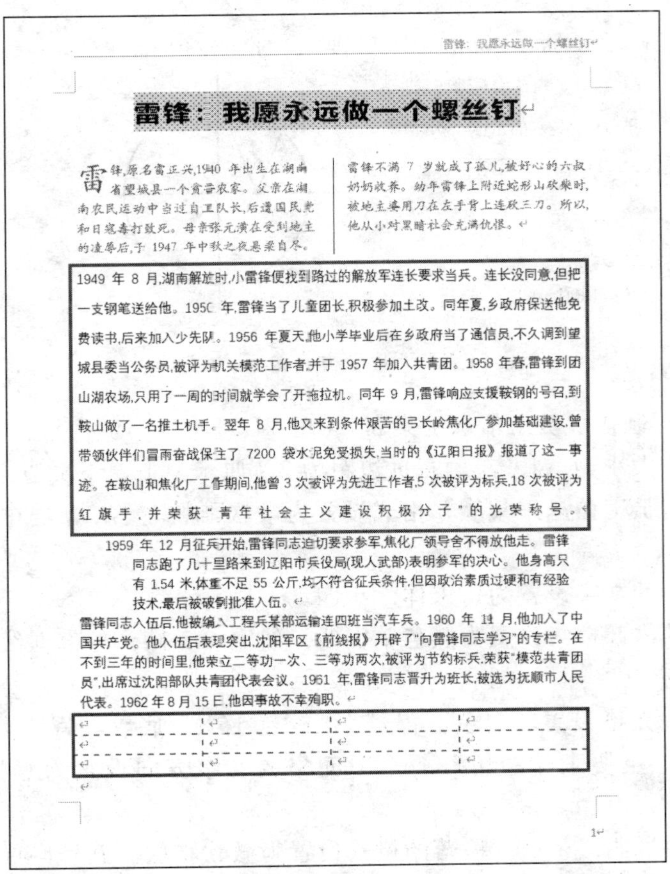

雷锋：我愿永远做一个螺丝钉

雷锋：我愿永远做一个螺丝钉

雷锋,原名雷正兴,1940 年出生在湖南省望城县一个贫苦农家。父亲在湖南农民运动中当过自卫队长,后遭国民党和日寇毒打致死。母亲张元满在受到地主的凌辱后,于 1947 年中秋之夜悬梁自尽。雷锋不满 7 岁就成了孤儿,被好心的六叔奶奶收养。幼年雷锋上附近蛇形山砍柴时,被地主婆用刀在左手背上连砍三刀。所以,他从小对黑暗社会充满仇恨。

1949 年 8 月,湖南解放时,小雷锋便找到路过的解放军连长要求当兵。连长没同意,但把一支钢笔送给他。1950 年,雷锋当了儿童团长,积极参加土改。同年夏,乡政府保送他免费读书,后来加入少先队。1956 年夏天,他小学毕业后在乡政府当了通信员,不久调到望城县委当公务员,被评为机关模范工作者,并于 1957 年加入共青团。1958 年春,雷锋到团山湖农场,只用了一周的时间就学会了开拖拉机。同年 9 月,雷锋响应支援鞍钢的号召,到鞍山做了一名推土机手。翌年 8 月,他又来到条件艰苦的弓长岭焦化厂参加基础建设,曾带领伙伴们冒雨奋战保住了 7200 袋水泥免受损失,当时的《辽阳日报》报道了这一事迹。在鞍山和焦化厂工作期间,他曾 3 次被评为先进工作者,5 次被评为标兵,18 次被评为红旗手,并荣获“青年社会主义建设积极分子”的光荣称号。

1959 年 12 月征兵开始,雷锋同志迫切要求参军,焦化厂领导舍不得放他走。雷锋同志跑了几十里路来到辽阳市兵役局(现人武部)表明参军的决心。他身高只有 1.54 米,体重不足 55 公斤,均不符合征兵条件,但因政治素质过硬和有经验技术,最后被破例批准入伍。

雷锋同志入伍后,他被编入工程兵某部运输连四班当汽车兵。1960 年 11 月,他加入了中国共产党。他入伍后表现突出,沈阳军区《前线报》开辟了“向雷锋同志学习”的专栏。在不到三年的时间里,他荣立二等功一次、三等功两次,被评为节约标兵,荣获“模范共青团员”,出席过沈阳部队共青团代表会议。1961 年,雷锋同志晋升为班长,被选为抚顺市人民代表。1962 年 8 月 15 日,他因事故不幸殉职。

1

图 T1.1 “雷锋（素材）.docx”文档

（1）设置标题字体格式为微软雅黑、小二、加粗，填充黄色、图案为红色 12.5%的文字底纹。字符间距加宽 2 磅，字符缩放 120%，标题居中，段后间距为 1.5 行。

（2）设置第一段“雷锋，原名雷正兴……”格式为华文楷体、蓝色，首字下沉 2 行，分两栏并加分隔线。

（3）为第二段“1949 年 8 月，湖南解放时……”添加 3 磅红色单实线外边框，且文本距离边框上下左右各 3 磅，设置 1.5 倍行距，段落对齐方式为分散对齐。

（4）设置第三段“1959 年 12 月征兵开始……”段落格式为悬挂缩进 2 个字符，左缩进 2 个字符，右缩进 1 个字符。

（5）将文章中第三段和第四段的“雷锋”替换为“雷锋同志”。

（6）设置纸张大小为 16 开，左、右页边距为 2 厘米，上、下页边距为 3 厘米。

（7）添加页眉，内容为“雷锋：我愿永远做一个螺丝钉”，页眉无空行，右对齐。

（8）在文档右下角插入页码，页脚中无空行。

（9）在文章最后添加一个 3 行 × 4 列的表格。表格外边框为 3 磅红色单实线，内边框为 1.5 磅蓝色虚线。

2. 参照样张，完成“数学方舟.docx”文档（图 T1.2）的制作。

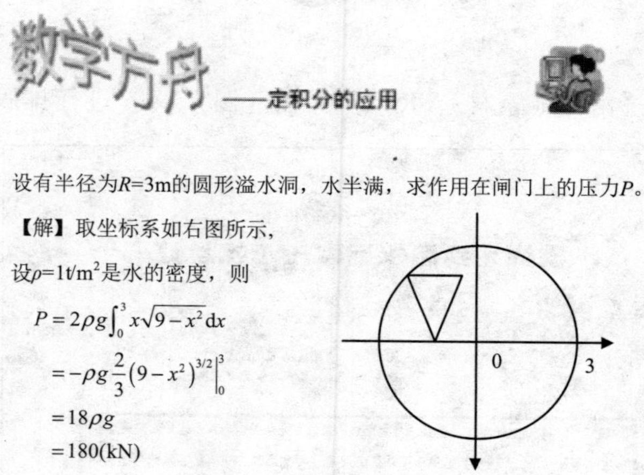

数学方舟 ——定积分的应用

设有半径为R=3m的圆形溢水洞，水半满，求作用在闸门上的压力P。

【解】取坐标系如右图所示，

设ρ=1t/m^{2}是水的密度，则

$$P=2\rho g\int_0^3 x\sqrt{9-x^2}\,\mathrm{d}x$$
$$=-\rho g\frac{2}{3}\left(9-x^2\right)^{3/2}\Big|_0^3$$
$$=18\rho g$$
$$=180(\mathrm{kN})$$

图 T1.2 “数学方舟.docx”文档

3. 参照样张，制作“员工信息采集表”（图 T1.3）。

（1）设置纸张大小为 A4，左、右页边距为 2.7 厘米，上、下页边距为 2.5 厘米。

（2）将标题“员工信息采集表”格式设置为微软雅黑，小二，居中对齐，段后间距为 0.5 行。

（3）将表格中的文字设置为仿宋体，小四。

（4）将表格的内部框线设置为黑色单实线，线宽 0.5 磅；外部框线设置为黑色双实线，线宽为 0.75 磅。

（5）将所有单元格设置“白色，背景 1，深色 15%”底纹。将“本单位工作经历”“主要教育经历”“主要工作经历”3 个单元格的文字方向设置为竖排文字，并居中对齐。

（6）将“填表说明：……”段落的格式设置为微软雅黑，五号，首行缩进 2 字符，行距为 1.3 倍。

（7）预览表格，可通过微调，达到最佳布局效果。

员工信息采集表

姓名		性别		出生年月		
民族		籍贯		政治面貌		
学历		学位		职称		
毕业学校			专业方向			
身份证号			通信地址			
电话			E-MAIL			
本公司工作经历	(200 字以内，工作部门以及内容)					
主要教育经历	(200 字以内 从高中以后开始填写，包括培训)					
主要工作经历	(200 字以内，概要介绍个人工作经历，以及参与的主要工作)					

填表说明：可以加页。照片为一寸近期正式免冠蓝底电子版照片（JPG 格式），填写完成后，

发送至人力资源部邮箱，hs@intcmatrix.com，资料上交截止时间为 2021 年 11 月 10 日

图 T1.3 “员工信息采集表”

4. 对“任务 1.4 排版毕业论文”的页眉和页脚进行进一步的设置。

（1）每一章起始页的页眉设置为对应章节的一级标题。

（2）从每一章的第二页开始，页眉统一设置为“××职业技术学院毕业设计论文”。

（3）页码仅针对各章节的内容页进行设置，即从第一章起始页开始，页码从“1”起连续编号，直至最后一章结束页。其他页面不设置页码。

学习笔记

2 单元 Excel 2016 电子表格

单元导读

Excel 提供了集数据处理、统计分析和辅助决策于一体的操作环境，并配备了丰富的工具组件，广泛地应用于管理、财经、统计、审计和金融等领域。在 Excel 中，用户应用丰富的公式和函数，结合多种灵活方便的单元格引用方式，可以执行计算、分析信息并管理电子表格。

本单元详细介绍 Excel 2016 的使用方法，包括基本操作，格式设置，公式和函数的使用，数据的排序、筛选、分类汇总，数据透视表创建等内容。

任务 2.1 制作学生成绩表

任务描述

学期末课程考试结束后，作为班级学习委员的小李需要协助老师制作一份电子学生成绩表，并以“学生成绩表”为文件名进行保存。该表格需要体现出课程、学生和成绩的相关信息，界面要求简洁。小李使用 Excel 完成学生成绩表制作，最终效果如图 2.1.1 所示。

计算机学院2021-2022学年第1学期成绩登记表

学生学院：计算机学院　　考核方式：考查

课程名称：办公软件应用　　学分：4.0

序号	班级	学号	姓名	平时成绩50%	期末成绩50%	总评成绩	备注
1	软件班	2001301001	李峰	83	91	87	
2	软件班	2001301002	冯岩	82	89	86	
3	软件班	2001301003	鲍远兵	85	80	83	
4	软件班	2001301004	姜勇	81	64	73	
5	软件班	2001301005	赵国强	88	68	78	
6	软件班	2001301006	杨凯	85	61	73	
7	软件班	2001301007	裴倩倩	87	82	85	
8	软件班	2001301008	王维	58	45	52	
9	软件班	2001301009	张丰	84	75	80	
10	软件班	2001301010	郭晓旭	95	92	94	
11	软件班	2001301011	朱瑶	88	77	83	
12	软件班	2001301012	陈小娟	87	76	82	
13	软件班	2001301013	史运佳	91	87	89	
14	软件班	2001301014	张旭	89	97	93	
15	软件班	2001301015	李孝超	96	87	92	
16	软件班	2001301016	闫会会	96	94	95	
17	软件班	2001301017	张伟	84	67	76	

学生成绩表

图 2.1.1 学生成绩表

任务分析

任务技能目标

通过本次任务，掌握以下技能：

（1）熟悉相关工具的功能和操作界面；

（2）掌握工作簿和工作表的基本操作；

（3）掌握单元格、行和列的相关操作；

（4）能够正确快速输入数据；

（5）能够设置单元格格式。

核心知识点

工作簿和工作表基本操作，数据输入，单元格格式设置。

任务实现

2.1.1　新建表格

1. 新建空白工作簿

Excel 软件创建的文件就是工作簿，它类似一个电子账本，由工作表、图表等组成。工作簿可以将多张有联系的电子表格组合在一起，作为存储和处理数据的一个文件。

双击桌面“Excel”图标可新建一个 Excel 文件，也可在桌面空白位置右击，在弹出的快捷菜单中选择“新建”→“Microsoft Excel”命令新建文件；还能双击打开一个已有的 Excel 文件，单击“文件”→“新建”→“空白工作簿”按钮，如图 2.1.2 所示。

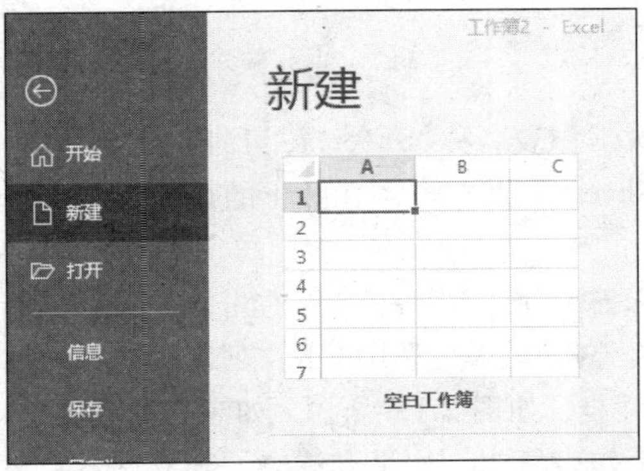

图 2.1.2　新建空白工作簿

工作表是用于存储和处理数据的电子表格，由列和行相交所形成的单元格组成。一个工作簿默认有 1 张工作表，名称为 Sheet1。

系统会自动新建一个名为“工作簿 1”的文件，其中包含一张“Sheet1”空白工作表，用户可以在该默认工作表的表格中进行内容添加和编辑，如图 2.1.3 所示。

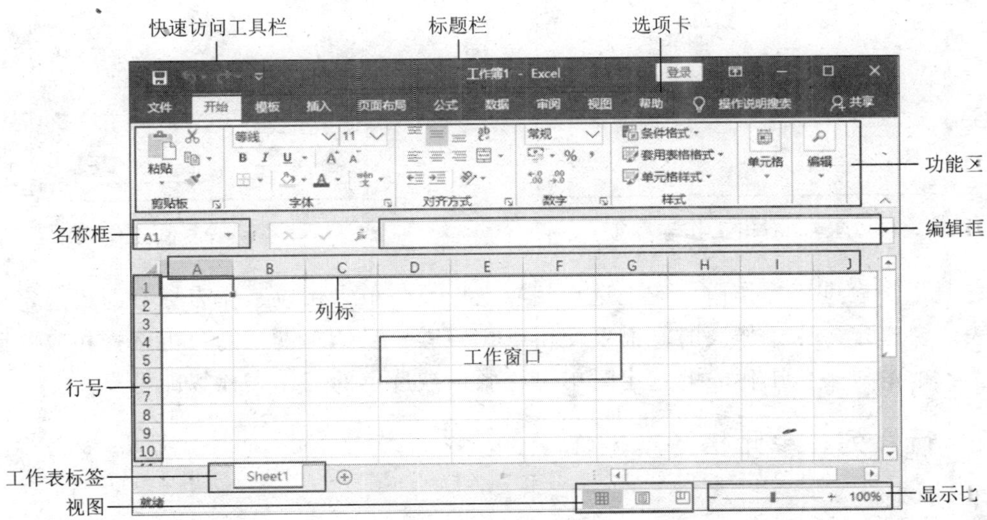

图 2.1.3　空白工作表界面

由图 2.1.3 可以看出，Excel 的工作界面也有跟 Word 界面类似的标题栏、选项卡、功能区、视图等区域，可以参照 Word 中的相应介绍。下面主要说明与 Word 不同的部分。

(1) 名称框：用于显示当前活动单元格的位置，也可用于编辑单元格或区域名称。

(2) 编辑框：用于编辑和显示单元格中的数据和公式。左侧有 3 个按钮：

- "取消×"：用于恢复编辑框输入内容之前的状态。
- "输入✓"：用于确认编辑框中的内容输入完成。
- "插入函数 *fx*"：用于在选定的单元格中插入函数。

(3) 行号、列标：行号用数字标识一行，列标用字母标识一列。

(4) 工作表标签：用于标识工作表名称，当工作簿中有多张工作表时，可以单击工作表标签进行切换。

(5) 视图：Excel 2016 的工作簿视图有普通视图、页面布局视图、分布预览视图和自定义视图，其中最常用的是利用普通视图来查看文档。

2. 工作表操作

双击窗口左下角默认工作表名称"Sheet1"，可将其重新命名工作表为"学生成绩表"。也可以在工作表标签"Sheet1"上右击，在弹出的快捷菜单中选择"重命名"命令，如图 2.1.4 所示。

用户也可以根据实际需要在工作表标签处右击，执行插入新工作表、复制工作表、移动工作表和删除工作表等操作。在弹出的下拉列表中选择"移动或复制"选项，打开"移动或复制工作表"对话框，如图 2.1.5 所示，如果选中"建立副本"复选框，单击"确定"按钮后，即可实现工作表复制；如果未选中"建立副本"复选框，单击"确定"按钮后，则可实现工作表移动。

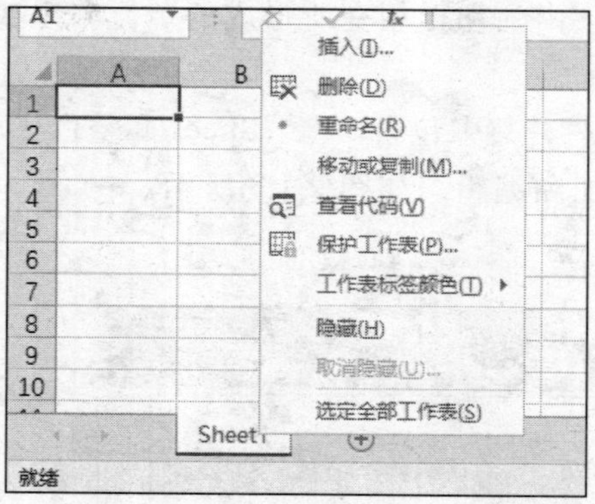

图 2.1.4 右击工作表标签

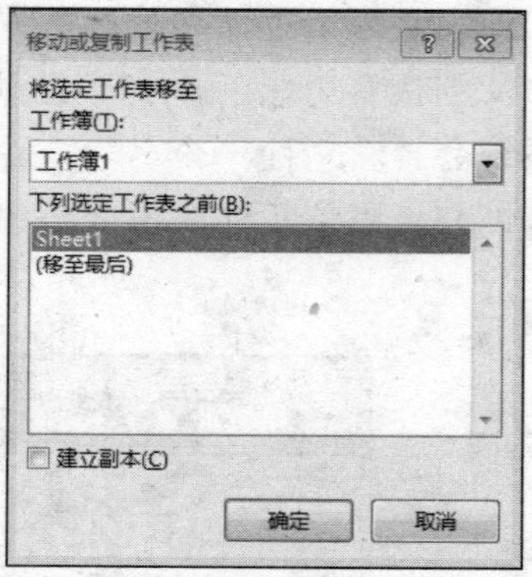

图 2.1.5 "移动或复制工作表"对话框

在对工作表进行操作前，应先选定相应工作表：单击相应工作表标签即可选定单张工作表；要选定多张工作表时，需要使用 Shift 键或者 Ctrl 键辅助，再选择相应的工作表标签。取消对多张工作表的选定时单击一张未被选定的工作表标签即可。

2.1.2 行、列、单元格基本操作

1. 调整行高和列宽

鼠标指针移到窗口左侧第一行的行号 1 上，当鼠标指针变成向右的黑色箭头时单击，

即可选中表格第一行。随后单击“开始”→“单元格”→“格式”按钮，在其下拉菜单中选择“行高”命令，在弹出的对话框中设置行高为 30，如图 2.1.6、图 2.1.7 所示。用同样的方式设置第二行和第三行的行高为 20。

将鼠标指针移到表格编辑区上方第一列的列标 A 上，当指针变成向下的黑色箭头时，按下鼠标并向右移动鼠标至 H 列后松开鼠标按键，即可选中 A 列至 H 列，然后单击“开始”→“单元格”→“格式”按钮，在其下拉菜单中选择“列宽”命令，在弹出的对话框中设置列宽为 10，如图 2.1.8 所示。

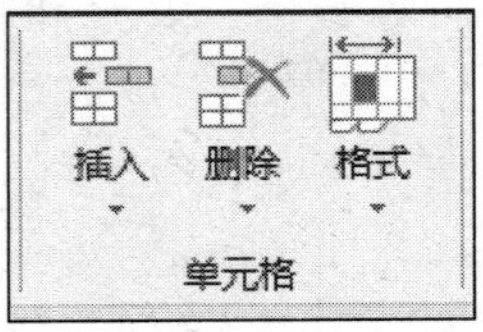

图 2.1.6　格式

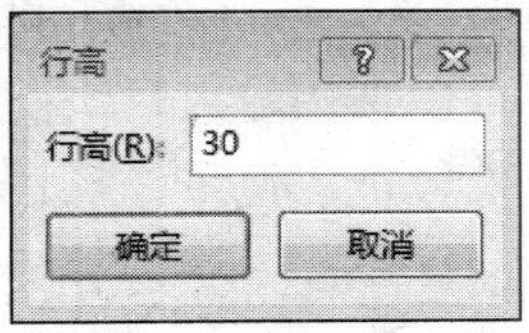

图 2.1.7　行高设置

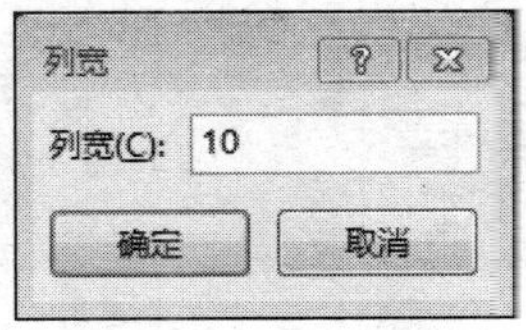

图 2.1.8　列宽设置

2. 行、列基本操作

如需选择一行，只要将鼠标指针移到该行的行号上，当鼠标指针变成向右的黑色箭头时单击，即可选定一行。选择一列时，只要将鼠标指针移到该列的列标上，当鼠标指针变成向下的黑色箭头时单击，即可选定一列。行和列可以进行插入、删除等操作。

（1）插入行和列：用鼠标选取一行或者一列，单击“开始”→“单元格”→“插入”下拉按钮，选择“插入工作表行”或“插入工作表列”命令，如图 2.1.9 所示，即可在选中行的上方插入一行，或者在选中列的左侧插入一列。

（2）删除行和列：用鼠标选取一行或者一列，单击“开始”→“单元格”→“删除”按钮，即可删除选中行或列。

图 2.1.9　插入行和列

小贴士

调整行高和列宽还可以将鼠标移动到需要调整的行号或列标上，通过拖动实现，更加直观。例如，需要加宽 B 列列宽，则将鼠标光标移动到列标 B 和 C 之间的分隔线上，当光标变成黑色左右双向箭头时，按下鼠标左键向右拖动，到合适位置松开左键即可完成列宽调整。

3. 合并单元格

单元格是指在工作表中由行和列交叉形成的长方格。单元格的名称默认用单元格的列标和行号表示，如 A3 单元格，表示该单元格在工作表的第 A 列第三行，也可以为单元格或单元格区域自定义名称。工作表中可以进行插入和删除单元格、调整单元格的高度和宽度、合并和拆分单元格等操作。

在编辑单元格之前，需要先选定单元格：将鼠标指针移到要选择的单元格上，当鼠标指针变成空心十字形时，单击即可选中该单元格。被选定的单元格被粗黑边框线框出，此时有粗黑边框的单元格变成当前活动单元格。

选中 A1 至 H1 单元格，然后单击“开始”→“对齐方式”→“合并后居中”按钮，合并 A1 至 H1 单元格，如图 2.1.10 所示。如需取消合并，可以再次单击“合并后居中”按钮。

单元格合并操作也可以在“设置单元格格式”对话框的“对齐”选项卡“文本控制”中勾选“合并单元格”选项，若取消勾选则可取消合并。

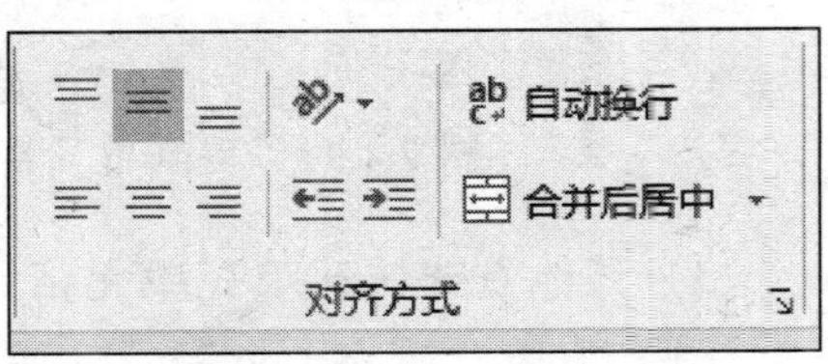

图 2.1.10　合并后居中

2.1.3 输入数据

1. 数据的输入

用户可以在当前活动单元格中输入数据，允许输入的数据类型包括数值、货币、日期、时间、百分比、分数、文本等。

按照学生成绩表最终效果图，在表格编辑区中，用鼠标单击选取对应单元格，即可在当前活动单元格内输入成绩表的课程信息、列标题和学生姓名等数据。文字和数值都可以直接输入，如果需要输入特殊符号，可以单击“插入”→“符号”按钮来选择填入，如图 2.1.11 所示。

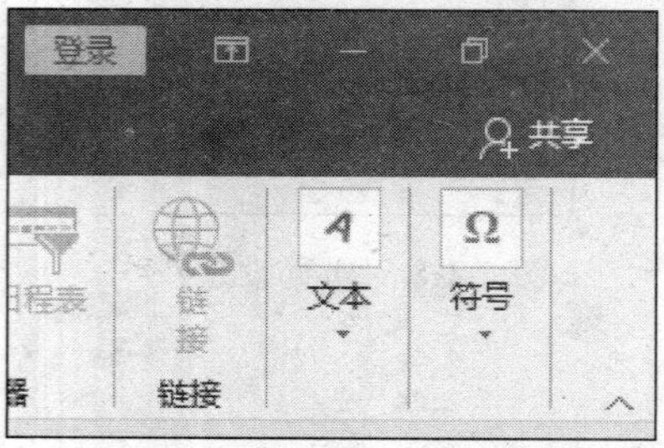

图 2.1.11 插入特殊符号

2. 数据的快速输入

1）字符快速输入

在进行数据输入时，可以使用填充柄快速输入相同中英文字符。例如，选中 B5 单元格，填写“软件班”，将鼠标指针移动到 B5 单元格的右下角，当鼠标指针由空心粗十字形状✚变成黑色细十字形状✚时，这个黑色小方块就是“填充柄”，按下鼠标左键，向下拖动至最后一名学生的序号处，释放鼠标左键后即会出现“自动填充选项”按钮，单击其右侧下拉按钮选择填充方式，选中“复制单元格”单选按钮，则按复制方式填充相同文字内容，如图 2.1.12 所示。

2）数值快速输入

在进行数据输入时，如果需要输入的数据是由序列构成的，如序号、学号等，不需逐个输入，可以使用填充柄快速输入数值数据，提高工作效率。例如，选中 A5 单元格，填写数字序号“1”，将鼠标指针移动到 A5 单元格的右下角，当鼠标指针变为✚形状时，按下鼠标左键，向下拖动至最后一名学生的序号处，释放鼠标左键后即会出现“自动填充选项”按钮，单击其右侧下拉按钮选择填充方式，选中“填充序列”单选按钮，则序号按照 1、2、3……的规律进行填充，如图 2.1.13 所示。

小贴士

假如需要设置的序号为 001、002、003……形式，若在单元格中直接输入“001”并按 Enter 键后，则单元格显示的是“1”。因此，需要在单元格中输入一个英文单引号“'”，再输入“001”，按 Enter 键确定，最后使用填充柄快速输入数值数据，这样可以避免系统自动将第一位“0”略去。

图 2.1.12 复制单元格

图 2.1.13 填充序列

3）其他方式快速填充单元格

（1）使用“填充”命令。在 A5 单元格输入 1，选定单元格区域 A5:A30，单击“开始”→“编辑”→“填充”按钮，在其下拉菜单中选择“序列”命令，打开“序列”对话框，如图 2.1.14 所示。在“序列”对话框中选择“列”和“等差数列”，“步长值”设为 1，单击“确定”按钮。

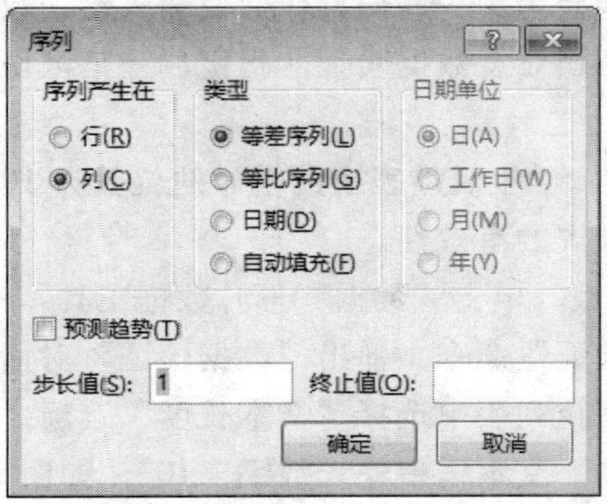

图 2.1.14 “序列”对话框

执行“编辑”组中的“填充”命令时，可以选择“向上”、“向下”、“向左”或‘向右”四个填充方向。

(2) 使用“自定义序列”。如果 Excel 提供的序列不能满足特殊要求，这时可以利用自定义序列功能建立需要的序列。

单击“文件”选项卡，选择“选项”命令。在弹出的“Excel 选项”对话框中选择“高级”选项，并单击“常规”类别中的“编辑自定义列表”按钮。在弹出的“自定义序列”对话框中，选择“新序列”，在“输入序列”框中输入新建立序列的每一项，输入一项按一下 Enter 键。例如，依次输入春、夏、秋、冬，单击“添加”按钮，将自定义序列添加到“自定义序列”的列表中，最后单击“确定”按钮完成设置，如图 2.1.15 所示。

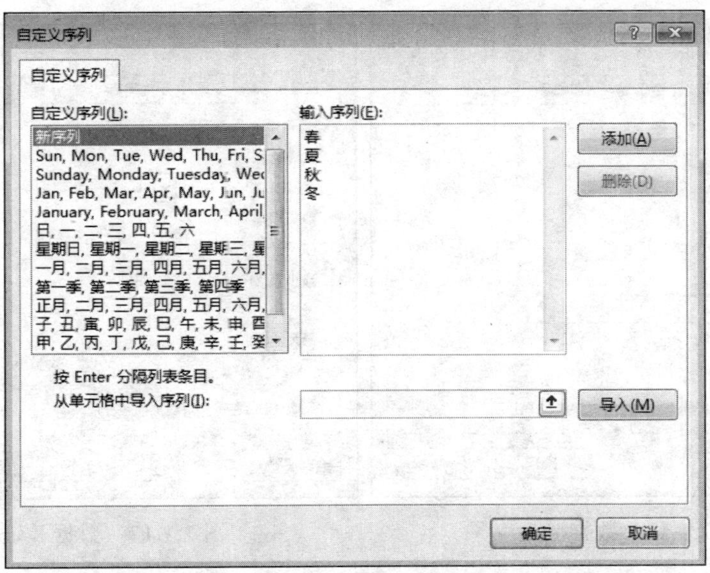

图 2.1.15 自定义序列

建立好自定义序列后，即可利用填充柄或“填充”命令使用。在某单元格输入“春”后，拖动填充柄，可生成“春、夏、秋、冬”序列。

3. 设置数据有效性验证

> **小贴士**
> 数据有效性验证条件允许设置为整数、小数、序列、日期、时间、文本长度和自定义。

用户在输入数据时可能会因为一些误操作造成输入错误数据，为避免用户误操作，可以在指定的重要单元格区域设置数据验证，指定单元格区域内输入数据时只能输入满足有效性条件的数据。

（1）学号的有效性设置。学生成绩表中的学号的位数为 10 位，可以规定学号单元格输入长度，从而规范数据录入的有效性。

选中 C5:C30 单元格区域，单击“数据”→“数据工具”→“数据验证”下拉按钮，在下拉列表中选择“数据验证”命令，弹出“数据验证”对话框。先在设置选项卡中填写验证条件：在“允许”下拉列表中选择“文本长度”选项，在“数据”下拉列表中选择“等于”选项，在“长度”文本框中输入数字“10”，如图 2.1.16 所示。再选择“输入信息”选项卡，在“输入信息”文本框中输入“请输入 10 位学号”。最后选择“出错警告”选项卡，在“错误信息”文本框中输入“输入的学号需为 10 位”，单击“确定”按钮。

（2）成绩的有效性设置。学生成绩表中的平时、期末、总评成绩是 0～100 的整数，可以规定成绩单元格区域输入数据的范围。

选中 E5:G30 区域，单击“数据”→“数据工具”→“数据验证”下拉按钮，在下拉列表中选择“数据验证”选项。在打开的“数据验证”对话框中的“设置”选项卡中，选择“验证条件”选项组“允许”下拉列表中的“整数”，“数据”下拉列表中的“介于”，输入“最小值”为“0”，“最大值”为“100”，如图 2.1.17 所示，再选择“输入信息”选项卡，在“输入信息”文本框中输入“请输入 0-100 之间的整数”。最后选择“出错警告”选项卡，在“错误信息”文本框中输入“输入的成绩应在 0-100 范围内”，单击“确定”按钮后，即可成功将成绩区域设置数据验证为介于 0～100 的整数。

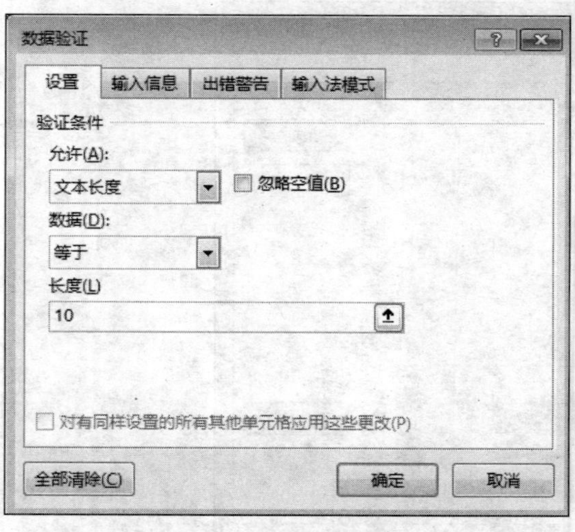

图 2.1.16　数据验证

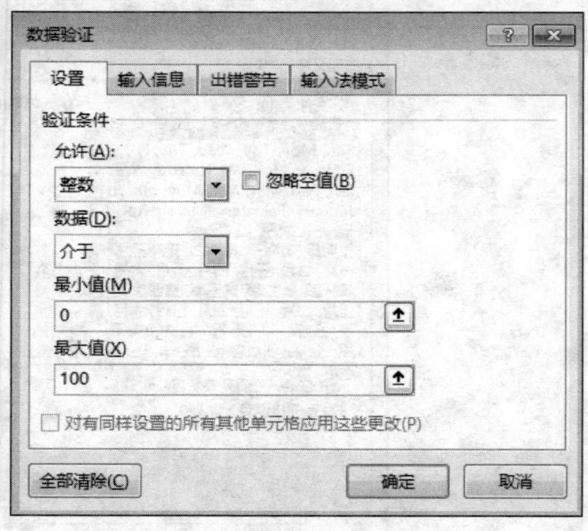

图 2.1.17　数据验证范围

当用户输入小于 0 或大于 100 的整数或小数等不满足有效性条件的数据时，系统会自动打开警告信息框，提醒用户输入值非法，如图 2.1.18 所示。

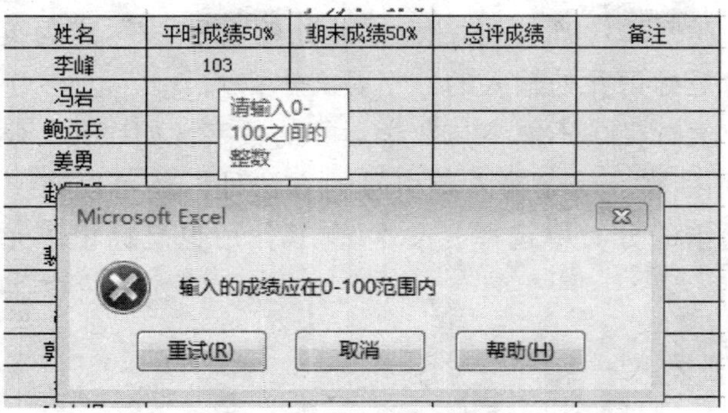

图 2.1.18　警告信息

2.1.4　单元格格式设置

1. 设置数据字体

将鼠标光标移动至标题处，选中合并后的 A1 单元格，单击“开始”→“字体”选项组右下角的对话框启动器按钮，在弹出的“设置单元格格式”对话框“字体”选项卡中设置“字体”为“宋体”、“字形”为“加粗”、“字号”为“18”、“颜色”为“标准色：蓝色”，单击“确定”按钮，如图 2.1.19 所示。

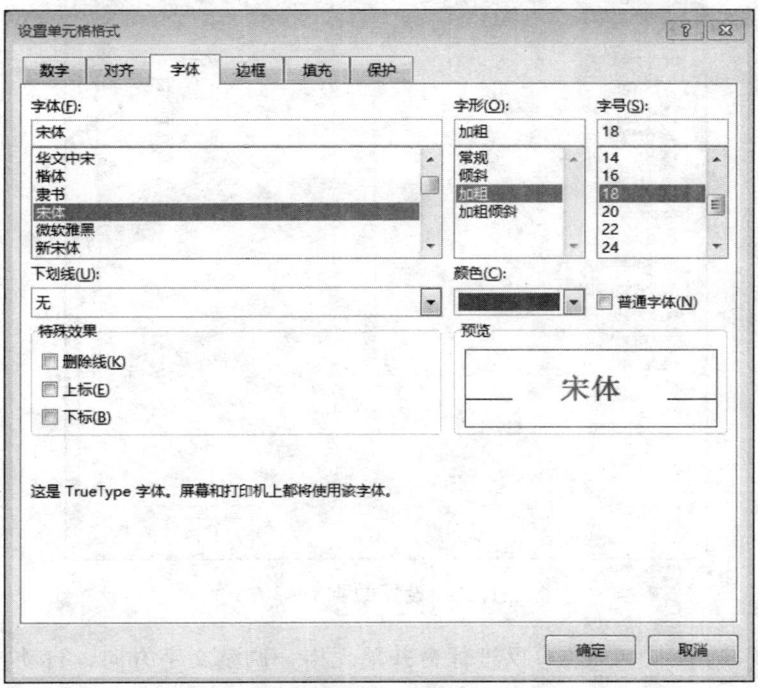

图 2.1.19　字体设置

2. 修改数字格式

单元格可以表示多种数字格式，如不同小数位数、货币符号、时间日期、百分号、文本等。屏幕单元格中显示的是格式化后的数据，而编辑栏中表现的是系统实际存储的数据。

在输入学号“2001301001”时，在 C5 单元格中应输入“'2001301001”，即先输入单引号“'”，再输入“2001301001”。应注意：此处单引号“'”应为英文半角符号，不能为中文符号，其作用是标识此处输入的数字是文本格式。

通常将不具有数值意义、不能参与数学运算的数字（如序号、学号、身份证号等），设为文本格式。除了在数字前先输入单引号的方法外，还可以在“设置单元格格式”对话框“数字”选项卡的分类中选择“文本”，其作用也是标识单元格输入了文本格式的数字。

3. 设置数据对齐方式

选中 A4:H30 单元格区域，单击“开始”→“对齐方式”→“居中”和“垂直居中”按钮，将数据内容调整至单元格中间位置显示，如图 2.1.20 所示。

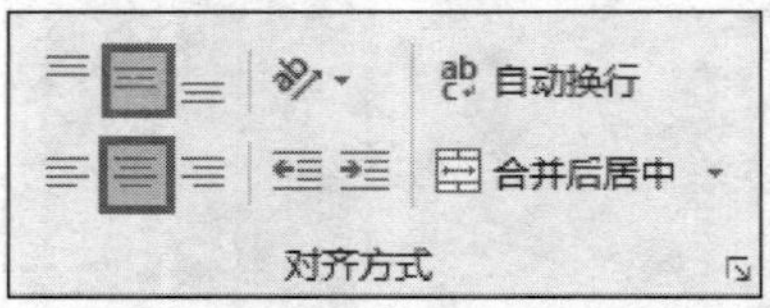

图 2.1.20 “居中”和“垂直居中”

也可以在“设置单元格格式”对话框中进行设置：选中 A4:H30 单元格区域后，单击“开始”→“对齐方式”选项组的右下角对话框启动器按钮，弹出“设置单元格格式”对话框。单击“对齐”选项卡，在“水平对齐”和“垂直对齐”下拉列表中均选择“居中”选项，单击“确定”按钮，如图 2.1.21 所示。

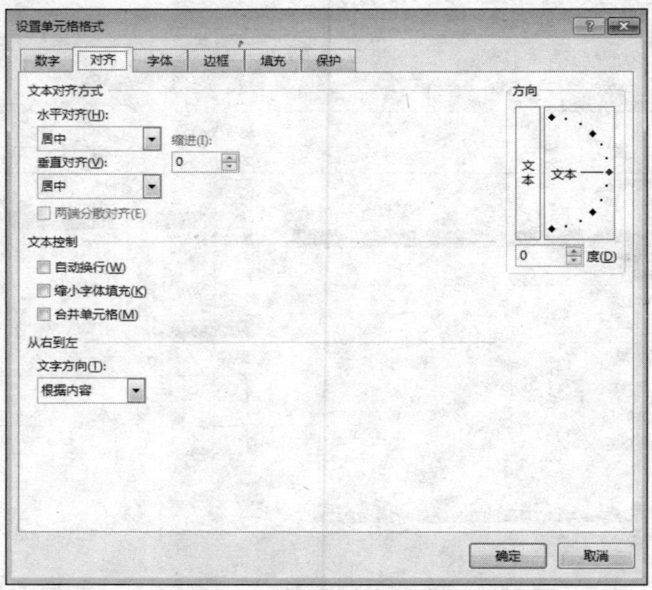

图 2.1.21 设置数据对齐方式

在“对齐”选项卡中，还可以进行合并单元格、调整文字方向、自动换行等操作。

4. 给数据添加边框

选中 A4:H30 单元格区域，单击“开始”→“字体”选项组右下角的对话框启动器按钮，在弹出的“设置单元格格式”对话框中，选择“边框”选项卡。在“样式”列表框中选择单实线，在“颜色”下拉列表中选择“黑色”选项，设置“预置”为“外边框”和“内部”，单击“确定”按钮，如图 2.1.22 所示。

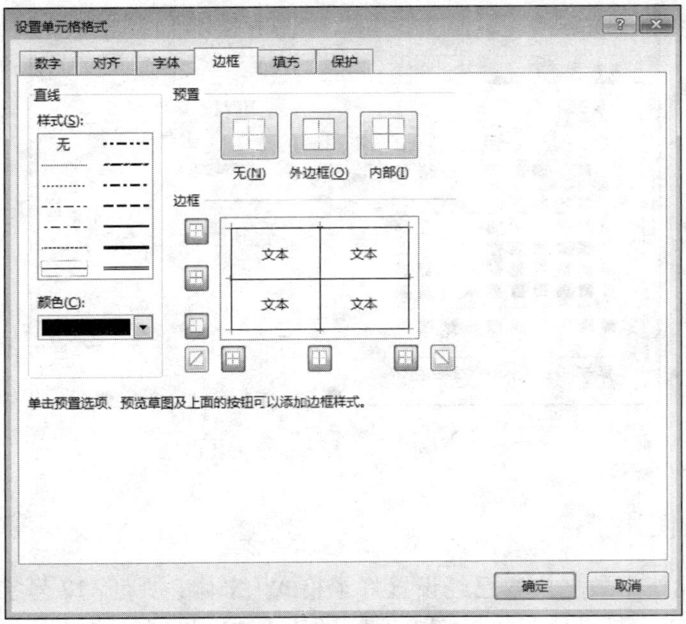

图 2.1.22　设置边框

5. 设置单元格填充样式

1）快速设置

选中列标题 A4 至 H4 单元格区域，单击“开始”→“字体”→“填充颜色”下拉按钮，在弹出的主要颜色下拉列表中选择“蓝色，个性色 5，淡色 80%”，如图 2.1.23 所示。

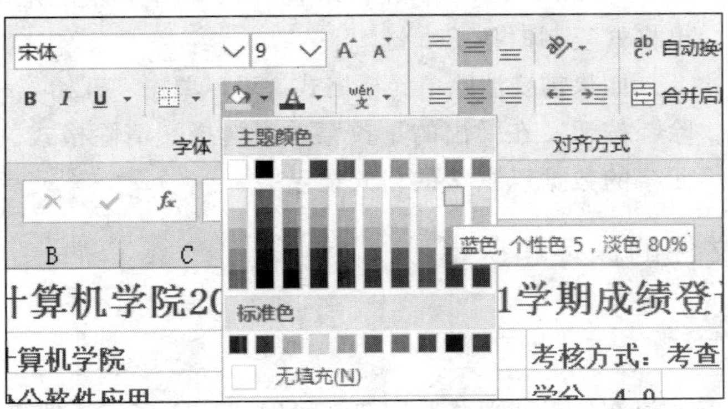

图 2.1.23　单元格填充颜色

2）详细设置

选中 A5:H30 单元格区域，单击“开始”→“字体”选项组右下角的对话框启动器按钮，在弹出的“设置单元格格式”对话框中，选择“填充”选项卡，在“背景色”中选择“绿色，个性色 6，淡色 80%”，单击“确定”按钮。在“填充”选项卡除了设置“背景色”之外，还可以设置“图案颜色”和“图案样式”，如图 2.1.24 所示。

6. 保护

“设置单元格格式”对话框的“保护”选项卡中，可以选择设置“锁定”和“隐藏”，但只有在保护工作表后，锁定单元格或隐藏公式的设置才有效。

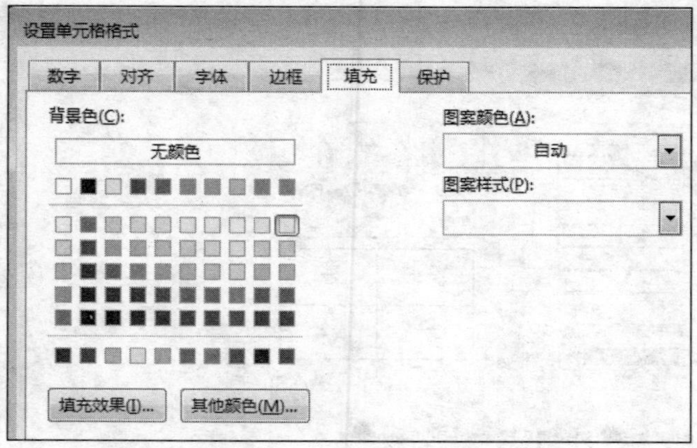

图 2.1.24 “填充”选项卡

2.1.5 格式刷使用

现在 A2 单元格中数据内容已经设置好了格式（宋体、加粗、12 号字、标准色蓝色），想为 A3、F2 和 F3 这三个单元格里面设置同样的格式，就可以使用格式刷快速完成格式的复制。

快速复制格式的方法如下：选中 A2 单元格为当前活动单元格，然后单击“开始”→“剪贴板”→“格式刷”按钮，如图 2.1.25 所示，再单击 A3 单元格，即可完成一次格式复制。现需要设置 A3、F2 和 F3 三个单元格的格式复制操作，故选中 A2 单元格为当前活动单元格后，单击两下格式刷，再依次单击 A3、F2 和 F3 三个单元格，就可以实现多次复制单元格的格式。退出格式复制时按 Esc 键。

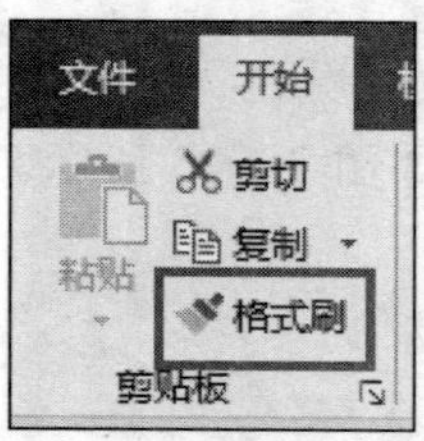

图 2.1.25 格式刷

如果需要清除单元格格式，可以单击“开始”→“编辑”→“清除”按钮，在弹出的下拉菜单中选择“清除格式”命令，即可将单元格的数据以默认的格式显示。

2.1.6 工作簿文件的保存和退出

1. 保存

单击“文件”→“保存”→“浏览”按钮，如图 2.1.26 所示，选择需要保存的路径，填写文件名“学生成绩表”，单击“保存”按钮，或使用快捷键 Ctrl+S，或单击左上角快捷菜单中的“保存”按钮，都可以保存文件。若希望让使用早期 Excel 版本的用户直接打开该工作簿，需将“另存为”对话框中的“保存类型”改为“Excel 97-2003 工作簿”，再单击“保存”按钮，即可将工作簿另存为早期版本的 Excel 工作簿（*.xls），如图 2.1.27 所示。在工作簿编辑过程中，应该经常保存，避免因突然断电、电脑死机等意外情况造成所编辑的内容丢失。

2. 退出

确定表格文件保存后，可以直接单击文档右上角的“关闭”按钮退出文档。

图 2.1.26　保存工作簿

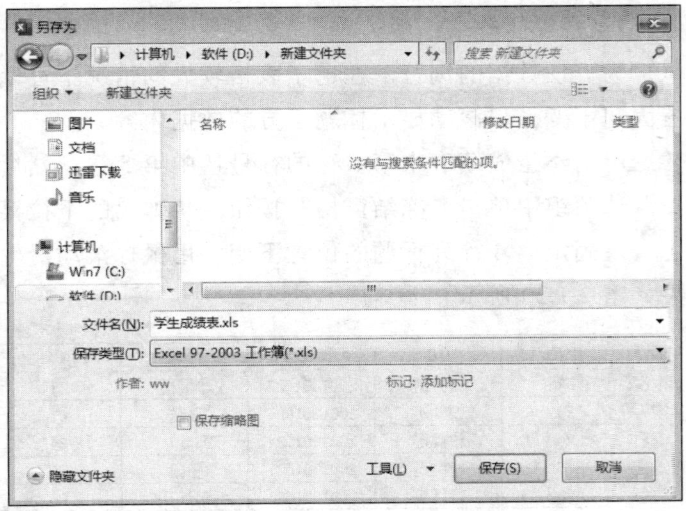

图 2.1.27　Excel 97-2003 工作簿

知识拓展

1. 工作表的隐藏、显示及冻结操作

1）隐藏或显示工作表

如果某些工作表内容比较重要，不希望别人因误操作而修改工作表的数据内容，可以使用 Excel 的隐藏工作表功能将工作表隐藏起来。当一个工作表被隐藏后，所对应的工作表标签也同时隐藏起来。

隐藏工作表的快捷方法如下：右击工作表标签，在弹出的快捷菜单中选择“隐藏”命令。也可以单击工作表标签，再单击“开始”→“单元格”→“格式”按钮，在打开的下拉菜单中选择“隐藏和取消隐藏”→“隐藏工作表”命令。在“隐藏和取消隐藏”中还可以单独设置隐藏某一行或者某一列数据。

如果要取消对工作表的隐藏，右击工作表标签，从弹出的快捷菜单中选择“取消隐藏”命令，打开“取消隐藏”对话框，如图 2.1.28 所示。在列表框中选择需要再次显示的工作表，单击“确定”按钮即可。

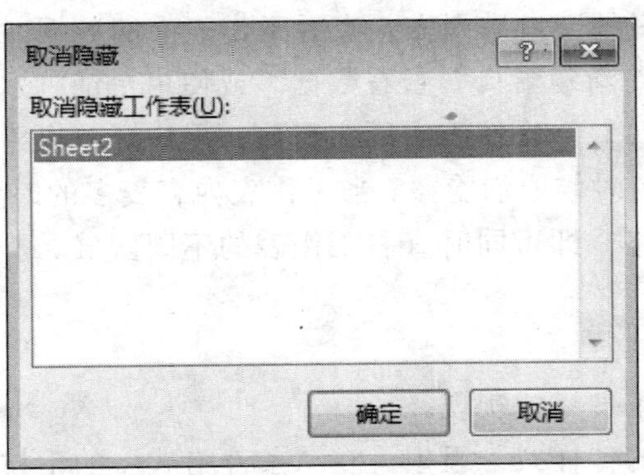

图 2.1.28　取消隐藏工作表

2）冻结工作表

为方便数据的浏览，在电子表格较大的情况下可以冻结工作表的部分标题，使其位置固定不变，仅滚动显示标题下方的数据内容。

单击学生成绩表中第 5 行的行号选中第 5 行，然后切换到“视图”选项卡，在“窗口”选项组中单击“冻结窗格”按钮，从弹出的下拉菜单中选择“冻结窗格”命令，即可实现固定第 4 行列标题的位置不变，用鼠标滚动滑轮可以更清楚地查看下方数据，效果如图 2.1.29 所示。

4	序号	班级	学号	姓名	平时成绩50%	期末成绩50%	总评成绩	备注
26	22	软件班	2001301022	李善瑶	77	73	75	
27	23	软件班	2001301023	张晴	87	64	76	
28	24	软件班	2001301024	韩向军	84	60	72	
29	25	软件班	2001301025	王凯	82	71	77	
30	26	软件班	2001301026	李元飞	86	67	77	

图 2.1.29 冻结窗格

如果要取消冻结，可以单击“视图”→“窗口”→“冻结窗格”按钮，在弹出的下拉菜单中选择“取消冻结窗格”命令，即可恢复学生成绩表的原有显示效果。

2. 从外部导入数据

Excel 支持从外部导入数据，极大地方便了用户数据输入。导入方法如下：单击功能区中“数据”选项卡，在“获取外部数据”分组中可以选择不同的文件，即可向工作表导入数据，如图 2.1.30 所示。

图 2.1.30 获取外部数据

3. 窗口操作

Excel 中允许使用多种窗口排列方式查看工作表中的数据。可以在“视图”选项卡的“窗口”分组中选择“新建窗口”查看数据，或使用平铺、水平并排、垂直并排、层叠等多种方式来重排窗口，一次性查看所有窗口。用户还可以隐藏窗口，使整个工作簿的内容不可见，在需要的时候取消隐藏。当工作表内容较多的时候，可以使用拆分窗口，将工作表拆分成多个窗格，即可同时查看工作表的不同区域。

4. 表格格式

表格格式可以使用条件格式实现。

在“开始”选项卡的“样式”组中，在“条件格式”的下拉菜单中可以选择多种形式的条件格式。

（1）突出显示单元格规则：指定条件和格式，就可以让选中单元格的数据在满足指定条件时，以指定的格式突出显示。单元格内容可以是数值类型、文本类型和日期类型。

（2）最前/最后规则：指定对单元格按值的大小排名的首尾筛选条件以及格式，就可以让选中单元格的数据在满足筛选条件时，以指定的格式突出显示。单元格内容可以是数值类型和日期类型。

（3）数据条、色阶和图标集：基于选中单元格的现有值，按照彼此值的大小对比，设置长短不同的彩色数据条、不同颜色的色阶或者不同形式的图标来显示所有单元格。单元格内容可以是数值类型和日期类型。

任务 2.2　工资表制作

任务描述

在每月工资发放之前，财务人员都需要制作工资表，借助公式和函数来计算统计基本工资、绩效工资、应发工资、实发工资等信息，在完成对企业员工本月工资的核算后，企业才能发放工资。财务人员小张使用 Excel 完成员工工资表制作，最终效果如图 2.2.1 所示。

	A	B	C	D	E	F	G	H	I	J	K	L
1	员工工资表											
2	员工号	姓名	职称	基本工资	加班小时	迟到次数	请假天数	绩效工资	绩效等级	应扣款	应发工资	实发工资
3	001	黄慧	工程师	5000	35		1	¥1,050.00	A	100	¥6,050.00	¥5,950.00
4	002	袁旭斌	工程师	5000	23	1	1	¥690.00	C	150	¥5,690.00	¥5,540.00
5	003	邓品卉	工程师	5000	25	1	2	¥750.00	C	250	¥5,750.00	¥5,500.00
6	004	叶俊	其他	4000	42			¥1,260.00	A	0	¥5,260.00	¥5,260.00
7	005	王昊	其他	4000	30	1	2	¥900.00	B	250	¥4,900.00	¥4,650.00
8	006	黄泽佳	其他	4000	27			¥810.00	B	0	¥4,810.00	¥4,810.00
9	007	王琳	工程师	5000	40	1	1	¥1,200.00	A	150	¥6,200.00	¥6,050.00
10	008	林育	工程师	5000	30	4	2	¥900.00	B	400	¥5,900.00	¥5,500.00
11	009	张炜发	工程师	5000	30	1		¥900.00	B	50	¥5,900.00	¥5,850.00
12	010	萧嘉	工程师	5000	40			¥1,200.00	A	0	¥6,200.00	¥6,200.00
13	011	林崇嘉	工程师	5000	30		2	¥900.00	B	200	¥5,900.00	¥5,700.00
14	012	郑振灿	其他	4000	30	1		¥900.00	B	50	¥4,900.00	¥4,850.00
15	013	杜金秋	工程师	5000	22	1		¥660.00	C	50	¥5,660.00	¥5,610.00
16	014	杨德生	工程师	5000	23	1		¥690.00	C	50	¥5,690.00	¥5,640.00
17	015	黄国慧	工程师	5000	24	1		¥720.00	C	50	¥5,720.00	¥5,670.00
18	016	黄宇业	工程师	5000	25	1	2	¥750.00	C	250	¥5,750.00	¥5,500.00
19	017	洪楠	工程师	5000	18		2	¥540.00	C	200	¥5,540.00	¥5,340.00
20	018	陈志鹏	工程师	5000	35			¥1,050.00	A	0	¥6,050.00	¥6,050.00
21	019	杜嘉颖	工程师	5000	28	1		¥840.00	B	50	¥5,840.00	¥5,790.00
22	020	谢俊辉	工程师	5000	10	1		¥300.00	C	50	¥5,300.00	¥5,250.00
23	021	杨定康	工程师	5000	30	1		¥900.00	B	50	¥5,900.00	¥5,850.00
24	022	江梓	工程师	5000	31			¥930.00	B	0	¥5,930.00	¥5,930.00
25	平均绩效工资			¥856.36		公司总人数		22				
26	最高绩效工资			¥1,260.00		总工资总额		¥122,490.00				
27	最低绩效工资			¥300.00								

图 2.2.1　员工工资表

任务分析

任务技能目标

通过本次任务，掌握以下技能：

（1）理解单元格不同的引用方式；

（2）能够正确使用公式；

（3）能够正确使用常见函数。

核心知识点

单元格引用，运算符、公式的使用，常见函数的使用。

任务实现

2.2.1 新建工资表

新建工作簿文件“员工工资表”，将工作表命名为“员工工资信息表”，在工作表中输入如图 2.2.2 所示的工资表标题、列标题、员工号、姓名和职称等基本信息。数据输入和格式设置的方式在任务 2.1 中已经详细讲解，这里不再赘述。

	A	B	C	D	E	F	G	H	I	J	K	L
1	员工工资表											
2	员工号	姓名	职称	基本工资	加班小时	迟到次数	请假天数	绩效工资	绩效等级	应扣款	应发工资	实发工资
3	001	黄慧	工程师									
4	002	袁旭斌	工程师									
5	003	邓品卉	工程师									
6	004	叶俊	其他									
7	005	王昊	其他									
8	006	黄泽佳	其他									
9	007	王琳	工程师									
10	008	林育	工程师									
11	009	张炜发	工程师									
12	010	萧嘉	工程师									
13	011	林崇嘉	工程师									
14	012	郑振灿	其他									
15	013	杜金秋	工程师									
16	014	杨德生	工程师									
17	015	黄国慧	工程师									
18	016	黄宇业	工程师									
19	017	洪楠	工程师									
20	018	陈志鹏	工程师									
21	019	杜嘉颖	工程师									
22	020	谢俊辉	工程师									
23	021	杨定康	工程师									
24	022	江梓	工程师									
25	平均绩效工资					公司总人数						
26	最高绩效工资					总工资总额						
27	最低绩效工资											

图 2.2.2 新建员工工资表

2.2.2 使用公式计算工资

在 Excel 中，利用公式可以方便、快捷、自动地进行数据处理。Excel 的公式以“=”开头，后面是用于计算的表达式，即利用各种运算符，将常量、单元格引用和 Excel 函数等连接在一起，实现自动运算功能。

创建公式可以直接在单元格中输入，也可以在编辑栏中输入，效果相同。公式中的英文字母不区分大小写，运算符号必须是半角符号，公式中引用的单元格可以用键盘输入单元格名称或者直接用鼠标选取。公式输入后，可以单击编辑栏中的“输入”按钮或者按 Enter 键确认完成公式输入，这时将在单元格中显示计算结果，在编辑栏中显示公式内容，以方便编辑和修改。

1. 公式中的运算符

在 Excel 公式中可以使用的运算符包括算术、比较、文本连接和引用 4 种类型，如表 2.2.1 所示。

表 2.2.1　运算符

运算符类型	主要运算符
算术运算符	+（加法）、-（减法）、*（乘法）、/（除法）、^（乘方）、%（百分比）
比较运算符	=（等于）、>（大于）、<（小于）、>=（大于等于）、<=（小于等于）、<>（不等于）
文本连接运算符	&（连接文本）
引用运算符	:（区域运算符）、,（联合运算符）、!（工作表引用）

（1）算术运算符，用于对数值数据进行四则运算。

（2）比较运算符，用于对两个数值或文本进行比较运算，其运算结果是一个逻辑值，如果运算结果成立，逻辑值为 TRUE，结果不成立则为 FALSE。

（3）文本连接运算符，用于将两个文本首尾相接，形成一个连续的文本值。

（4）引用操作符，用于将若干个单元格区域合并计算。区域运算符作用于连续的单元格区域，对指定区域之间，包括两个引用单元格在内的所有单元格进行引用，如 A2:B4 单元格区域是引用 A2、A3、A4、B2、B3、B4 共 6 个单元格。联合运算符则可以作用于不连续的单元格区域，可以将多个引用合并为一个引用，例如 B1:B3,C3,D4 引用 B1、B2、B3、C3、D4 共 5 个单元格。

2. 单元格引用

单元格引用是指在公式中通过对单元格地址的引用来访问单元格中存放的数据。单元格的引用有三类，分别是绝对引用、相对引用和混合引用，这三类引用都有各自不同的含义。除了引用同一张工作表的单元格外，公式还可以引用其他工作表中的数据。

（1）相对引用。相对引用是指用列号和行号直接表示的地址引用，在复制移动公式或自动填充时，会随着公式位置的变化而自动调整引用单元格的行号、列标。例如，在 C1 单元格中应用公式“=A1+B1”，当拖动 C1 单元格的控制句柄向下填充到 C2 单元格时，公式变为“=A2+B2”。

（2）绝对引用。绝对引用是指不随单元格变动而变动的地址引用，在复制移动公式或自动填充时，绝对地址需要使用绝对地址符号“$”，即在列号和行号前都要加上符号“$”，公式中所引用单元格的行号和列标均保持不变。例如，在 C1 单元格中使用公式“=$A$1+$B$1”，当拖动 C1 单元格的控制句柄向下填充到 C2 单元格时，公式仍为“=$A$1+$B$1”。

（3）混合引用。混合引用是将相对引用和绝对引用结合起来，在复制移动公式或自动填充时，在行号或列标中只加一个“$”符号，即“$列标行号”或“列标$行号”的形式，这时所引用单元格的行号或列标只有一个进行自动调整，而另一个保持不变，如 $A1、B$1。

（4）引用工作表外的单元格。上述三类引用方式都是在同一个工作表中完成的，如果要引用其他工作表的单元格，则应在引用地址之前说明单元格所在的工作表名称，形式为“工作表!单元格地址”。

例如，在“员工工资信息表”的“加班小时”列中需要引用“考勤数据表”中的“加班小时”数据，选中“员工工资信息表”的E3单元格，输入“=”符号，然后用鼠标单击工作表标签中的“考勤数据表”名称，工作表切换到“考勤数据表”后单击B2单元格，这时编辑栏中显示“=考勤数据表! B2”，如图2.2.3所示，按Enter键结束输入。最后拖动E3单元格的控制句柄向下填充到E24单元格，即可完成加班小时数据引用工作表外数据的操作。

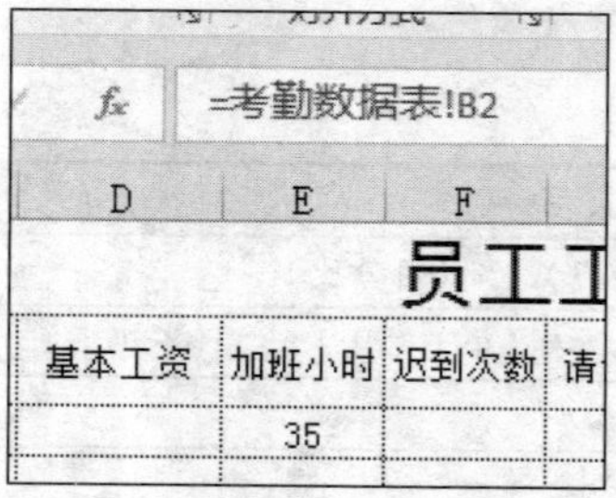

图2.2.3 引用“考勤数据表”数据

在本任务中，“迟到次数”和“请假天数”的数据是直接从“考勤数据表”中复制的，也可以使用跟“加班小时”同样的方式引用工作表外数据。

> **小贴士**
> 使用公式时，应在活动单元格或其编辑栏中先输入“=”符号，再进行公式编辑；使用函数时，不必输入“=”，直接插入函数。

3. 用公式计算工资金额

1）绩效工资计算

绩效工资的计算公式为：绩效工资=加班小时*30。

选中H3单元格，在编辑栏中输入“=E3*30”，按Enter键结束输入，如图2.2.4所示。同样，选中H4单元格，输入“=E4*30”，按Enter键结束输入。直到完成所有员工绩效工资的计算。但是这样操作效率低下，可以采用Excel自动填充功能完成后续计算。选中H3单元格，拖动单元格右下方的填充柄至H24单元格，即可完成所有员工绩效工资的计算。

2）应扣款计算

公司规定迟到一次扣款50元，请假一天扣款100元，因此应扣款计算公式为：应扣款=迟到次数*50+请假天数*100。

选中J3单元格，在编辑栏中输入“=F3*50+G3*100”，按Enter键结束输入，如图2.2.5所示。选中J3单元格，拖动单元格右下方的填充柄至J24单元格，即可完成所有员工应扣款的计算。

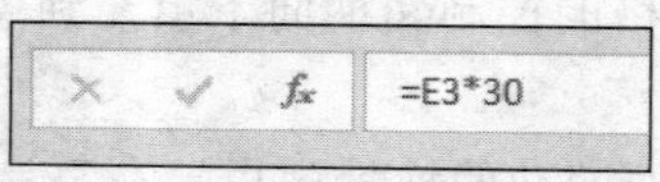

图2.2.4 绩效工资公式

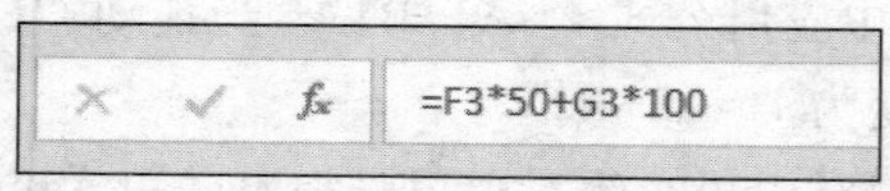

图2.2.5 应扣款公式

3）应发工资计算

利用Excel的公式处理，可以突破数据常量的局限，当数据源发生变化时，实现由公式和函数计算的结果自动更新，使用户对工作表中数据的分析和处理变得更加方便。

虽然员工工资表中的“基本工资”还没有计算出具体结果，但是并不会影响“应发工资”计算公式填写。

应发工资的计算公式为：应发工资=基本工资+绩效工资。

选中K3单元格，在编辑栏中输入“=D3+H3”，按Enter键结束输入，如图2.2.6所示。选中K3单元格，拖动单元格右下方的填充柄至K24单元格，即可完成所有员工应发工资的计算。

4）实发工资计算

同样，实发工资计算公式填写，不会受到应发工资暂时没有具体计算结果的影响。

实发工资的计算公式为：实发工资=应发工资-应扣款。

选中 L3 单元格，在编辑栏中输入“=K3-J3”，按 Enter 键结束输入，如图 2.2.7 所示。选中 L3 单元格，拖动单元格右下方的填充柄至 L24 单元格，即可完成所有员工实发工资的计算。

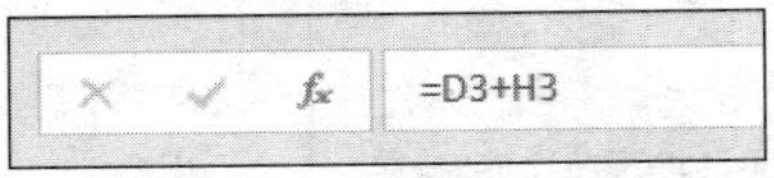

图 2.2.6　应发工资公式

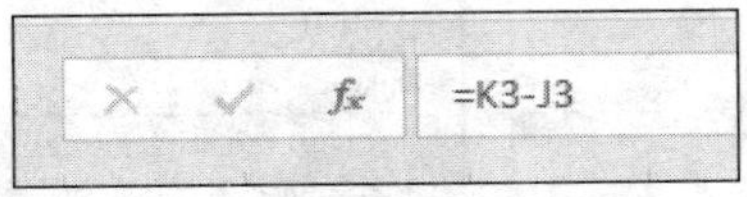

图 2.2.7　实发工资公式

2.2.3　使用常见函数

函数是按照特定语法结构进行计算的一种表达式。Excel 提供了数学、财务、统计等丰富的函数，用于完成复杂、烦琐的计算或处理工作。与公式类似，使用函数可以方便地对工作表中的数据进行分析和处理，当数据源发生变化时，由函数计算的结果也将会自动更新。

函数一般使用格式是“函数名（[参数 1],[参数 2],…）”。其中，函数名是系统预先设置的名称，参数可以是数字、文本、逻辑值、单元格引用等。函数可以嵌套，某一函数或公式还可以作为另一个函数的参数使用。如果函数包含有多个参数时，各个参数之间用逗号隔开；如果函数没有参数时，圆括号不能省略。

> **小贴士**
> 函数使用可以采取手动输入和向导插入两种方式。初学一般采用向导插入函数；掌握函数格式后，可以在编辑栏手动输入函数。

下面通过例子详细说明几种常用函数的使用方法。

1. 使用 IF 函数计算基本工资

基本工资的金额是以员工的职称为依据设定的，职称不同，基本工资数额也有差异。设定要求是“工程师”职称基本工资 5000 元，“其他”职称基本工资 4000 元，这就需要使用逻辑函数 IF 函数根据员工职称判断基本工资。

函数名称：IF

格式：IF（Logical_test,Value_if_true,Value_if_false）

功能：判断是否满足某个条件，满足返回一个值，不满足则返回另一个值。Logical_test 是逻辑判断表达式；Value_if_true 表示当逻辑判断表达式为真时所显示的内容，不填则返回 TRUE；Value_if_ false 表示当逻辑判断表达式为假时所显示的内容，不填则返回 FALSE。

选中 D3 单元格，单击编辑栏左侧的“插入函数”按钮，或者单击“公式”→“函数库”→“插入函数”按钮，弹出“插入函数”对话框，在“选择函数”列表框中选择“IF”函数，如图 2.2.8 所示。

单击“确定”按钮，弹出“函数参数”对话框，在参数“Logical_test”中输入“C3="工程师"”，参数“Value_if_true”中输入“5000”，参数“Value_if_ false”中输入“4000”，如图 2.2.9 所示。单击“确定”按钮，就会在 D3 单元格中显示该员工的基本工资，在编辑栏中显示完整函数和参数内容。

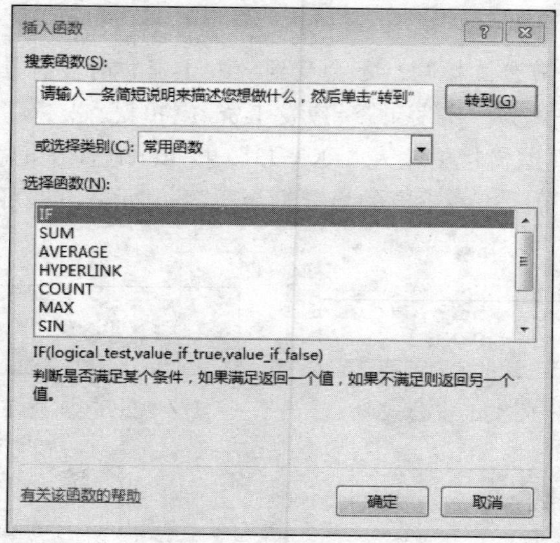

图 2.2.8 “IF”函数

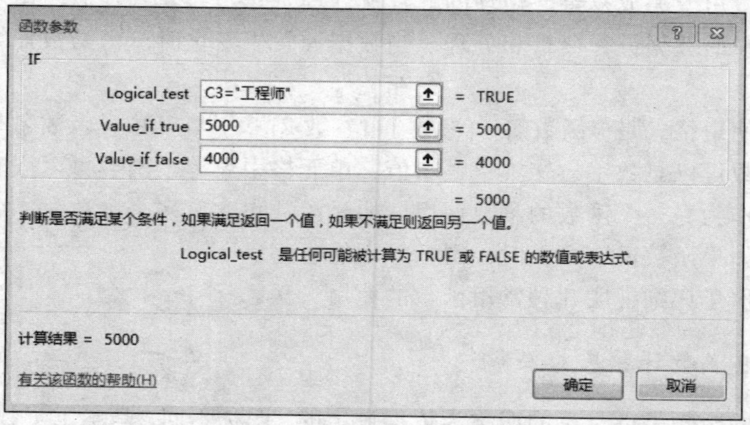

图 2.2.9 “函数参数”对话框

利用自动填充功能，将此函数复制到此列的其他单元格中，选中 D3 单元格，拖动单元格右下方的填充柄至D24单元格，系统自动在其他单元格填充所有员工的基本工资。

2. 使用平均值函数计算平均绩效工资

在“员工工资信息表”中，可以使用统计函数“AVERAGE”计算所有员工的平均绩效工资。

函数名称：AVERAGE

格式：AVERAGE（number1,number2,⋯）

功能：返回所有参数的算术平均值；参数可以是数值或包含数值的名称、数组或引用单元格（区域）。

选中 D25 单元格，单击编辑栏左侧的“插入函数”按钮，或者单击“公式”→“函数库”→“插入函数”按钮，弹出“插入函数”对话框，在“选择函数”列表框中选择“AVERAGE”函数，如图 2.2.10 所示。

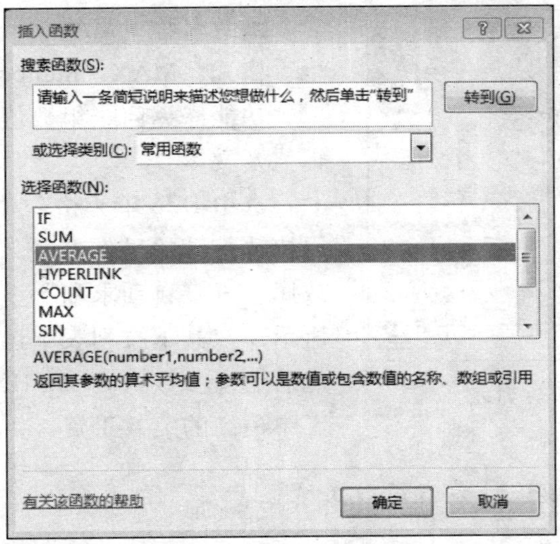

图 2.2.10 “AVERAGE”函数

单击“确定”按钮，弹出“函数参数”对话框，如图 2.2.11 所示。在“Number1”中输入“H3:H24”，单击“确定”按钮，就会在 D25 单元格中显示员工的平均绩效工资。

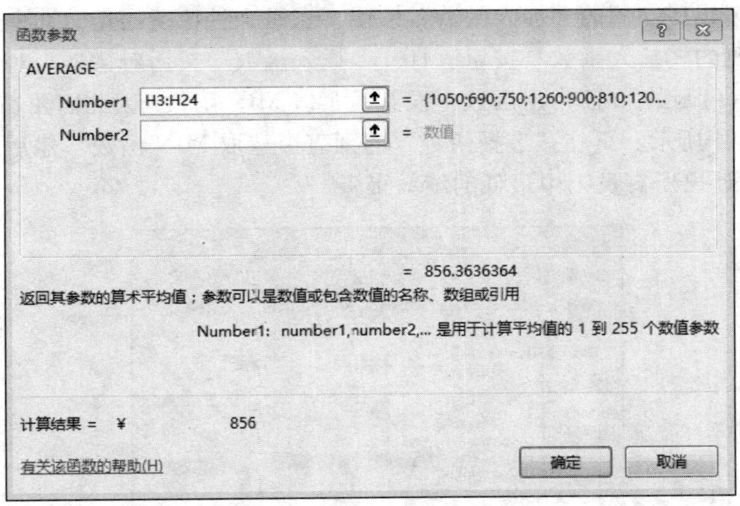

图 2.2.11 “函数参数”对话框

也可以用鼠标实现参数区域选取，单击“Number1”右侧按钮后，对话框自动缩小，用鼠标直接选取 H3:H24 单元格区域，则函数参数对话框中“Number1”显示“H3:H24”，如图 2.2.12 所示，单击右侧返回按钮恢复对话框，最后单击“确定”按钮，同样能在 D25 单元格中计算出员工的平均绩效工资。

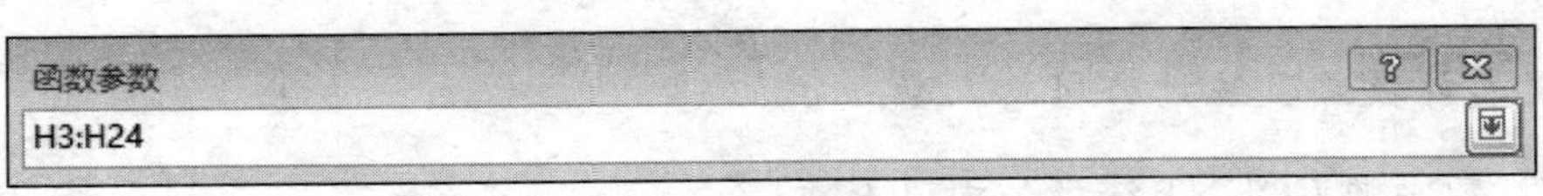

图 2.2.12 选取函数参数

3. 使用最大值函数统计最高绩效工资

使用统计函数 MAX 计算所有员工中最高的绩效工资。

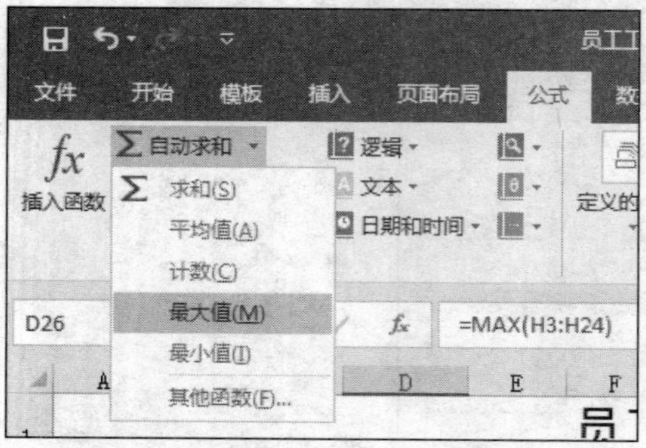

图 2.2.13　常用函数列表

函数名称：MAX

格式：MAX（number1,number2,⋯）

功能：返回一组数值中的最大值，忽略逻辑值及文本。

选中 D26 单元格，对于常用函数，可以使用快捷打开的操作方式：单击“公式”→“函数库”→“自动求和”下拉按钮，如图 2.2.13 所示，在其下拉列表中选择“最大值”命令，然后选择参数区域 H3:H24 即可统计出所有员工中最高的绩效工资。

4. 使用最小值函数统计最低绩效工资

同理，使用统计函数 MIN 计算所有员工中最低的绩效工资。

函数名称：MIN

格式：MIN（number1,number2,⋯）

功能：返回一组数值中的最小值，忽略逻辑值及文本。

直接单击编辑栏左侧的“插入函数”按钮，也是一种便捷操作。选中 D27 单元格，单击编辑栏左侧的“插入函数”按钮，打开“插入函数”按钮对话框，对话框中默认的选择类别是“常用函数”，而常用函数中没有最小值 MIN 函数，因此需要切换到类别“统计”，如图 2.2.14 所示。再在“选择函数”的列表中选取 MIN 函数，然后选择参数区域 H3:H24 即可统计出所有员工中最低的绩效工资。

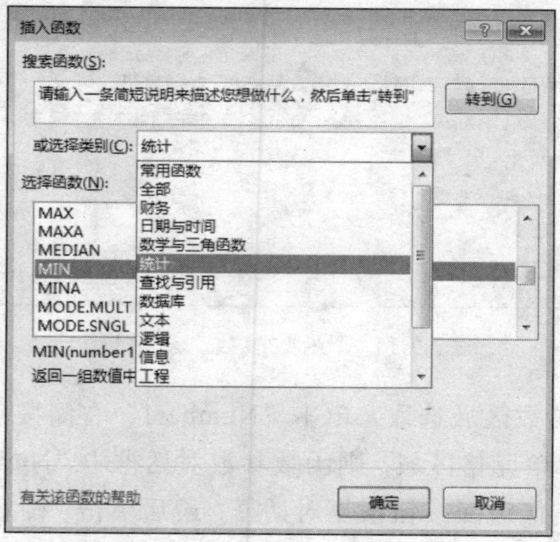

图 2.2.14　选择类别“统计”

> **小贴士**
> 当不确定函数名称时，可以在“插入函数”对话框的“或选择类别”下拉列表中选择“全部”选项；然后在“搜索函数”文本框中输入简短说明，单击“转到”按钮，进行函数搜索，如最小值、计数。

5. 使用计数函数统计公司总人数

使用计数函数 COUNT 统计公司总人数。

函数名称：COUNT

格式：COUNT（value1,value2,⋯）

功能：计算区域中包含数字的单元格的个数。COUNT 函数要求参数单元格为数字，如果要统计文本参数或包含文本的单元格数目，可以使用 COUNTA 函数。

选中 H25 单元格，单击编辑栏左侧的“插入函数”按钮，打开“插入函数”对话框，对话框中的选择类别切换到“常用函数”，在“选择函数”列表框中选择“COUNT”函数，如图 2.2.15 所示，单击“确定”按钮，在参数 Value1 中选择单元格区域 H3:H24，即可统计出公司总人数。

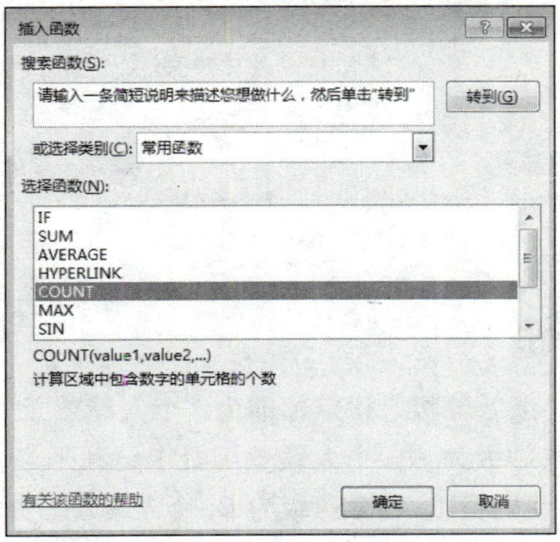

图 2.2.15　“COUNT”函数

6. 使用求和函数计算总工资总额

使用数学与三角函数 SUM 计算所有员工的总工资总额。

函数名称：SUM

格式：SUM（number1,number2,…）

功能：计算单元格区域中所有数值的和。

选中 H26 单元，单击编辑栏左侧的“插入函数”按钮，打开“插入函数”对话框，对话框中的选择类别切换到“常用函数”，在“选择函数”列表框中选择“SUM”函数，如图 2.2.16 所示。在弹出的“函数参数”对话框“Number1”文本框中输入“L3:L24”，如图 2.2.17 所示，单击“确定”按钮，即可计算出所有员工的总工资总额。

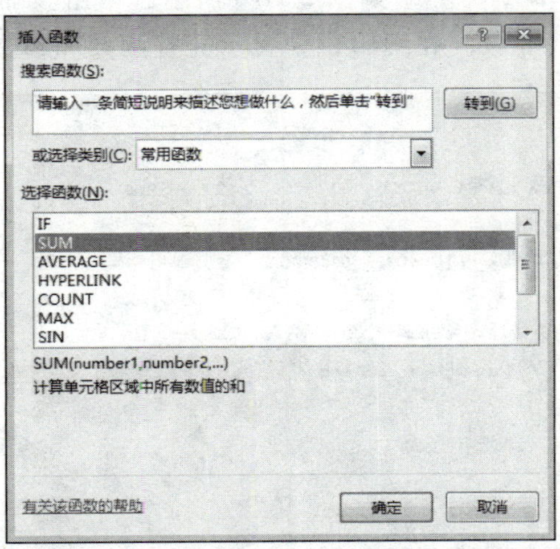

图 2.2.16　“SUM”函数

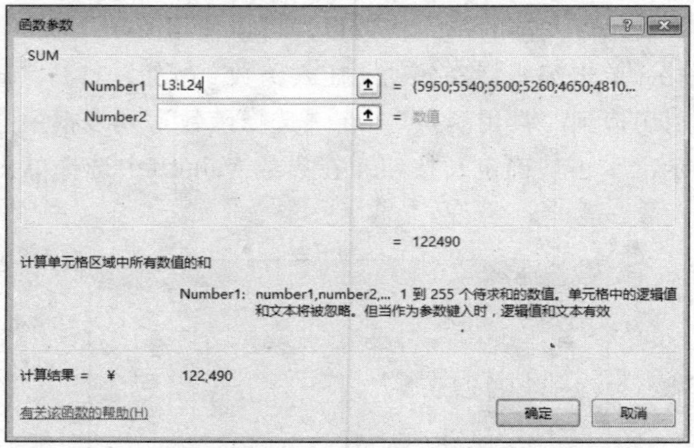

图 2.2.17 参数“Number1”

2.2.4 函数的嵌套应用

“员工工资表”中的“绩效等级”评定标准为：个人绩效工资达到或者超过平均绩效工资+100 元的员工，绩效等级为 A；个人绩效工资未达到平均绩效工资+100 元的水平，但超过平均绩效工资-100 元的员工，绩效等级为 B；个人绩效工资未超过平均绩效工资-100 元的员工，绩效等级为 C。

按照绩效等级评定标准，要使用 IF 函数设置等级，但是一个 IF 函数只有 Value_if_true 和 Value_if_false 两个参数，可以表示两个等级，所以需要用函数的嵌套实现等级划分要求，即将两个 IF 函数嵌套在一起使用。

IF 函数嵌套可以利用插入函数向导操作。选中 I3 单元格，单击编辑栏左侧的“插入函数”按钮，弹出“插入函数”对话框，在“选择函数”列表框中选择“IF”函数，单击“确定”按钮，弹出“函数参数”对话框，在参数“Logical_test”中输入“H3>=$D$25+100”。

注意：平均绩效工资金额存储在 D25 单元格，引用 D25 单元格时应使用绝对引用，即“$D$25”形式，这样可以避免因函数复制造成所引用的单元格自动调整行号列标而引起错误。

参数“Value_if_true”中输入“"A"”，参数“Value_if_ false”中输入一个完整 IF 函数“IF（H3>$D$25-100,"B","C"）”，如图 2.2.18 所示。单击“确定”按钮，就会在 I3 单元格中显示该员工的绩效等级，在编辑栏中显示完整函数和参数内容。

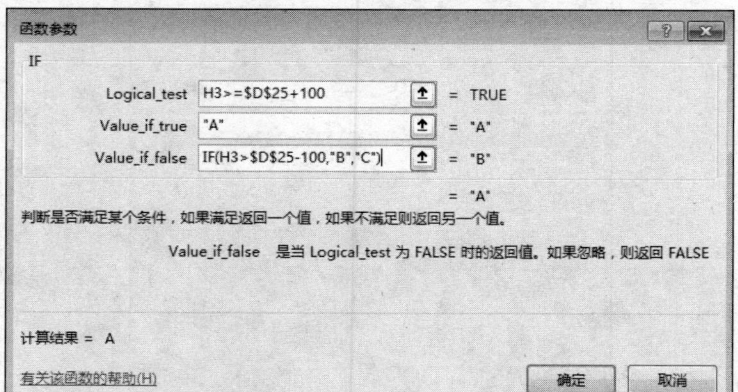

图 2.2.18 IF 函数参数

IF 函数嵌套也可以利用公式直接输入实现。在工作表“员工工资信息表”的“绩效等级”列中，用鼠标选中 I3 单元格，输入公式“=IF(H3>=$D$25+100,"A",IF(H3>$D$25-100,"B","C"))”后按 Enter 键确认输入，即可评定出第一位员工的绩效等级。

再利用自动填充功能，将此函数复制到此列的其他单元格中，选中 I3 单元格，拖动单元格右下方的填充柄至 I24 单元格，系统自动在其他单元格填充所有员工的绩效等级。

2.2.5　数据基本格式设置

1. 输入员工号

由于员工编号形式为“001”，如果直接在单元格中输入 001，Excel 会自动为数值 001 忽略高位的数字 0，在单元格中显示 1，因此应在 A3 单元格中先输入一个英文单引号“'”再输入 001，就可以按照正确的形式显示员工号，如图 2.2.19 所示。A3 单元格中的“'001”表示以文本形式存储的数字。

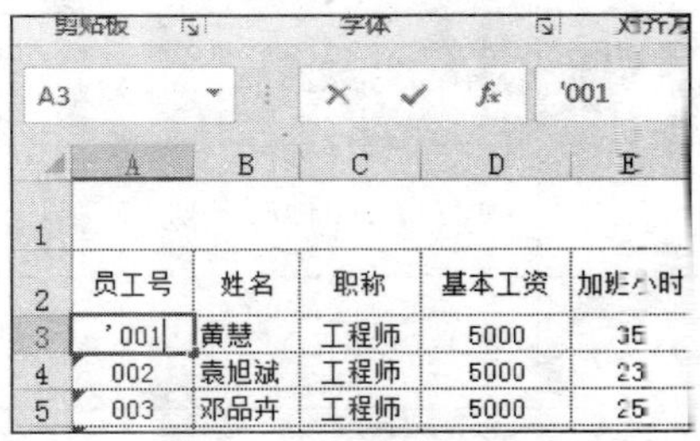

图 2.2.19　以文本形式存储的员工号数字

2. 数据区域对齐方式

选中单元格区域 D3:L24，单击“开始”→“对齐方式”→“居中”和“垂直居中”按钮，将员工工资表中的数据居中显示。

3. 设置工资单元格货币格式

按下 Ctrl 键，用鼠标选中表示工资金额的单元格区域 H3:H24、K3:K24、L3:L24、D25:D27、H26，右击，在弹出的快捷菜单中选择“设置单元格格式”选项，在弹出的“设置单元格格式”对话框中单击“数字”选项卡，在分类中选择“货币”，货币符号选择“￥中文（中国）”，如图 2.2.20 所示。

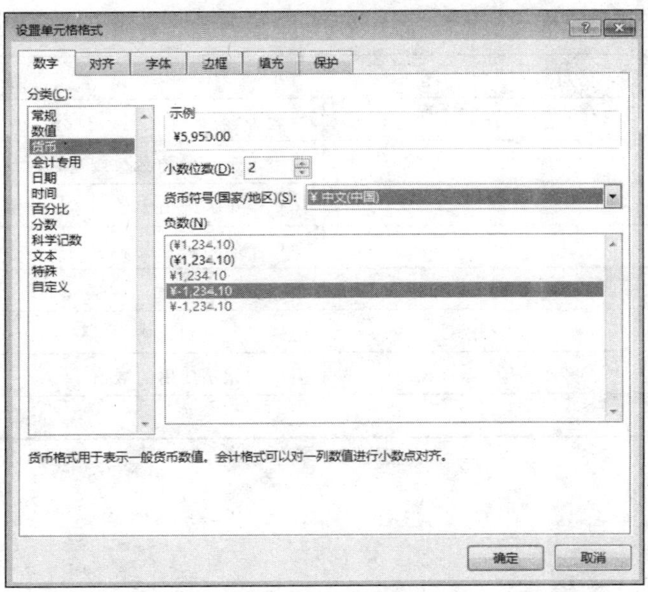

图 2.2.20　货币格式

知识拓展

1. 常见函数说明

表 2.2.2 中列出了 Excel 中常用的函数名称、函数格式及功能说明。

表 2.2.2 常用函数

函数名称	函数格式	功能说明
COUNTA	COUNTA（value1,value2,…）	计算单元格区域中非空单元格的个数
COUNTIF	COUNTIF（range,criteria）	计算某个区域中满足给定条件的单元格的数量
SUMIF	SUMIF（range,criteria,sum_range）	对指定单元格区域内满足条件的单元格求和
AND	AND（logical1,logical2,…）	检查是否所有参数均为 TRUE，如果所有参数均为 TRUE，则返回 TRUE
OR	OR（logical1,logical2,…）	如果任一参数值为 TRUE，即返回 TRUE，只有当所有参数值均为 FALSE 时才返回 FALSE
NOT	NOT（logical）	对参数的逻辑值求反，参数为 TRUE 时返回 FALSE，参数为 FALSE 时返回 TRUE
TODAY	TODAY（）	返回日期格式的当前日期
ROUND	ROUND（number,num_digits）	按指定位数对数值进行四舍五入
MOD	MOD（number,divisor）	返回两数相除的余数
INT	INT（number）	将数值向下取整为最接近的整数
MID	MID（text,start_num,num_chars）	从文本字符串中按指定位置返回指定长度的字符
REPLACE	REPLACE（old_text,start_num,num_chars,new_text）	将一个字符串中的部分字符用另一个字符串替换

2. 常见错误信息及含义说明

表 2.2.3 中列出了 Excel 中常用的错误信息及其含义说明。

表 2.2.3 错误信息及其含义说明

错误信息	含义说明
#DIV/0!	除数为零
#VALUE!	使用了不正确的参数或运算对象类型
######	运算结果或数值太长，单元格宽度不足无法显示
#NAME	使用了不可识别的名字
#NUM!	数据类型不正确
#REF!	引用了无效单元格
#N/A	引用了无法使用的数值
#NULL!	无效

任务 2.3 商品销售表数据分析

任务描述

超市职员小王统计出了去年乳制品类四个季度的销售数据表，运用排序操作根据指定字段“销量汇总”升序或降序排列，查看商品销售总量；运用筛选操作显示出满足指定条件的数据，隐藏其他数据，可以快捷地查看到指定数据；运用分类汇总操作先对数据进行分类后，再进行求最大值、最小值和平均值等其他操作，使数据能分类后再进行相关处理。分析销售数据，能更清楚地掌握商品当前销售情况，也可以依据数据分析结果决定后期商品进货量。

任务分析

任务技能目标

通过本次任务，掌握以下技能：

（1）掌握数据排序；

（2）掌握自动筛选和高级筛选；

（3）掌握数据分类汇总；

（4）掌握数据透视表和数据透视图的创建。

核心知识点

排序，筛选，分类汇总，数据透视表和数据透视图。

任务实现

2.3.1 排序

排序是指将原有记录的顺序重新调整，按照指定的字段进行升序和降序两种方式排列的操作，借助排序可以快速查找值。这个指定的字段称为主要关键字。在主要关键字数据相同的时候，可以再添加一个用于排序的指定字段，称为次要关键字。排序时，数值数据按数值大小排序，字符数据按首字母在字母表中的顺序排序，汉字数据按拼音首字母或者笔画多少排序。通常，如果关键字列数据中含有空白单元格，那么这行数据总是排在所有数据行的最后。

> **小贴士**
> 排序的数据应存放在工作表的一个连续区域口，每一列数据有列名称，同一列的所有数据具有相同的数据类型。

1）简单排序

简单排序是指对选定的数据区域按照指定的一行数据或者一列数据作为排序关键字进行排序的方法。其中，关键字是行数据则数据区域按行简单排序，关键字是列数据则数据区域按列简单排序。

将“超市乳制品类销售报表”工作表数据按产品名称升序排序，操作步骤如下：选中A1:G35单元格区域，单击“数据”→“排序和筛选”→“升序”按钮，如图 2.3.1 所示。

单击“升序”按钮，即可看到数据区域排序后的结果，如图 2.3.2 所示。

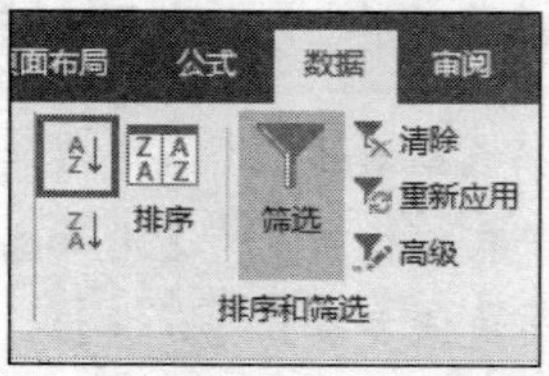

图 2.3.1 “升序”按钮

	B	C	D	E	F	G	H
1	产品名称	产品类别	第 1 季度	第 2 季度	第 3 季度	第 4 季度	销量汇总（件）
2	0蔗糖	冰淇淋	760	865	630	307	2562
3	草莓果肉酸奶	酸奶	442	316	390	883	2031
4	草莓味乳饮料	乳饮料	603	872	284	528	2287
5	橙汁	冷藏饮品	488	353	848	239	1928
6	纯牛奶袋装	常温奶	473	854	745	863	2935
7	纯牛奶盒装	常温奶	745	882	766	866	3259
8	纯鲜牛奶	鲜奶	321	645	579	849	2394
9	果粒乳饮料	乳饮料	436	214	633	566	1849
10	盒装六合一	冰淇淋	808	799	876	720	3203
11	活性物质鲜牛奶	鲜奶	560	416	214	468	1658
12	芒果味	冰淇淋	512	842	464	460	2278
13	每日鲜奶	鲜奶	698	524	872	899	2993
14	迷你甜筒	冰淇淋	774	799	609	805	2987
15	抹茶味	冰淇淋	895	879	895	596	3265
16	牛奶提子味	冰淇淋	450	837	882	700	2869
17	牛奶小布丁	冰淇淋	256	754	854	659	2523

图 2.3.2 按产品名称升序排序

排序关键字默认为第一列数据“产品名称”。例如，单击数据区域的任意单元格，则排序关键字默认为所选的活动单元格所在列。文字数据的排序方法默认为“字母排序”，如果希望改成按第一个字的笔画数目排序，可以单击“数据”→“排序和筛选”→“排序”按钮，弹出“排序”对话框，如图 2.3.3 所示。

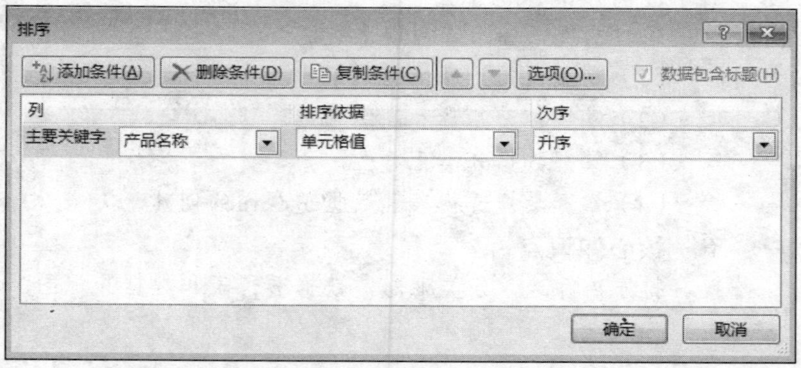

图 2.3.3 “排序”对话框

在“排序”对话框右上角单击“选项”按钮，打开“排序选项”对话框，更改排序方法为“笔划排序”即可，如图 2.3.4 所示。有的工作表数据需要按行简单排序，可以在“排序选项”对话框中更改排序方向为“按行排序”，如图 2.3.5 所示。

图 2.3.4 “排序选项”对话框

图 2.3.5 按行排序

2）复杂排序

复杂排序是指对选定的数据区域，按照两个或两个以上的排序关键字进行排序的方法，应用在主要关键字数据相同的时候，需要再添加一个或多个次要关键字辅助排序。

将“超市乳制品类销售报表”工作表数据按产品类别升序排序，产品类别相同的数据按照产品名称升序排序。操作步骤如下：选中 A1:G35 单元格区域，单击“数据”→“排序和筛选”→“排序”按钮，打开“排序”对话框。在“主要关键字”下拉列表框中选择排序的首要条件“产品类别”，并将“排序依据”下拉列表框设置为“单元格值”，将“次序”下拉列表框设置为“升序”。单击“添加条件”按钮，在打开的对话框中添加次要条件，将“次要关键字”下拉列表框设置为“产品名称”，并将“排序依据”下拉列表框设置为“单元格值”，将“次序”下拉列表框设置为“升序”，如图 2.3.6 所示。

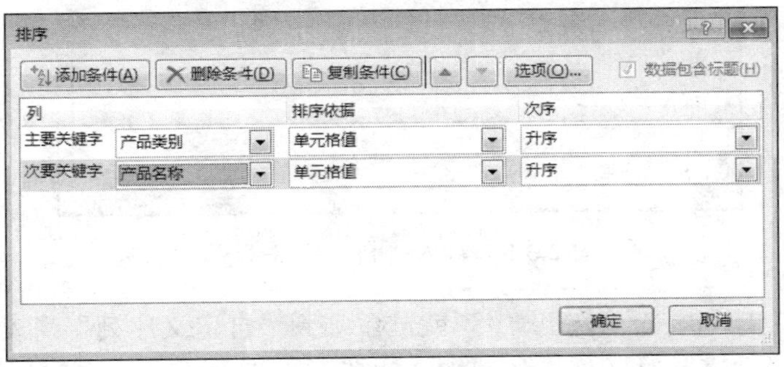

图 2.3.6　复杂排序关键字设置

单击“确定”按钮，即可看到数据区域排序后的结果，如图 2.3.7 所示。

	B	C	D	E	F	G	H
1	产品名称	产品类别	第 1 季度	第 2 季度	第 3 季度	第 4 季度	销量汇总（件）
2	0蔗糖	冰淇淋	760	865	630	307	2562
3	盒装六合一	冰淇林	808	799	876	720	3203
4	芒果味	冰淇淋	512	842	464	460	2278
5	迷你甜筒	冰淇淋	774	799	609	805	2987
6	抹茶味	冰淇淋	895	879	895	596	3265
7	牛奶提子味	冰淇淋	450	837	882	700	2869
8	牛奶小布丁	冰淇淋	256	754	854	659	2523
9	巧克力味	冰淇淋	588	788	725	508	2609
10	提拉米苏味	冰淇淋	743	792	901	546	2982
11	香草味	冰淇淋	633	844	750	473	2700
12	纯牛奶袋装	常温奶	473	854	745	863	2935
13	纯牛奶盒装	常温奶	745	882	766	866	3259
14	全脂纯牛奶	常温奶	902	928	879	916	3625
15	脱脂纯牛奶	常温奶	936	658	800	886	3280
16	学生牛奶	常温奶	264	901	710	816	2691
17	有机纯牛奶	常温奶	915	725	915	843	3398
18	橙汁	冷藏饮品	488	353	848	239	1928
19	苹果汁	冷藏饮品	279	545	754	485	2063
20	葡萄汁	冷藏饮品	726	237	430	571	1964

图 2.3.7　多关键字复杂排序

3）自定义排序

自定义排序是指对选定数据区域按用户定义的顺序进行排序。在“超市乳制品类销售报表”中按产品类别指定的序列“常温奶、鲜奶、酸奶、乳饮料、冷藏饮品、冰淇淋”对销售数据进行排序，就需要使用“自定义排序”功能。操作步骤如下：

单击数据区域的任意单元格，打开“排序”对话框，在“主要关键字”下拉列表框中选择“产品类别”，在“次序”下拉列表框中选择“自定义序列”选项，打开“自定义序列”对话框。在“自定义序列”选项卡的“输入序列”列表框中依次输入排序序列，每输入一项，按一次 Enter 键，如图 2.3.8 所示。

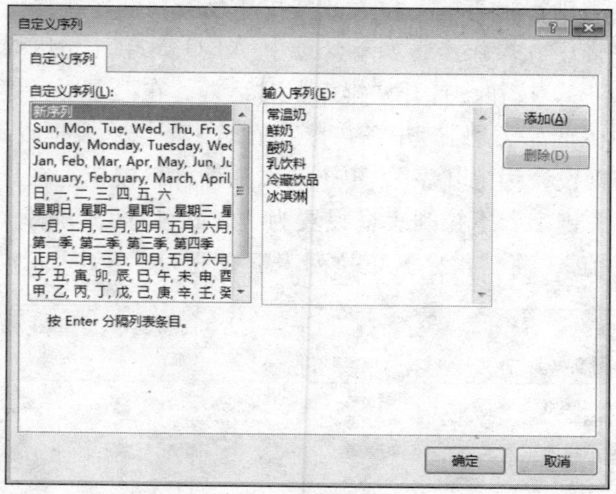

图 2.3.8 输入“自定义序列”

输入完毕，单击“添加”按钮，序列就被添加到“自定义序列”列表框中，单击“确定”按钮，返回“排序”对话框，如图 2.3.9 所示。再单击“确定”按钮，数据区域按上述指定的序列完成排序，结果如图 2.3.10 所示。

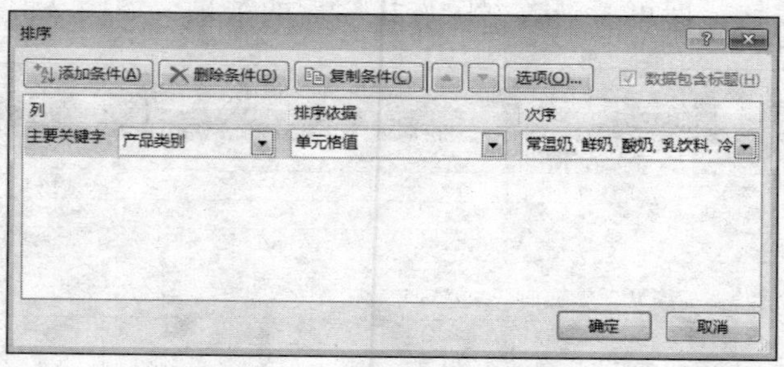

图 2.3.9 选择自定义序列

	B	C	D	E	F	G	H
1	产品名称	产品类别	第 1 季度	第 2 季度	第 3 季度	第 4 季度	销量汇总（件）
2	纯牛奶袋装	常温奶	473	854	745	863	2935
3	纯牛奶盒装	常温奶	745	882	766	866	3259
4	全脂纯牛奶	常温奶	902	928	879	916	3625
5	脱脂纯牛奶	常温奶	936	658	800	886	3280
6	学生牛奶	常温奶	264	901	710	816	2691
7	有机纯牛奶	常温奶	915	725	915	843	3398
8	纯鲜牛奶	鲜奶	321	645	579	849	2394
9	活性物质鲜牛奶	鲜奶	560	416	214	468	1658
10	每日鲜奶	鲜奶	698	524	872	899	2993
11	乳蛋白鲜牛奶	鲜奶	582	692	779	788	2841
12	优选牧场牛奶	鲜奶	777	677	872	876	3202
13	草莓果肉酸奶	酸奶	442	316	390	883	2031
14	双重蛋白酸奶	酸奶	622	555	766	516	2459
15	鲜乳酪酸奶	酸奶	337	513	675	483	2008
16	益生菌风味	酸奶	727	608	786	410	2531
17	原味酸奶	酸奶	626	502	479	832	2439

图 2.3.10 自定义序列排序

2.3.2　筛选

筛选是指按照一定的条件从工作表中选出符合条件的记录并显示，隐藏不符合条件的记录，筛选过程中并不删除数据。

1．自动筛选

1）自动筛选

自动筛选功能是按照单一条件进行数据筛选。例如，在“超市乳制品类销售报表”中显示出所有销量汇总数值高于平均值的产品数据信息，就可以运用自动筛选。

单击数据区域的任意单元格，单击“数据”→“排序和筛选”→“筛选”按钮，即可进入自动筛选状态，在工作表中每个列标题右侧均出现一个下拉按钮，如图 2.3.11 所示。

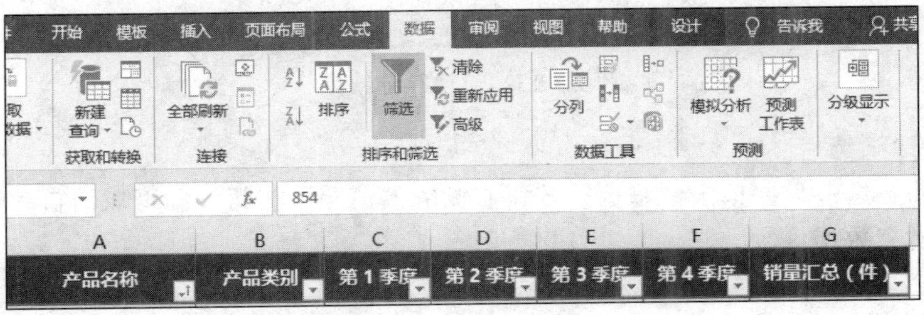

图 2.3.11　自动筛选状态

单击“销量汇总”右侧的下拉按钮，在弹出的下拉列表中选择“数字筛选”→“高于平均值”选项，如图 2.3.12 所示。

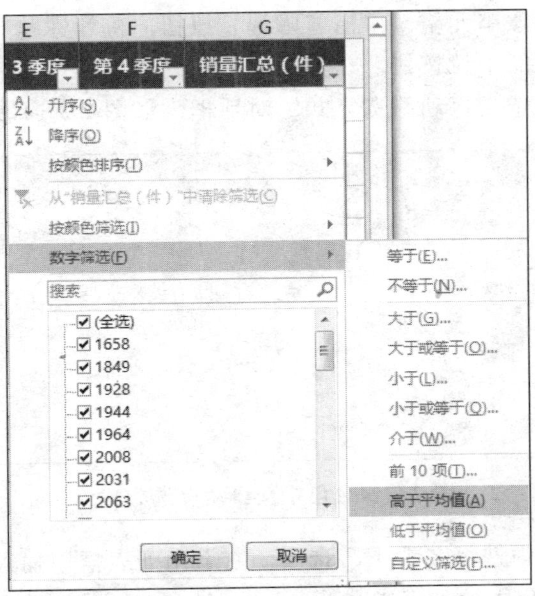

图 2.3.12　“数字筛选”下拉列表

此时在工作表中仅显示出销量汇总值高于平均值的数据，筛选结果如图 2.3.13 所示。

	A	B	C	D	E	F	G
1	产品名称	产品类别	第1季度	第2季度	第3季度	第4季度	销量汇总（件）
6	纯牛奶袋装	常温奶	473	854	745	863	2935
7	纯牛奶盒装	常温奶	745	882	766	866	3259
10	盒装六合一	冰淇淋	808	799	876	720	3203
13	每日鲜奶	鲜奶	698	524	872	899	2993
14	迷你甜筒	冰淇淋	774	799	609	805	2987
15	抹茶味	冰淇淋	895	879	895	596	3265
16	牛奶提子味	冰淇淋	450	837	882	700	2869
21	全脂纯牛奶	常温奶	902	928	879	916	3625
22	乳蛋白鲜牛奶	鲜奶	582	692	779	788	2841
25	提拉米苏味	冰淇淋	743	792	901	546	2982
26	脱脂纯牛奶	常温奶	936	658	800	886	3280
28	香草味	冰淇淋	633	844	750	473	2700
29	学生牛奶	常温奶	264	901	710	816	2691
31	优选牧场牛奶	鲜奶	777	677	872	876	3202
32	有机纯牛奶	常温奶	915	725	915	843	3398
35	原味酸酸乳	乳饮料	392	854	827	849	2922

图 2.3.13　自动筛选结果

2）清除筛选

要清除筛选，只要单击“筛选”按钮右侧的“清除”按钮，即可取消自动筛选，重新显示出所有数据。

2. 自定义筛选

自定义筛选功能是指按照一个列数据的多个条件进行数据筛选。在“超市乳制品类销售报表”中显示出第三季度销量在 400～800 的所有产品数据信息，可以运用自定义筛选。

单击数据区域的任意单元格，单击“筛选”按钮，待列标题右侧出现下拉按钮时，单击“第 3 季度”右侧的下拉按钮，在弹出的下拉列表中选择“数字筛选”→“自定义筛选”选项，弹出“自定义自动筛选方式”对话框，如图 2.3.14 所示。

图 2.3.14　自定义自动筛选方式

在左上角下拉列表中选择“大于”选项，右上角列表框中输入数值“400”，单击选择单选按钮“与”，左下角下拉列表中选择“小于”选项，右下角列表框中输入数值“800”，如图 2.3.15 所示。

单击“确定”按钮，此时在工作表中仅显示出第三季度销量在 400～800 的所有产品数据，筛选结果如图 2.3.16 所示。

图 2.3.15 自定义筛选填写

	A	E	C	D	E	F	G
1	产品名称	产品类别	第 1 季度	第 2 季度	第 3 季度	第 4 季度	销量汇总（件）
2	0蔗糖	冰淇淋	760	865	630	307	2562
6	纯牛奶袋装	常温奶	473	854	745	863	2935
7	纯牛奶盒装	常温奶	745	882	766	866	3259
8	纯鲜牛奶	鲜奶	321	645	579	849	2394
9	果粒乳饮料	乳饮料	436	214	633	566	1849
12	芒果味	冰淇淋	512	842	464	460	2278
14	迷你甜筒	冰淇淋	774	799	609	805	2987
18	苹果汁	冷藏饮品	279	545	754	485	2063
19	葡萄汁	冷藏饮品	726	237	430	571	1964
20	巧克力味	冰淇淋	588	788	725	508	2609
22	乳蛋白鲜牛奶	鲜奶	582	692	779	788	2841
23	乳酸菌饮料	乳饮料	685	783	528	350	2346
24	双重蛋白酸奶	酸奶	622	555	766	516	2459
27	鲜乳酪酸奶	酸奶	337	513	675	483	2008
28	香草味	冰淇淋	633	844	750	473	2700
29	学生牛奶	常温奶	264	901	710	816	2691
30	益生菌风味	酸奶	727	608	786	410	2531
33	原味乳饮料	乳饮料	635	223	505	581	1944
34	原味酸奶	酸奶	626	502	479	832	2439

图 2.3.16 自定义筛选结果

单击“筛选”按钮右侧的“清除”按钮，即可取消筛选状态，重新显示出所有数据。

小贴士

高级筛选用于解决当筛选条件复杂时自定义筛选使用不方便的问题，可以将多个筛选条件添加到一个连续单元格区域中，通过一次筛选操作就可以得到最终结果。

3. 高级筛选

在工作表“超市乳制品类销售报表”中筛选出每个季度销售量都超过 500 的牛奶，可以使用高级筛选功能。操作步骤如下：

（1）建立条件区域，列出筛选结果必须满足的条件，复制数据的列标题区域 B1:F1 区域，在工作表任意空白单元格如 H2:L2 单元格区域粘贴，在单元格 H3 中输入“*奶”，在 I3:L3 四个单元格中均输入“>500”，完成条件区域创建，如图 2.3.17 所示。

产品类别	第 1 季度	第 2 季度	第 3 季度	第 4 季度
*奶	>500	>500	>500	>500

图 2.3.17 高级筛选条件区域

（2）单击数据区域中的任意单元格，单击“数据”→“排序和筛选”→“高级”按钮，打开“高级筛选”对话框，如图 2.3.18 所示。

（3）在“方式”栏选中“在原有区域显示筛选结果”单选按钮，如果选中“将筛选结果复制到其他位置”单选按钮，则需指定“复制到”区域。将“列表区域”框中自动设定的数据区域 SAS2:$L$35 修改为 SAS1:$G$35。然后单击“条件区域”框右侧的按钮，按住鼠标左键拖动选择建立好的条件区域 H2:L3 单元格区域，如图 2.3.19 所示。

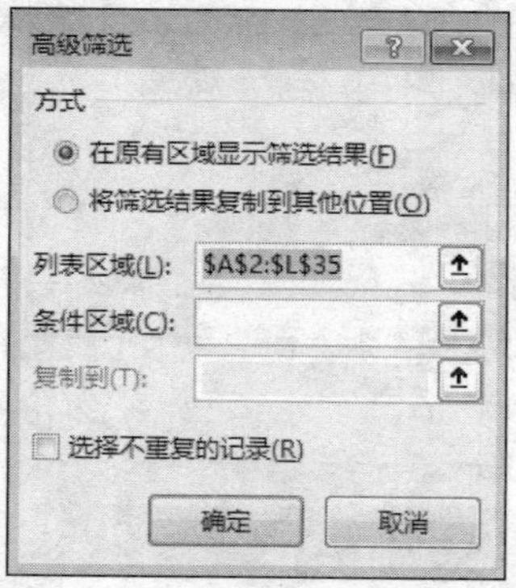

图 2.3.18 “高级筛选”对话框

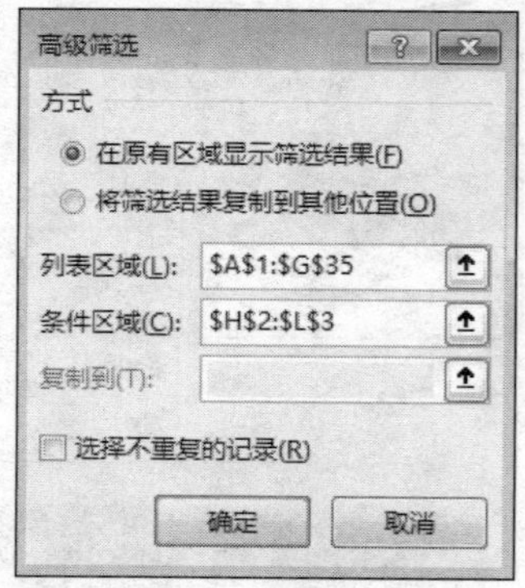

图 2.3.19 列表区域和条件区域设置

（4）如果选中该对话框中的复选框“选择不重复的记录”，则结果中不显示相同的行数据。单击“确定”按钮，完成高级筛选设置，此时在工作表中仅显示每个季度销售量都超过 500 的牛奶，筛选结果如图 2.3.20 所示。取消高级筛选方式同取消自动筛选一样。

	A	B	C	D	E	F	G
1	产品名称	产品类别	第 1 季度	第 2 季度	第 3 季度	第 4 季度	销量汇总（件）
7	纯牛奶盒装	常温奶	745	882	766	866	3259
13	每日鲜奶	鲜奶	698	524	872	899	2993
21	全脂纯牛奶	常温奶	902	928	879	916	3625
22	乳蛋白鲜牛奶	鲜奶	582	692	779	788	2841
24	双重蛋白酸奶	酸奶	622	555	766	516	2459
26	脱脂纯牛奶	常温奶	936	658	800	886	3280
31	优选牧场牛奶	鲜奶	777	677	872	876	3202
32	有机纯牛奶	常温奶	915	725	915	843	3398

图 2.3.20 高级筛选结果

2.3.3 分类汇总

分类汇总使数据分析和处理更加方便。在进行数据分类汇总操作之前，需要先对数据根据指定字段进行分类排序，再进行数据的统计汇总等操作。

1）分类汇总

在工作表“超市乳制品类销售报表”中显示每个产品类别的各个季度总销量,可以使用分类汇总功能。要利用分类汇总功能统计出每个产品类别的各个季度总销量，首先要将数据表区域 A1:G35 以“产品类别”字段为关键字进行排序。

取消对工作表的自动套用格式，使工作表转换为普通区域。选中 A1:G35 单元格区域，单击“数据”→“排序和筛选”→“排序”按钮，在弹出的“排序”对话框中，“主要关键字”下拉列表框中选择“产品类别”，并将“排序依据”下拉列表框设置为“单元格值”，将“次序”下拉列表框设置为“降序”，单击右上角“选项”按钮，打开“排序选项”对话框，更改排序方法为“笔画排序”，单击“确定”按钮后，数据区域按照产品类别降序排序，如图 2.3.21 所示。

	A	B	C	D	E	F	G
1	产品名称	产品类别	第 1 季度	第 2 季度	第 3 季度	第 4 季度	销量汇总（件）
2	纯鲜牛奶	鲜奶	321	645	579	849	2394
3	活性物质鲜牛奶	鲜奶	560	416	214	468	1658
4	每日鲜奶	鲜奶	698	524	872	899	2993
5	乳蛋白鲜牛奶	鲜奶	582	692	779	788	2841
6	优选牧场牛奶	鲜奶	777	677	872	876	3202
7	草莓果肉酸奶	酸奶	442	316	390	883	2031
8	双重蛋白酸奶	酸奶	622	555	766	516	2459
9	鲜乳酪酸奶	酸奶	337	513	675	483	2008
10	益生菌风味	酸奶	727	608	786	410	2531
11	原味酸奶	酸奶	626	502	479	832	2439
12	纯牛奶袋装	常温奶	473	854	745	863	2935
13	纯牛奶盒装	常温奶	745	882	766	866	3259
14	全脂纯牛奶	常温奶	902	928	879	916	3625
15	脱脂纯牛奶	常温奶	936	658	800	886	3280
16	学生牛奶	常温奶	264	901	710	816	2691
17	有机纯牛奶	常温奶	915	725	915	843	3398
18	草莓味乳饮料	乳饮料	603	872	284	528	2287
19	果粒乳饮料	乳饮料	436	214	633	566	1849
20	乳酸菌饮料	乳饮料	635	783	528	350	2346

图 2.3.21 数据区域

单击“数据”→“分级显示”→“分类汇总”按钮，在打开的“分类汇总”对话框中设置“分类字段”为“产品类别”，设置“汇总方式”为“求和”，选择“选定汇总项”为“第 1 季度”、“第 2 季度”、“第 3 季度”和“第 4 季度”，如图 2.3.22 所示。

最后单击“确定”按钮，得到的分类汇总结果如图 2.3.23 所示。

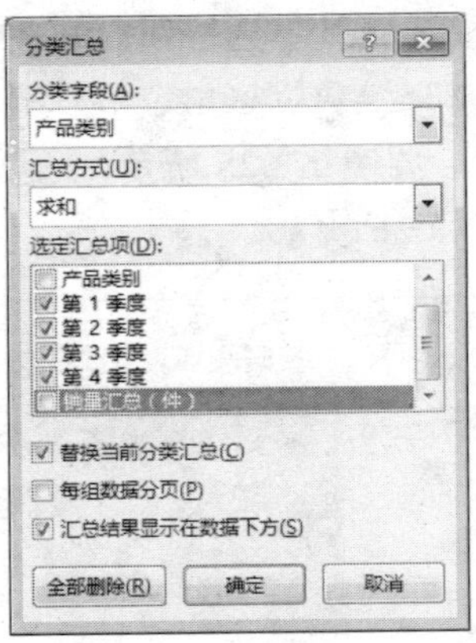

图 2.3.22 “分类汇总”对话框

	A	B	C	D	E	F	G
1	产品名称	产品类别	第 1 季度	第 2 季度	第 3 季度	第 4 季度	销量汇总（件）
2	纯鲜牛奶	鲜奶	321	645	579	849	2394
3	活性物质鲜牛奶	鲜奶	560	416	214	468	1658
4	每日鲜奶	鲜奶	698	524	872	899	2993
5	乳蛋白鲜牛奶	鲜奶	582	692	779	788	2841
6	优选牧场牛奶	鲜奶	777	677	872	876	3202
7		**鲜奶 汇总**	2938	2954	3316	3880	
8	草莓果肉酸奶	酸奶	442	316	390	883	2031
9	双重蛋白酸奶	酸奶	622	555	766	516	2459
10	鲜乳酪酸奶	酸奶	337	513	675	483	2008
11	益生菌风味	酸奶	727	608	786	410	2531
12	原味酸奶	酸奶	626	502	479	832	2439
13		**酸奶 汇总**	2754	2494	3096	3124	
14	纯牛奶袋装	常温奶	473	854	745	863	2935
15	纯牛奶盒装	常温奶	745	882	766	866	3259
16	全脂纯牛奶	常温奶	902	928	879	916	3625
17	脱脂纯牛奶	常温奶	936	658	800	886	3280
18	学生牛奶	常温奶	264	901	710	816	2691
19	有机纯牛奶	常温奶	915	725	915	843	3398
20		**常温奶 汇总**	4235	4948	4815	5190	

图 2.3.23 分类汇总结果

单击图 2.3.23 工作区左侧的分级“2”对应的显示按钮“-”，可以按“产品类别”折叠原始数据，看到各级分类汇总的结果，如图 2.3.24 所示。

	A	B	C	D	E	F	G
1	产品名称	产品类别	第 1 季度	第 2 季度	第 3 季度	第 4 季度	销量汇总（件）
7		**鲜奶 汇总**	2938	2954	3316	3880	
13		**酸奶 汇总**	2754	2494	3096	3124	
20		**常温奶 汇总**	4235	4948	4815	5190	
26		**乳饮料 汇总**	2751	2946	2777	2874	
30		**冷藏饮品 汇总**	1493	1135	2032	1295	
41		**冰淇淋 汇总**	6419	8199	7586	5774	
42		**总计**	20590	22676	23622	22137	

图 2.3.24 各级汇总结果

2）取消分类汇总

要取消分类汇总的结果，可在打开的如图 2.3.22 所示的“分类汇总”对话框中，单

> **小贴士**
> 数据区域行号左侧的层次按钮，是分级显示按钮。在其上方还有一排用于分级显示数据的数值按钮，便于看清分类汇总结构。

击左下方的“全部删除”按钮，这样可以取消分类汇总结果，重新显示出所有数据。

3）复制分类汇总的结果

需要复制如图 2.3.24 所示分类汇总结果到其他工作表时，直接复制、粘贴会将原始数据与分类汇总结果一起进行复制。复制分类汇总结果的操作步骤如下：通过单击分级显示按钮仅显示需要复制的结果，按快捷键“Alt+;”选取当前显示的内容，然后进行复制、粘贴操作。

2.3.4 数据透视表和数据透视图

1. 数据透视表

数据透视表是一种交互式报表，能够快速分类汇总大量数据，建立交叉表，用户通过选择不同元素查看数据源的不同汇总结果，并显示不同的筛选数据。

为“超市乳制品类销售报表”创建数据透视表，显示年度总销售量前三位的商品销售信息，包括产品名称、各个季度销售量及全年总销售量。数据透视表中可以筛选类别，当选中某个产品类别时，即可显示该类别总销售量前三位的商品销售信息。

1）创建数据透视表

选中 A1:G35 单元格区域，单击“插入”→“表格”→“数据透视表”按钮，在弹出的“创建数据透视表”对话框中，自动选中“选择一个表或区域”单选按钮，并在“表/区域”文本框中自动填入“超市乳制品类销售报表!$A$1:$G$35”数据区域，在“选择放置数据透视表的位置”选项组中选中“新工作表”单选按钮，如图 2.3.25 所示。

单击“确定”按钮，进入数据透视表设计环境，如图 2.3.26 所示。

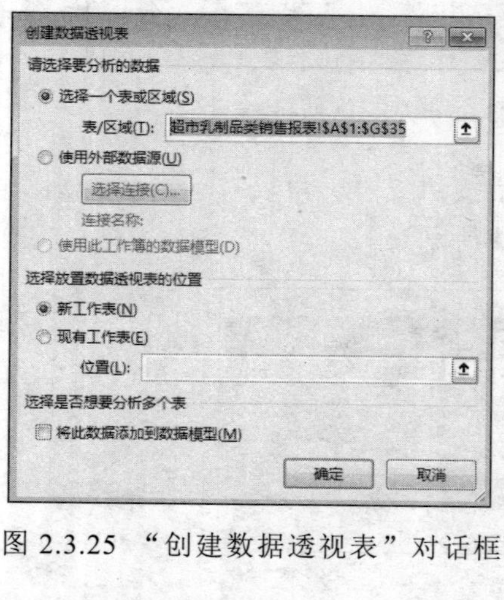

图 2.3.25 “创建数据透视表”对话框

图 2.3.26 数据透视表设计环境

将数据透视表所在的新工作表重命名为“销售量前三位产品”。从“选择要添加到报表的字段”列表框中将“产品名称”字段拖到“行”框中，将“产品类别”字段拖到“筛选”框中，将“第 1 季度”、“第 2 季度”、“第 3 季度”、“第 4 季度”和“销量汇总（件）”

字段拖到“值”框中，“列”框中自动添加了“Σ 数值”，如图 2.3.27 所示。

双击文本“求和项:第 1 季度”所在的单元格，打开“值字段设置”对话框。修改“自定义名称”为“第 1 季度销量”，如图 2.3.28 所示。

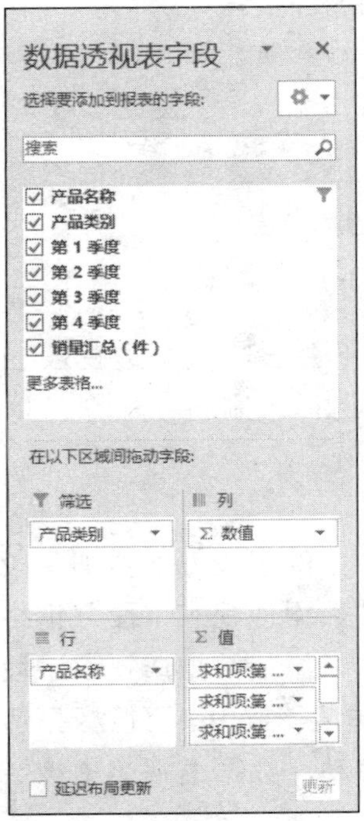

图 2.3.27　数据透视表字段

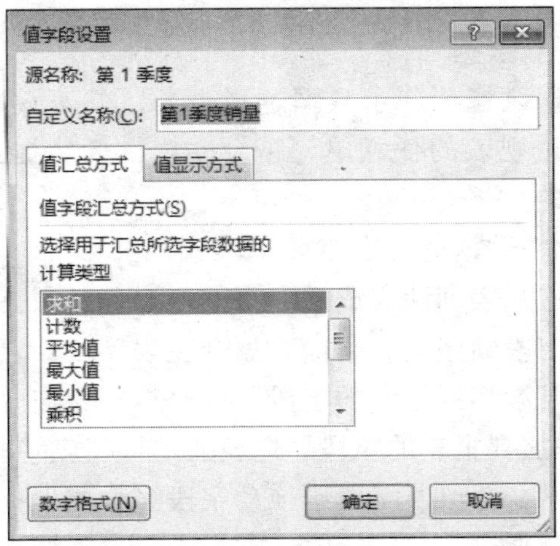

图 2.3.28　“值字段设置”对话框

单击“确定”按钮，修改列标题文字。利用同样的方式将“求和项:第 2 季度”修改为“第 2 季度销量”，将“求和项:第 3 季度”修改为“第 3 季度销量”，将“求和项:第 4 季度”修改为“第 4 季度销量”，将“求和项:销量汇总（件）”修改为“总销售量”。

单击“数据透视表工具”的“设计”→“布局”→“总计”按钮，在展开的下拉列表中选择“对行和列禁用”命令，如图 2.3.29 所示，从而不显示总计行数据。

数据透视表创建完毕，工作表中展示出所有产品中全年总销售量最多的三种产品的销售数据信息，如图 2.3.30 所示。

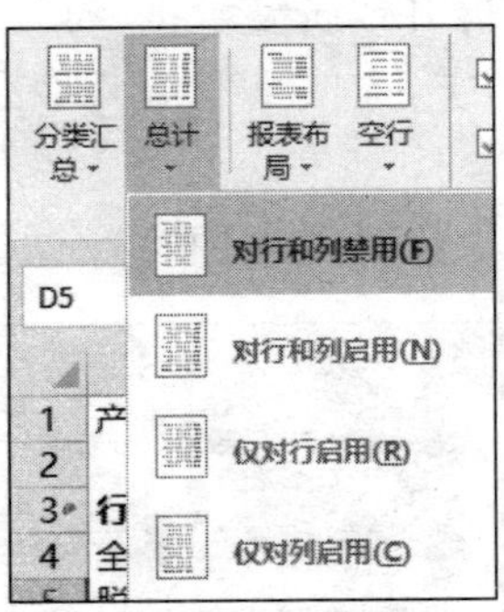

图 2.3.29　不显示总计行

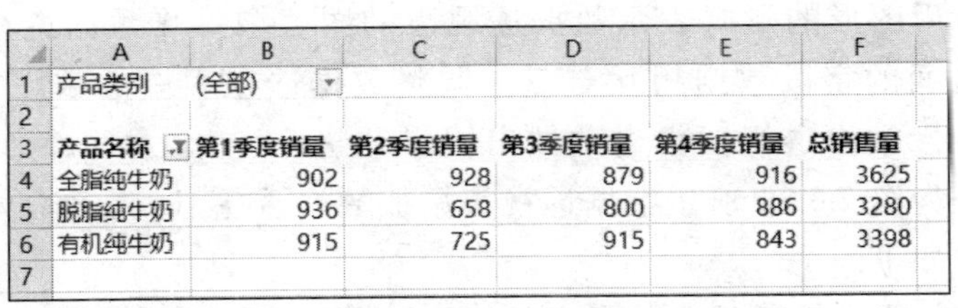

	A	B	C	D	E	F
1	产品类别	(全部)				
2						
3	产品名称	第1季度销量	第2季度销量	第3季度销量	第4季度销量	总销售量
4	全脂纯牛奶	902	928	879	916	3625
5	脱脂纯牛奶	936	658	800	886	3280
6	有机纯牛奶	915	725	915	843	3398
7						

图 2.3.30　数据透视表

在“产品类别”中筛选单个类别，如“冰淇淋”，可以查看“冰淇淋”类别中销量前三位的产品销售数据。单击图 2.3.30 数据透视表左上角“产品类别（全部）”旁的下拉按钮，在展开的下拉列表中选中“冰淇淋”，单击“确定”按钮后，数据透视表中就展示出冰淇淋类别中销量最多的三个产品销售数据，如图 2.3.31 所示。

	A	B	C	D	E	F
1	产品类别	冰淇淋				
2						
3	**产品名称**	**第1季度销量**	**第2季度销量**	**第3季度销量**	**第4季度销量**	**总销售量**
4	盒装六合一	808	799	876	720	3203
5	迷你甜筒	774	799	609	805	2987
6	抹茶味	895	879	895	596	3265
7						

图 2.3.31 冰淇淋中销量最多的三个产品

2）更新数据

当数据区域创建了数据透视表后，修改数据源并不会影响数据透视表，此时可以右击数据透视表的任意单元格，在弹出的快捷菜单中选择“刷新”命令，以更新数据透视表中的数据。

3）调整数据透视表字段

数据透视表创建完成后，仍然可以调整数据透视表中的字段，如添加字段、删除字段和调整字段顺序等。删除数据透视表字段，可以在“数据透视表字段”窗格中取消选中“选择要添加到报表的字段”列表框中相应的复选框。添加数据透视表字段，可以从“选择要添加到报表的字段”列表框中将相应字段拖到“值”框中。更改数据透视表字段顺序，可以在“值”字段中拖动字段名称向上或向下移动，数据透视表中该字段位置会随之左右调整。

4）查看数据透视表中的明细数据

在数据透视表中查看字段明细数据，可以右击要查看的字段，从弹出的快捷菜单中选择“展开/折叠”→“展开”命令，打开“显示明细数据”对话框，如图 2.3.32 所示。

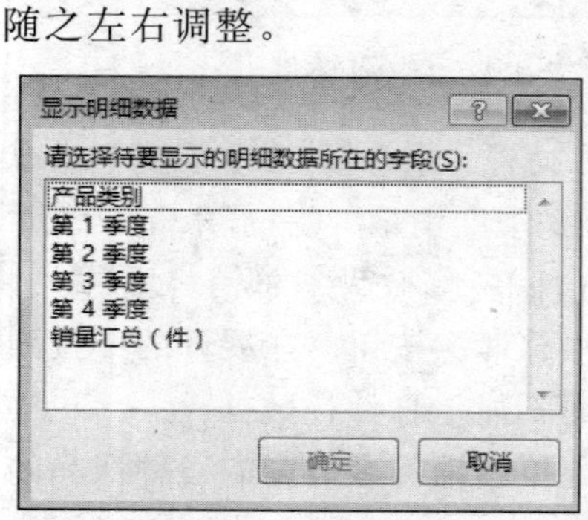

图 2.3.32 “显示明细数据”对话框

在“显示明细数据”对话框的列表框中选择要查看的字段名称，单击“确定”按钮，明细数据就会显示在数据透视表中。也可以通过单击行标签前面的“+”或“-”按钮，展开或折叠数据。

2. 数据透视图

用图形的形式表示数据透视表的图表被称作数据透视图，数据透视图与数据透视表之间的字段数据相互对应，调整数据透视表中的数据时，数据透视图会自动做出同步调整。

为图 2.3.31 所示数据透视表添加数据透视图，操作步骤如下：

单击数据透视表的任意单元格，单击“插入”→“图表”→“数据透视图”按钮，在展开的下拉列表中单击“数据透视图”命令，如图 2.3.33 所示。

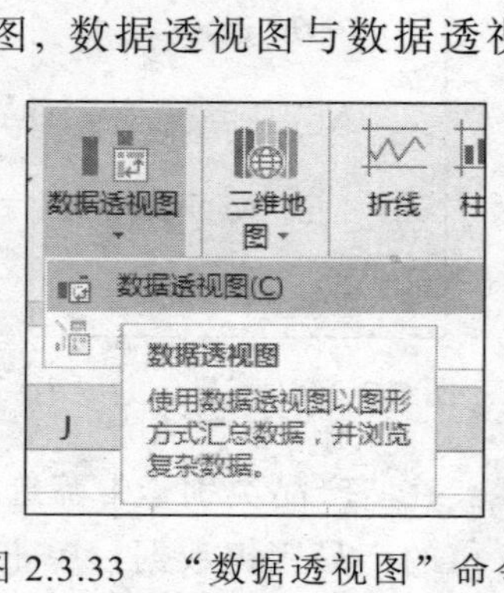

图 2.3.33 “数据透视图”命令

打开“插入图表”对话框，在左侧“所有图表”列表框中选择“组合图”图表类型，从右侧列表框中选择“簇状柱形图-折线图”子类型，在“为您的数据系列选择图表类型和轴”选项组中，将系列名称“第 1 季度销量”、“第 2 季度销量”、“第 3 季度销量”和“第 4 季度销量”的图表类型设置为“簇状柱形图”，将系列名称“总销售量”的图表类型设置为“折线图”，“次坐标轴”复选框都不选，如图 2.3.34 所示。

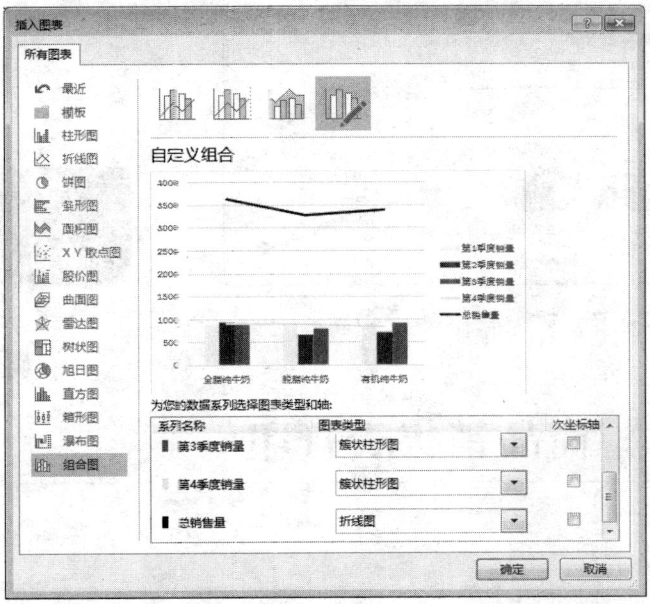

图 2.3.34　“插入图表”对话框

单击“确定”按钮，即可在工作表中插入数据透视图，如图 2.3.35 所示。

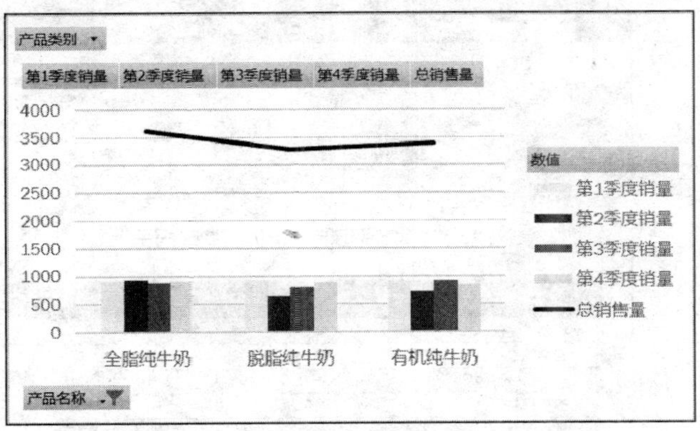

图 2.3.35　数据透视图

如果需要查看某个产品类别的数据，如“酸奶”，在“数据透视图筛选”窗格中选择“产品类别”下拉列表框的“酸奶”选项即可，此时数据透视表和数据透视图会同步切换显示的数据和图形，如图 2.3.36 所示。也可以在数据透视表的筛选框“产品类别”旁的下拉列表框中选择“酸奶”选项，效果相同。

如果需要更改数据透视图，选中图表后，如图 2.3.37 所示，可以在“数据透视图工具分析”选项卡中，更改数据源、移动图表；在“数据透视图工具设计”选项卡中，更改图表类型、图表布局和图表样式；在“数据透视图工具格式”选项卡中，更改数据透视图的外观设计。设置内容与方法和普通图表类似。

> **小贴士**
> 数据透视图的图表类型为“饼图”时，默认用数据透视表“值”框中的第一个列数据创建饼图。

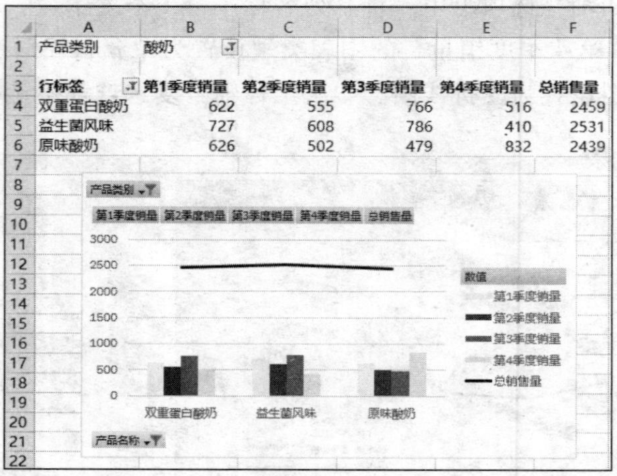

	A	B	C	D	E	F
1	产品类别	酸奶				
2						
3	行标签	第1季度销量	第2季度销量	第3季度销量	第4季度销量	总销售量
4	双重蛋白酸奶	622	555	766	516	2459
5	益生菌风味	727	608	786	410	2531
6	原味酸奶	626	502	479	832	2439

图 2.3.36 切换为“酸奶”数据

图 2.3.37 数据透视图工具

任务 2.4 商品销售表打印

任务描述

超市职员小王将乳制品类四个季度的销售情况表应用了样式和主题，使工作表更加美观。同时调整了页面设置，打印最终效果如图 2.4.1 所示。

超市乳制品类销售报表

产品名称	产品类别	第 1 季度	第 2 季度	第 3 季度	第 4 季度	销量汇总（件）
脱脂纯牛奶	常温奶	936	658	800	886	3280
全脂纯牛奶	常温奶	902	928	879	916	3625
学生牛奶	常温奶	264	901	710	816	2691
有机纯牛奶	常温奶	915	725	915	843	3398
纯牛奶盒装	常温奶	745	882	766	866	3259
纯牛奶袋装	常温奶	473	854	745	863	2935
优选牧场牛奶	鲜奶	777	677	872	876	3202
纯鲜牛奶	鲜奶	321	645	579	849	2394
每日鲜奶	鲜奶	698	524	872	899	2993
活性物质鲜牛奶	鲜奶	560	416	214	468	1658
乳蛋白鲜牛奶	鲜奶	582	692	779	788	2841
原味酸奶	酸奶	626	502	479	832	2439
益生菌风味	酸奶	727	608	786	410	2531
草莓果肉酸奶	酸奶	442	316	390	883	2031
鲜乳酪酸奶	酸奶	337	513	675	483	2008
双重蛋白酸奶	酸奶	622	555	766	516	2459

图 2.4.1 商品销售表

为了更直观、更清晰地观察分析产品销售数据，小王决定采用多种类型的图表展示，对“产品销售表”的数据系列，建立数据图表。其效果图如图 2.4.2 所示。

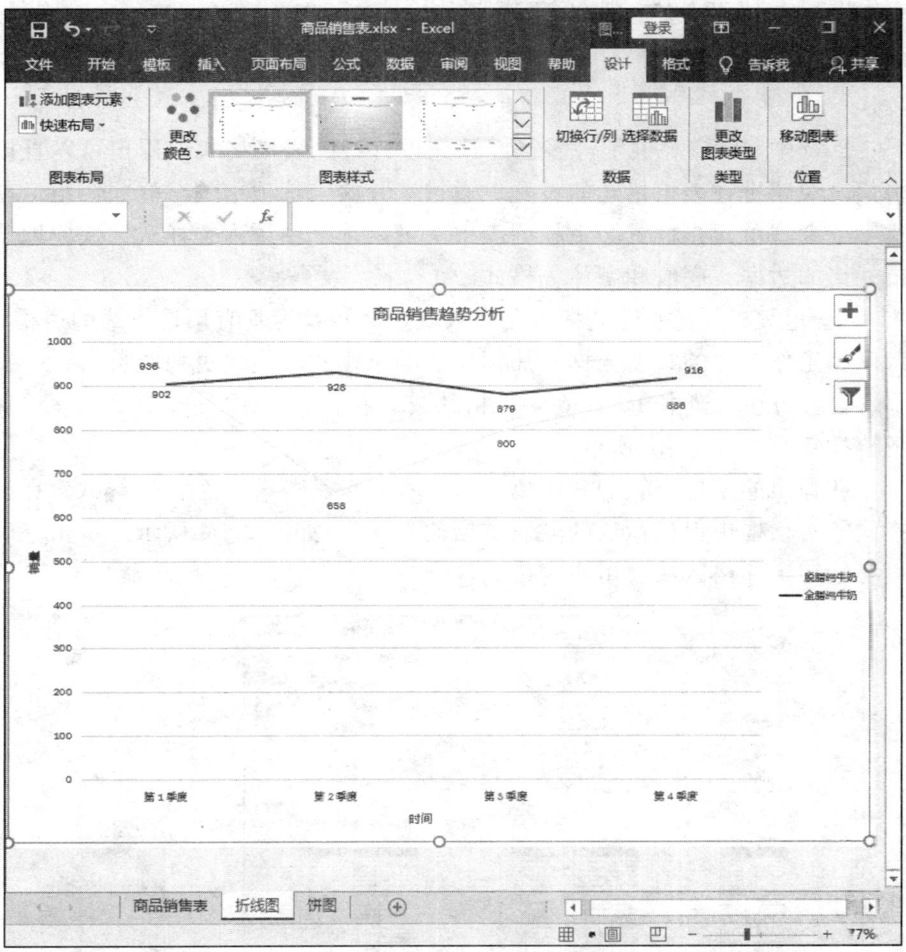

图 2.4.2　折线图

任务分析

任务技能目标

通过本次任务，掌握以下技能：

（1）掌握工作簿工作表保护；

（2）掌握工作表主题样式使用；

（3）掌握常见图表类型及使用；

（4）掌握页面布局操作；

（5）能够设置打印操作。

核心知识点

工作表主题、样式；数据图表及应用；打印设置。

任务实现

2.4.1 工作表的主题及样式使用

1. 工作表样式使用

Excel 为用户提供了许多已经预先设计好的表格格式，用户可以直接套用这些表格格式，快速进行表格格式的设置。通过“开始”选项卡的“样式”组，在“套用表格样式”或者“单元格样式”下拉列表中，可以选用系统内置样式，快速地装饰选中区域的单元格的边框、底纹和字体等格式。

“套用表格样式”可以将单元格区域快速转换为具有预设样式的表格。“单元格样式”可以为工作表中的重要数据添加预设的颜色样式，使之更加醒目。

设置方法：选中 B2:H36 单元格区域，单击“开始”→“样式”→“套用表格格式”下拉按钮，如图 2.4.3 所示。

在弹出的下拉列表的“浅色”→“冰蓝，表样式浅色 18”样式，在打开的“套用表格式”对话框中保持默认的“表数据的来源”，如图 2.4.4 所示，单击“确定”按钮，即可将选定单元格区域套用指定格式。

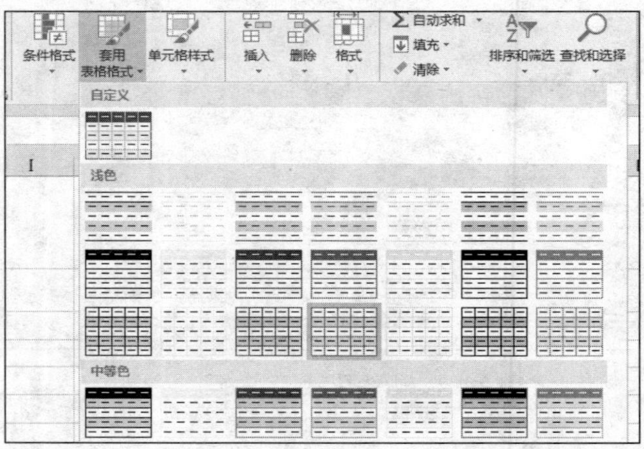

图 2.4.3 “套用表格格式”下拉按钮

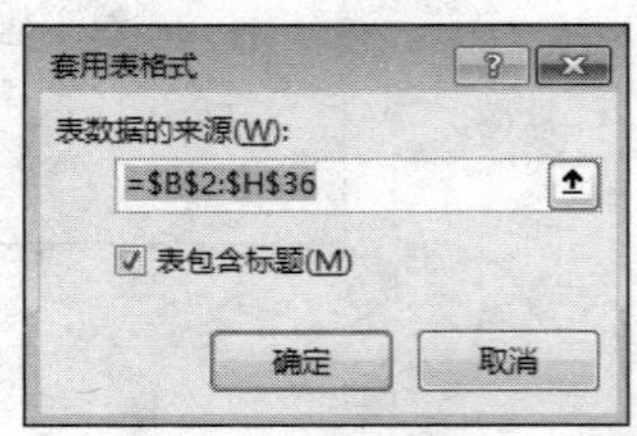

图 2.4.4 “套用表格式”对话框

选中列标题区域 B2:H2 区域，添加单元格样式。单击“开始”→“样式”→“单元格样式”下拉按钮，如图 2.4.5 所示，在弹出的下拉列表的“主题单元格格式”中选择“蓝-灰，着色 2”。

要取消自动套用格式，可以选中区域后，在如图 2.4.6 所示的“设计”选项卡中单击“工具”选项组中的“转换为区域”命令，将工作表转换成普通区域。

2. 工作表主题选择

用户如果需要工作表内容快速具有样式和合适的个人风格，可以选择应用 Excel 预先设置好的主题，每个主题使用一组独特的颜色、字体和效果来打造一致的外观。

应用主题的方式：单击“页面布局”→“主题”→“主题”下拉按钮，如图 2.4.7 所示，在现有的主题中选择合适的风格。也可以单击主题右侧的三个按钮，如图 2.4.8 所示，单独调整主题颜色、主题字体和主题效果。

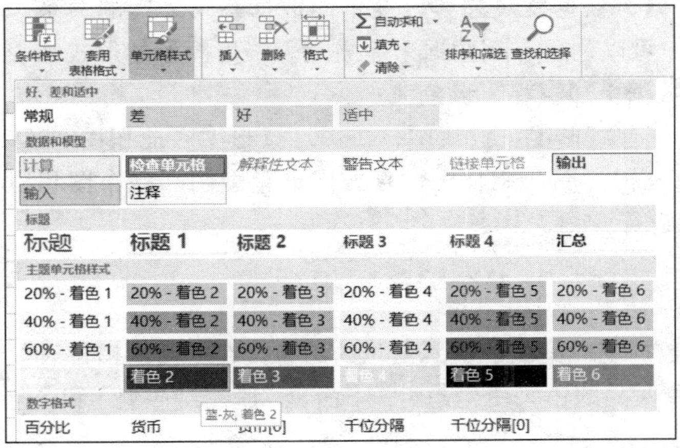

图 2.4.5 “单元格样式”下拉按钮

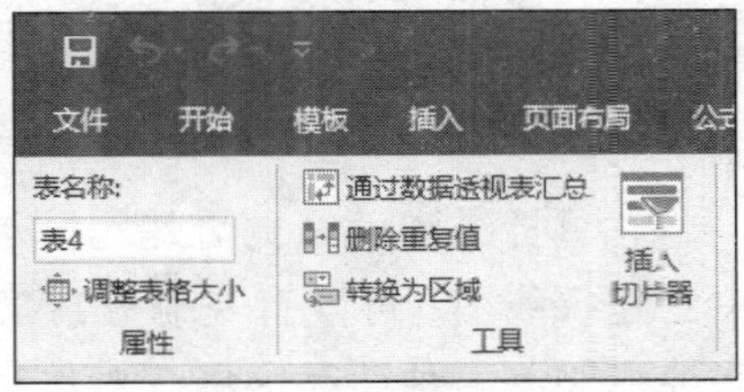

图 2.4.6 “转换为区域”命令

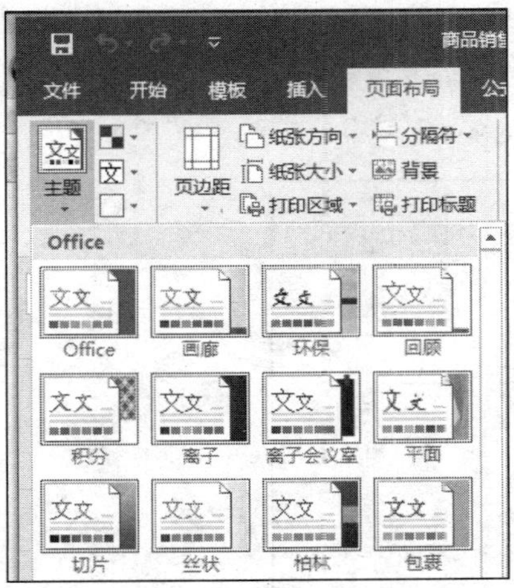

图 2.4.7 主题选择

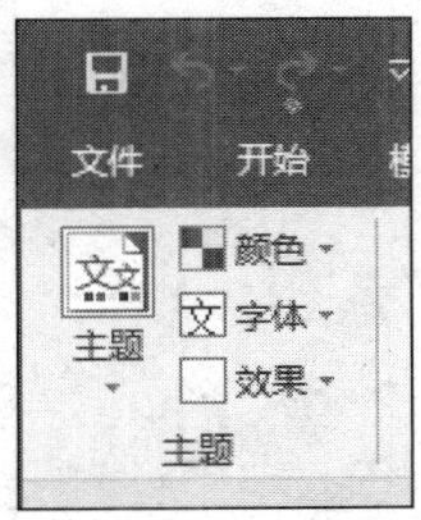

图 2.4.8 颜色、字体、效果设置

3. 工作表背景添加

本任务中的例子商品销售表使用了默认的白色底色，没有添加工作表背景，如果需要将工作表添加一些个性化设置，可以选择一张图片添加在工作表的背景中。

添加背景图片的方法：单击“页面布局”→“页面设置”→“背景”按钮，如图 2.4.9 所示，在弹出的“插入图片”界面中选择合适图片，插入工作表作为背景。

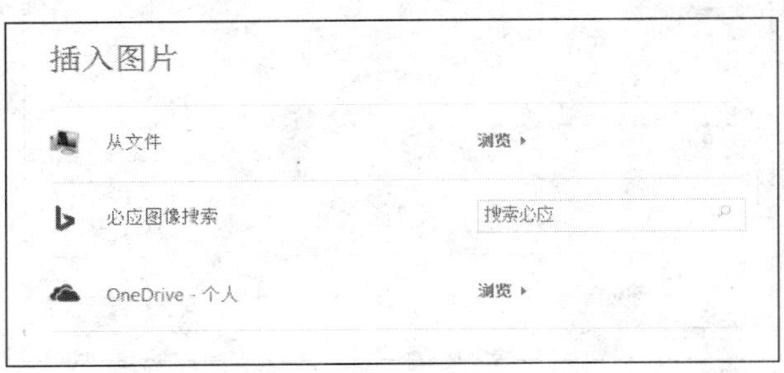

图 2.4.9 “插入图片”界面

2.4.2 利用表格数据制作图表

为了让用户更加方便地了解数据、数据发展趋势以及不同数据系列之间的关系，Excel 提供了多种类型的图表，用户可以利用有效数据来建立图表。用图形的形式来表示数据系列，可以使电子表格中的数据更加直观、形象。

在 Excel 2016 中提供的图表类型有柱形图、折线图、饼图、条形图、面积图、XY 散点图、股价图、曲面图、雷达图、树状图、旭日图、直方图、箱型图、瀑布图和组合图等。下面以折线图和饼图为例进行介绍。

1. 折线图

利用折线图可以更清楚地显示数据随时间或者类别变化的趋势，在“商品销售表”中创建折线图，可以直观地看到某种商品的销售变化趋势。下面以“脱脂纯牛奶”和“全脂纯牛奶”两种商品为例，对比销售变化趋势。

1）创建折线图空白图表

打开“商品销售表”，选中工作表任意空白单元格区域，单击“插入”→“图表”→“折线图”下拉按钮，在弹出的下拉列表中选择“二维折线图”→“折线图”，如图 2.4.10 所示，添加一个空白图表。

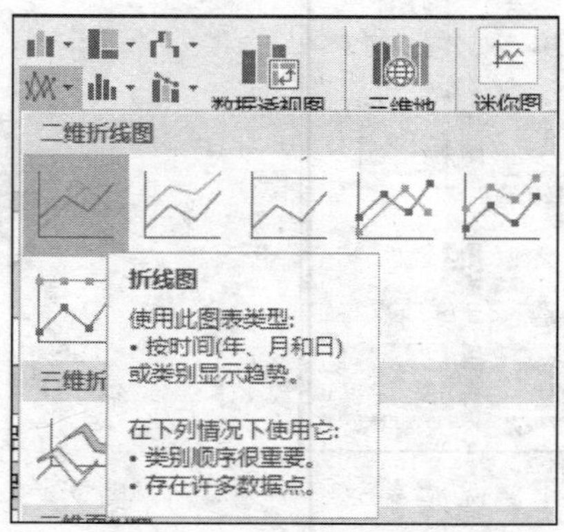

图 2.4.10 折线图

2）选择数据

选中空白图表，单击“图表工具”→“设计”→“数据”→“选择数据”按钮，弹出“选择数据源”对话框，如图 2.4.11 所示。

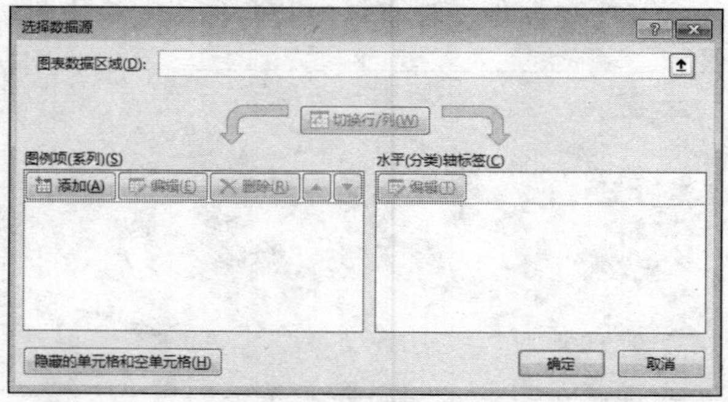

图 2.4.11 “选择数据源”对话框

在“图表数据区域”中，用鼠标配合 Ctrl 键，选中 B3:B4 和 D3:G4 单元格区域，“图表数据区域”显示区域如图 2.4.12 所示。

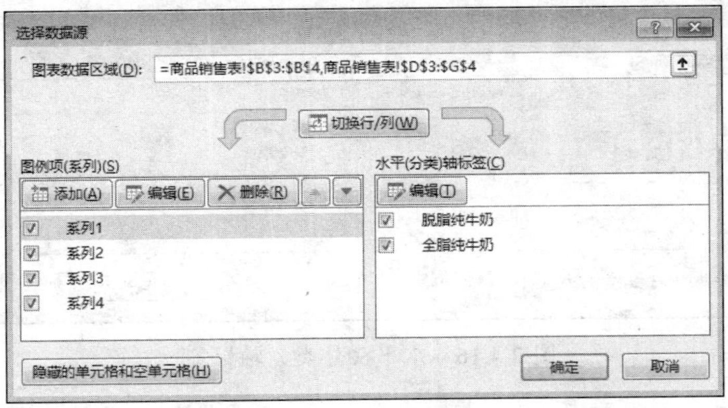

图 2.4.12　“图表数据区域”显示区域

此时的折线图是按列数据生成图表，如需按行数据生成图表，则要对调图表的图例项和水平轴数据，才能正确展示两种牛奶四个季度的销售趋势。单击“切换行/列”按钮后，图例项显示两种牛奶的产品名称，水平（分类）轴标签显示四个季度，如图 2.4.13 所示。

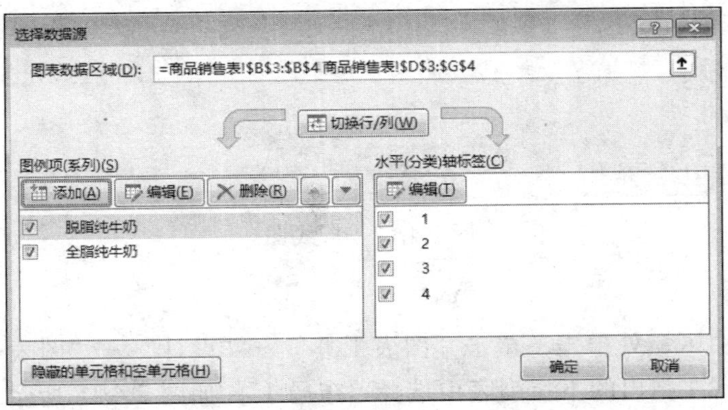

图 2.4.13　切换行/列

切换折线图行/列显示数据项后，“水平（分类）轴标签”显示自动添加的标签内容，应修改为 D2:G2 单元格区域存储的列标题的数据内容。单击“编辑”按钮，弹出“轴标签”对话框，如图 2.4.14 所示。单击“轴标签区域”右侧按钮选择 D2:G2 单元格区域，如图 2.4.15 所示。

图 2.4.14　“轴标签”对话框

图 2.4.15　轴标签区域

单击“确定”按钮后，“水平（分类）轴标签”正确显示了 D2:G2 单元格区域存储的列标题的文字内容，如图 2.4.16 所示。

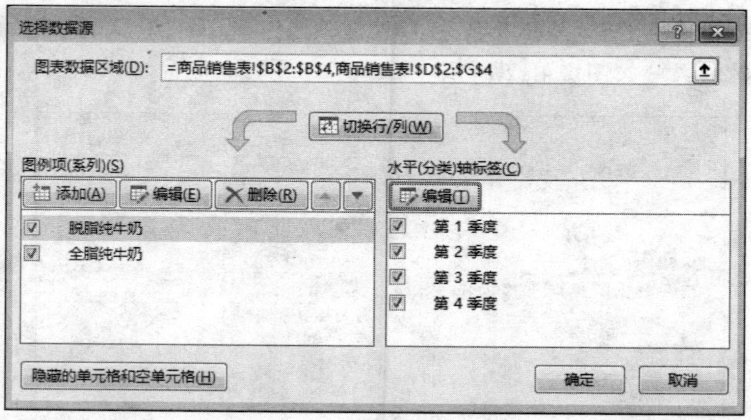

图 2.4.16 水平（分类）轴标签

单击“确定”按钮，成功添加图表，此时折线图如图 2.4.17 所示。

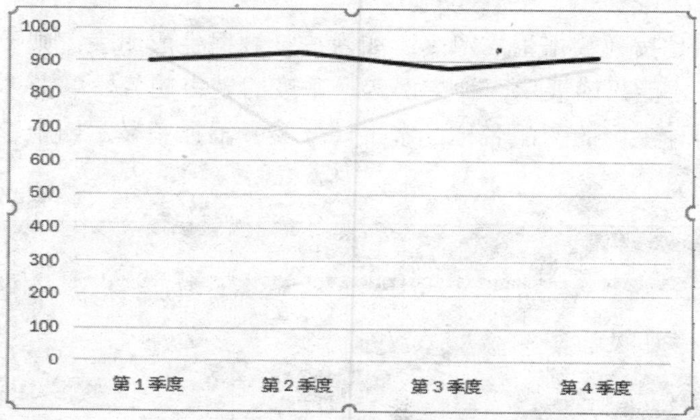

图 2.4.17 折线图

3）设计图表

在折线图空白区域处单击，单击“图表工具”→“设计”→“图表布局”→“快速布局”下拉按钮，在弹出的下拉列表中选择“布局 1”，如图 2.4.18 所示，完成对图表标题、坐标轴标题、图例、网格线的设置。

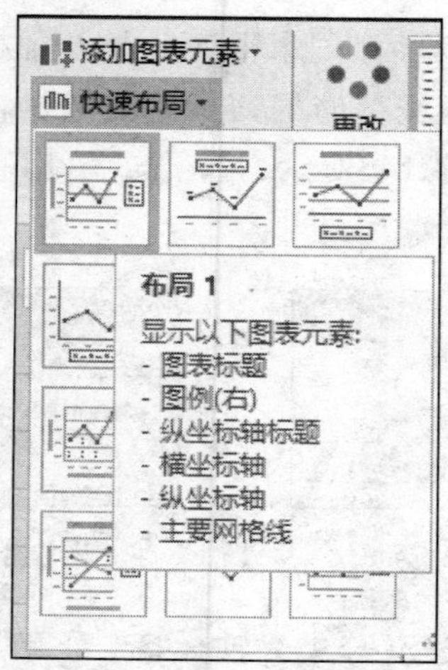

图 2.4.18 折线图布局设置

（1）更改图表标题。单击折线图中的图表标题，进入图表标题的编辑状态，将标题改为“商品销售趋势分析”，如图 2.4.19 所示。右击图表标题，在弹出的快捷菜单上选择“设置图表标题格式”命令，在窗口右侧展开“设置图表标题格式”窗格，可以设置填充与线条、效果、大小与属性，如图 2.4.20 所示。

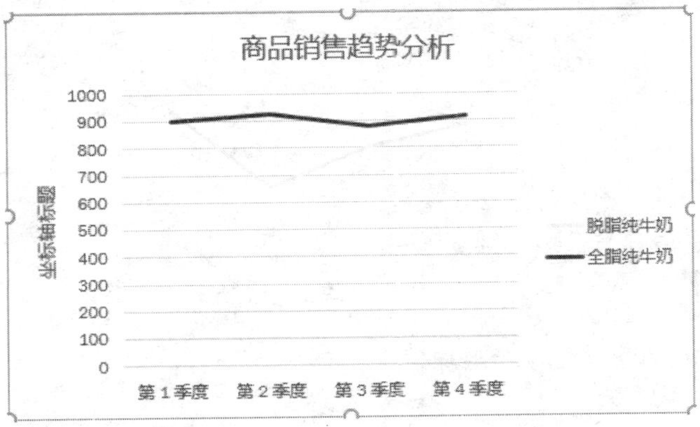

图 2.4.19　更改图表标题

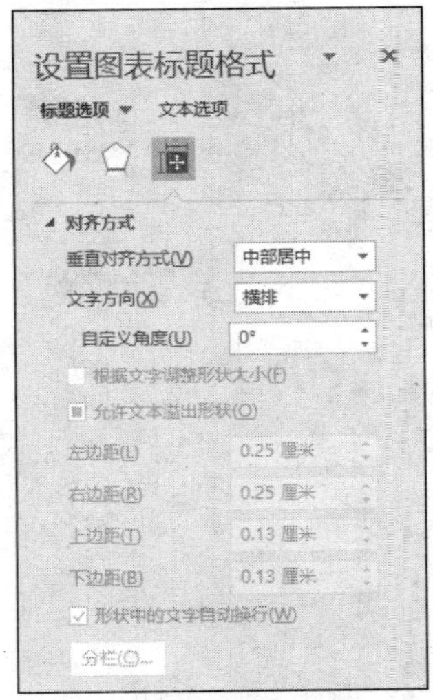

图 2.4.20　“设置图表标题格式”窗格

（2）设置坐标轴标题。单击“图表工具”→“设计”→“图表布局”→“添加图表元素”下拉按钮，在弹出的下拉列表中选择“坐标轴标题”→“主要横坐标轴”，如图 2.4.21 所示，单击水平（分类）轴标题，进入编辑状态，将标题修改为“时间”。单击垂直轴标题，进入编辑状态，将标题修改为“销量”。

（3）设置图例。如果图表中没有图例，添加操作如下：单击“图表工具”→“设计”→“图表布局”→“添加图表元素”下拉按钮，在弹出的下拉列表中选择“图例”→“右侧”命令，如图 2.4.22 所示。如需修改图例格式，可右击图例，在弹出的快捷菜单上选择“设置图例格式”命令，在窗口右侧展开“设置图例格式”窗格，可以进行设置。

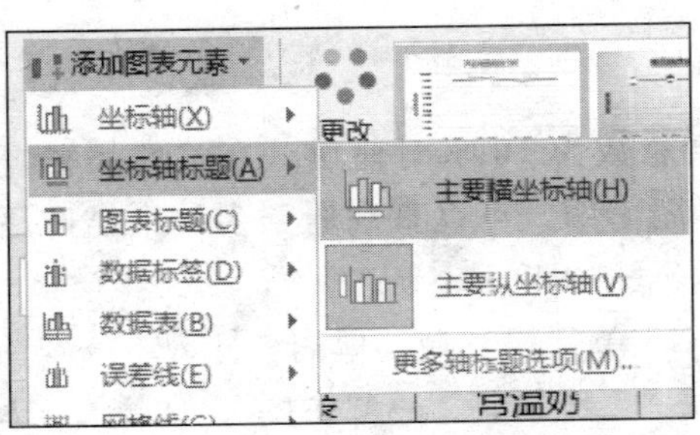

图 2.4.21　坐标轴标题设置

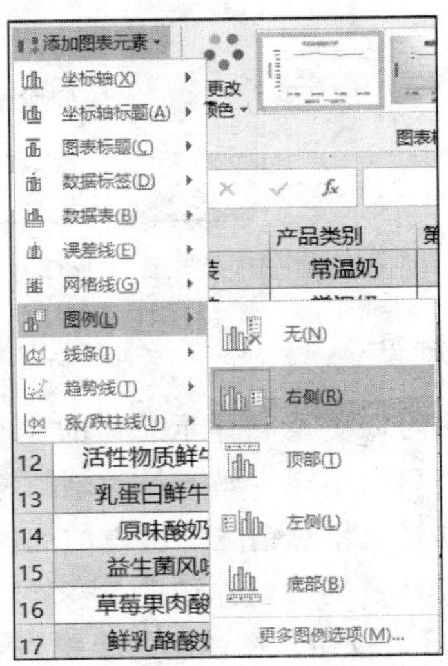

图 2.4.22　添加图例

（4）添加数据标签。单击“图表工具”→“设计”→“图表布局”→“添加图表元素”下拉按钮，在弹出的下拉列表中选择“数据标签”→“下方”命令，在折线图数据点下方显示数据标签，如图 2.4.23 所示，当数据数值相近时，位置会相互遮挡，微调个别数据标签即可。

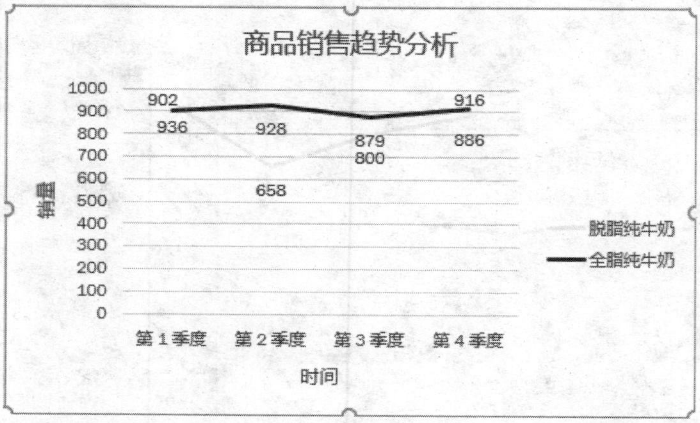

图 2.4.23 添加数据标签

4）图表格式设置

选中图表，单击“图表工具”→“格式”选项卡，可用相应的命令对图表对象进行形状样式、艺术字样式、排列和大小等格式设置。

5）移动图表位置

当工作表有多张图表时，为避免图表相互遮挡，可以重新选择图表放置的位置。右击图表，在弹出的快捷菜单中选择“移动图表”命令，会弹出“移动图表”对话框，选择“新工作表”，将新工作表重命名为“折线图”，如图 2.4.24 所示，单击“确定”按钮，将图表移动至新工作表中。

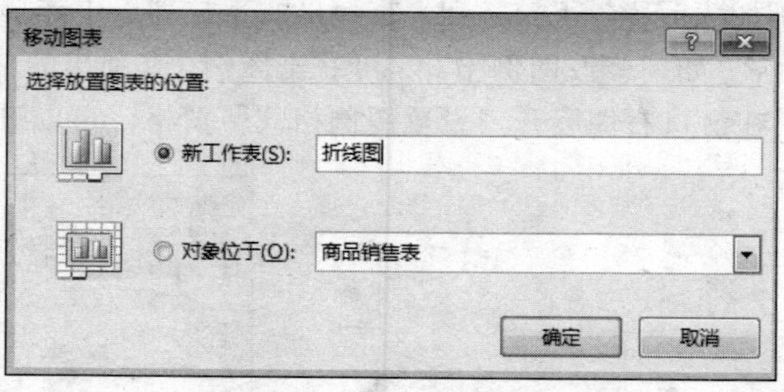

图 2.4.24 “移动图表”对话框

2. 饼图

饼图可以更清晰显示总体的比例，适合总数为 100%时使用。在“商品销售表”中以鲜奶类别中不同牛奶产品的总销量创建饼图为例，可以直观看到多种牛奶产品的全年销量在鲜奶全年总销量中所占的比例。操作步骤如下：

用 Ctrl 键辅助鼠标选中 B9:B13 和 H9:H13 单元格区域，单击“插入”→“图表”→“饼图”下拉按钮，在弹出的下拉列表中选择“二维饼图”→“饼图”，如图 2.4.25 所示，添加一个饼图。

小贴士

创建图表时，可以先添加空白图表后选数据，也可以先选数据后添加图表，操作顺序不影响图表创建结果。

在折线图空白区域处单击，单击“图表工具”→“设计”→“图表布局”→“快速布局”下拉按钮，在弹出的下拉列表中选择“布局 1”命令，如图 2.4.26 所示，完成对图表标题、值和百分比数据标签的设置。

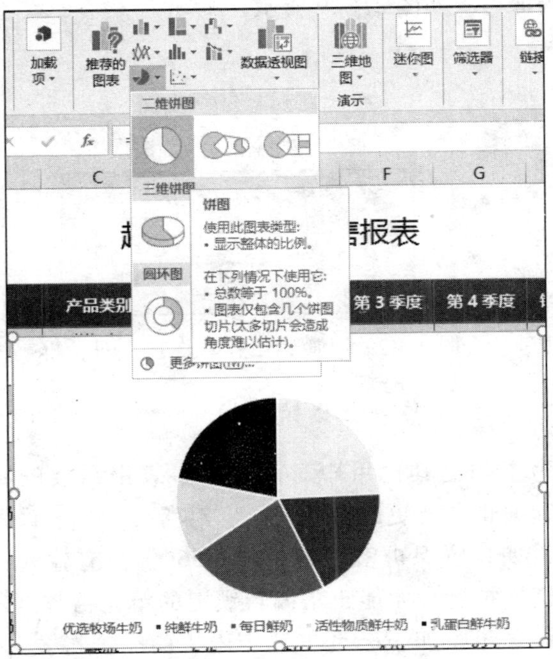

图 2.4.25　添加饼图

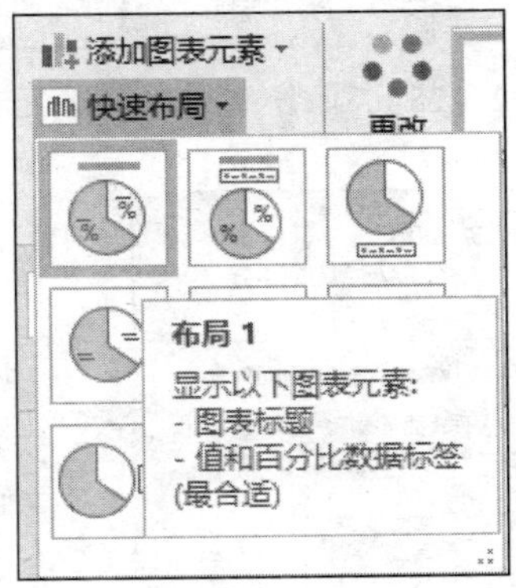

图 2.4.26　选择布局

修改图表标题为“鲜奶销量比例”，调整值和百分比数据标签的位置及文字颜色，得到如图 2.4.27 所示的最终饼图。移动图表位置至新工作表，并将新工作表命名为“饼图”，适当调整值和百分比数据标签位置及文字字号大小。

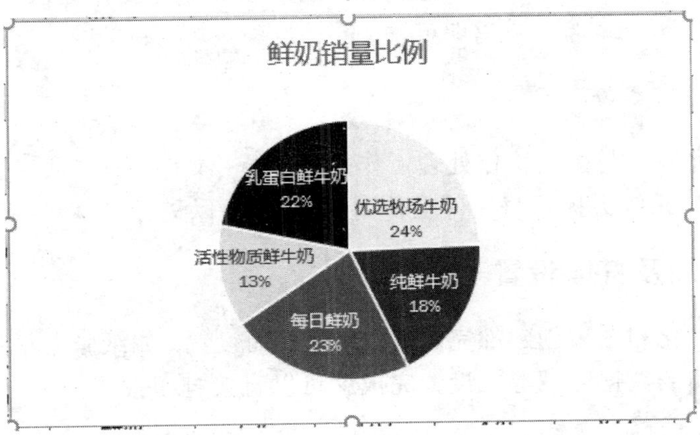

图 2.4.27　饼图

图 2.4.27（彩图）

2.4.3　保护工作簿及工作表

1. 保护工作簿及撤销保护

对于重要的 Excel 文件，为了防止其他用户对工作簿的结构进行更改（如添加、删除工作表等)，可以设置保护工作簿。单击“审阅”→“保护”→“保护工作簿”按钮，在弹出的对话框中设置密码，如图 2.4.28 所示，然后再次确认密码。注意密码区分大小写，且如果丢失或忘记密码，则无法恢复。如需撤销工作簿保护，只要再次单击“保护工作簿”按钮，在弹出的对话框中输入保护密码即可，如图 2.4.29 所示。

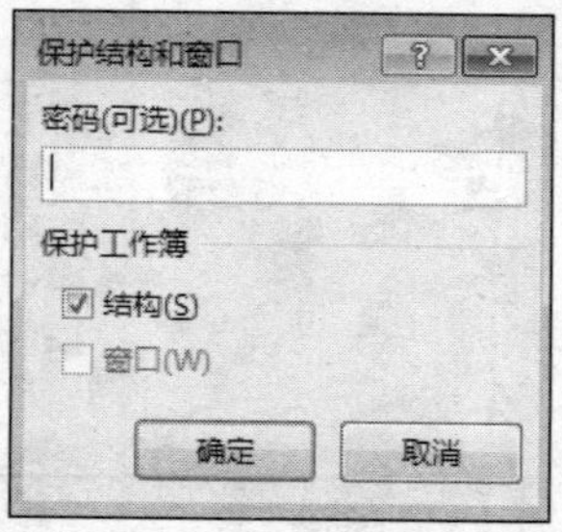

图 2.4.28 “保护结构和窗口”对话框

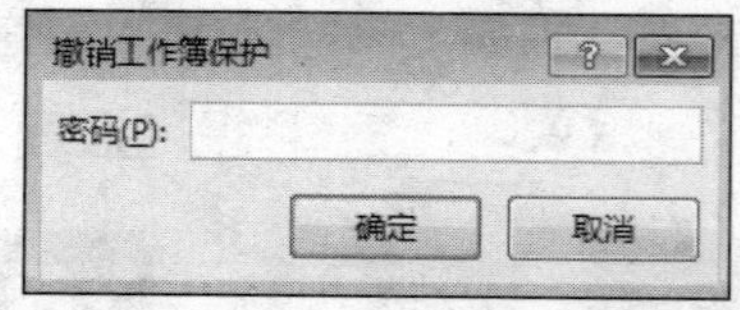

图 2.4.29 “撤销工作簿保护”对话框

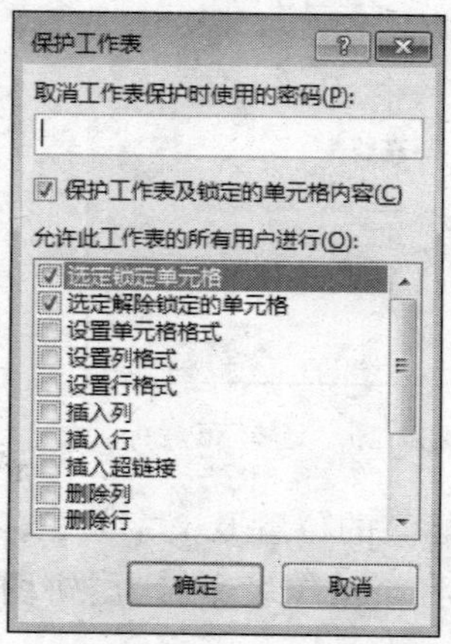

图 2.4.30 “保护工作表”对话框

2. 保护工作表及撤销保护

为了防止其他用户对商品销售表中重要的销售数据进行编辑或者更改格式，可以对商品销售表设置保护操作，如设置保护密码为“123456”，只有输入正确密码撤销保护后，才能正常编辑锁定的单元格数据。

设置步骤如下：选中工作表“商品销售表”，单击“审阅”→“保护”→“保护工作表”按钮，打开“保护工作表”对话框，勾选允许此工作表所有用户可以进行的操作，设定取消工作表保护时使用的密码为“123456”，同时需要重新确认一次密码，如图 2.4.30 所示。撤销保护时单击“撤销工作表保护”按钮，输入密码即可。

3. 共享工作簿

共享工作簿允许您与多人协作处理工作簿，选择“文件”→“共享”，如果文件尚未保存到 OneDrive，系统会提示将文件上传到 OneDrive 以进行共享。

2.4.4 页面布局及打印设置

商品销售表美化和图表创建都完成后，进行页面设置，如纸张大小和方向、页边距、页眉页脚和要打印的数据区域等，设置完成就可以直接打印报表。

1. 设置纸张方向和纸张大小

单击“页面布局”→“页面设置”→“纸张方向”下拉按钮，在弹出的下拉列表中选择“纵向”命令，如图 2.4.31 所示，设置打印纸张方向为纵向。打印纸张大小根据实际需要选择，如“商品销售表”使用 A4 纸打印，单击“纸张大小”下拉按钮，在弹出的下拉列表中选择“A4”命令，如图 2.4.32 所示。

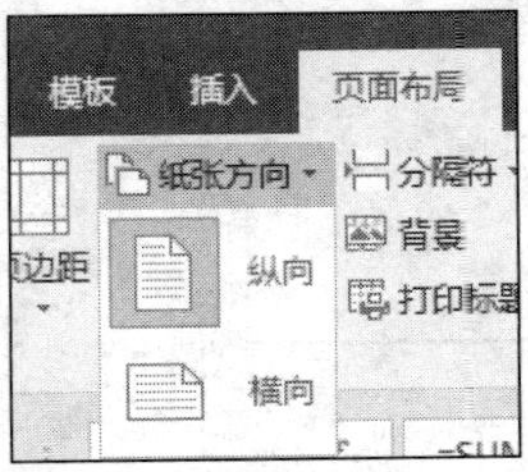

图 2.4.31　纸张方向

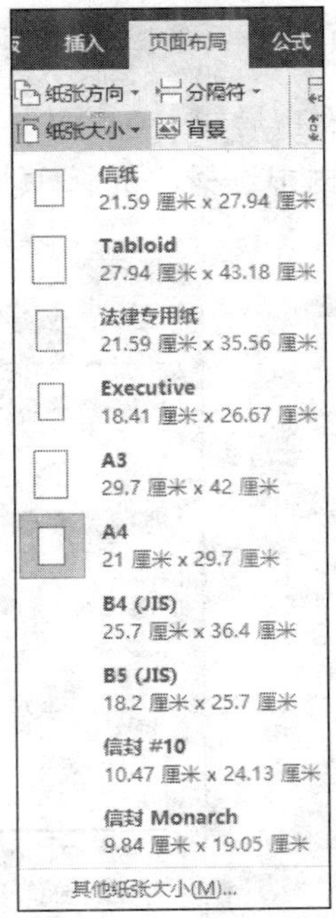

图 2.4.32　纸张大小

2. 设置页边距

页边距指整个文档或当前部分打印纸张边界与打印内容之间的距离。单击“页面布局”→“页面设置”→“页边距”按钮，如图 2.4.33 所示。在弹出的下拉列表中选择预先设置好的页边距，还可以选择“自定义边距”选项，在弹出的“页面设置”对话框的“页边距”选项卡中根据工作表中打印区域实际需要设置上、下、左、右边距，如图 2.4.34 所示，单击“确定”按钮即可。

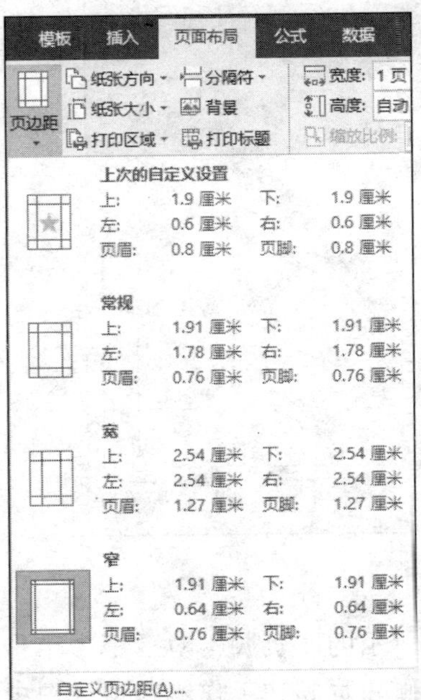

图 2.4.33　“页边距”下拉列表

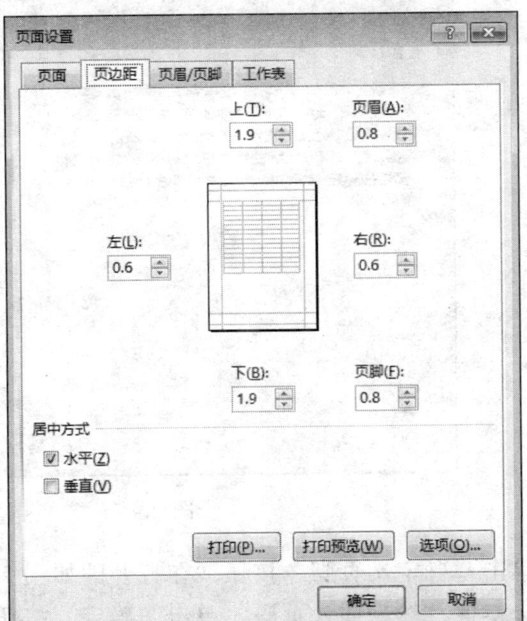

图 2.4.34　自定义页边距

3. 设置页眉和页脚

单击“页面布局”→“页面设置”选项组右下方的对话框启动器按钮，在打开的“页面设置”对话框中选择“页眉/页脚”选项卡，如图 2.4.35 所示。

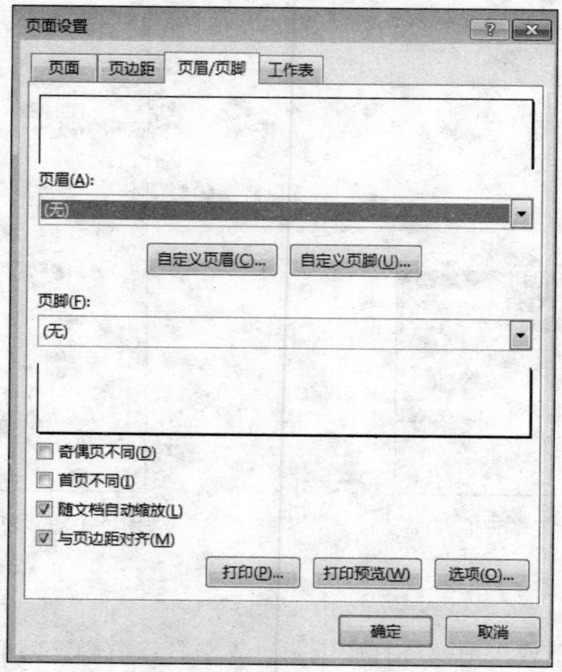

图 2.4.35 “页眉/页脚”选项卡

单击“自定义页眉”按钮，在打开的如图 2.4.36 所示的“页眉”对话框中单击“中部”文本框，输入“商品销售表”文本，单击“确定”按钮。

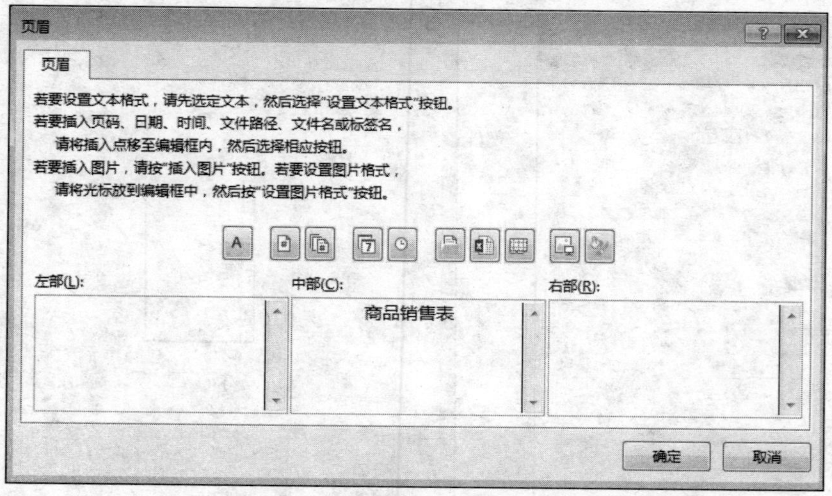

图 2.4.36 “页眉”对话框

单击“自定义页脚”按钮，在打开的如图 2.4.37 所示的“页脚”对话框中单击“中部”文本框，然后插入页码，单击“确定”按钮。页眉和页脚在工作簿普通视图中不可见，仅在打印预览或打印后才可见。

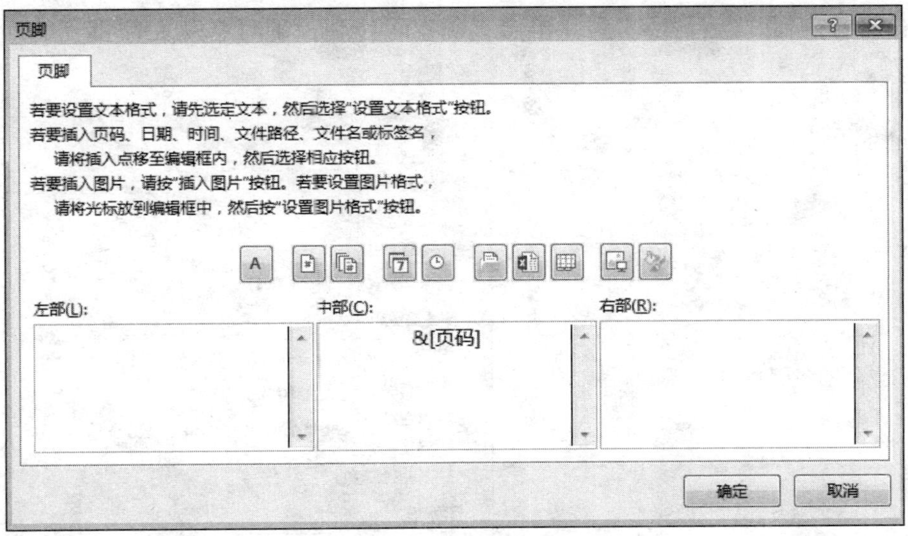

图 2.4.37 “页脚”对话框

4. 设置打印区域

需要指定工作簿中打印的区域，可以进行设置。操作步骤如下：选中“商品销售表”要设为打印区域的 B1:H36 单元格区域，单击“页面布局”→“页面设置”→“打印区域”下拉按钮，在弹出的下拉列表中单击“设置打印区域”命令，如图 2.4.38 所示，即可将打印区域设置为工作表中的 B1 到 H36 单元格区域。

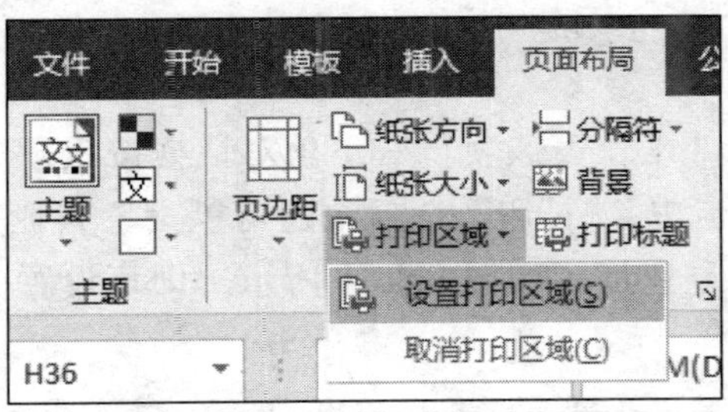

图 2.4.38 设置打印区域

取消打印区域的设置，可以单击“打印区域”下拉按钮，在弹出的下拉列表中选择“取消打印区域”选项。

> **小贴士**
> 当表格数据较多，要更改打印范围时，也可以单击“视图”→“工作簿视图”→“分页预览”按钮，切换到“分页预览”视图，通过调整分页符位置快速实现打印范围更改。

5. 设置打印标题

在工作中，经常会遇到 Excel 工作表中内容过多、有很多行数据和列数据的时候，内容在单页纸张中打印不下，会分成多页纸张打印，但只在第一页中显示行列标题。为了能更清楚地浏览数据，可进行打印标题的设置，使每页纸张中都出现行标题和列标题，避免用户对工作表中数据理解错误。

操作方法如下：单击“页面布局”→“页面设置”→“打印标题”按钮，如图 2.4.39 所示，在打开的“页面设置”对话框的“工作表”选项卡中，单击“打印标题”选项组中“顶端标题行”右侧的按钮，选择第 2 行，如图 2.4.40 所示，即可将打印标题的顶端标题行设置为第 2 行。如果列数据很多，就需要打印行标题，单击“从左侧重复的列数”右侧的按钮，选择第 A 列，单击“确定”按钮，即可将从左侧重复的列数设置为第 A 列。

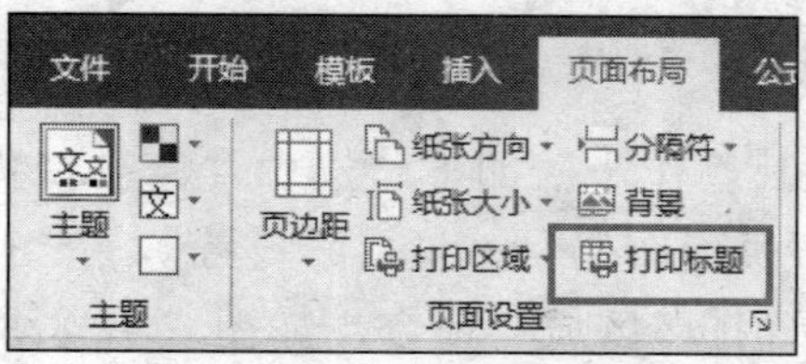

图 2.4.39 “打印标题”按钮

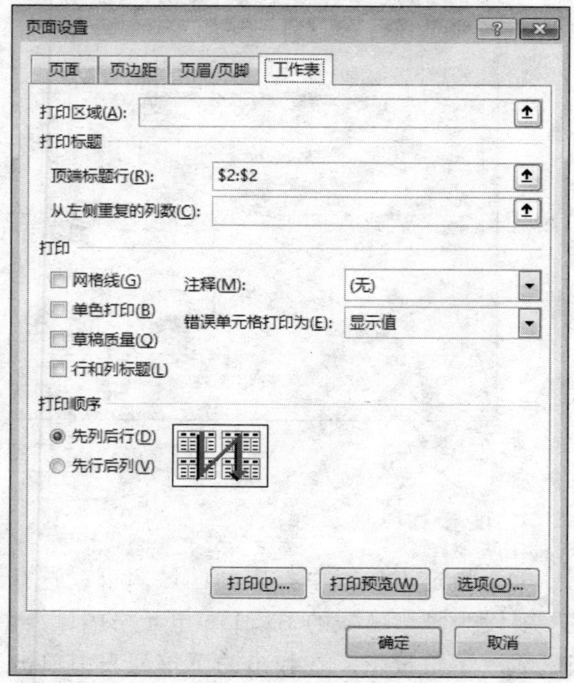

图 2.4.40 顶端标题行

6. 设置其他打印选项

单击“页面布局”→“工作表选项”右下角对话框按钮，在弹出的“页面设置”对话框中的“工作表”选项卡中，“打印”选项组还可以设置其他打印选项，如“网格线”、“行和列标题”，选中相应复选框，如图 2.4.41 所示，即可设置为在打印时显示网格线、行和列标题。

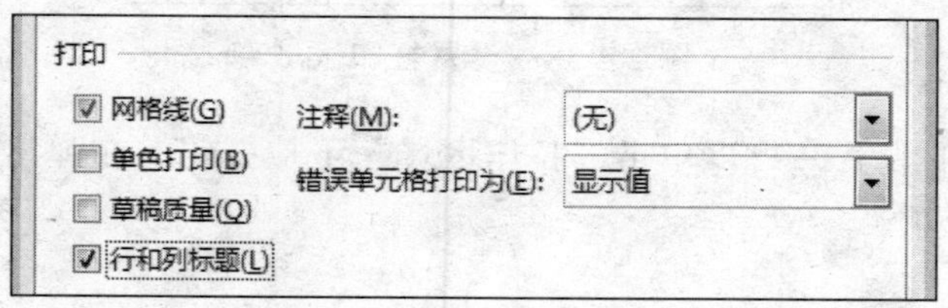

图 2.4.41 “打印”选项组

7. 预览及打印

完成页面设置后，可以先预览打印效果再打印工作表。选择“文件”→“打印”命令，如图 2.4.42 所示，窗口右侧可以预览打印效果。在选好打印机和打印份数之后，就可以开始打印工作表了。

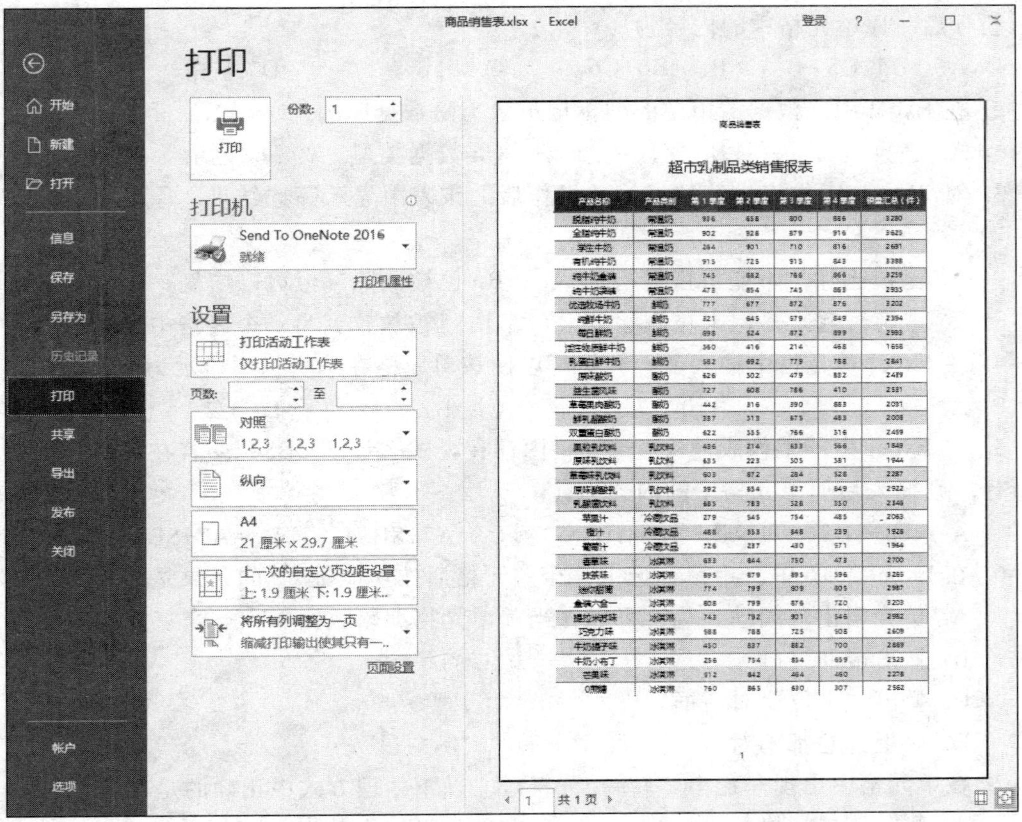

图 2.4.42 打印预览

单元小结

Excel 2016 是常用的 Office 系列办公软件之一，主要用于处理表格数据。本单元学习对动手操作能力要求更高，熟练使用 Excel 可以解决更多实际工作和学习问题。

本单元从实际应用的角度出发，通过“制作学生成绩表”任务，学习了表格文件基本操作。通过“工资表制作”任务，学习了公式和函数的使用。通过“商品销售表数据分析”任务，学习了表格数据的管理和分析。通过“商品销售表打印”任务，学习了样式、图表和打印设置的应用。

通过本单元的学习，要求能够利用 Excel 2016 正确管理、分析表格数据，并使其能更加美观地展示出来。

课后习题

一、选择题

1. 在 Excel 中，工作表的 D5 单元格中存在公式“=B5+C5”，若在工作表第 2 行插入一新行后，原单元格中的内容为（ ）。

A. =B5+C5　　B. =B6+C6　　C. 出错　　D. 空白

2. 在 Excel 中，数据清单中的列标记被认为是数据库的（ ）。

A. 字数　　B. 字段名　　C. 数据类型　　D. 记录

3. 对 Excel 工作表进行数据筛选操作后，该表中显示筛选结果，原表中其余数据（ ）。

A. 已被删除，不能再恢复　　B. 已被删除，但可以恢复

C. 被隐藏起来，但未被删除　　D. 已被放置到另一个表格中

4. 在 Excel 单元格中输入（ ）可以使该单元格在编辑栏中显示为 0.5。

A. 1/2　　B. 0 1/2　　C. =1/2　　D. '1/2

5. 在 Excel 中，工作表的 D7 单元格内存在公式“=A7+$B$4”，若在第 3 行处插入一新行，则插入后原单元格中的内容为（ ）。

A. =A8+$B$4　　B. =A8+$B$5　　C. =A7+$B$4　　D. =A7+$B$5

6. 在 Excel 2016 中，用鼠标选中某个单元格后按功能键 F2 的效果是（ ）。

A. 单元格出现闪动光标，可以在当前单元格编辑数据

B. 弹出帮助窗口

C. 弹出“定位”对话框

D. 以上说法都不对

7. 在单元格中出现一连串“#####”符号，以下处理方式中正确的是（ ）。

A. 删除该单元格　　B. 重新输入数据

C. 删除这些符号　　D. 调整单元格宽度

8. 绝对地址被复制到其他单元格时，其单元格地址（ ）。

A. 不变　　B. 部分变化

C. 发生改变　　D. 不能复制

9. 当在某个单元格内输入一个公式后，单元格内容显示为“#REF!”，表示（ ）。

A. 某个参数不正确　　B. 单元格太小

C. 公式引用了无效的单元格　　D. 除数为零

10. 在 Excel 中，对指定区域 B1:B5 求平均值的函数是（ ）。

A. SUM（B1:B5）　　B. AVERAGE（B1:B5）

C. MAX（B1:B5）　　D. SUMIF（B1:B5）

11. 在 Excel 中，删除工作表中对图表链接的数据时，图表将（ ）。

A. 不会发生变化　　B. 必须通过编辑删除相应的数据点

C. 自动删除相应的数据点　　D. 被复制

12. 不正确的单元格地址是（ ）。

A. C$66　　B. $C66　　C. C6$6　　D. $C$66

13. 某单元格数据为日期型“1983 年 7 月 5 日”，选择“清除格式”命令，单元格的内容为（ ）。

A. 55　　B. 5　　C. 1983-7-5　　D. 以上都不对

14. 如果一个单元格中的信息是以“=”开头，则说明该单元格中的信息是（ ）。

A. 常数　　B. 公式　　C. 提示信息　　D. 无效数据

15. 若将某单元格的数据 100 显示为“100.00”，则应将数据格式设置为（　　）。

A. 常规　　B. 数值　　C. 日期　　D. 文本

16. 以下关于“视图”的选项中不是 Excel 中的选项是（　　）。

A. 普通　　B. 页面布局　　C. 分页预览　　D. 放映

17. 在单元格中输入文本学号 1001，应该输入（　　）。

A. /1001　　B. ’1001　　C. +1001　　D. ‘1001’

18. 下列选项中，属于相对引用的是（　　）。

A. A5　　B. $A5　　C. A$5　　D. $A$5

二、填空题

1. 生成了 Excel 图表后，若用户希望修改图表中图例的位置，可以选择________选项卡，单击“标签”组中的“图例”按钮，在下拉列表中进行选择。

2. 生成了 Excel 图表后，若用户希望修改图表中的数据源，可以选择“设计”选项卡，单击________组中的“选择数据”按钮，打开“选择数据源”对话框进行设置。

3. 在 Excel 筛选数据时，按筛选条件显示若干记录，其余记录被________。

4. 在一个单元格中输入两行内容，可使用________+________复合键。

5. 在 Excel 中单元格引用分为________、________和________3 类。

6. 单元格相对引用的名称由________和________确定。

7. 在 Excel 中默认单元格中的数值型数据靠________对齐，日期型数据靠________对齐，文本型数据靠________对齐。

8. Excel 2016 文件保存时默认文件后缀名为________。

三、操作题

1. 小江在一家公司担任财务助理，部门领导要求小江对公司员工的工资信息进行相应的数据处理和统计。根据图 T2.1 所示的员工工资表，按照如下要求帮助小江完成相关工作。

	A	B	C	D	E	F	G	H	I	J	K	L	M
1	员工工资表												
2											津贴标准	50	
3	工号	姓名	性别	出生年月	部门	工作年限	基本工资	奖金	津贴	总工资	排名	工资等级	
4		何军	男	1986年8月7日	生产部	5	2000	1500					
5		赵宝玉	女	1968年6月4日	行政部	25	2300	1200					
6		郑淑贤	男	1972年10月9日	生产部	20	3200	1300					
7		孙娜	女	1988年9月12日	销售部	3	2800	800					
8		曾丝华	男	1979年3月2日	销售部	14	2500	1800					
9		罗远方	男	1977年7月10日	生产部	18	3000	1500					
10		何湘萍	女	1982年9月1日	行政部	20	2700	1300					
11		黄莉	女	1965年1月8日	行政部	30	2200	1200					
12		刘伟良	男	1987年5月6日	生产部	6	2500	800					
13		张翠华	男	1961年6月18日	销售部	32	3500	2000					
14		刘雅诗	女	1975年10月5日	行政部	19	2500	1000					
15		林晓旋	女	1985年5月13日	行政部	6	3000	1200					
16		刘泽标	男	1983年7月5日	销售部	8	2600	1200					
17		廖玉嫦	女	1975年5月7日	生产部	21	3200	1500					
18		李立聪	男	1980年6月3日	销售部	9	3500	1000					
19													
20	奖金最多												
21	津贴最少												
22	总工资最大差值												
23													

图 T2.1　员工工资表

（1）将工作表“Sheet1”重命名为“工资表”，并将该工作表标签颜色设为“红色（标准色）”。

（2）将工作表的第一行根据表格实际情况合并居中为一个单元格，并设置合适的字体、字号，使其成为该工作表的标题。

（3）在“工号”列中填充输入“001、002、003……”格式的员工工号信息。

（4）在工作表中，请根据员工的工作年限计算每个人的津贴（津贴=工作年限*津贴标准），并将计算结果填入“津贴”列中。

（5）根据工作表中的数据，使用函数分别计算总工资和总工资排名，并填入对应的“总工资”和“排名”列内。

（6）根据工作表中的数据，使用函数计算每个员工的“工资等级”，其中“总工资”大于等于 5000 的显示为“高”，大于等于 4000 低于 5000 的显示为“中”，低于 4000 的显示为“低”。

（7）根据工作表中的数据，使用函数计算“奖金最多”的值、“津贴最少”的值和“总工资最大差值”，并填入对应单元格内。

（8）请将所有数据区域对齐方式调整为水平和垂直居中，并为第三行列标题的单元格区域填充标准色橙色背景。

（9）保存“Excel.xlsx”文件。

2. 体育达标测试后，子轩作为班长需要协助辅导员对班级的体育成绩进行统计分析，方便辅导员掌握班级体育达标情况。根据图 T2.2 所示的学生体育达标测试成绩表，按照题目要求帮助子轩完成相应的操作。

	A	B	C	D	E	F	G	H	I	J	K
1	学生体育达标测试成绩表										
2	原学号	新学号	姓名	性别	100米成绩	100米总评	铅球成绩	铅球总评			
3	2017032001		程云峰	男	12.85		7.56			统计表	
4	2017032002		程锐军	男	14.53		8.45			跑得最快的学生成绩	
5	2017032003		黄立平	男	16.11		6.54			100米总评为“合格”的学生数	
6	2017032004		蔡泽鸿	男	10.44		9.1				
7	2017032005		童健宏	男	13.82		6.89				
8	2017032006		吴德泉	男	11.6		10.11				
9	2017032007		陈静	男	16.32		8.82				
10	2017032008		林寻	男	11.51		6.9				
11	2017032009		吴心	男	14.61		5.73				
12	2017032010		李伯仁	男	16.67		7.39				
13	2017032011		陈醉	男	12.58		8.25				
14	2017032012		李军	男	14.28		9.33				
15	2017032013		李童	男	14.76		7.49				
16	2017032014		梁远	男	12.85		6.98				
17	2017032015		金丽勤	女	15.65		4.78				
18	2017032016		袁梅	女	16.27		5.91				
19	2017032017		齐梓宁	女	14.14		6.75				
20	2017032018		慕秀清	女	15.2		6.15				
21	2017032019		杨敏芳	女	16.25		5.93				
22	2017032020		郑含因	女	10.64		4.67				

图 T2.2 学生体育达标测试成绩表

（1）对工作表 Sheet1 的 A1:H1 进行合并后居中，并调整标题文字的字体字号，修改工作表名为“体育达标成绩”，将数据区域添加所有框线，将列宽设为自动。

（2）按照表 T2.1 所列条件使用函数填写“体育达标成绩”工作表中的“100 米总评”和“铅球总评”列。

表 T2.1 100 米和铅球成绩

项目	性别	合格线	总评
100 米	男	＞14 秒	不合格
100 米	男	≤14 秒	合格
100 米	女	＞16 秒	不合格
100 米	女	≤16 秒	合格
铅球	男	＞7.5 秒	合格
铅球	男	≤7.5 秒	不合格
铅球	女	＞5.5 秒	合格
铅球	女	≤5.5 秒	不合格

（3）根据“原学号”填写“新学号”列数据，新学号的规则是在原学号的第 4 位和第 5 位之间插入“05”。例如，原学号“2017032002”对应新学号为“201705032002”。

（4）将工作表“体育达标成绩”工作表中利用条件格式对“铅球成绩/米”列数值设置不同颜色（标准色），具体规则如表 T2.2 所示。

表 T2.2 颜色设置规则

序号	铅球成绩/米	字体颜色
1	成绩＞9	红色
2	7≤成绩≤9	绿色
3	成绩＜7	蓝色

（5）在“体育达标成绩”工作表中，完成 J3:K5 区域的统计表。

（6）在原有工作表的最右侧添加“统计分析”工作表，利用高级筛选找出“100 米总评”或“铅球总评”不合格的同学（条件区域 A1:B3，筛选结果放置在从 A5 单元格开始的区域）。

（7）根据“体育达标成绩”工作表数据，创建一个数据透视表，“选择放置数据透视表的位置”为“新工作表”，新工作表放置于最右侧，工作表名为“铅球总评分析透视表”，其中行标签为性别，列标签为铅球总评，并对铅球总评计数。为数据透视表套用带标题行的“数据透视表样式浅色 20”的表格格式，数据区域 A3:D7 对齐方式设为水平和垂直居中。

（8）保存“Excel.xlsx”文件。

学习笔记

3 单元

PowerPoint 2016 演示文稿制作

单元导读

演示文稿制作是信息化办公的重要组成部分。借助演示文稿制作工具，可快速制作出图文并茂、富有感染力的演示文稿，并且可通过图片、视频和动画等多媒体形式展现复杂的内容，从而使表达的内容更容易理解。

本单元详细介绍 PowerPoint 2016 的使用方法，包括文稿创建制作、动画设计、母版制作和使用、演示文稿放映和导出基本操作、版面设计、表格的制作和处理、图文混排、模板与样式的使用等内容。

任务 3.1 初识演示文稿制作

任务描述

AI 科技有限公司是一家专注于智能感知、智能识别、信息安全应用、人工智能和机器人等技术的大型智能融合系统解决方案服务提供商。为了能做好企业的形象宣传和经验推广，人力资源部将在企业宣讲会上做企业介绍，公司企划部小徐接到演示文稿制作任务后，根据制作的主题对演示文稿的内容进行了梳理，确定了包含“企业简介”“企业发展”“公司环境”“企业理念”“企业产品”5 个部分的演示主线，并根据需求收集整理了相关的文案、图片、音频和视频等素材，完成准备工作后便使用 PowerPoint 2016 软件开始演示文稿的基础编辑。

任务分析

任务技能目标

通过本次任务，掌握以下技能：

（1）了解 PowerPoint 2016 的操作界面、应用场景，熟悉相关工具的功能和操作流程；

（2）掌握演示文稿的创建、打开、保存和关闭等基本操作；

（3）熟悉演示文稿不同视图方式的应用。

核心知识点

不同视图的切换，不同功能选项卡的切换和操作，演示文稿制作基本常识，演示文稿的命名。

任务实现

3.1.1 PowerPoint 2016 的基本功能

PowerPoint 2016 是微软公司 Office 2016 办公套装软件中的一个重要组件，用于制作具有图文并茂展示效果的演示文稿。

PowerPoint 2016 操作简便，适合非专业人士使用。该软件的特点是能制作出生动形象、图文并茂、主次分明的演示文稿。用户可利用其功能自行设计、制作和放映演示文稿，使内容具备动态性、交互性与可视性，广泛应用于演讲、报告、产品演示及课件制作等场景。借助演示文稿，可更有效地实现表达与交流。

制作的演示文稿既可在投影仪或计算机上演示，也可打印输出或制成胶片，以便应用于其他更广泛的领域。

3.1.2 PowerPoint 2016 的工作界面

PowerPoint 2016 的工作界面由“文件”选项卡、快速访问工具栏、标题栏、功能选项卡、功能区、“幻灯片/大纲”窗格、幻灯片编辑区、备注窗格、状态栏等组成，如

图 3.1.1 所示。

图 3.1.1 PowerPoint 2016 工作界面

1. “文件” 选项卡

用于执行 PowerPoint 演示文稿的新建、打开、保存和关闭等基本操作。该选项卡集结了 PowerPoint 中常规的设置选项和最常用的命令，如图 3.1.2 所示。

图 3.1.2 单击“文件”选项卡展开的列表

2. 快速访问工具栏

快速访问工具栏上提供了最常用的“保存”按钮、“撤销”按钮和“恢复”按钮，单击对应的按钮可执行相应的操作。如需在快速访问工具栏中添加其他按钮，可单击其后的“自定义快速访问工具栏”按钮，在弹出的下拉列表中选择所需的选项即可。

另外，在下拉列表中选择“在功能区下方显示”选项可改变快速访问工具栏的位置。

3. 标题栏

标题栏位于 PowerPoint 工作界面的顶端，用于显示演示文稿名称和程序名称，最右侧的 3 个按钮分别用于对窗口执行最小化、最大化（或还原）和关闭操作。

4. 功能选项卡

功能选项卡相当于菜单栏，将 PowerPoint 2016 的所有命令集成在几个功能选项卡中，选择某个功能选项卡可切换到相应的功能区。

5. 功能区

PowerPoint 2016 的功能区是一个动态的带状区域，由多个选项卡组成，每个选项卡下又集成了多个功能组，每个组中又包含多个相关的按钮或选项。整个功能区嵌入在标题栏下固定的位置，如图 3.1.3 所示。

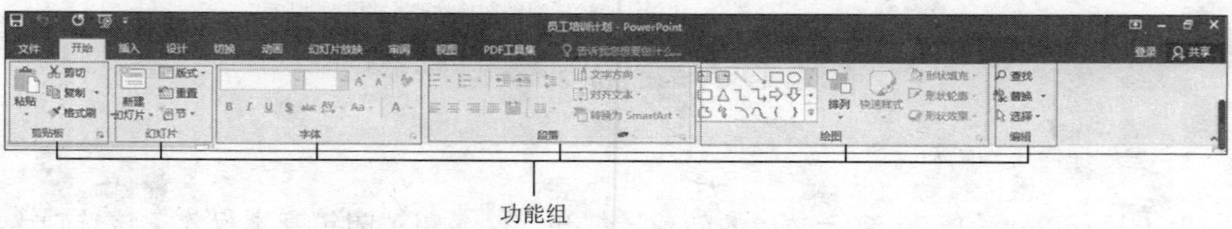

图 3.1.3　功能区

6.“幻灯片/大纲”窗格

演示文稿的普通视图由两大窗格组成。在左侧的“大纲”窗格下，将显示整个演示文稿中幻灯片的编号及缩略图，用于显示演示文稿的幻灯片数量及位置，通过“大纲”窗格可以更加方便地掌握整个演示文稿的结构；在“幻灯片”窗格下列出了当前演示文稿中各张幻灯片中的文本内容。

7. 幻灯片编辑区

幻灯片编辑区是整个工作界面的核心区域，用于显示和编辑幻灯片，在其中可输入文字内容、插入图片和设置动画效果等，是使用 PowerPoint 制作演示文稿的操作区域。

8. 备注窗格

备注窗格位于幻灯片编辑区下方，可供幻灯片制作者或幻灯片演讲者查阅该幻灯片信息或在编辑演示文稿时添加说明和注释。

9. 状态栏

状态栏位于工作界面最下方，用于显示演示文稿中所选的当前幻灯片及幻灯片总张数、幻灯片采用的主题名称、视图切换按钮、页面显示比例及缩放滑块等。

制作幻灯片时，文本的设置是最普遍的。因此，在 PowerPoint 2016 中除了可通过功能区设置文本的格式外，还可使用迷你工具栏来进行快速设置。

在用户选择了文本后，鼠标指针附近即会自动显示出一个半透明的浮动工具栏，该工具栏被称为迷你工具栏，如图 3.1.4 所示。将鼠标指针移到迷你工具栏上直接选择相应的选项或单击对应的按钮即可快速设置文本格式，设置完成后迷你工具栏将自动消失。

图 3.1.4　迷你工具栏

3.1.3　PowerPoint 2016 的视图模式

PowerPoint 2016 为用户提供了 5 种视图模式。

1. 普通视图

切换到“视图”选项卡，在“演示文稿视图”组中单击“普通”按钮，或者在状态栏上单击“普通视图”按钮，即可切换到普通视图，它是 PowerPoint 2016 的默认视图模式，启动 PowerPoint 2016 后将直接进入该视图模式。在该视图中可以同时显示幻灯片编辑区、“幻灯片/大纲”窗格及备注窗格。它主要用于调整演示文稿的总体结构，编辑单张幻灯片中的内容及在“备注”窗格中添加演讲者备注。图 3.1.5 所示为普通视图模式。

图 3.1.5　普通视图模式

2. 大纲视图

切换到“视图”选项卡，在“演示文稿视图”组中单击“大纲视图”按钮，即可切换到大纲视图模式。在大纲视图下编辑演示文稿，可以调整各幻灯片的前后顺序；在一张幻灯片内可以调整标题的层次级别和前后次序；可以将某幻灯片的文本复制或移动到其他幻灯片中。大纲视图模式如图 3.1.6 所示。

图 3.1.6 大纲视图模式

3. 幻灯片浏览视图

切换到“视图”选项卡，在“演示文稿视图”组中单击“幻灯片浏览”按钮，或者在状态栏上单击“幻灯片浏览”按钮，即可切换到幻灯片浏览视图，在该视图模式下可浏览整个演示文稿中各张幻灯片的整体结构和效果，还可以改变幻灯片的版式、设计模式和配色方案等，也可以移动、复制或删除幻灯片等，但不能对单张幻灯片的具体内容进行编辑。幻灯片浏览视图模式如图 3.1.7 所示。

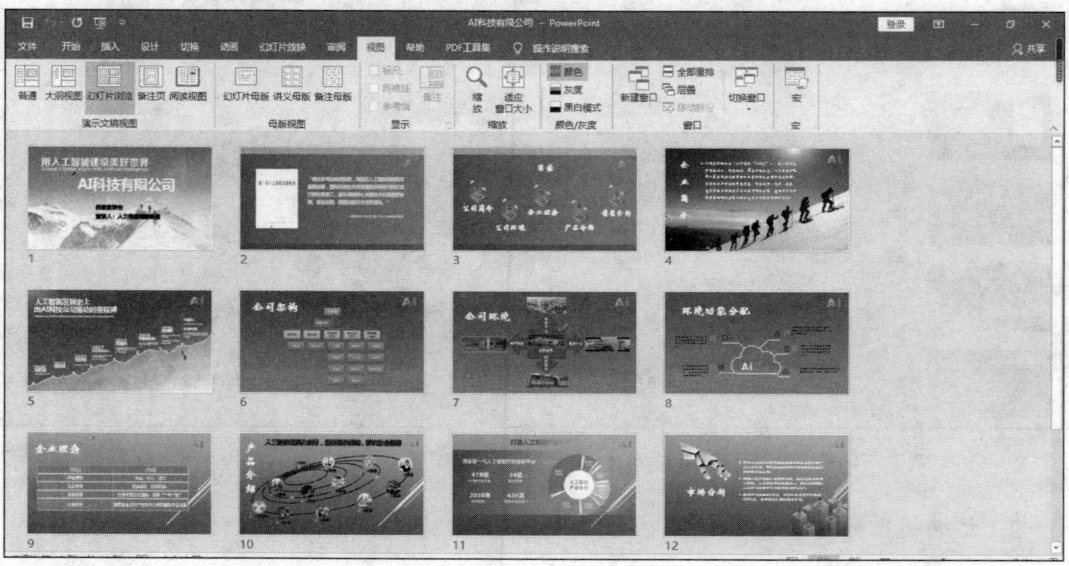

图 3.1.7 幻灯片浏览视图模式

4. 备注页视图

切换到“视图”选项卡，在“演示文稿视图”组中单击“备注页”按钮，即可切换到备注页视图模式。备注页视图主要用于为演示文稿中的幻灯片添加备注内容或对备注内容进行编辑修改，在该视图模式下无法对幻灯片的内容进行编辑。备注页视图模式如图 3.1.8 所示。

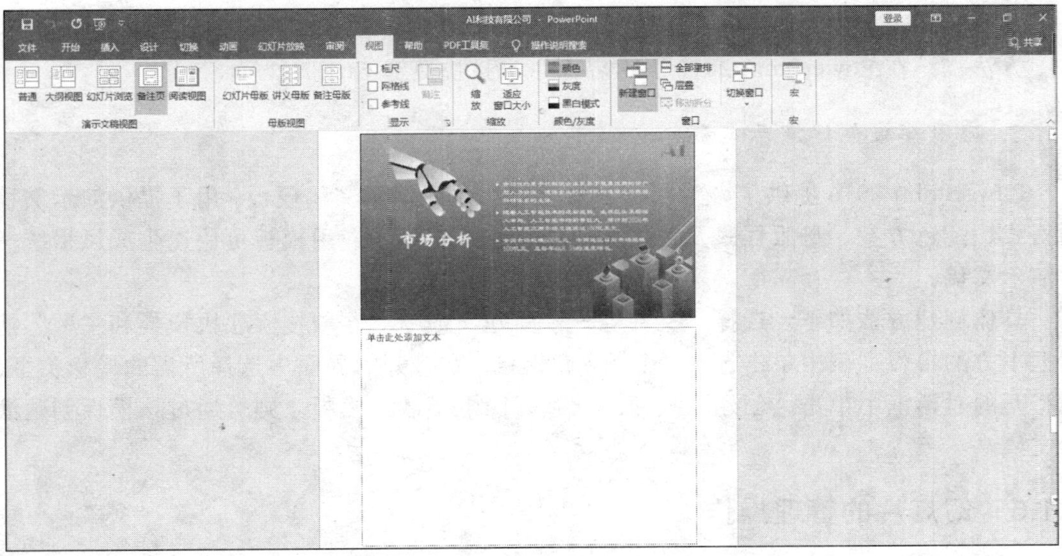

图 3.1.8　备注页视图模式

5. 阅读视图

切换到“视图”选项卡，在“演示文稿视图”组中单击“阅读视图”按钮，或者在状态栏上单击“阅读视图”按钮，即可切换到阅读视图。该视图仅显示标题栏、阅读区和状态栏，主要用于浏览幻灯片的内容。在该模式下，演示文稿中的幻灯片将以窗口大小进行放映。阅读视图模式如图 3.1.9 所示。

图 3.1.9　阅读视图模式

3.1.4 演示文稿的创建操作

1. 新建空白演示文稿

创建空白演示文稿具有很大程度的灵活性，用户可以使用颜色、版式和一些样式特性，充分发挥自己的创造性自定义演示文稿的风格。具体创建方法有两种。

方法一：选择“文件”→“新建”命令，在“新建”栏选择“空白演示文稿”选项。

方法二：在 PowerPoint 2016 工作界面中，按快捷键 Ctrl+N。

2. 应用模板创建演示文稿

PowerPoint 2016 提供了各个行业演示领域中常用演示文稿模板，用于提供演示文稿的格式、配色方案、母版样式及产生特效的字体样式等，应用模板可快速生成风格统一的演示文稿。

具体创建方法如下：选择“文件”→“新建”命令，在“搜索联机模板和主题”搜索框下方的模板列表中单击选择“主题”超链接，在打开的界面中选择所需的模板类型，在打开的对话框中单击“创建”按钮，从互联网上下载该模板，则可通过该模板创建演示文稿。

3.1.5 幻灯片的管理操作

幻灯片常见的管理操作包括选择、插入、复制、移动、删除等。下面介绍普通视图中在幻灯片窗格中对幻灯片进行管理操作的方法。常见的幻灯片管理操作方法见表 3.1.1。

表 3.1.1 常见的幻灯片管理操作

操作类型	操作方法
选择幻灯片	• 选择一张幻灯片：在“幻灯片”窗格中，单击其缩略图。 • 选择一组连续的幻灯片：单击第一张要选择幻灯片的缩略图，按住 Shift 键，并单击最后一张要选择幻灯片的缩略图。 • 选择一组不连续的幻灯片：按住 Ctrl 键，然后依次单击所需幻灯片的缩略图。 • 选择全部幻灯片：按快捷键 Ctrl+A，即可选中全部幻灯片
插入幻灯片	• 方法一：在“幻灯片窗格”中，单击某张幻灯片的缩略图，选择“开始”→“幻灯片”→“新建幻灯片”命令，从下拉列表中选择一种版式，即可插入一张新幻灯片。 • 方法二：单击某张幻灯片的缩略图，按 Enter 键即可在当前幻灯片的后面插入一张相同版式的新幻灯片
复制幻灯片	• 方法一：选定目标幻灯片，按快捷键 Ctrl+C，然后单击预期位置上一张幻灯片的缩略图，按快捷键 Ctrl+V。 • 方法二：右击目标幻灯片，在弹出的快捷菜单中选择“复制幻灯片”命令，即可在目标幻灯片后面插入一张与目标幻灯片一样的副本
移动幻灯片	• 选定目标幻灯片，按住鼠标左键对其进行拖动操作，到达预期位置后松开鼠标按键
删除幻灯片	• 方法一：选中目标幻灯片，按 Delete 键。 • 方法二：在“幻灯片窗格”中，右击目标幻灯片缩略图，在弹出的快捷菜单中选择“删除幻灯片”选项

3.1.6　幻灯片的对象操作

1. 输入文本

在幻灯片的占位符中输入文本是幻灯片中添加文字最直接的方式，用户也可以在幻灯片中插入文本框后输入文本。

（1）在占位符中输入文本。占位符是创建新幻灯片并应用某一种版式后出现的虚线方框，一般包含标题占位符和内容占位符，如图 3.1.10 所示。在幻灯片中单击标题占位符，插入点出现在其中，便可以输入标题的内容。为幻灯片添加副标题，则单击副标题占位符或内容占位符，即可输入相关的内容。

图 3.1.10　幻灯片占位符

（2）使用文本框输入文本。文本框是一种可移动、可调大小的图形容器，用于在占位符之外的其他位置输入文本，选择“插入”→“文本”→“文本框”命令，在下拉列表中可选择“绘制横排文本框”或“竖排文本框”。单击要添加文本框的位置，即可开始输入文本。在这种方式创建的文本框内输入的文本不会自动换行，若要使用文本自动换行，在选择文本框类型后，将鼠标指针移到要添加文本框的位置按住左键拖动绘制文本框，然后向其中输入文本，则输入的文本会自动换行。

2. 插入图片

图片在幻灯片中可用于背景填充，也可以作为装饰元素。对于插入的图片，可以利用“格式”选项卡上的工具进行适当的修饰，如旋转、调整亮度、设置对比度、改变颜色、应用图片样式等。插入图片的方法有两种。

方法一：在普通视图中，选择“插入”→“图像”→“图片”命令，在打开的“插入图片”对话框中选定含有图片文件的驱动器和文件夹，然后在文件列表框中选择图片，单击“插入”按钮。

方法二：在含有内容占位符的幻灯片中，单击内容占位符上的“图片”图标，也可以在幻灯片中插入图片。

3. 绘制图形

图形是幻灯片中重要的元素，包括线条、基本形状、箭头、公式形状、流程图、标注、动作按钮等，常用于制作各种图标、示意图。

绘制图形的方法如下：选择“插入”→“插图”→“形状”命令，在下拉列表中选择所需的图形类型，在幻灯片编辑区中拖动鼠标完成绘制，可通过控制点调节形状的大小、旋转角度和边角弧度，如图 3.1.11 所示。

图 3.1.11 形状调节控制点

4. 插入表格

选择“插入”→“表格”→“表格”命令，在下拉列表中选择“插入表格”选项，打开“插入表格”对话框，在对话框的“列数”和“行数”数值框中输入数值，然后单击“确定”按钮，即可将表格插入幻灯片中。

表格创建后，插入点位于表格的第一个单元格中。单元格的文本输入完毕后，按 Tab 键可以进入下一个单元格中。

5. 插入音频

PowerPoint 2016 支持 MP3 文件（.mp3）、Windows 音频文件（.wav）、Windows Media Audio（.wma）以及其他类型的声音文件。

插入音频的方式如下：选择“插入”→“媒体”→“音频”命令，在下拉列表中选择“PC 上的音频”选项，在打开的“插入音频文件”对话框中选择所需要的音频，单击“插入”按钮即可完成音频的插入。

6. 插入视频

PowerPoint 2016 支持的视频文件包括 Windows 视频文件（.avi）、影片文件（.mpg 或.mpeg）、Windows Media Video 文件（.wmv）以及其他类型的视频文件。

插入视频的方式如下：选择“插入”→“媒体”→“视频”命令，在下拉列表中选择“PC 上的视频”选项，在打开的“插入视频文件”对话框中选择需要插入的视频文件，单击“插入”按钮即可完成视频的插入。

任务 3.2　制作 AI 科技有限公司企业宣传演示文稿

任务描述

了解了 PowerPoint 2016 演示文稿的操作界面、应用场景，并熟悉了相关工具的功能和操作流程后，小涂开始设计和制作 AI 科技有限公司企业宣传演示文稿的基础页面结构。一个 PPT 的页面结构一般包含 5 个部分：封面页、目录页、过渡页、内容页和封底页。封面页主要用于展示 PPT 的主题、演示者等信息；目录页用于展示 PPT 的各章节的标题信息；过渡页用于展示 PPT 的某一章节的标题信息，起到转场作用；内容页主要用于展示每个章节的具体演示内容；封底页用于显示演示文稿的结束信息。

任务分析

任务技能目标

通过本次任务，掌握以下技能：

（1）掌握编辑环境的设置和演示文稿的创建方法；

（2）掌握演示文稿页面设置的方法、文字的输入和编辑、文本框的使用方法；

（3）掌握幻灯片的添加、版式的应用、背景图片的填充、图片的导入方法；

（4）掌握形状的绘制、形状格式的设置、对象的对齐、对象的分布和组合方法；

（5）掌握表格的操作、视频的应用技能；

（6）掌握艺术字的应用、音频的使用和设置方法。

核心知识点

幻灯片文本的编辑，段落的使用，背景样式的使用，幻灯片的添加，版式的应用，背景图片的填充，图片的导入，对齐和分布的操作。

任务实现

3.2.1　新建演示文稿

新建演示文稿的方法已做过介绍，本例列举的方法为新建空白演示文稿，并根据宣传风格定位，通过自定义版式的方式创建模板信息。

具体操作方法如下：在计算机桌面（或其他磁盘驱动器的资源管理器）空白处右击，在弹出的快捷菜单中，选择“Microsoft PowerPoint 演示文稿”选项，创建文件后，在资源管理器中将其命名为“公司宣传.pptx”。

3.2.2 页面设置

页面设置中，在“幻灯片大小”命令下可以设置幻灯片的高宽比，也可自定义高度和宽度值；纸张大小为打印纸张的大小，同时还可以设置幻灯片纸张方向为横向或纵向；备注、讲义和大纲可根据需要进行选用。

具体操作方法如下：选择“设计”→“自定义”→“幻灯片大小”命令，在下拉列表中选择“自定义幻灯片大小”选项，打开“幻灯片大小”对话框，将“幻灯片大小”设置为“宽屏”，将“备注、讲义和大纲”设置为“纵向”，其他选项使用默认值，如图 3.2.1 所示。

图 3.2.1 演示文稿页面设置

> **小贴士**
>
> “设置背景格式”任务窗格中的各填充类型的功能。
>
> 纯色填充：设置使用单一颜色的填充效果。
>
> 渐变填充：设置使用多种颜色过渡显示的填充效果。
>
> 图片或纹理填充：设置使用指定的图片或纹理进行填充的效果。
>
> 图案填充：设置使用不同前景色和背景色的图案填充效果。
>
> 隐藏背景图形：设置是否显示母版中插入的图片和绘制的图形。

3.2.3 制作封面页

封面页以展示演示文稿的主题信息为核心，其内容决定了整个演示文稿的风格。本例将指定的素材图片设置为幻灯片背景填充效果，在封面页展示主标题、副标题和演示者等文字信息。

具体操作方法如下：

（1）设置幻灯片填充背景。新建“封面页”幻灯片，操作方法是选择“开始”→“幻灯片”→“新建幻灯片”命令，在下拉列表中选择“标题幻灯片”版式；选择“标题幻灯片”，在幻灯片编辑区中右击，在打开的快捷菜单中选择“设置背景格式”选项；在右侧的“设置背景格式”窗口中选择“填充”→“图片或纹理填充”选项，单击“插入”按钮；在打开的“插入图片”对话框中选择“从文件”选项，在打开的“插入图片”对话框中选择素材文件中的“封面背景.png”，单击“插入”按钮，如图 3.2.2 所示。

（a）设置幻灯片填充背景

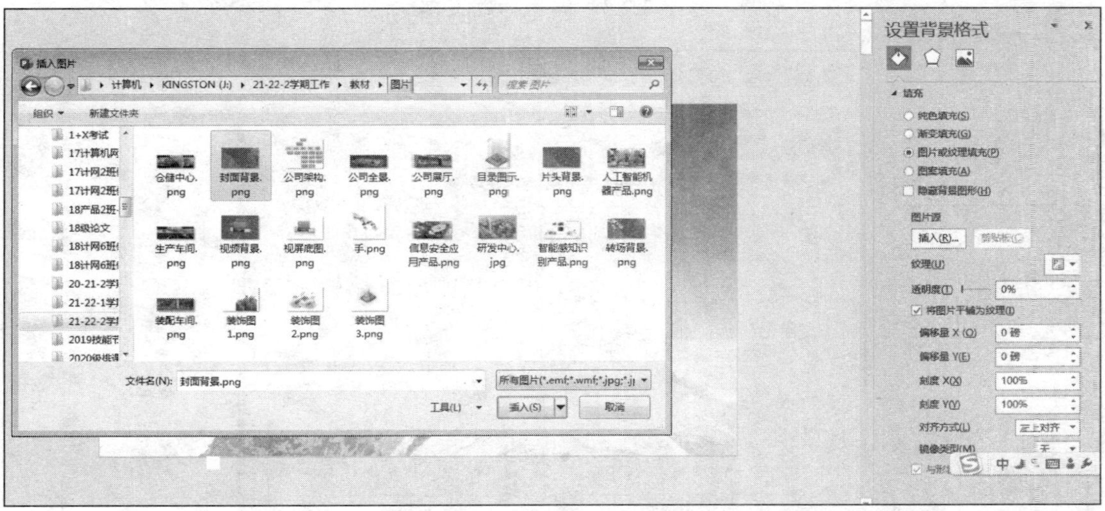

（b）选择目标图片

图 3.2.2　设置幻灯片图片填充背景

（2）编辑封面主标题。在标题占位符输入标题内容“AI 科技有限公司”，选择“开始”选项卡，在字体组中设置字体为“微软雅黑”、字号为 72、颜色为“白色”，如图 3.2.3 所示。

若演示文稿使用了计算机预设字体以外的字体，需在保存文件时嵌入字体，嵌入字体的步骤是：选择“文件”→“选项”命令，在打开的“PowerPoint 选项”对话框中选择“保存”选项卡，勾选“将字体嵌入文件”选项前的复选框。

（3）编辑封面副标题。在副标题占位符中单击，输入文字内容“用人工智能建设美好世界”，选择“开始”选项卡，在字体组中设置英文字体为 Arial Black，字号为 40；中文字体为“微软雅黑”、字号为 32，按照效果图适当移动占位符的位置。

单击“开始”→“字体”组右下方的对话框启动器，打开“字体”对话框，在“字体”选项卡中不仅可设置字体格式，在“字符间距”选项卡中还可设置字与字之间的距离，如图 3.2.4 所示。

图 3.2.3 编辑标题文本

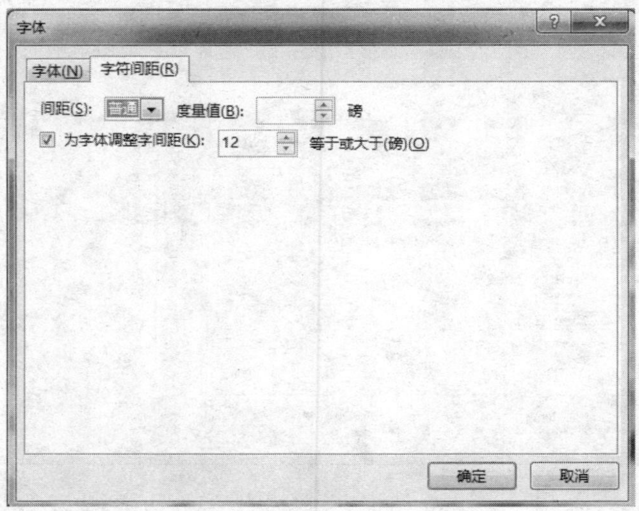

图 3.2.4 “字体”对话框

（4）添加文本框。选择“插入”→“文本”→“文本框”命令，在下拉列表中选择“绘制横排文本框”选项，在幻灯片编辑区中按住鼠标左键并拖曳完成绘制。在绘制的文本框中输入演示者信息，第 1 行为“校招宣讲会”，第 2 行为“宣讲人：人力资源部徐经理”。在“开始”→“字体”组中，设置文本字体为“幼圆”、字号为 28。

3.2.4 制作目录页

目录能清晰展示整个演示文稿的内容脉络，本例采用上下结构的形式布局目录页的标题和内容。

具体操作方法如下：

（1）新建幻灯片。选择“开始”→“幻灯片”→“新建幻灯片”命令，在下拉列表中选择“仅标题”版式，即可应用该版式新建幻灯片，如图 3.2.5 所示。

图 3.2.5　插入幻灯片

（2）编辑目录主标题。选择第 2 张幻灯片，在幻灯片编辑区的标题占位符中单击，输入“目录”文本，设置字体为“等线 Light（标题）”、字号为 54、加粗。

（3）插入图片。选择“插入”→“图像”→“图片”命令，在打开的“插入图片”对话框中选择素材文件中的图片“目录图示.png”，单击“插入”按钮。

（4）添加文本框。选择“插入”→“文本”→“文本框”命令，在幻灯片编辑区中绘制横排文本框，绘制的文本框中输入编号文字为“1”，设置文字字体为 Century Gothic，字号为“60 号”，颜色为浅蓝色。

（5）对象组合。选择数字编号文本框，将其移动放置在导入的图片上方，按住 Ctrl 键，同时选择导入的图片。选择“绘图工具”→“格式”→“排列”→“组合”命令，在下拉列表中选择“组合”选项，即可完成两个对象的组合，如图 3.2.6 所示。

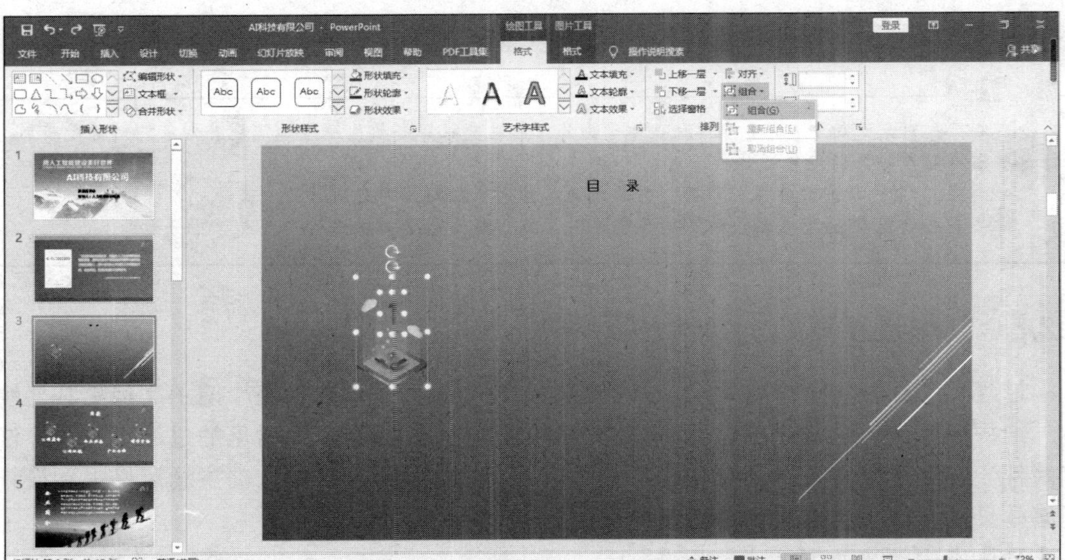

图 3.2.6　对象组合

（6）对象复制。右击组合图片，在弹出的快捷菜单中选择“复制”选项，或按快捷键 Ctrl+C，然后在幻灯片编辑区的空白处右击，在打开的快捷菜单中选择“使用目标主题”选项；应用相同的方法完成 4 个组合图片的副本，并依次更改数字编号为“2、 3、4、5”。

（7）对象对齐。依次选中编号为“1”至“5”的组合图形，适当调整其位置；按住 Ctrl 键的同时选择所有组合图形，选择“格式”→“排列”→“对齐”命令，在下拉列表中选择“垂直居中”，用同样的方法选择“横向分布”，即可实现对象整齐划一的对齐效果，如图 3.2.7 所示。

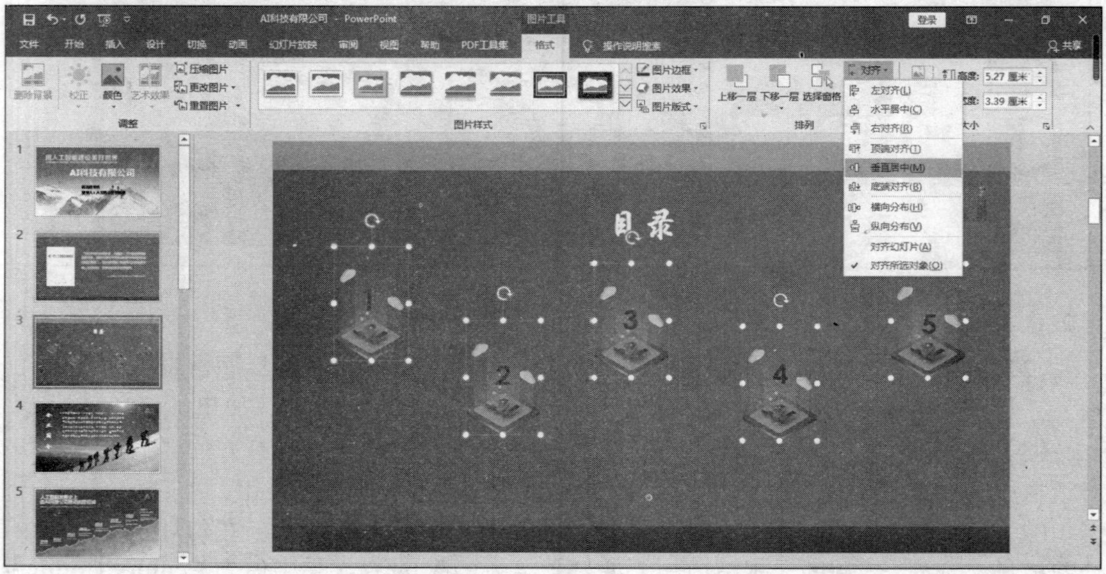

图 3.2.7 对象对齐

小贴士

目录页常用的布局结构有上下型、左右型、拼接型等 3 种。

上下型：目录标题位于幻灯片上方，子标题内容位于下方且呈一字形布局。

左右型：目录标题位于幻灯片左侧，子标题内容位于右侧且自上而下依次排列。

拼接型：目录与子标题内容使用图形拼接的方式布局，产生类似于拼图的效果。

（8）编辑目录章节标题。选择“插入”→“文本”→“文本框”命令，在幻灯片编辑区中绘制横排文本框，在绘制的文本框中输入章节标题文字为“企业介绍”，设置文字字体为“等线 （正文）”，字号为“28”，加粗，将其移动至编号为“1” 的组合图形下方；同理依次完成其他章节标题文字的创建，并设置对齐效果。

小贴士

在幻灯片对象布局中，使用排列对齐和等距分布的功能可以高效而精准地实现各对象的对称性布局，但是要注意对齐的是幻灯片还是所选对象。

- 对齐幻灯片：以幻灯片为参照物，将所选对象相对于幻灯片对齐或等距分布。
- 对齐所选对象：与所在幻灯片相对位置无关，仅仅是将所选对象进行对齐或等距分布。

3.2.5 制作过渡页

过渡页又称转场页，主要用于章节封面。应用过渡页可以使整个演示文稿更具连续性，结构更严谨，也能让观众更清楚地了解演示者的演示进度。常见的过渡页设计方法有两种：一是直接使用目录页并将某一章节标题突出显示，二是依据主题风格重新设计页面效果。本例采用第二种方法设计过渡页。

具体操作方法如下：

（1）新建幻灯片。选择“开始”→“幻灯片”→“新建幻灯片”命令，在下拉列表中选择“仅标题”版式，即可应用该版式新建幻灯片。

（2）设置幻灯片填充背景。使用前述的背景填充方法将素材文件中的图片“转场背景.png”填充为幻灯片背景。

（3）编辑章节标题。在标题占位符中输入文字“企业介绍”，将其移动至合适的位置。

（4）绘制矩形并设置形状的颜色和透明度。在幻灯片编辑区中按住鼠标左键拖动绘制矩形。在绘制的矩形中右击，在快捷菜单中选择“设置形状格式”选项，在右侧打开的“设置形状格式”窗口中，选中“填充与线条”、“填充”和“纯色填充”单选按钮，设置“颜色”为“白色，背景 1”选项，“透明度”的数值为“50%”，即可设置形状为半透明效果，如图 3.2.8 所示。

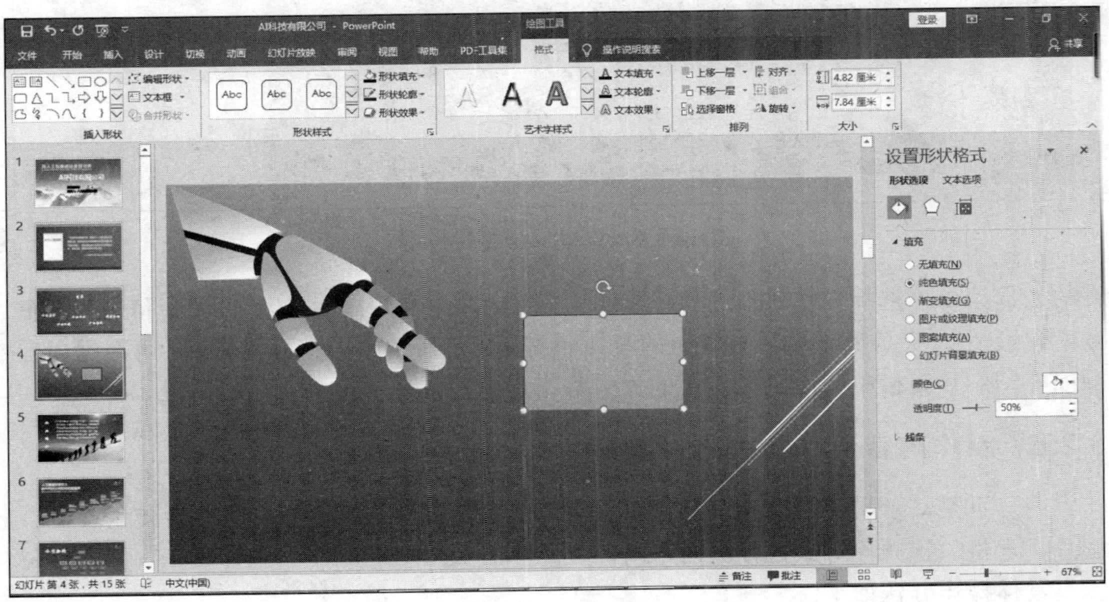

图 3.2.8　设置形状透明度

（5）在图形中插入文字。选中矩形右击，在打开的快捷菜单中选择“编辑文字”选项，输入“01” 字样，并设置文字的字体为 Century Gothic，字号为 72，加粗。

（6）设置图形的填充色和轮廓色。同理绘制“半闭框”形状，选中绘制的半闭框，选择“格式”→“形状样式”→“形状填充”命令，在下拉列表中选择“蓝色，个性色 1，淡色 80%”选项；选择“格式”→“形状样式”→“形状轮廓”命令，在下拉列表中选择“无轮廓”选项。

（7）调整图形的大小和形状。选中绘制的半闭框，在形状四周会显示大小调节控制点和形状调节控制点，使用鼠标拖动上述控制点分别对图形的大小和形状进行适当调节。

（8）调整图形的旋转角度。右击半闭框，在打开的快捷菜单中选择“复制”选项，然后在幻灯片编辑区的空白处右击，在打开的快捷菜单中选择“使用目标主题”选项，完成图形复制；选中复制的图形，选择“格式”→“排列”→“旋转”命令，在下拉列表中选择“向右旋转 90”选项；同理，再次设置“垂直翻转”效果，完成后适当调整 3 个绘制形状的位置并进行图形组合，如图 3.2.9 所示。

（9）复制和移动幻灯片。在幻灯片窗格中右击制作好的第一张过渡页幻灯片，在打

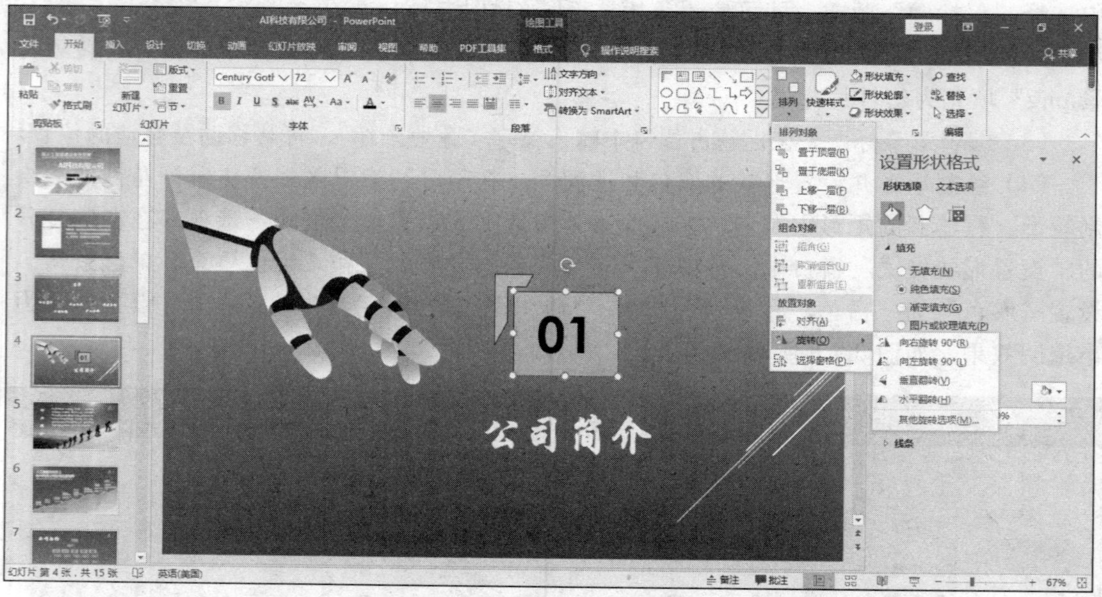

图 3.2.9 设置形状旋转角度

开的快捷菜单中选择“复制幻灯片”选项，然后更改编号信息为“02”，文字信息为“企业文化”，依次完成其他章节过渡页的复制和编辑。待后续的内容页完成后，可根据内容顺序在幻灯片窗格中使用鼠标拖动的方式将指定的幻灯片移动至合适的位置。

3.2.6 制作内容页（含表格对象）

内容页是演示文稿的主体，针对每一个章节标题展开内容介绍，可综合使用文字、图片、表格、视频等对象进行页面布局。

具体操作方法如下:

（1）新建幻灯片。选择“开始”→“幻灯片”→“新建幻灯片”命令，在下拉列表中选择“标题和内容”版式，即可应用该版式新建幻灯片。

（2）编辑内容页主标题文字。在主标题占位符中单击，输入文字“企业理念”，文字格式自拟。

（3）绘制表格。在内容占位符中单击“插入表格”按钮，或选择“插入”→“表格”→“表格”命令，在下拉列表中选择“插入表格”选项，在打开的“插入表格”对话框中输入列数、行数为“5”，在单元格中输入文字信息，单击“确定”按钮，完成表格创建。

（4）设置表格边框。在表格中选中要更改效果的单元格区域，选择“表格工具”→“设计”→“绘制边框”中的命令，设置“笔样式”为单实线、“笔画粗细”为“3.0 磅”、“笔颜色”为“白色”，然后选择“表格工具”→“设计”→“表格样式”→“边框”命令，在下拉列表中选择“所有框线”选项。

（5）设置表格底纹。在表格中选中要更改效果的单元格区域，选择“表格工具”→“设计”→“表格样式”→“底纹”命令，在下拉列表中选择具体的颜色选项，如图 3.2.10 所示。

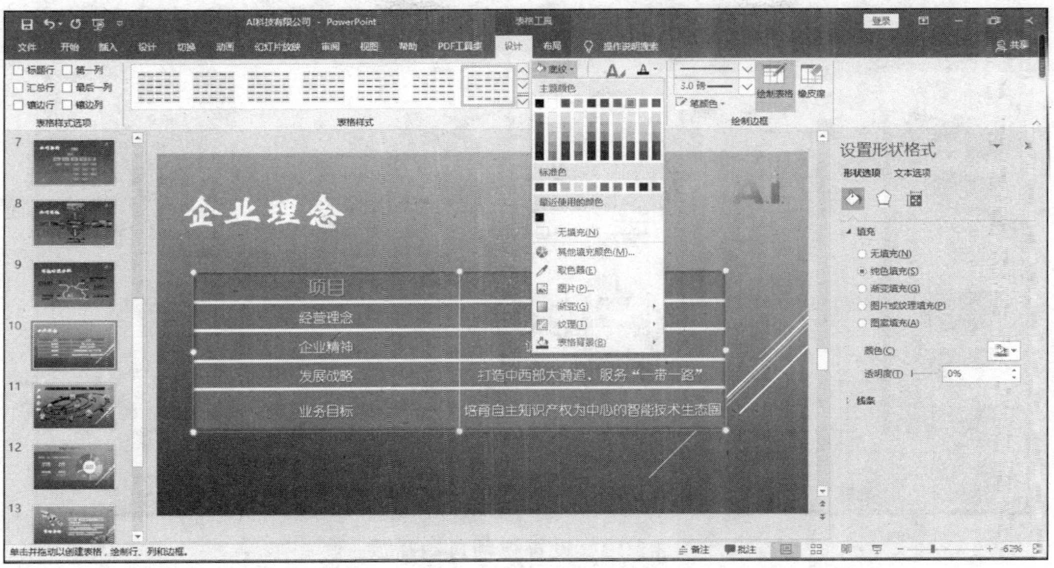

图 3.2.10　设置表格底纹

3.2.7　制作内容页（含视频对象）

（1）插入图片。选择“插入”→“图像”→“图片”命令，在打开的“插入图片”对话框中选择素材文件中的图片“视频底图.png”，单击“插入”按钮。

（2）插入视频文件。选择“指入”→“媒体”→“视频”→“PC 上的视频”命令，在打开的“插入视频文件”对话框中选择要插入的视频素材“企业宣传片.mp4”，单击“插入”按钮。选中视频，用鼠标拖动视频四周显示的控制点，适当调节视频显示区域的大小，如图 3.2.11 所示。

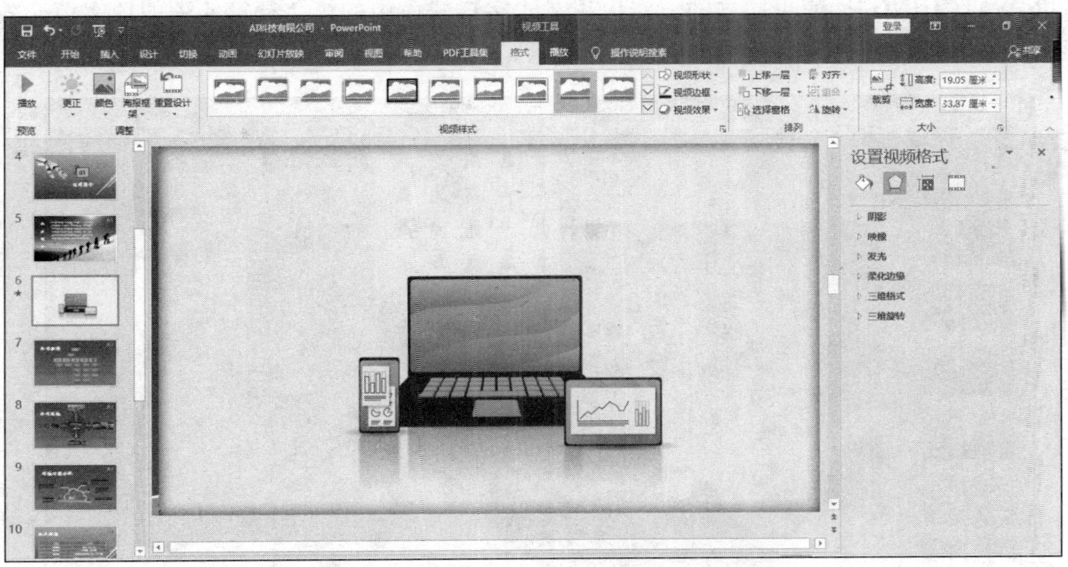

图 3.2.11　插入视频

（3）设置播放属性。选择“视频工具”→“播放”→“视频选项”→“开始”命令，在下拉列表中选择“自动”选项，则可实现该视频的自动播放，如图 3.2.12 所示。

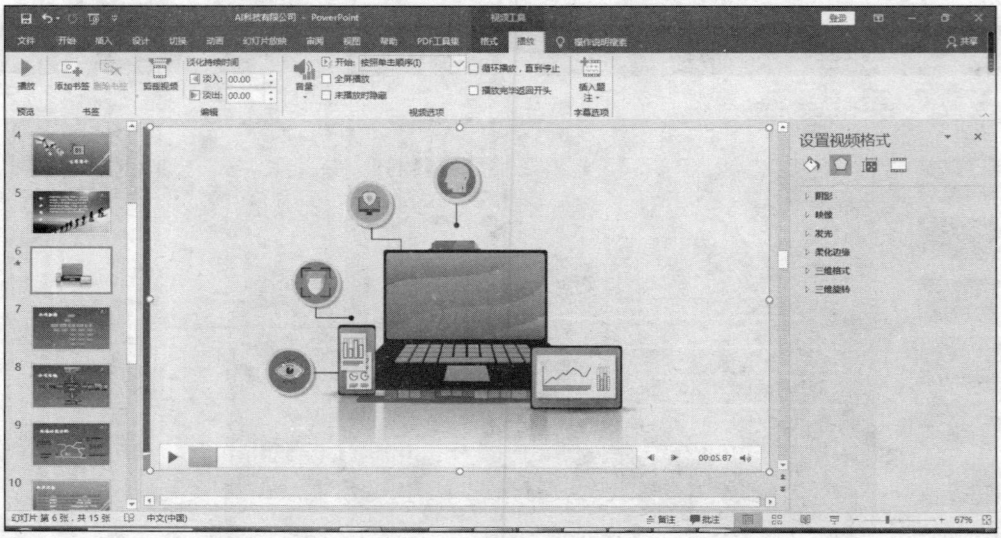

图 3.2.12 设置视频自动播放

3.2.8 制作封底页

封底页即结束页面，一般是对演示文稿的简单总结或是致谢，在制作风格上应保持与 PPT 整体风格相呼应，也可使用与封面页一致的版式和背景，文字设计上应体现简洁、大方，本例介绍应用艺术字制作感谢语。

具体操作方法如下：

(1) 插入艺术字。创建“空白”幻灯片，使用封面页背景的设置方法完成背景填充。选择“插入”→“文本”→“艺术字”命令，在下拉列表中选择第 4 行第 4 列的图案填充选项，在幻灯片编辑区里生成一个新的艺术字文本框，在文本框输入文字“THANKS FOR WATCHING”；使用同样的方法应用艺术字样式库中的第 2 行第 4 列的图案填充效果创建艺术字“感谢观看”，如图 3.2.13 所示。

图 3.2.13 插入艺术字

（2）编辑艺术字样式。选中插入的艺术字，选择“绘图工具”→“格式”→“艺术字样式”→“文本效果”命令，在下拉列表中选择“阴影”选项，在打开的级联菜单中选择“外部”组中的“偏移：右下”选项，如图 3.2.14 所示。

图 3.2.14　设置艺术字阴影效果

3.2.9　添加背景音乐

在演示文稿中添加合适的声音，能够吸引观众的注意力，设置自动跨页播放的背景音乐是演示文稿常见的音频应用。

具体操作方法如下：

（1）插入音频文件。在幻灯片窗格中选中封面页幻灯片，选择“插入”→“媒体”→“音频”→“PC 上的音频”命令，在打开的“插入音频文件”对话框中选择要插入的音频素材“背景音乐.mp3”，单击“插入”按钮，则在幻灯片编辑区生成声音图标。

（2）设置音频属性。

方法一：设置后台自动播放。选中声音图标，选择“音频工具”→“播放”→“音频样式”→“在后台播放”命令，“音频”选项组中的“开始”方式自动更新为“自动”选项，且“跨幻灯片播放”“循环播放，直到停止”“放映时隐藏”3 个复选框自动更新为勾选状态，如图 3.2.15 所示。

方法二：设置跨指定页播放。若演示文稿中某张幻灯片有视频，则需要设置背景音乐于视频显示页的前一页停止播放。选中声音图标，选择“动画”→“高级动画”→“动画窗格”命令，在右侧显示的“动画窗格”中，单击“动画”列表中音频对象动画右侧的下三角按钮，在下拉列表中选择“效果选项”：在打开的“播放音频”对话框中选中“效果”选项卡，选择“停止播放”组中的“在（）张幻灯片后”选项，并在数值框中输入背景音乐停止的页数“8”，单击“确定”按钮，如图 3.2.16 所示。

图 3.2.15 设置音频后台播放

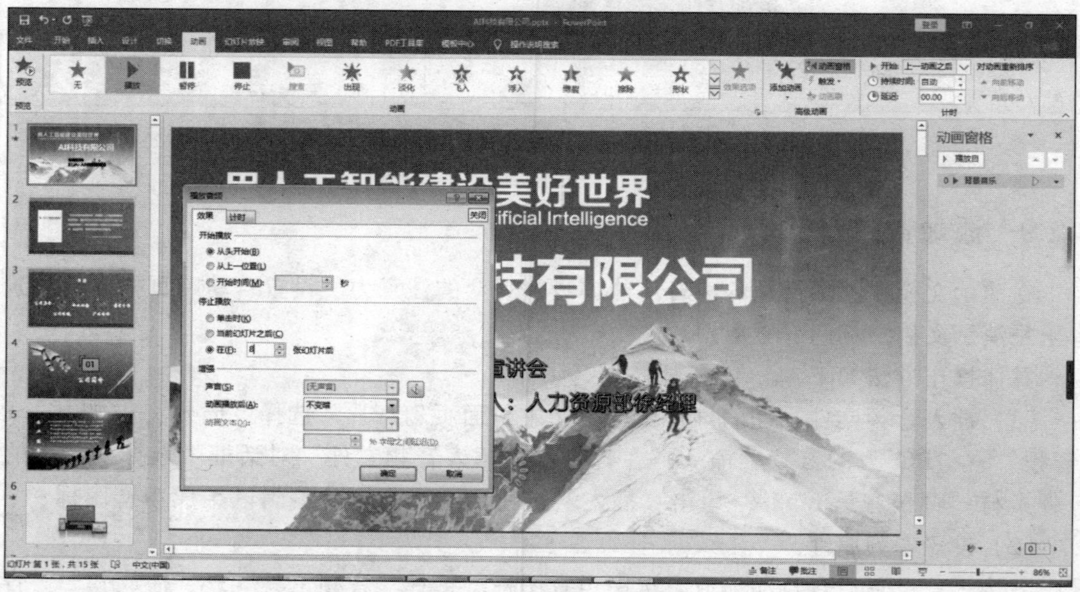

图 3.2.16 设置音频跨页播放

任务 3.3 制作企业宣传演示文稿的动画

任务描述

小徐将任务 3.2 中编辑好的 AI 科技有限公司企业宣传演示文稿提交给领导审阅。领导对作品的版式设计和内容布局非常满意，同时提出为该演示文稿制作一个既简单大气，又能体现出智能科技行业特性和公司文化内涵的动画，以便于在汇报现场能有效调动情绪和提升演示效果。让我们一起完成这项任务吧。

任务分析

任务技能目标

通过本次任务，掌握以下技能：

（1）了解对象动画的基本类型及应用场景；掌握幻灯片切换的效果、持续时间、使用范围、换片方式、自动换片时间等内容的设置方法；

（2）掌握各类对象的进入、强调、退出、路径等动画效果的设计与制作方法。

核心知识点

动画制作、动画设置逻辑。

任务实现

3.3.1　设置统一的幻灯片页面切换动画

页面切换动画可以有效解决两页幻灯片之间切换方式过于平淡的问题。本案例列举统一设置所有幻灯片的页面切换动画的应用。

具体操作方法如下：

（1）设置页面切换动画的类型。选择“切换”→“切换到此幻灯片”→“切换效果”命令，单击“其他”按钮，在下拉列表中选择“分割”选项，如图 3.3.1 所示。

图 3.3.1　选择切换动画类型

（2）设置页面切换动画的效果选项。选择“切换”→“切换到此幻灯片”→“效果选项”命令，在下拉列表中选择“中央向上下展开”选项。

（3）设置页面切换动画的换片方式。在“切换”→“计时”组中，勾选“换片方式”栏中“单击鼠标时”复选框和“设置自动换片时间”复选框，并设置时间为 00:15:00。在放映幻灯片时，单击将进行切换操作，同时，在放映幻灯片时，从第一个对象的动画运行开始 15 秒之后，将结束本幻灯片的播放并自动切换到下一张，如图 3.3.2 所示。

图 3.3.2　选择切换效果选项

（4）设置切换效果应用于全部幻灯片。选择“切换”→“计时”→“应用到全部”命令，将设置的切换效果应用到当前演示文稿的所有幻灯片中，其效果与选择所有幻灯片再设置切换效果相同，如图 3.3.3 所示。

图 3.3.3　设置页面换片及应用方式

小贴士

若勾选“换片方式”栏下“单击鼠标时”复选框，则表示在放映幻灯片时需要单击鼠标进行切换操作；若勾选“换片方式”栏下“设置自动换片时间”复选框，则可对自动换片的时间进行设置。在设置自动换片方式时，自动换片时间包含播放自定义动画的时间，因此需要把“切换”里的自动换片时间设为“动画总时间+停顿时间”。

3.3.2　制作“倒计时”效果动画场景

进入动画常用来实现对象先后出现的灵活排版，常用的进入动画效果有出现、淡入、擦除、切入、飞入、缩放等；退出动画是进入动画的逆过程，因此每一种进入动画都有相对应的退出动画效果，一般用来实现对象从有到无的消失效果，常用的退出动画有消失、淡出、飞出、擦除、缩放等。

具体操作方法如下：

（1）设置数字对象的进入动画和退出动画。

① 选择进入动画的样式。参照效果图完成动画片头幻灯片页面的创建，并导入企业 logo、机器人、球体图片。按照 3、2、1、0 的顺序依次插入数字对象图片，选择数字对象“3”，选择“动画”→“动画”→“动画样式”命令，在动画样式列表的“进入”栏中选择“随机线条”动画样式，如图 3.3.4 所示。

② 设置进入动画的效果选项。选择“动画”→“动画”→“效果选项”命令，在下拉列表中选择“水平”选项。

③ 设置进入动画的计时属性。选择“动画”→“计时”→“开始”命令，单击“其

他”按钮，在下拉列表框中选择“上一动画之后”选项，设置“持续时间”为“02.00”，如图 3.3.5 所示。

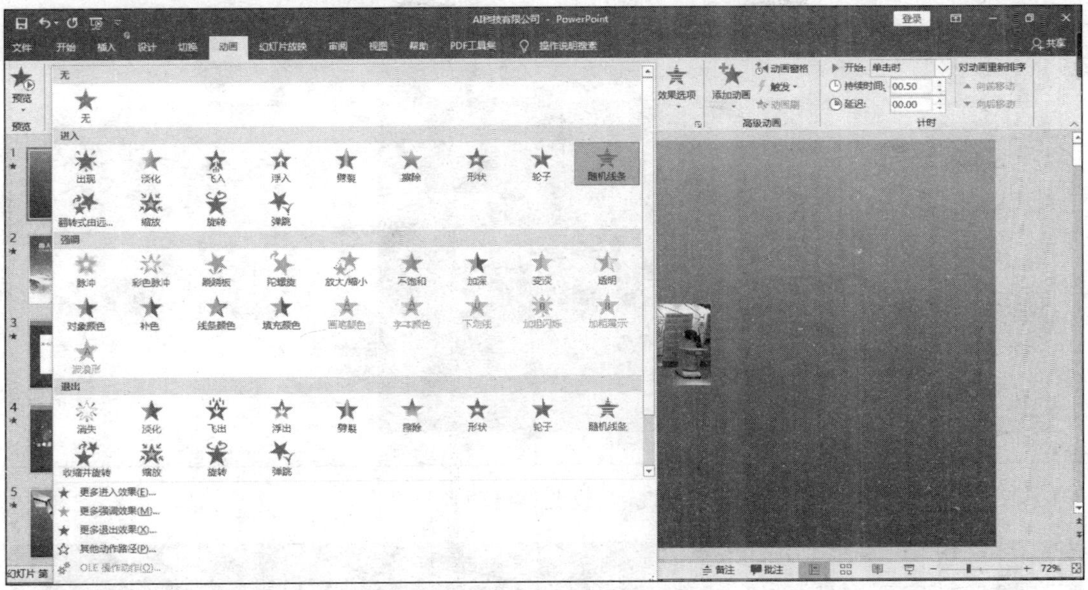

图 3.3.4　“随机线条”动画样式

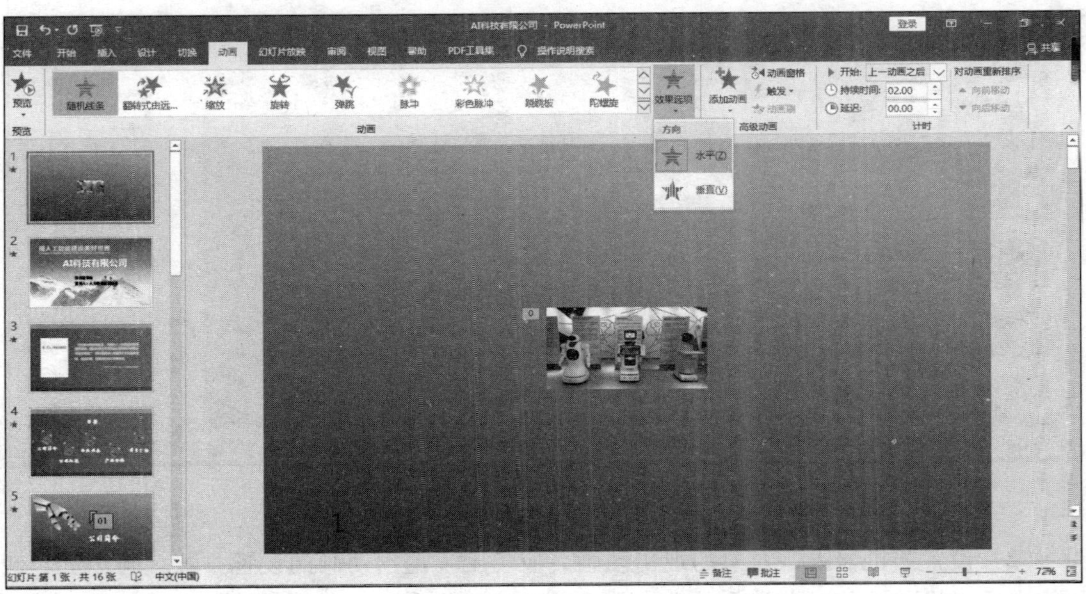

图 3.3.5　动画的效果选项和计时属性

④ 选择退出动画的样式。选择“动画”→“高级动画”→“添加动画”命令，在打开的下拉列表的“退出”栏中选择“消失”动画样式，如图 3.3.6 所示。

⑤ 设置退出动画的计时属性。选择“动画”→“计时”→“开始”命令，单击“其他”按钮，在下拉列表框中选择“上一动画之后”选项。

⑥ 应用动画刷。选中数字对象“3”，双击“绘图工具”→“格式”→“高级动画”→“动画刷”命令，然后在其他数字对象上应用“动画刷”，关闭“动画刷”，如图 3.3.7 所示，应用完成后使用“对齐”功能将所有数字对象叠放排列。

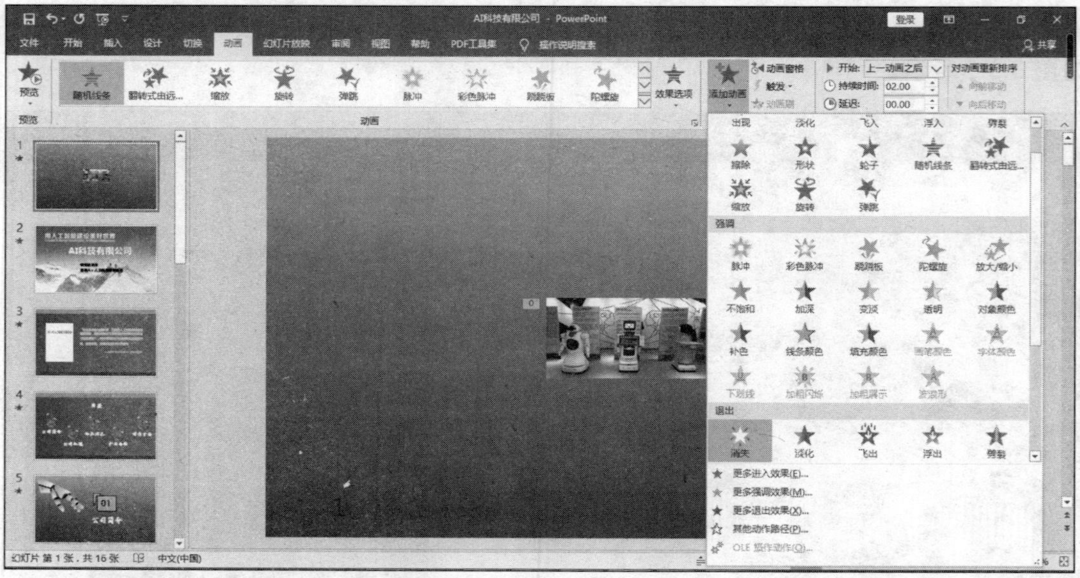

图 3.3.6 设置退出动画效果

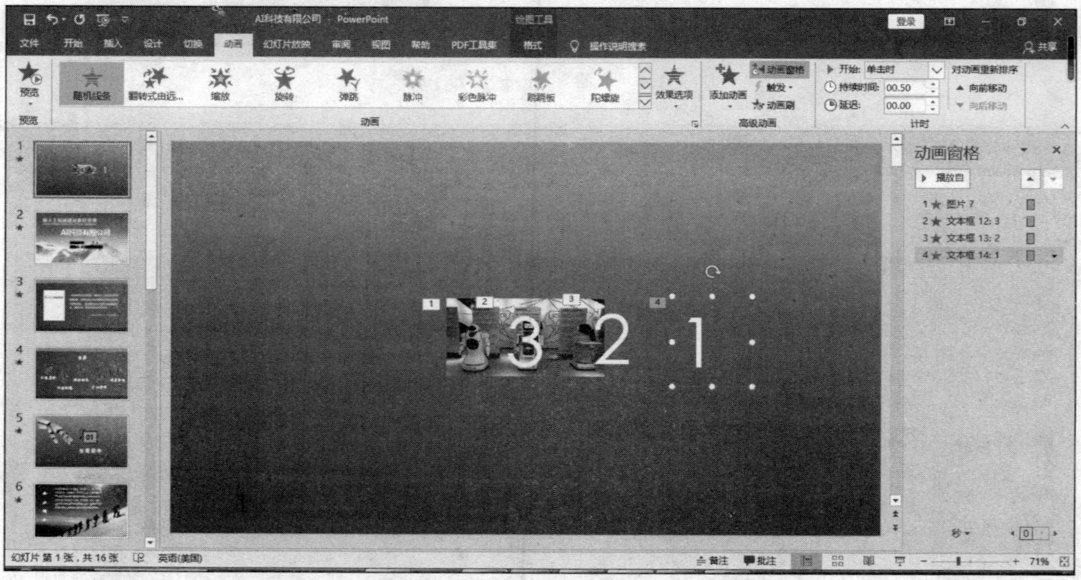

图 3.3.7 应用动画刷

> **小贴士**
> 动画刷的应用方法与格式刷一样，单击可应用一次，双击可重复应用。双击完成多次应用之后需要关闭动画刷，结束应用。

（2）设置“机器人”对象的退出动画。应用上述退出动画的设置方法，制作上一动画结束后“机器人”对象消失的动态效果。具体操作方法如下：选择“机器人”对象，选择“动画”→“高级动画”→“添加动画”命令，在打开的下拉列表的“退出”栏中选择“消失”动画样式，选择“动画”→“计时”→“开始”命令，单击“其他”按钮，在下拉列表框中选择“上一动画之后”选项。

3.3.3 制作“手指点触”效果动画场景

1. 设置 logo 对象的路径动画

路径动画能让对象按照直线、曲线、形状、自定义等路径平移，对象在路径动画中会保持原本的大小、角度等属性。在完成上一动画制作后，下面制作 logo 对象自上而下垂直移动至幻灯片中间位置的动态效果，具体操作方法如下：

（1）绘制动作路径。选择 logo 对象，选择“动画”→“高级动画”→“添加动画”命令。在下拉列表“动作路径”栏中选择“直线路径”动画样式，此时幻灯片中将显示生成的路径，如图 3.3.8 所示。

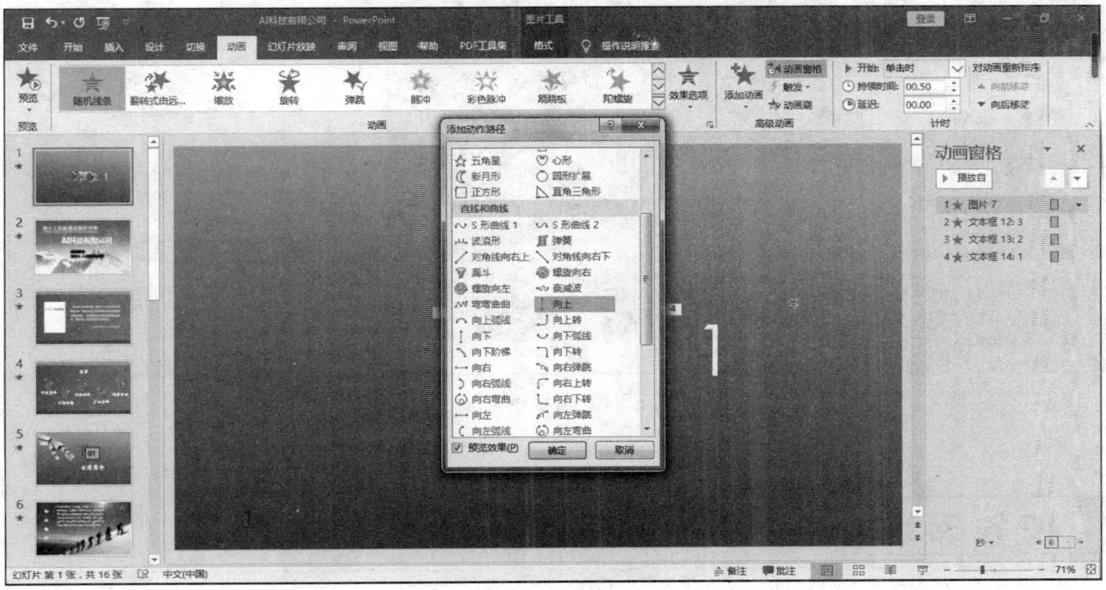

图 3.3.8　绘制动作路径

（2）编辑路径属性。使用鼠标拖动路径的起始点和结束点进行编辑，实现对象移动路径的调整。

2. 设置 logo 对象的强调动画

对象在强调动画执行前后是一直存在的。强调动画能让对象在原有基础上发生形状、大小、角度、颜色等属性的变化，一般用来与其他动画进行叠加应用，常用的强调效果有脉冲、放大/缩小、陀螺旋、透明、闪烁等。

本例将完成 logo 对象旋转进入的动态效果。操作方法如下：

（1）添加强调动画。在使用上述进入动画的操作方法完成 logo 对象“飞入”动画的设置后，选择 logo 对象，选择“动画”→“高级动画”→“添加动画”菜单命令，在下拉列表“强调”栏中选择“陀螺旋”动画效果。

（2）设置强调动画的计时属性。选择“动画”→“高级动画”→“动画窗格”命令，在右侧动画窗格列表中选择 logo 对象强调动画；单击其右侧的下三角按钮，在下拉列表中选择“计时”选项；在打开的效果对话框中设置“开始”方式为“与上一动画同时”，“期间”为“非常慢（5 秒）”，“重复”值为“直到幻灯片末尾”，表示该对象将重复执行该强调效果，如图 3.3.9 所示。

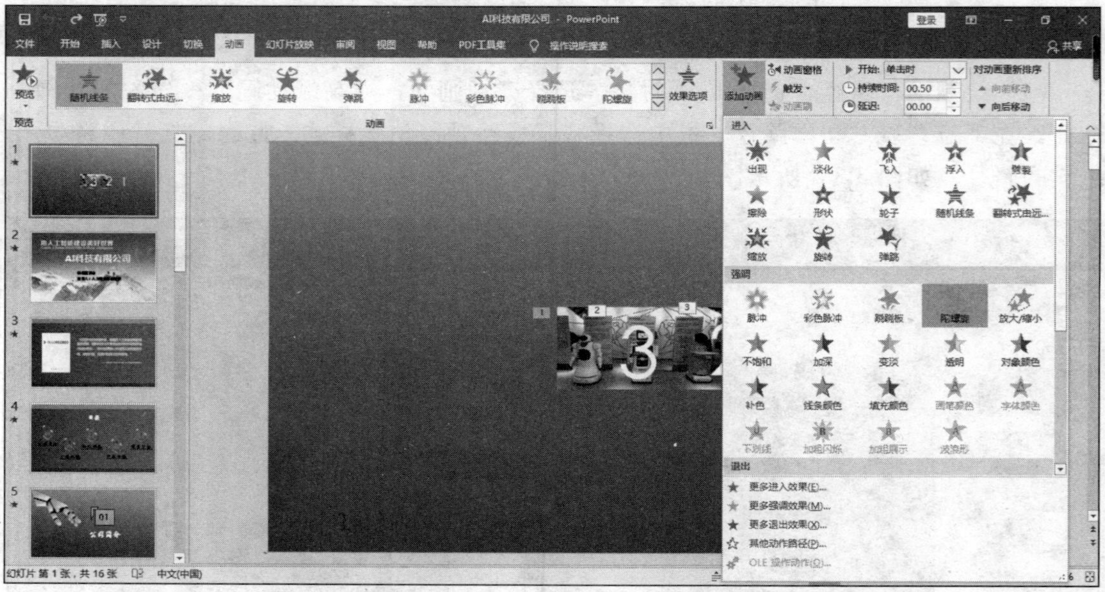

图 3.3.9 选择强调动画类型

任务 3.4 编辑企业宣传演示文稿的母版

任务描述

在任务 3.3 的企业宣传演示文稿制作中，小徐完成了页面结构的设计和幻灯片内容的基础编辑，但是他发现原来制作的目录页和内容页幻灯片采用的默认白色背景效果与演示文稿整体风格不协调，标题文字的字体、字号、颜色、位置等格式也需要进一步调整，此外，还需要增加公司的视觉识别标志元素。要完成上述修改所涉及的幻灯片页面还真不少，请使用幻灯片母版功能帮助小徐高效地完成这个任务。

任务分析

任务技能目标

通过本次任务，掌握以下技能：

（1）了解母版视图的功能及应用；

（2）掌握在母版中插入对象、设置母版格式、编辑页眉和页脚等内容的方法；

（3）掌握讲义母版的设置及使用方法；

（4）掌握备注母版的设置及使用方法。

核心知识点

母版制作。

任务实现

3.4.1　设置母版背景格式

幻灯片母版用于统一设置幻灯片的标题文字、背景、属性等样式，只需在母版上做更改，所有幻灯片版式将相应地完成更改。使用母版创建统一的背景格式是常用的统一幻灯片风格的高效方式。

具体操作方法如下：

（1）切换母版视图。选择“视图”→“母版视图”→“幻灯片母版”命令，则可从普通视图切换至母版视图，如图 3.4.1 所示。

图 3.4.1　切换至母版视图

（2）设置母版背景格式。

① 选择母版版式。在幻灯片母版左侧任务窗格中选中最上方的“office 主题幻灯片母版”。

② 添加渐变光圈。在幻灯片编辑区中右击，在打开的快捷菜单中选择“设置背景格式”选项，在右侧打开的“设置背景格式”任务窗格中选中“填充”下的“渐变填充”单选按钮，单击“添加渐变光圈”按钮，依次添加 2 个渐变光圈，如图 3.4.2 所示。

③ 设置渐变颜色。在“设置背景格式”窗口中选中第 1 个渐变光圈，单击“颜色”按钮；在下拉列表中选择“其他颜色”选项，在打开的“颜色”对话框中选择“自定义”选项卡；单击“颜色模式”右侧的下三角形按钮，在下拉列表中选择“RGB”选项，设置 RGB 数值（R:75, G:125,B:145），如图 3.4.3 所示；同理，选中第 2 个渐变光圈，使用同样的方法设置“渐变光圈 2”的数值（R:133, G:137, B:223）。

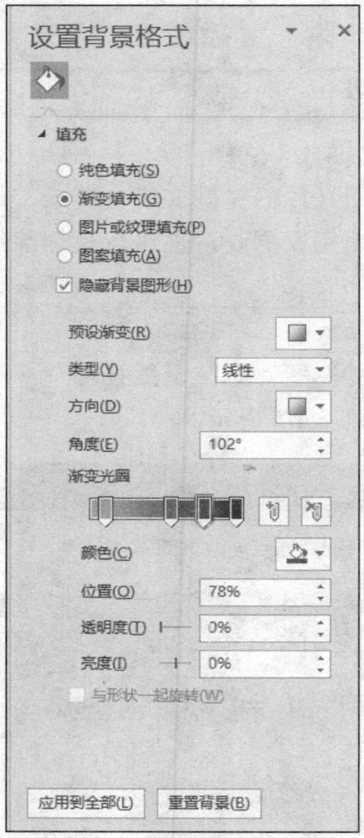

图 3.4.2 添加渐变光圈

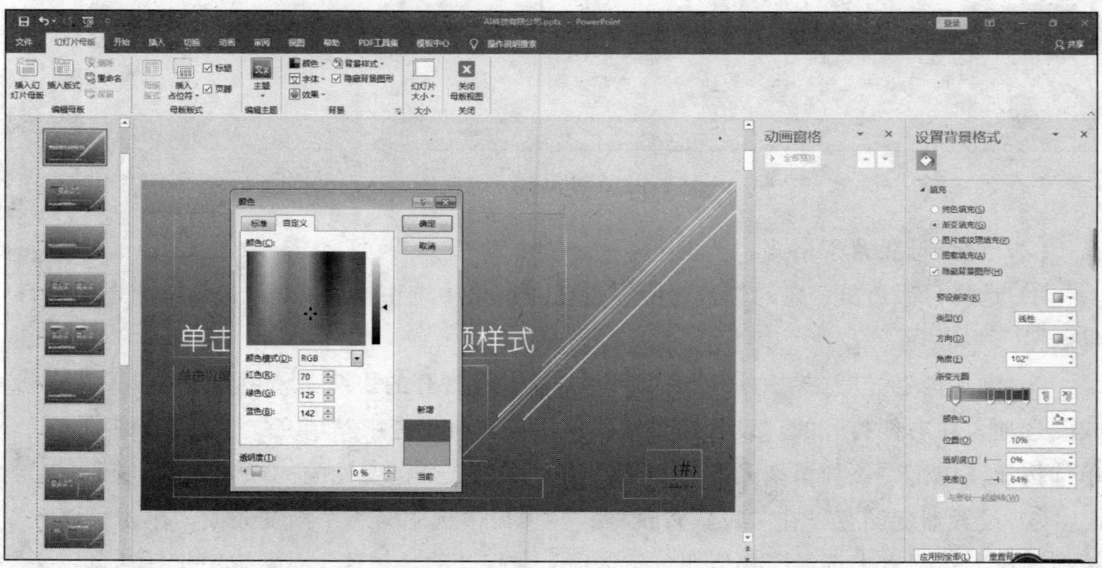

图 3.4.3 设置渐变光圈

④ 设置渐变类型和方向。在“设置背景格式”对话框中单击“类型”下拉列表框右侧的下三角按钮，在下拉列表中选择“线性”选项；单击“方向”下拉列表框右侧的下三角按钮，在下拉列表中选择“线性对角-左上到右下”选项，如图 3.4.4 所示。

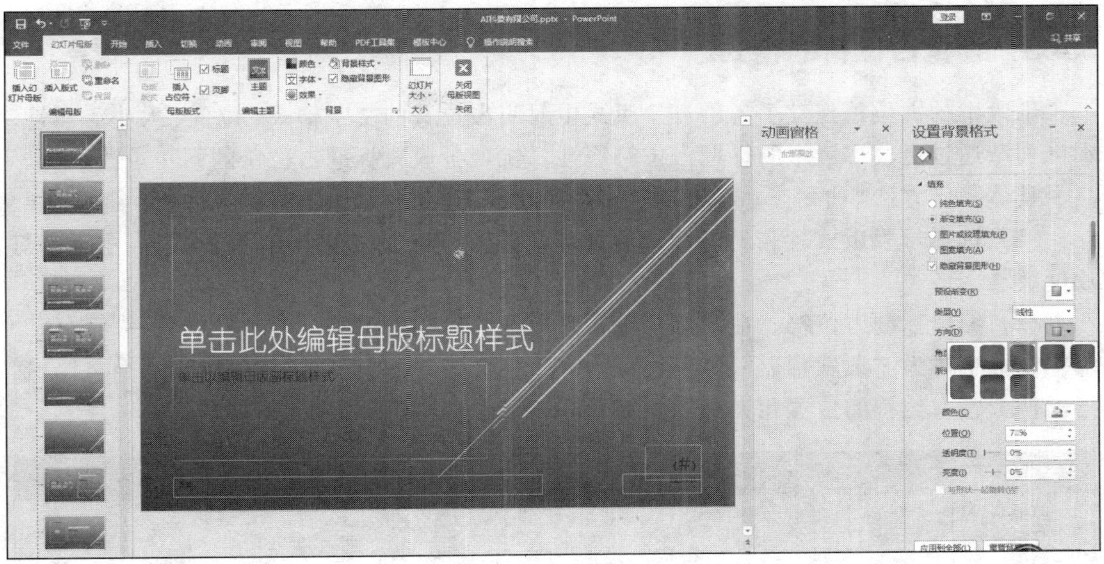

图 3.4.4　设置渐变方向

3.4.2　在母版中插入公司标志

公司标志是演示文稿中高频出现的元素，通常使用母版完成这类对象的插入。

具体操作方法如下：

（1）选择母版版式。在幻灯片母版左侧任务窗格中选中最上方的“office 主题幻灯片母版”。

（2）插入图片。插入素材文件“公司标志.png”，调整图片大小，将图片移动到标题占位符左侧。

（3）设置隐藏背景图形。在幻灯片母版左侧任务窗格中选中“标题幻灯片版式”，按住 Ctrl 键，选择“仅标题版式”→“空白版式”，选择“幻灯片母版”→“背景”→“隐藏背景图形”命令，复选框被勾选，如图 3.4.5 所示。

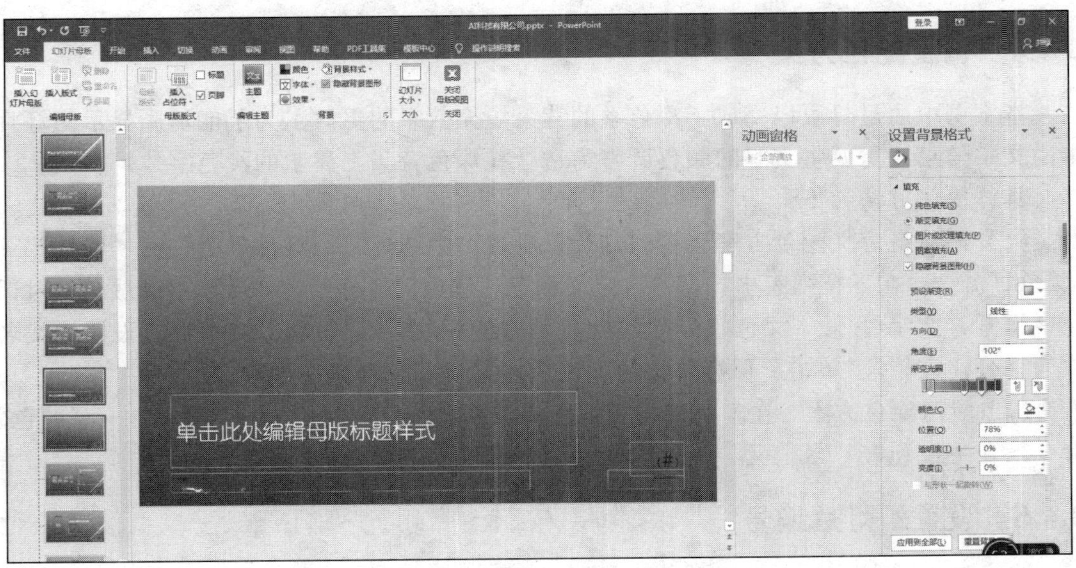

图 3.4.5　设置隐藏背景图形

3.4.3 设置占位符的格式

> **小贴士**
> 母版中的"Office主题幻灯片母版"为母版的总版式，在总版式汇总设置的属性都会呈现在每一类版式中。想要将某一版式从总版式中继承下来的图形信息隐藏，可通过设置"隐藏背景图形"来实现。本案例中封面页（标题幻灯片版式）、目录页（仅标题版式）、过渡页（仅标题版式）、封底页（空白版式）均不需要出现公司标志元素，因此需要将上述版式设置隐藏背景图形。

母版中的占位符定义了各幻灯片版式中对应占位符的文字格式、位置、大小等属性，本例列举通过更改母版中的标题占位符属性，实现各版式标题占位符的同步更改。

具体操作方法如下：

（1）选择母版版式。在幻灯片母版左侧任务窗格中选中最上方的"office 主题幻灯片母版"。

（2）编辑标题占位符。在幻灯片编辑区中选中标题占位符，在"开始"→"字体"组中设置字体为"微软雅黑"、字号为"40"、字型为"加粗"、字体颜色为"白色"。适当调整标题占位符的位置和大小，如图 3.4.6 所示。

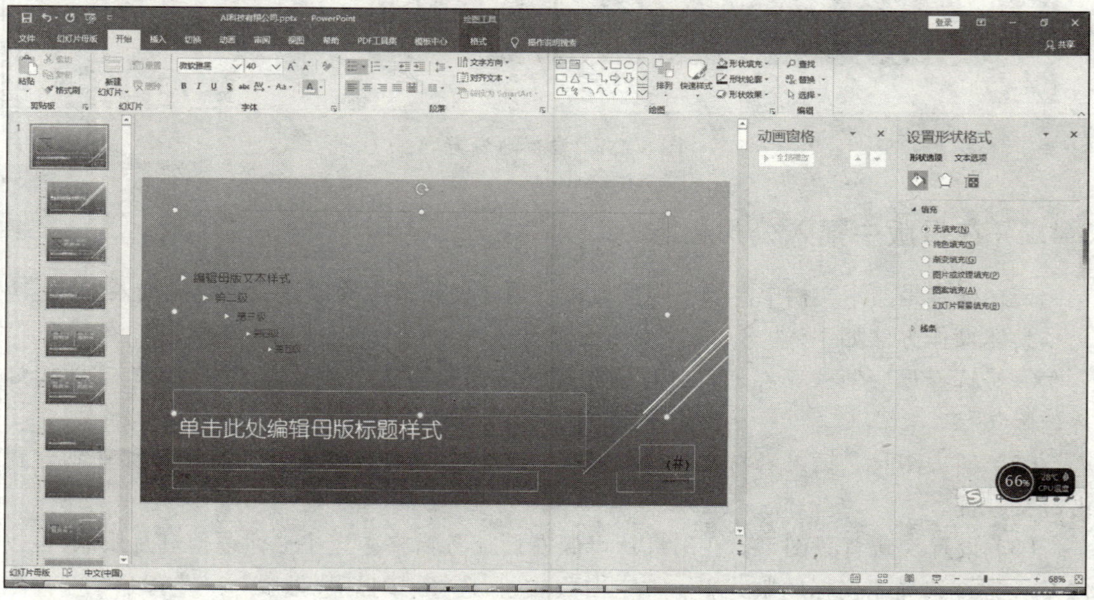

图 3.4.6 编辑母版标题占位符

3.4.4 调整配色方案

> **小贴士**
> 每一个演示文稿都包含了一种特定的配色方案，对幻灯片的文字、超链接、形状的填充颜色等属性进行设置。这种配色方案是幻灯片母版所规定的，可以通过更改配色方案对幻灯片的文字、超链接、形状的填充颜色等属性进行更改。

本案例中通过母版已完成了深色系的背景填充效果的更改，为了能清晰显示幻灯片中的文字信息，需要将文字的颜色调整为适合在深色背景上显示的浅色字体。

具体操作方法如下：

（1）创建自定义配色方案。在幻灯片母版视图中选择"幻灯片母版"→"背景"→"颜色"命令，在下拉列表中选择"自定义颜色"选项；在打开的"新建主题颜色"对话框中设置"文字/背景—深色 1"的颜色为"白色"；选择"名称"文本框，设置方案名称为"公司宣传"，单击"保存"按钮，完成自定义配色方案的创建。

（2）应用配色方案。在幻灯片母版视图中选择"幻灯片母版"→"背景"→"颜色"命令，在下拉列表"自定义"栏中选择"公司宣传"选项。

3.4.5 设置幻灯片编号

从设计完整性的角度而言，演示文稿的页码设计也是幻灯片制作中需考虑的因素，可通过设置幻灯片母版“幻灯片编号”占位符，插入页眉和页脚等操作，设计演示文稿中各幻灯片编号的显示。

具体操作方法如下：

（1）设置母版“幻灯片编号”占位符。在幻灯片母版视图中选中“幻灯片母版”，选择“幻灯片母版”→“母版版式”命令，在打开的“母版版式”对话框中勾选“幻灯片编号”复选框，即在母版中应用了“幻灯片编号”占位符。将该占位符移动至母版左下角显示，并适当调节占位符的大小和编号的字号大小，如图 3.4.7 所示。

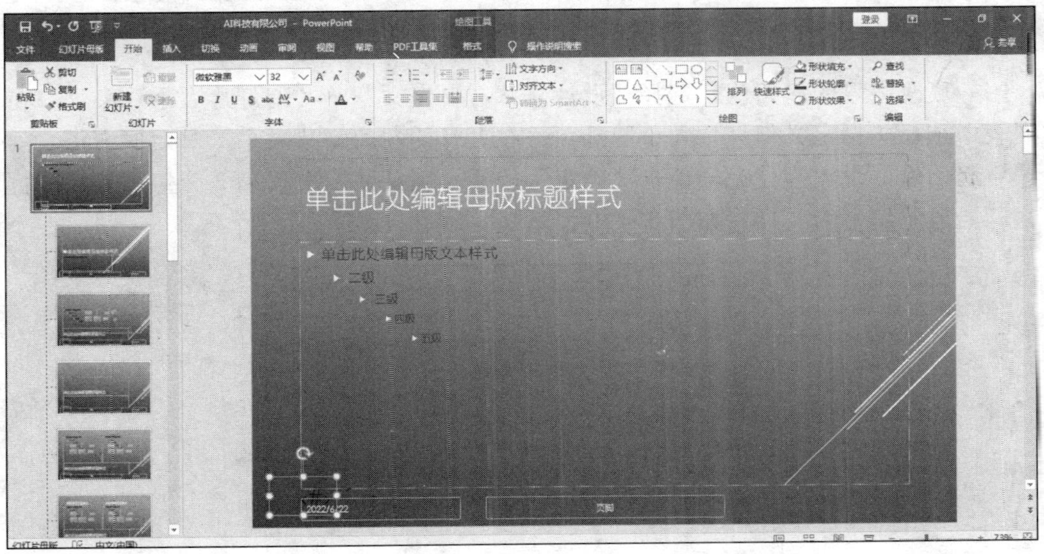

图 3.4.7　设置编号位置和格式

（2）插入页眉和页脚。选择“插入”→“文本”→“页眉和页脚”命令，在打开的“页眉和页脚”对话框中勾选“幻灯片编号”复选框，则该功能将被激活，在“幻灯片编号”占位符的位置根据演示文稿幻灯片的顺序显示编号；勾选“标题幻灯片中不显示”复选框，所有的设置都不在标题幻灯片中生效，封面页则不显示编号；单击“全部应用”按钮，如图 3.4.8 所示。

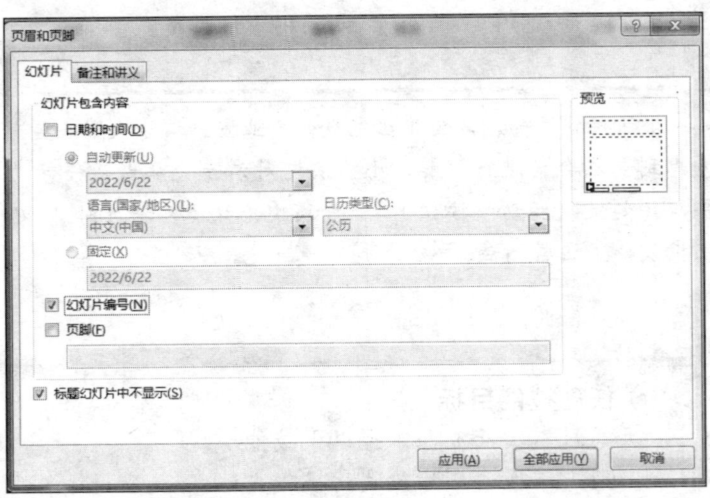

图 3.4.8　添加幻灯片编号

（3）退出母版视图。选择“幻灯片母版”→“关闭”→“关闭母版视图”命令，退出该视图，此时可发现设置已应用于各张幻灯片，如图 3.4.9 所示。

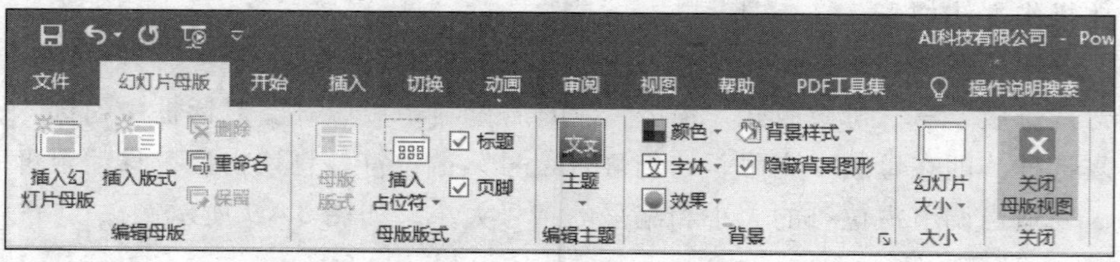

图 3.4.9 关闭母版视图

（4）更改编号的起始值。选择“设计”→“自定义”→“幻灯片大小”命令，在下拉列表中选择“自定义幻灯片大小”选项，在打开的“幻灯片大小”对话框中将“幻灯片编号起始值”设置为“0”，单击“确定”按钮，则从演示文稿第 2 张幻灯片（即目录页）开始显示编号为“1”，如图 3.4.10 所示。

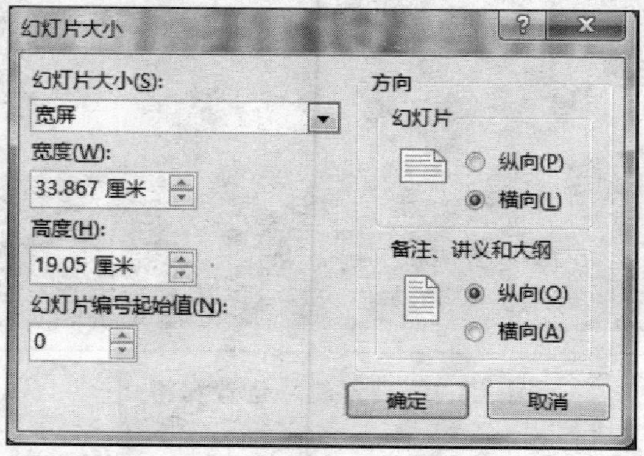

图 3.4.10 设置幻灯片编号起始值

任务 3.5 放映和导出企业宣传演示文稿

任务描述

小徐接到通知，需要将已完成的企业宣传演示文稿在宣传会上进行汇报。考虑到要在会场进行讲解，小徐决定对演示文稿做进一步处理，设置便捷的导航（超链接和动作按钮），进行放映排练（包括计时），确保演示文稿能在汇报设备上正常播放。

任务分析

任务技能目标

通过本次任务，掌握以下技能：

（1）掌握幻灯片放映的操作方法；

（2）掌握幻灯片创建超链接和动作按钮的操作方法；

（3）掌握打包演示文稿的操作方法；

（4）熟悉排练计时的操作方法；

（5）了解打印演示文稿的操作方法。

核心知识点

幻灯片放映并设置自动播放效果。

任务实现

3.5.1　创建目录页面的超链接

在演示文稿中，超链接经常被用于目录页中，从而方便演讲者在演讲的过程中轻松跳转到相应的幻灯片中。本例为目录页中章节标题创建超链接，并链接到相应内容的幻灯片过渡页。

具体操作方法如下：

（1）打开任务 3.3 中完成的“AI 科技有限公司.pptx”演示文稿，选择第 3 张幻灯片目录页，选择第一章节标题的正文文本“公司简介”，右击，在打开的快捷菜单中选择“超链接”或选择“插入”→“链接”命令，打开“插入超链接”对话框；选择“链接到”栏中的“本文档中的位置”选项，在“请选择文档中的位置”栏下的列表框中选择第 6 张幻灯片“6. 公司简介”，单击“确定”按钮，如图 3.5.1 和图 3.5.2 所示。

（2）返回幻灯片编辑区，可看到设置超链接的文本“公司简介”颜色发生了变化，且文本下方有一条蓝色的横线，放映的时候单击变色的字体就可以跳转到刚才设置的页面。使用相同的方法，分别为其他目录页等章节标题设置超链接，如图 3.5.3 所示。

如不选择“公司简介”文本，而是选择“公司简介”所在的文本框，添加超链接后文本将不发生颜色的变化。

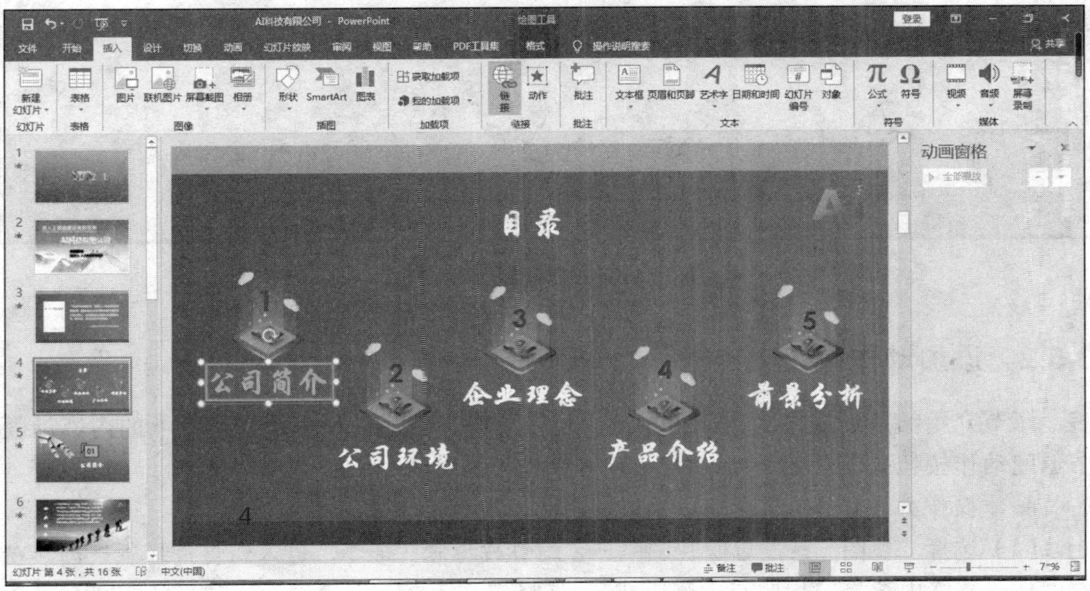

图 3.5.1　选择“链接”命令

图 3.5.2 超链接的设置

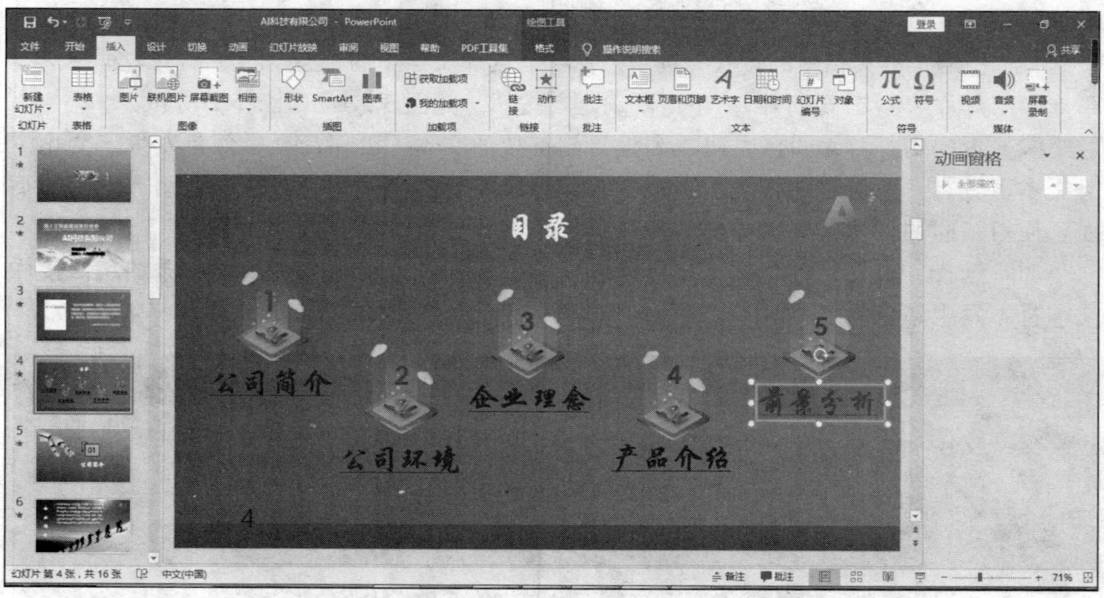

图 3.5.3 完成超链接的目录

3.5.2 添加动作按钮

章节介绍结束后演讲者需要再次返回目录页时，可以在 PowerPoint 2016 的内容母版中创建动作按钮来设置超链接，实现幻灯片的“返回”。

具体操作方法如下：

（1）选择“视图”→“母版视图”→“幻灯片母版”命令，进入幻灯片母版视图，在左侧任务窗格中选择“标题与内容版式”，选择“插入”→“插图”→“形状”命令，在下拉列表中选择“动作按钮”类别中的“动作按钮：转到主页”，如图 3.5.4 所示。

（2）鼠标指针将变为“+”字形状，在幻灯片底部中间的位置按住鼠标左键拖动绘

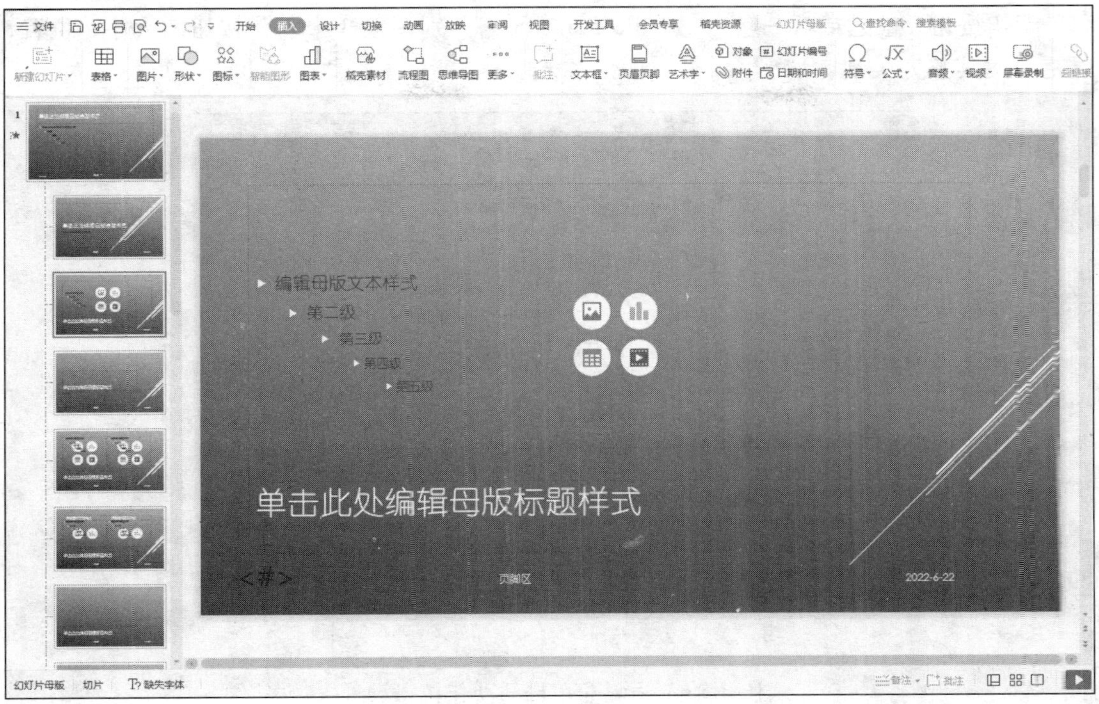

（a）在母版视图中选择“标题与内容版式”

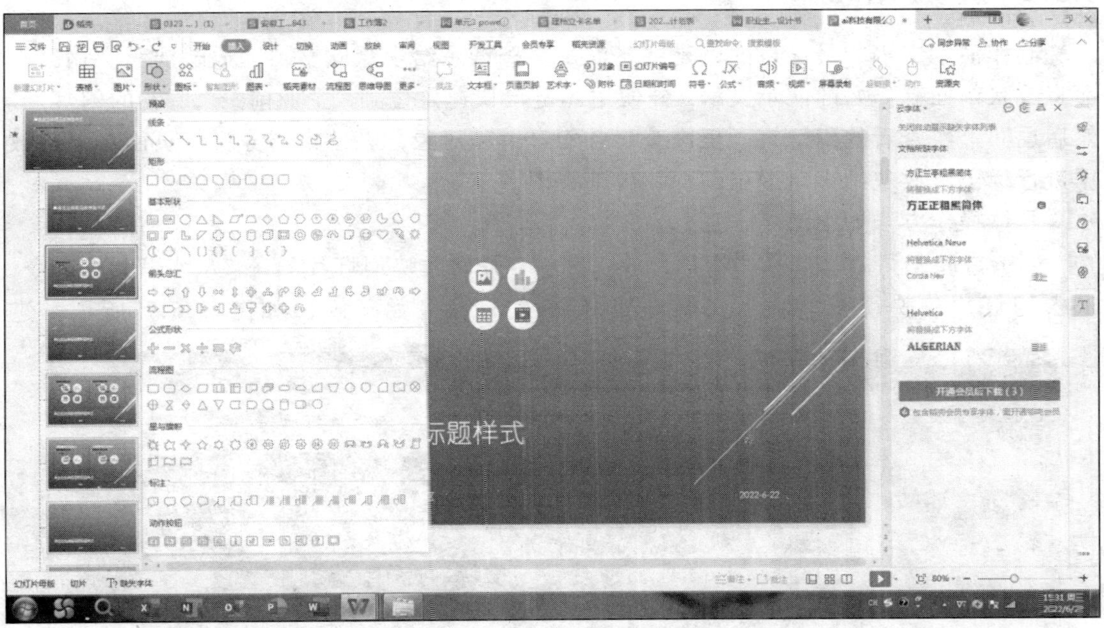

（b）设置动作按钮的形状

图 3.5.4　在母版中创建动作按钮

制按钮，绘制完成后会自动打开“动作设置”对话框，在“链接到”下拉列表中选择“幻灯片”选项，在打开的“超链接到幻灯片”对话框中选择“2.目录”选项，单击“确定”按钮即可完成动作按钮的添加，如图 3.5.5 所示。

（3）继续使用相同的方法，分别添加两个动作按钮，即“动作按钮：后退或前一项”

和“动作按钮：前进或后一项”，如图 3.5.6 所示。分别调整 3 个动作按钮的大小、位置、间距，使其整齐美观。

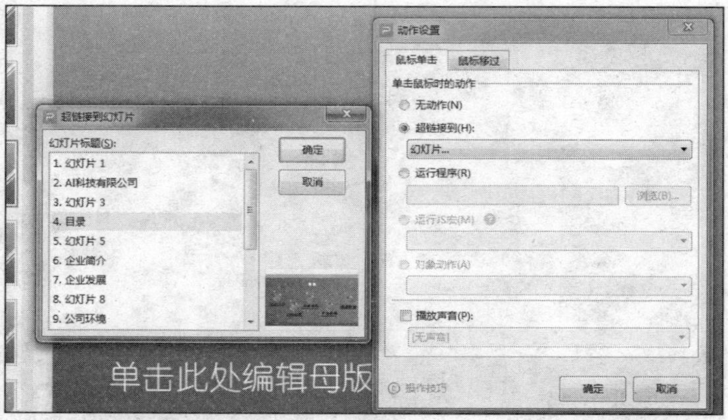

图 3.5.5 动作按钮超链接的设置

图 3.5.6 后退和前进的动作按钮设置

3.5.3 放映演示文稿

制作演示文稿的最终目的就是要将演示文稿展示给观众欣赏，即放映演示文稿。下面将放映前面制作好的演示文稿，并使用超链接快速定位到“企业前景”所在的幻灯片，然后返回上次查看的幻灯片，依次查看各幻灯片和对象，在“市场分析”页面对关键数据进行标记，放映结束后退出幻灯片放映视图。

具体操作方法如下：

(1) 放映幻灯片。选择“幻灯片放映”→“开始放映幻灯片”→“从头开始”命令，进入幻灯片放映视图。演示文稿将从 1 张幻灯片开始放映，如图 3.5.7 所示，进

图 3.5.7 从头开始放映幻灯片

入幻灯片放映视图，单击依次放映下一个动画或下一张幻灯片。

（2）动作按钮和超链接。在幻灯片放映视图时，可以单击“动作按钮：前进或后一项”播放下一页。当播放到第 3 张幻灯片时，将鼠标光标移动到“前景分析”文本上，此时鼠标光标变为小手形状，单击，如图 3.5.8 所示，页面跳转到“前景分析”对应的过渡页。在“市场分析”幻灯片页面，单击“动作按钮：转到主页”按钮，幻灯片回到目录页，如图 3.5.9 所示。

图 3.5.8 单击“前景分析”超链接

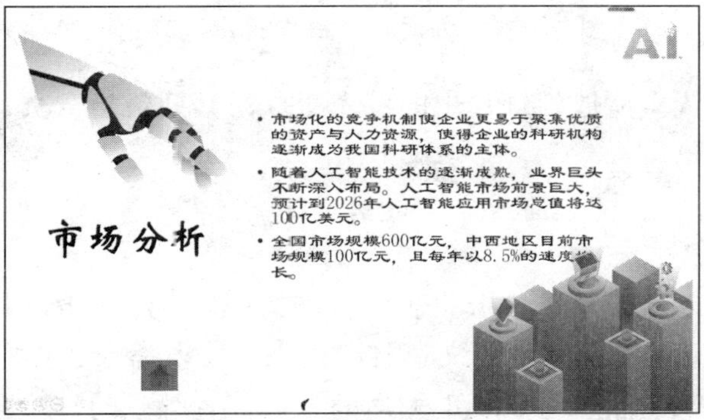

图 3.5.9 使用动作按钮回到目录页

（3）墨迹。单击鼠标播放，在标题为“市场分析”的幻灯片页面右击，在打开的快捷菜单中选择“指针选项”，在级联菜单中选择“墨迹颜色”，设置为“红色”，如图 3.5.10 所示。

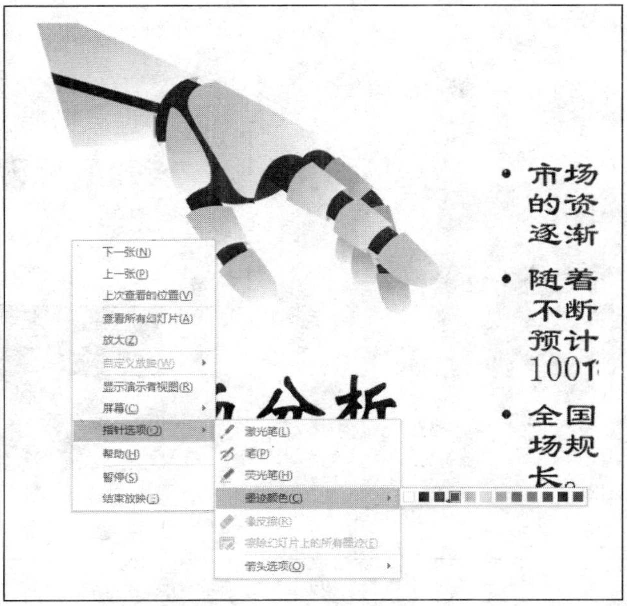

图 3.5.10 选择墨迹颜色

鼠标指针变为一个蓝色的点，将鼠标指针移动到页面左靠下最后一段文字描述，按下鼠标左键并拖动鼠标，在该段文字下方绘制一条红色的线作为重点内容标注，如图 3.5.11 所示。

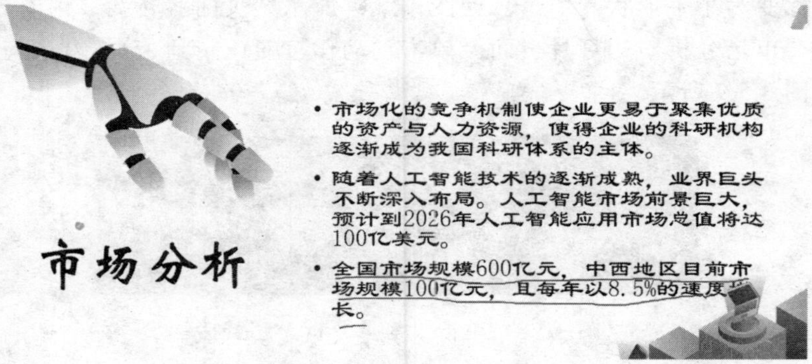

图 3.5.11 为演示文稿设置墨迹标记

（4）放映结束。依次播放幻灯片中的各个对象，直到最后一页。单击，打开一个黑色页面，再次单击退出。

3.5.4 打印演示文稿

演示文稿不仅可以用于现场演示，还可以将其打印在纸张上，作为演讲手稿或者分发给观众作为演讲提示。下面将演示文稿打印出来，要求一张 A4 纸上打印两张幻灯片。

具体操作方法如下：除了与 Word 相同的打印设置外，幻灯片布局比较特殊。在幻灯片的“布局”下拉列表中，选择“讲义”栏的“2 张幻灯片”选项，单击选中“幻灯片加框”“根据纸张调整大小”复选框，如图 3.5.12 所示。然后单击“打印”按钮，完成打印。

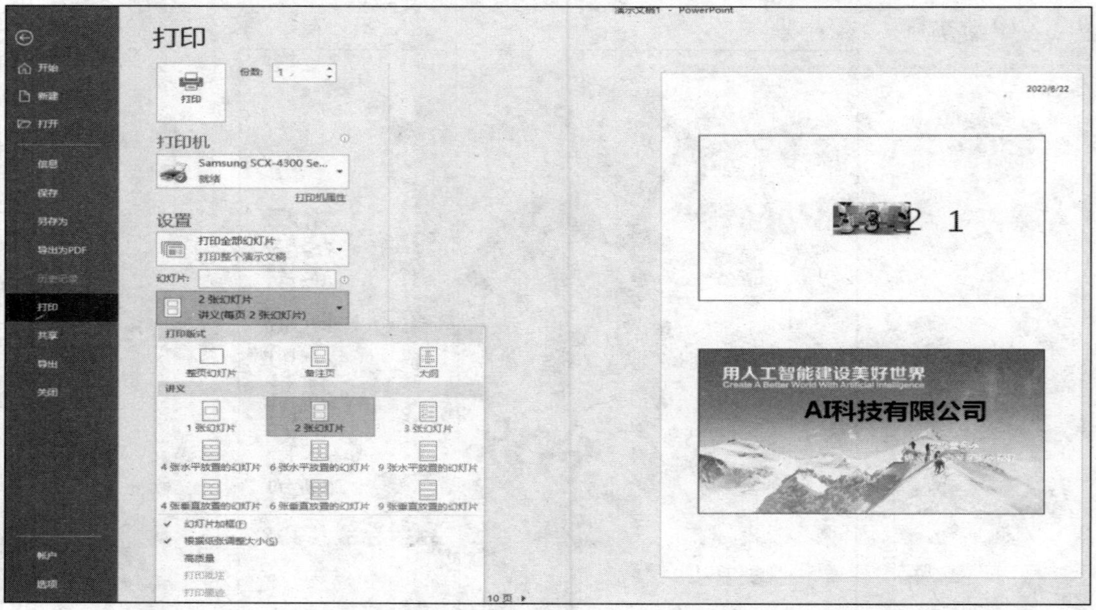

图 3.5.12 设置幻灯片打印版式

单元小结

本单元详细介绍了 PowerPoint 2016 的使用方法，包括文稿创建制作、动画设计、母版制作和使用、演示文稿放映和导出基本操作、版面设计、表格的制作和处理、图文混排、模板与样式的使用等内容。

课后习题

一、选择题

1. 在 PowerPoint 中，可对母版进行编辑和修改的状态是（　　）。
   A. 普通视图状态　　B. 备注页视图状态
   C. 幻灯片母版状态　　D. 幻灯片浏览视图状态
2. 要在选定的幻灯片中输入文字，以下说法中正确的是（　　）。
   A. 可以直接输入文字
   B. 首先单击文本占位符，然后可输入文字
   C. 首先删除占位符中的系统显示的文字，然后才可输入文字
   D. 首先删除占位符，然后才可输入文字
3. 在幻灯片间切换时，不可以设置幻灯片切换的（　　）。
   A. 换页方式　　B. 背景颜色　　C. 效果　　D. 声音
4. 在 PowerPoint 中，下列选项关于选定幻灯片的说法错误的是（　　）。
   A. 在浏览视图中单击幻灯片，即可选定
   B. 如果要选定多张不连续幻灯片，在浏览视图下按 Ctrl 键并单击各张幻灯片
   C. 如果要选定多张连续幻灯片，在浏览视图下，按下 Shift 键并单击最后要选定的幻灯片
   D. 在普通视图下，不可以同时选定多张幻灯片
5. 可以方便地设置动画切换、动画效果和排练时间的视图是（　　）。
   A. 普通视图　　B. 大纲视图
   C. 幻灯片视图　　D. 幻灯片浏览视图
6. PowerPoint 的“超级链接”命令可（　　）。
   A. 实现幻灯片之间的跳转　　B. 实现演示文稿幻灯片的移动
   C. 中断幻灯片的放映　　D. 在演示文稿中插入幻灯片
7. 在 PowerPoint 中，幻灯片放映方式的类型不包括（　　）。
   A. 演讲者放映（全屏幕）　　B. 观众自行浏览（窗口）
   C. 在展台浏览（全屏幕）　　D. 在桌面浏览（窗口）

8. 在 PowerPoint 的下列 4 种视图中，(　　) 只包含一个单独工作窗口。

A. 普通视图　　B. 大纲视图

C. 阅读视图　　D. 幻灯片浏览视图

9. 对于演示文稿中不准备放映的幻灯片可以用（　　）选项卡中的“隐藏幻灯片”命令隐藏。

A. 设计　　B. 幻灯片放映　　C. 视图　　D. 编辑

10. 在 PowerPoint 中，下列选项关于幻灯片的移动、复制、删除等操作，叙述错误的是（　　）。

A. 这些操作在“幻灯片浏览”视图中最方便

B.“复制”操作只能在同一演示文稿中进行

C.“剪切”也可以删除幻灯片

D. 选定幻灯片后，按 Delete 键可以删除幻灯片

11. 在 PowerPoint 中，启动幻灯片放映方法中错误的是（　　）。

A. 单击演示文稿窗口左下角的“幻灯片放映”按钮

B. 选择“幻灯片放映”菜单中的“观看放映”命令

C. 选择“幻灯片放映”菜单中的“幻灯片放映”命令

D. 直接按 F6 键，即可放映演示文稿

12. 在 PowerPoint 中，下列说法中错误的是（　　）。

A. 可以动态显示文本和对象

B. 可以更改动画对象的出现顺序

C. 图表中的元素不可以设置动画效果

D. 可以设置幻灯片切换效果

13. 在 PowerPoint 中，幻灯片通过大纲形式创建和组织（　　）。

A. 标题和正文　　B. 标题和图形

C. 正文和图片　　D. 标题、正文和多媒体信息

14. 在 PowerPoint 中，设置幻灯片放映时的切换效果为“百叶窗”，应使用（　　）选项卡下的选项。

A. 动作　　B. 切换　　C. 动画　　D. 幻灯片放映

15. 对于设置了超链接的对象，下列说法正确的是（　　）。

A. 可以编辑，也可以删除　　B. 可以编辑，不可以删除

C. 不可以编辑，可以删除　　D. 不可以编辑，也不可以删除

16. 在 PowerPoint 中，下列说法错误的是（　　）。

A. 可以动态显示文本和对象　　B. 可以更改动画对象的出现顺序

C. 图表不可以设置动画效果　　D. 可以设置幻灯片切换效果

17. PowerPoint 演示文档的扩展名是（　　）。

A. .pptx　　B. .pwt　　C. .xlsx　　D. .docx

18. 下列说法正确的是（　　）。

A. 通过背景样式命令只能为一张幻灯片添加背景

B. 通过背景样式命令只能为所有幻灯片添加背景

C. 通过背景样式命令既可以为一张幻灯片添加背景，也可以为所有幻灯片添加背景

D. 以上说法都不对

19. 一个演示文稿由多张（　　）构成。

A. 讲义　　B. 备注页　　C. 幻灯片　　D. 演示文稿

二、填空题

1. 在 PowerPoint 中，“格式”下拉菜单中的________命令可以用来改变某一幻灯片的布局。

2. 在PowerPoint 的各种视图中，______只显示一个轮廓，主要用于演示文稿的材料组织、大纲编辑等，侧重于幻灯片的标题和主要的文本信息。

3. 在 PowerPoint 中，可以使用______选项卡上的命令来为切换幻灯片时添加声音。

4. 在PowerPoint 中放映幻灯片的快捷键为________。

5. 在 PowerPoint 中，如果放映演示文稿时无人看守，放映的类型最好选择________。

6. 在一张空白版式的幻灯片中不可以直接插入______。

7. 在______状态下，可以对所有幻灯片添加编号、日期等信息。

8. 演示文稿改变主题后，_______不会随之改变。

三、操作题

1. 请在 ppt1 中对所给工作表完成以下操作。

(1) 在第一张幻灯片中添加文本“舌尖上的中国”，并设置字体字号为黑体、60 磅、红色（可以使用颜色对话框中自定义标签，设置 RGB 颜色模式：红色 255，绿色 0，蓝色 0）。

(2) 将整个 PowerPoint 文档应用设计模板“京剧脸谱”。

(3) 设置第一张幻灯片的背景纹理为“羊皮纸”。

(4) 设置第二张幻灯片的切换效果为“盒状展开”“慢速”。

(5) 将第三张幻灯片中的图片动画播放效果设置为“垂直百叶窗”，单击时计时延迟 2 秒后播放。

(6) 删除第四张幻灯片。

2. 请在 ppt2 中对所给工作表完成以下操作。

(1) 将整个 PowerPoint 文档应用设计模板“Capsules”。

(2) 给第一张幻灯片添加文本“活命三角区”，并设置字体字号为楷体_GB2312、36 磅。

(3) 将第一张幻灯片中的图片设置其进入动画效果为“垂直百叶窗”，单击时计时延迟 2 秒后播放。

(4) 设置第一张幻灯片文本框文本行距为：段前 0.15 行，段后 0.2 行；文本字体加粗。

(5) 设置第二张幻灯片的版式为“标题，文本与剪贴画”。

(6) 设置第二张幻灯片的切换效果为“盒状展开”“慢速”。

(7) 删除第三张幻灯片。

3. 请在 ppt3 中对所给工作表完成以下操作。

(1) 将整个 PowerPoint 文档应用设计模板“吉祥如意”。

(2) 设置第一张幻灯片的背景纹理为“鱼类化石”；第二张幻灯片的背景纹理为“画布”。

(3) 设置第二张幻灯片文本框的填充效果为：预设“孔雀开屏”。

(4) 为第三张幻灯片内的文本框区域添加项目符号（实心方块■）。

（5）在最后一张幻灯片后面插入一张新幻灯片，版式为“空白”。

（6）在新插入的幻灯片内添加文字为“火箭队的冠军梦”，并将其设置为隶书、36 磅、加粗；设置该文本框的超链接网址为“www.baidu.com”。

4. 请在 ppt4 中对所给工作表完成以下操作。

（1）设置第一张幻灯片的内容版式为“标题幻灯片”，并设置标题内容为“学习习总书记的重要讲话”，并设置标题文本的字体字号为楷体_GB2312、36 磅；设置第一张幻灯片的背景纹理为“白色大理石”。

（2）设置第三张幻灯片文本框格式中的行距为段前 0.25 行，段后 0.1 行。

（3）在第三张幻灯片内的文本框区域添加项目符号（空心方块□）。

（4）设置第四张幻灯片中的进入图片动画效果为“飞入”。

（5）为第四张幻灯片内的图片添加超链接，链接到网址 www.sohu.com。

（6）设置所有幻灯片切换方式为“每隔 5 秒”。

岗课赛证

世界职业院校技能大赛作为国际顶级赛事，不仅检验选手的专业技能水平，更成为展示职业教育成果的重要窗口。在此赛事中，演示文稿制作能力已成为项目展示的核心竞争力。选手通过专业软件实现以下关键功能。

（1）数据可视化呈现：利用智能图表模块将复杂数据转化为动态图形，精准传递技术方案的逻辑与创新点；

（2）动态演示设计：通过分层动画与时间轴控制实现分步展示，增强技术流程的交互性与可理解性；

（3）主题化视觉设计：基于项目需求定制模板，结合色彩管理与版式规范，确保内容呈现与主题风格深度融合。

专业软件的智能排版系统可自动优化图文比例与层级关系，使技术方案呈现兼具专业性与艺术性。此类工具的应用不仅提升作品的技术完成度，更通过细节处理展现选手的工程思维与设计能力，成为国际评委认可的重要技术支撑点。

4 单元 信息检索

单元导读

在信息技术时代，信息量快速增长，甚至呈现出“信息爆炸”的状态。丰富的信息量一方面给人们带来了便利，另一方面也影响了很多决策的效率。在这种状态下，不管是在校生还是从业者，掌握信息检索的能力都非常重要。

社会进步的过程就是一个知识生产—流通—再生产的过程。信息检索就是通过对所得信息的整理、分析、归纳和总结，根据自己学习、研究过程中的思考和思路，将各种信息进行重组，创造出新的知识和信息，从而达到信息激活和增值的目的。

本单元包括使用搜索引擎检索信息和通过专用平台检索信息两个任务。

任务 4.1 使用搜索引擎检索信息

任务描述

随着信息技术的飞速发展，互联网已成为人们学习、工作和生活中不可缺少的平台。在上网的过程中几乎每个人都会用到搜索引擎。小明是高职院校的大二学生，他想通过搜索引擎了解全国职业院校技能大赛相关的通知、比赛时间、赛项规程及相关文档等。常用的搜索引擎有百度、谷歌、搜狗、必应等。

任务分析

任务技能目标

通过本次任务，掌握以下技能：

（1）理解信息检索的基本概念，了解信息检索的基本流程；

（2）掌握常用搜索引擎的使用方法。

核心知识点

信息检索的基本概念，搜索引擎的使用方法。

任务实现

4.1.1 了解信息检索和搜索引擎

1. 信息检索的基本概念

信息检索（information retrieval）是指将信息按一定的方式组织起来，并根据用户的需要找出有关信息的过程和技术。信息检索有狭义和广义之分。

狭义的信息检索指信息查询，即用户根据需要，采用一定的方法，借助检索工具，从信息集合中找出所需要信息的查找过程。

广义的信息检索又称信息的存储与检索，即将信息按一定的方式进行加工、整理、组织并存储起来，再根据信息用户特定的需要将相关信息准确地查找出来的过程。

一般情况下，信息检索指的是广义的信息检索。

2. 搜索引擎的概念和特点

搜索引擎是指根据一定的策略、运用特定的计算机程序从互联网上采集信息，在对信息进行组织和处理后，为用户提供检索服务，将检索的相关信息展示给用户的系统。搜索引擎依托于多种技术，如网络爬虫技术、检索排序技术、网页处理技术、大数据处理技术、自然语言处理技术等，为信息检索用户提供快速、高相关性的信息服务。

搜索引擎的主要特点有以下 3 个。

1）信息抓取迅速

在大数据时代，网络产生的信息浩如烟海，令人无所适从，难以得到自己需要的信息资源。在搜索引擎技术的帮助下，利用关键词、高级语法等检索方式就可以快速捕捉到相关度极高的匹配信息。

2）深入开展信息挖掘

搜索引擎在捕获用户需求信息的同时，还能对检索的信息加以分析，以引导其对信息的使用与认识。例如，用户可以根据检索到的信息条目判断检索对象的热度，还可以根据检索到的信息分布给出高相关性的同类对象，更可以利用检索到的信息智能化给出用户解决方案等。

3）检索内容的多样化和广泛性

随着搜索引擎技术的日益成熟，当代搜索引擎技术几乎可以支持各种数据类型的检索，如自然语言、图片、视频、音频等。目前，不仅常规多媒体资源可以被检索，而且人类面部特征、指纹、特定动作等生物特征数据也可以通过专用技术实现检索。可以想象，在未来几乎一切数据类型都可能成为搜索引擎的检索对象。

3. 搜索引擎的工作过程

搜索引擎的工作过程可分为 3 个部分：一是通过搜索工具在互联网上爬行和抓取网页信息，并存入原始网页数据库；二是对原始网页数据库中的信息进行提取和组织，并建立索引库；三是根据用户输入的关键词，快速找到相关文档，并对找到的结果进行排序，并将查询结果返回给用户。

4. 搜索引擎的分类

从功能和原理上搜索引擎大致被分为全文搜索引擎、目录搜索引擎、元搜索引擎、垂直搜索引擎和互动式搜索引擎。它们各有特点并适用于不同的搜索环境。

1）全文搜索引擎

国内著名的有百度（Baidu），国外则是谷歌（Google）。它们从互联网提取各个网站的信息（以网页的文字为主），建立起数据库，并能检索与用户查询条件相匹配的记录，按一定的排列顺序返回结果。

从搜索结果来源的角度，全文搜索引擎又可细分为两种：一种是拥有自己的检索程序（indexer），俗称“蜘蛛”（spider）程序或“机器人”（robot）程序，并自建网页数据库，搜索结果直接从自身的数据库中调用；另一种则是租用其他引擎的数据库，并按自定的格式排列搜索结果，如 Lycos 引擎。

2）目录搜索引擎

目录搜索引擎虽然有搜索引擎功能，但严格意义上不能称为真正的搜索引擎。用户完全不需要依靠关键词查询，只是按照分类目录找到所需要的信息。目录索引中，国内最具代表性的就是新浪、搜狐、网易。

3）元搜索引擎

元搜索引擎接受用户查询请求后，同时在多个搜索引擎上搜索，并将结果返回给用户。著名的元搜索引擎有 InfoSpace、Dogpile、Vivisimo 等。在搜索结果排列方面，有的直接按来源排列搜索结果，如 Dogpile，有的则按自定的规则将结果重新排列组合，如 Vivisimo。

4）垂直搜索引擎

垂直搜索引擎适用于有明确搜索意图情况下进行检索。例如，用户购买机票、火车票、汽车票时，或想要浏览网络视频资源时，都可以直接选用行业内专用搜索引擎，以准确、迅速地获得相关信息。

5）互动式搜索引擎

互动式搜索引擎，是指在用户输入一个查询词时，尝试理解用户可能的查询意图，智能展开多组相关的主题，引导用户更加快速准确地定位其所关注的内容。例如，搜狗搜索是搜狐公司强力打造的全球首个第三代互动式搜索引擎。

4.1.2 通过搜索引擎完成信息资源整理

1. 通过百度网站搜索

1）访问百度

通过浏览器输入网址 www.baidu.com 即可打开百度首页。百度首页如图 4.1.1 所示。

图 4.1.1 百度首页

2）输入关键词

输入关键词“世界职业院校技能大赛”，单击“百度一下”按钮，显示对应的搜索结果，如图 4.1.2 所示。

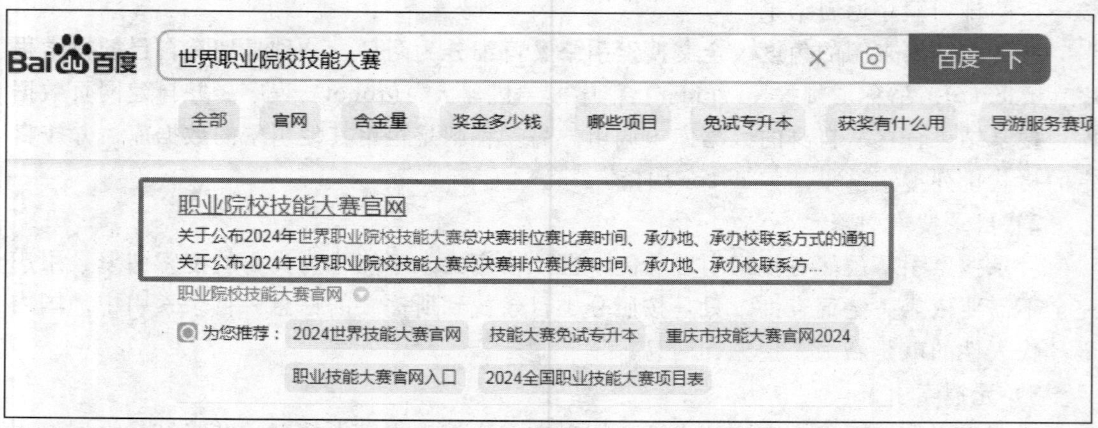

图 4.1.2 搜索结果

2. 查看资源并下载

1）进入官方网站

通过搜索结果，单击链接进入世界职业院校技能大赛的官方网站，如图 4.1.3 所示。

图 4.1.3　大赛官方网站

2）查看下载相关资源

通过通知公告栏可查看大赛相关文件，如图 4.1.4、图 4.1.5 所示。通过图 4.1.5 所示的附件下载链接，可以将附件下载到用户的计算机中，进行保存。

图 4.1.4　比赛时间

图 4.1.5 通知文件

> **小贴士**
> 附件下载：
> 1）可在链接上右击“另存为”下载。
> 2）也可借助迅雷等下载软件下载。

实践与体验

（1）根据你准备参加的“世界职业院校技能大赛”的项目，搜集前三届参与院校的获奖团队资料，按照获奖团队、获奖院校、获奖作品、作品特点等内容整理成表格。

（2）朋友要购置一台笔记本电脑，有以下需求：能满足工作、娱乐需求（CPU：i7，16GB 内存，14 英寸独立显卡）；能与华为智能手机多屏协同；价格 7000～8000 元。请你通过搜索引擎查找所需信息，并在“京东商城”检索到合适的产品。

> **小贴士**
> 除了搜索引擎以外，互联网上还有很多导航网站。什么是导航网站？导航网站又称网址导航，就是一种集合较多网址，并按照一定条件进行分类的网址站。通过导航网站可以快速找到用户需要的网站，而不用去记住各类网站的网址。常用的导航网站有“hao123”“2345”等；还有一些按照功能分类的导航网站，如 PPT 资源导航、设计导航等。用户可以根据自己的需求收藏相应的导航网站，使网站搜索更便捷、高效。

讨论与交流

目前常用的搜索引擎有百度、搜狗、必应、360 等，你习惯使用哪个搜索引擎，你觉得有什么优点？可以通过搜索引擎界面、安全性、功能等方面进行说明。

任务 4.2 通过专用平台检索信息

任务描述

小明是高职院校的大三学生，他在做毕业设计时，想参考了解他人的研究成果，此时需要利用专业的期刊、论文检索平台查阅已经发表的相关研究。常用的学术文献检索平台（如中国知网、超星电子期刊、万方数据、维普电子期刊等）可用于查阅期刊、论文资源；而专利、商标等信息需通过专门的知识产权平台检索。人工智能的浪潮席卷全球，小明想通过专用平台搜索人工智能和机器学习相关知识资源。

任务分析

任务技能目标

通过本次任务，掌握以下技能：

（1）掌握检索期刊、论文的方法；

（2）提高学生自学能力和科研能力。

核心知识点

专用平台检索信息的方法。

任务实现

4.2.1　了解中国知网

中国知网（China National Knowledge Infrastructure，CNKI）是一家综合性数字出版平台和专业知识服务网站。它提供中国学术文献、外文文献、学位论文、报纸、会议、年鉴、工具书等各类资源的集成化检索、导航、在线阅读及下载服务。

中国知网的理念源于世界银行于 1998 年提出的“国家知识基础设施”（National Knowledge Infrastructure, NKI）概念。依托自主研发并具有国际领先水平的数字图书馆技术，中国知网建成了全球全文信息量最大的“CNKI 数字图书馆”，并构建了《中国知识资源总库》及 CNKI 网格资源共享平台。这些平台共同致力于全社会知识资源的高效共享，为用户提供最丰富的知识信息和最有效的知识传播与数字化学习环境。

4.2.2　进入中国知网

1. 访问知网

在浏览器中输入网址 www.cnki.net 即可打开中国知网首页，如图 4.2.1 所示。

图 4.2.1　中国知网首页

首页上半部分是主要检索区，分为 3 个类别的检索：文献检索、知识元检索、引文检索。首页下半部分分为 3 个区域：行业知识服务与知识管理平台、研究学习平台、专题知识库。

2. 快速检索

（1）单击搜索框中的下拉菜单，可选择主题、关键字、篇名、作者等检索字段。

（2）在输入框中输入对应的内容检索，如“大学生心理健康”，如图 4.2.2 所示。

图 4.2.2　检索结果

根据文献分类学术期刊、学位论文、会议、报纸等，可以进行类比浏览。通过排序右侧的相关度、发表时间、被引、下载，可对检索结果进行排序。单击窗口左侧主题、学科、发表年度、作者等选项卡，可以进行分组浏览。

（3）单击某个文献标题，进入文献介绍页面，如图 4.2.3 所示。

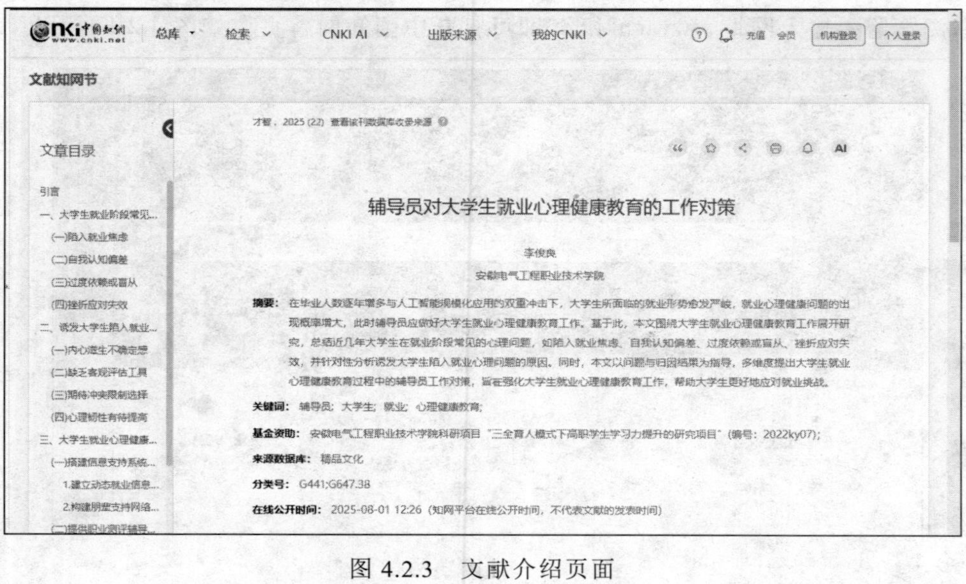

图 4.2.3　文献介绍页面

(4) 如果是 CNKI 的注册用户，可以下载和浏览文献全文。系统提供了 CAJ 和 PDF 两种格式。可以单击“HTML 阅读”按钮进行在线阅读，也可以单击“CAJ 下载”或“PDF 下载”按钮进行下载并阅读。

> **小贴士**
> CAJ 格式：用知网文献阅读器 CAJViewer 打开。
> PDF 格式：用 Adobe Reader 等软件打开。

3. 高级检索

高级检索的检索条件包含内容检索条件和检索控制条件。内容检索条件主要是通过主题、作者、作者单位等限制；检索控制条件主要通过发表时间、文献来源等限制，如图 4.2.4 所示。

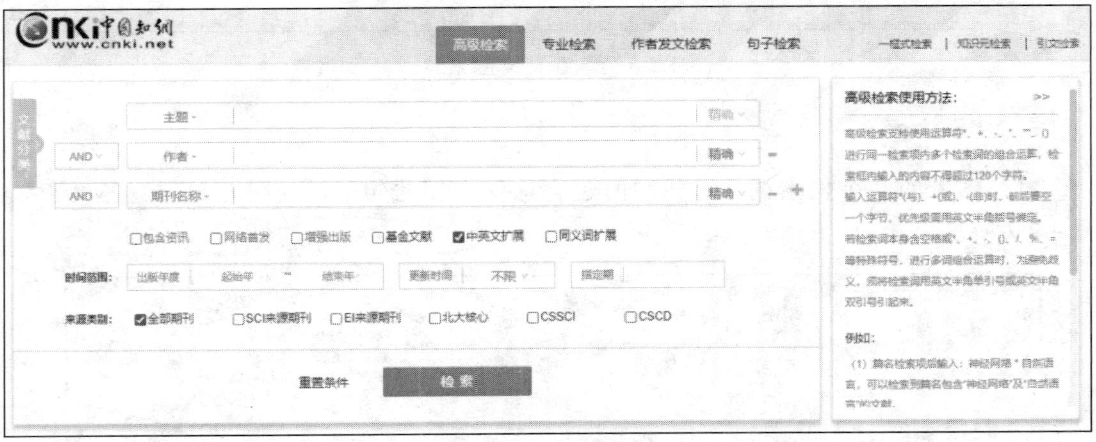

图 4.2.4　高级检索页面

4. 专业检索

专业检索需要使用检索算符编制检索式，适合于查询、信息分析人员使用，如图 4.2.5 所示。

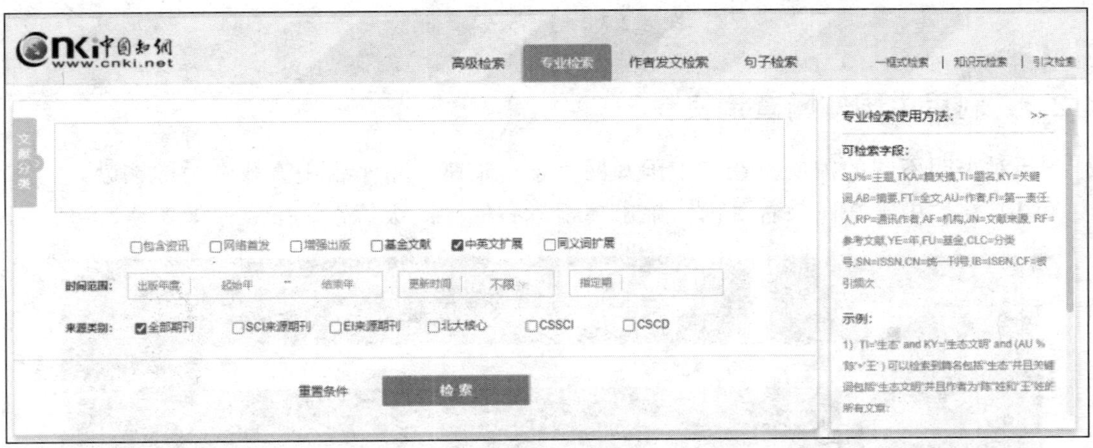

图 4.2.5　专业检索页面

5. 作者发文检索

通过作者姓名、单位等信息，查找作者发表的文献及被引和下载情况，如图 4.2.6 所示。

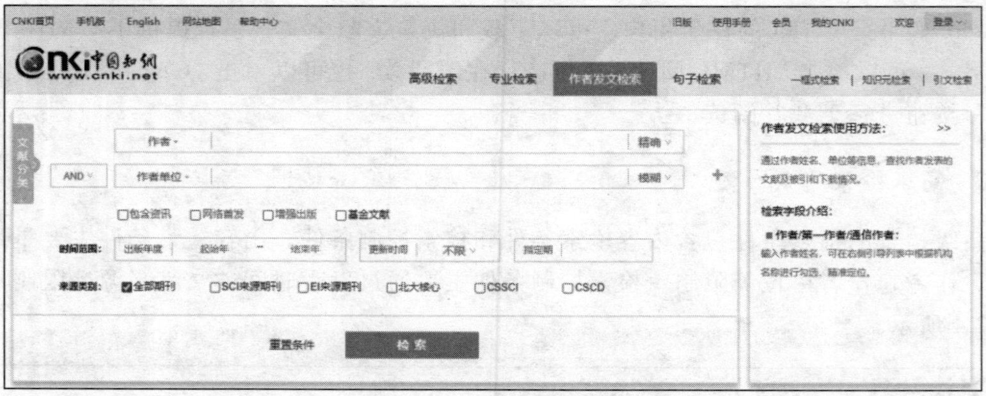

图 4.2.6 作者发文检索页面

6. 句子检索

通过输入的两个检索词，查找同时包含这两个词的句子，找到有关问题答案，如图 4.2.7 所示。

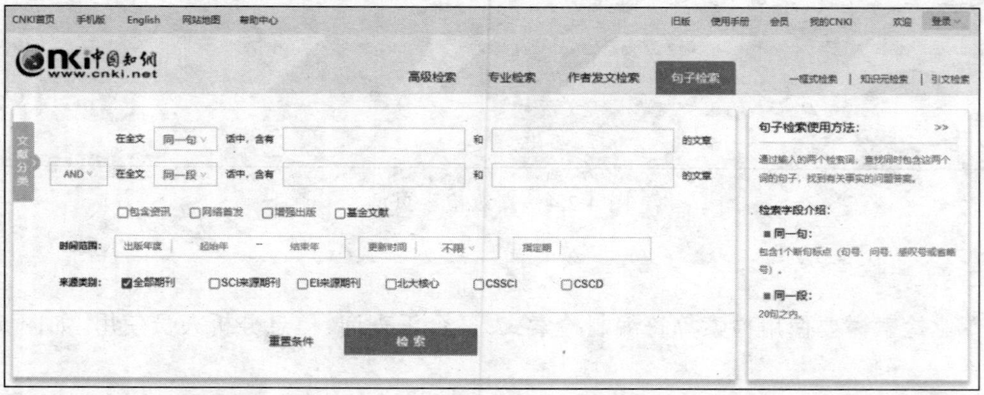

图 4.2.7 句子检索页面

4.2.3 利用中国知网查询资料

针对小明不同的需要，在“中国知网”学术文献专用平台中查找合适的文献。

（1）在“中国知网”首页内，单击搜索栏右侧“高级检索”按钮，如图 4.2.8 所示。

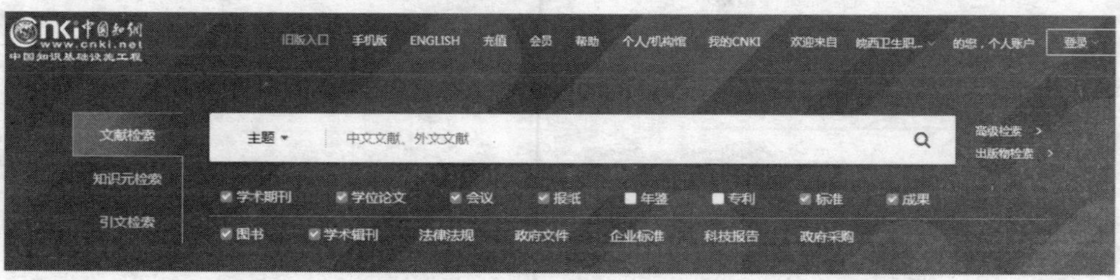

图 4.2.8 “高级检索”功能

（2）将搜索选项改为关键词，选用“逻辑与（AND）”方法，在搜索栏内分别输入“人工智能”和“机器学习”进行查找，在总库中可查看包含“人工智能”和“机器学习”的相关文献内容，如图 4.2.9 所示。

图 4.2.9 “逻辑与”搜索

（3）选用“逻辑或（OR）”，在搜索栏内分别输入“人工智能”和“机器学习”进行查找，在总库中可查看包含“人工智能”或“机器学习”的相关文献内容，如图 4.2.10 所示。

图 4.2.10 “逻辑或”搜索

（4）选用“逻辑非（NOT）”，在搜索栏内分别输入“人工智能”和“机器学习”进行查找，在总库中可查看除了包含“人工智能”外是否含有检索词“机器学习”的信息，和单独输入“人工智能”检索的数目进行比较，如图 4.2.11 所示。

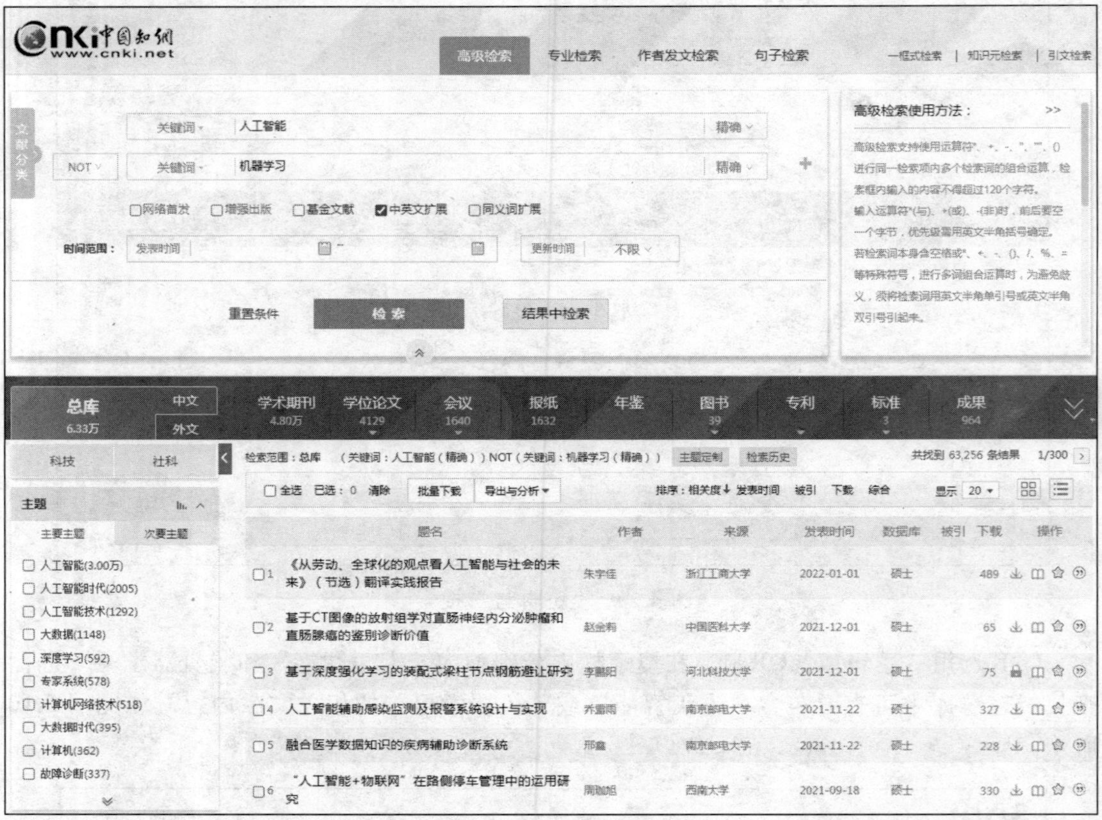

图 4.2.11 “逻辑非”搜索

实践与体验

（1）利用中国知网、万方、维普等不同平台，查询“元宇宙”方面的论文，并比较查询结果的相同点和不同点。

（2）利用中国知网高级搜索，查找“大学生专利”和“实用新型”在“逻辑与”“逻辑或”“逻辑非”3 种方法下的搜索结果，并进行比较。

单元小结

本单元主要学习了信息检索基础知识，通过百度和知网两个网站体验了常用搜索引擎和专用平台的检索方法，初步掌握了信息检索能力。

课后习题

一、填空题

1. 搜索引擎是指根据一定的策略、运用特定的____________从互联网上采集信息，在对信息进行组织和处理后，为用户提供____________，并将相关信息展示给用户的系统。

2. 搜索引擎的主要特点有____________、____________和______________。

3. 搜索引擎的分类有____________、____________、____________、____________和______________。

二、简答题

1. 什么是信息检索？

2. 常用的搜索引擎有哪些？各有什么特色？

3. 常用的信息资源查询平台有哪些？

岗课赛证

世界职业院校技能大赛经过十余年发展，已成长为全球职业教育的权威标杆。赛事聚焦人工智能、智能制造等战略新兴领域，依托真实生产项目构建竞赛场景，在“信息导航，终身学习”的思政育人理念指导下，实现学生技术技能与职业素养的协同提升，成为培育新时代工匠精神的核心阵地。

赛事规程明确要求选手自主完成技术文档检索与解析。以移动应用开发赛项为例，参赛者需精准定位 Material Design 规范文档，通过交互原型迭代验证设计方案；数控加工赛项选手为达到 IT5 级精度标准（对应 0.01mm 误差），必须系统研读 ISO 2768 国际标准。这种基于标准检索的技术攻关过程，将普通操作升华为对工艺极致的追求，生动诠释了“执着专注、精益求精”的工匠精神内核。大赛通过构建“标准检索-技术验证-工艺优化”的闭环训练体系，将信息素养锻造为职业能力提升的倍增器。当选手突破技术瓶颈时，他们收获的不仅是技能突破，更形成了包含标准意识、质量观念、创新思维在内的职业发展基因——这正是职业教育实现“铸魂育人”目标的深层逻辑。

学习笔记

5 单元 新一代信息技术概述

单元导读

新一代信息技术是以人工智能、量子信息、移动通信、物联网、区块链、大数据等为代表的新兴技术，它既是信息技术的纵向升级，也是信息技术之间及其与相关产业的横向融合。新一代信息技术能够实现各类资源的有效链接，促进各种要素跨界跨类多重整合，进而显著提高资源整合效率、生产效率和交易效率。对于加快构建以国内大循环为主体、国内国际双循环相互促进的新发展格局，新一代信息技术能够发挥产业的引领作用。

本单元包含新一代信息技术的基本概念、技术特点、典型应用、融合发展等内容。

任务 5.1 了解新一代信息技术

任务描述

本任务主要了解新一代信息技术的基本概念、产生原因和发展历程。

任务分析

任务技能目标

通过本次任务，掌握以下技能：

（1）了解新一代信息技术和信息技术的不同之处；

（2）了解新一代信息技术的基本概念；

（3）了解新一代信息技术的主要组成。

核心知识点

新一代信息技术的基本概念、主要组成。

任务实现

5.1.1 了解信息技术的概念

随着时代的不断发展，特别是互联网的不断普及，人们接收的信息越来越多，需要不断提高信息的处理能力，于是各种处理信息的技术应运而生。

信息技术是用于管理和处理信息所采用的各种技术的总称，以电子计算机和现代通信技术为主要手段，实现信息的获取、加工、传递和利用等功能的技术总和，涵盖信息传播全流程所需技术，即从信息的产生、获取、交换、传输、存储、处理、显示、识别和利用等相关的技术。

信息技术有三大支撑技术，分别是传感技术、通信技术、计算机技术，其中传感技术解决信息的获取问题，通信技术解决信息的传递问题，计算机技术解决信息的存储、加工、处理等问题。如果把信息系统比作人的话，传感技术相当于人的感觉器官，通信技术相当于人的神经传导系统，计算机技术相当于人的大脑。处理过程也很类似，即人通过感觉器官感受外界环境变化，然后通过神经传导系统把感受到的环境变化传递给大脑，大脑对收到的信息进行处理，并做出响应。

5.1.2 了解新一代信息技术的概念和代表

1. 新一代信息技术

2008 年国际金融危机后，以移动互联网、智能终端、大数据和云计算为代表的新兴信息技术快速发展，成为引领信息技术发展的重要方向。

2010 年 10 月，《国务院关于加快培育和发展战略性新兴产业的决定》中列出了七大国家战略性新兴产业体系，其中包括“新一代信息技术产业”。关于发展“新一代信息技术产业”的主要内容是，“加快建设宽带、泛在、融合、安全的信息网络基础设施，推动新一代移动通信、下一代互联网核心设备和智能终端的研发及产业化，加快推进三网融合，促进物联网、云计算的研发和示范应用。着力发展集成电路、新型显示、高端软件、高端服务器等核心基础产业。提升软件服务、网络增值服务等信息服务能力，加快重要基础设施智能化改造。大力发展数字虚拟等技术，促进文化创意产业发展”。

新一代信息技术是战略新兴产业中最具技术变革性的领域之一，不断涌现新的技术、理念、产品，因此，其发展领域、方向也随着技术革新、市场需求、产业发展等不断变化，目前是以人工智能、量子信息、移动通信、物联网、区块链等为代表。

2. 新一代信息技术主要代表

1）人工智能

人工智能（artificial intelligence，AI）是研究、开发用于模拟、延伸和扩展人的智能的理论、方法、技术及应用系统的一门新的技术科学。人工智能是计算机科学的一个分支，它企图了解智能的实质，并生产出一种新的能以人类智能相似的方式做出反应的智能机器。该领域的研究包括机器人、语言识别、图像识别、自然语言处理和专家系统等。

2）量子信息

量子信息是量子力学与信息科学交叉形成的前沿领域，主要包含量子通信、量子计算和量子精密测量三大方向。量子通信利用量子纠缠效应实现原理性安全的信息传输，包括量子密钥分发、量子隐形传态等技术；量子计算基于量子比特叠加与纠缠特性，可突破经典计算极限，实现指数级算力提升；量子精密测量则利用量子态敏感性，实现超越经典极限的测量精度。该领域近 20 年从理论走向工程实践，我国“墨子号”卫星、九章量子计算机等成果标志着重大突破。量子信息因其革命性潜力，已成为国际上量子物理与信息科学的核心研究热点。

3）移动通信

移动通信是基于无线传输的现代化信息技术，是电子计算与移动互联网深度融合的核心载体。其技术体系历经 1G 模拟通信、2G 数字语音、3G 移动宽带、4G 高速互联的迭代，当前已实现 5G 技术全球商用，并加速向 6G 愿景演进。作为数字经济的关键基础设施，5G 凭借超高速率（理论峰值 20Gbps）、毫秒级时延与百万级终端连接能力，全面突破 4G 性能边界，为工业互联网、自动驾驶、远程医疗等场景提供底层支撑，正深度重构社会生产与生活方式。

4）物联网

物联网（Internet of things，IoT）即“万物相连的互联网”，是在互联网基础上延伸和扩展的网络，将各种信息传感设备与网络结合起来而形成的一个巨大网络，目的是实现任何时间、任何地点，人、机、物的互联互通。

物联网是在互联网的基础上，利用射频识别、无线数据通信等技术，构造一个覆盖世界上万事万物的网络。在这个网络中，物品（商品）能够彼此进行“交流”，而无须人的干预。其实质是通过信息传感设备，按约定的协议，将物体与网络相连接，通过信息传播媒介进行信息交换和通信，以实现智能化识别、定位、跟踪、监管等功能。例如，我们目前常见的智能家居、智能电表等。

5）区块链

区块链就是把加密数据（区块）按照时间顺序进行叠加（链）生成的永久、不可逆向修改的记录。某种意义上说，区块链技术是互联网时代一种新的“信息传递”技术。

相比于传统的网络，区块链具有两大核心特点：一是数据难以篡改，二是去中心化。基于这两个特点，区块链所记录的信息更加真实可靠，可以帮助解决人们互不信任的问题。

讨论与交流

请同学们以小组为单位，查找资料收集我国目前在人工智能、量子信息、移动通信、物联网、区块链等方面的发展水平。

任务 5.2 了解主要新一代信息技术的特点和发展

任务描述

以人工智能、量子信息、移动通信、物联网、区块链等为代表的新一代信息技术迅速发展，给人们的工作、生活带来了极大的便利。了解以人工智能、量子信息、移动通信、物联网、区块链等为代表的新一代信息技术的特点，有助于加深对新一代信息技术的理解，同时了解新一代信息技术的典型应用，有助于把握新一代信息技术的发展趋势。

任务分析

任务技能目标

通过本次任务，掌握以下技能：

（1）了解新一代信息技术的特点；

（2）了解新一代信息技术的典型应用；

（3）了解新一代信息技术自身以及与其他产业融合发展的概况。

核心知识点

新一代信息技术的技术特点、典型应用、发展概况。

任务实现

5.2.1 人工智能技术

首先让我们畅想一下新时代的智能生活场景：周末的早晨，智能窗帘自动打开，外面阳光明媚；呼唤智能音箱播放爱听的音乐，智能运动手表已经根据身体状况安排好今天的运动项目和时间；运动后准备洗漱，热水器根据当天的气温已经设置好了热水的温度；洗漱后设置智能扫地机器人打扫房间，换好衣服，坐上自动驾驶汽车去逛商城，通过刷脸支付完成购物、吃饭；再坐上自动驾驶汽车回到小区，刷脸打开家门，结束一天的生活。多么美好的一天啊！这些智能生活场景，都是通过人工智能技术实现的。

1. 新一代人工智能技术的特点

跟以往相比，新一代人工智能不但以更高水平接近人的智能形态存在，而且以提高人的智力能力为主要目标来融入人们的日常生活。比如跨媒体智能、大数据智能、自主智能系统等。在越来越多的专门领域，人工智能的博弈、识别、控制、预测能力甚至超过人脑，比如人脸识别技术。新一代人工智能技术正在引发链式突破，推动经济社会从数字化、网络化向智能化加速跃进。

新一代人工智能是建立在大数据基础上的，受脑科学启发的类脑智能机理综合起来的理论、技术、方法形成的智能系统。它具有以下五个特点：

一是从人工知识表达到大数据驱动的知识学习技术。

二是从分类型处理的多媒体数据转向跨媒体的认知、学习、推理，这里讲的"媒体"不是新闻媒体，而是界面或者环境。

三是从追求智能机器到高水平的人机、脑机相互协同和融合。

四是从聚焦个体智能到基于互联网和大数据的群体智能，它可以把很多人的智能集聚融合起来变成群体智能。

五是从拟人化的机器人转向更加广阔的智能自主系统，比如智能工厂、智能无人机系统等。

小贴士

2016 年 3 月，谷歌下属公司 Deepmind 开发的基于"深度学习"的人工智能机器人 AlphaGo 与围棋世界冠军、职业九段棋手李世石进行围棋人机大战，以 4∶1 的总比分获胜；2017 年 5 月，在中国乌镇围棋峰会上，又与排名世界第一的世界围棋冠军柯洁对战，以 3∶0 的总比分获胜。人工智能与人类在棋类游戏方面的较量，掀起了新一代人工智能研究的热潮。

2. 人工智能技术的典型应用场景

人工智能已经走进人们的生活，并应用在各个重要领域，给人们的工作、生活带来了巨大的便利，同时也极大地促进了生产力的提升。下面介绍人工智能的一些典型应用场景。

1）无人驾驶

无人驾驶主要依靠车内以计算机系统为主的智能驾驶控制器来实现，其中涉及的技术包含多个方面，例如计算机视觉、自动控制技术等。由于无人驾驶的广阔前景和巨大市场需求，国内外许多公司都投入到了自动驾驶和无人驾驶的研究中，如谷歌的 X 实验室曾主导无人驾驶汽车研发，其独立品牌 Waymo 已推出商业化自动驾驶解决方案。百度也已启动了"百度无人驾驶汽车"研发计划，其自主研发的无人驾驶汽车 Apollo 还曾亮相 2018 年央视春晚。

2）人脸识别

人脸识别也称人像识别、面部识别，是基于人的脸部特征信息进行身份识别的一种生物识别技术。人脸识别涉及的技术主要包括计算机视觉、图像处理等。人工智能时代，人脸识别技术已经被广泛地应用于小区、校园、工厂等领域。近年来，随着人脸识别技术的不断成熟，出门仅靠"脸"即可轻松走天下，"刷脸"乘坐地铁、"刷脸"安检登机、"刷脸"支付、"刷脸"考勤打卡、"刷脸"取快递等，人脸识别技术正在使人们的生活更加方便快捷。

3）机器翻译

机器翻译，又称自动翻译，是利用计算机将一种自然语言（源语言）转换为另一种自然语言（目标语言）的过程。它是计算语言学的一个分支，是人工智能的终极目标之一，具有重要的科学研究价值。随着经济全球化进程的加快及互联网的迅速发展，机器翻译技术在促进政治、经济、文化交流等方面的价值凸显，也给人们的生活带来了许多便利。例如我们在阅读英文文献时，可以方便地通过有道翻译、Google 翻译等网站将英文转换为中文，免去了查字典的麻烦，提高了学习和工作的效率。

4）智能机器人

智能机器人是人工智能目前应用较为成熟的领域之一，典型应用包括工业机器人、智能扫地机器人、智能客服机器人等，是语音识别、自然语言处理等人工智能技术的电子产品类应用与载体。智能机器人具备形形色色的内部信息传感器和外部信息传感器，如视觉、听觉、触觉、嗅觉。除具有感受器外，它还有效应器，作为作用于周围环境的手段。另外，智能机器人能够理解人类语言，用人类语言同操作者对话，在它自身的“意识”中单独形成了一种使它得以“生存”的外界环境——实际情况的详尽模式。它能分析出现的情况，能调整自己的动作以达到操作者所提出的全部要求，能拟定所希望的动作，并在信息不充分的情况下和环境迅速变化的条件下完成这些动作。

5）医学图像处理

医学图像处理是目前人工智能在医疗领域的典型应用，它的处理对象是由各种不同成像机理，如在临床医学中广泛使用的核磁共振成像、超声成像等生成的医学影像，人工智能主要利用计算机图像处理技术，可以对医学影像进行图像分割、特征提取、定量分析和对比分析等工作，进而完成病灶识别与标注，针对肿瘤放疗环节的影像的靶区自动勾画，以及手术环节的三维影像重建。该应用可以辅助医生对病变体及其他目标区域进行定性甚至定量分析，从而大大提高医疗诊断的准确性和可靠性。另外，人工智能还可以通过算法的图像映射技术，将采集的少量信号恢复出与全采样图像同样质量的图像，而且使用图像重建技术，可以由低剂量的 CT 和 PET 图像重建得到高剂量质量图像。这样在满足临床诊断需求的同时，还能够降低辐射的风险。

5.2.2 量子通信技术

“量子”从一个科学概念，近年来逐渐走进了大众的视野，量子技术的发展和应用，受到了广泛的关注。国际上，量子信息领域的角逐十分激烈，而中国在量子技术部分领域的应用也走在了世界的前列。2019 年 1 月 31 日，中国科学技术大学潘建伟教授领衔的“墨子号”量子科学实验卫星科研团队被授予 2018 年度克利夫兰奖（Newcomb Cleveland Prize），这是该奖设立 90 余年来，中国科学家在本土完成的科研成果首次获得这一重要荣誉。但究竟什么是量子？什么是量子通信呢？

1. 量子通信技术的特点

如今，网络信息安全形势日益复杂，量子通信作为从物理机制上实现绝对安全的信息传输的新型通信方式，目前已成为全球信息通信行业的关注焦点。

物理上，量子通信可以被理解为在物理极限下，利用量子效应实现的高性能通信。量子通信具有绝对保密、通信容量大、传输速度快等优点，可以完成经典通信所不能完成的特殊任务。量子通信的基本思想主要包括两部分：一为量子密钥分配，二为量子态隐形传输。量子通信可以用来构建无法破译的密钥系统，因此量子通信成为当今世界关注的科技前沿。目前，我国在量子通信研究领域处于世界领先水平。

与传统通信技术比较，量子通信具有如下主要特点和优势：

（1）时效性高。量子通信的线路时延近乎为零，量子信道的信息效率比经典信道高数十倍，传输速度快。

（2）抗干扰性能强。量子通信中的信息传输不通过传统信道（如传统移动通信为了使得通信不被干扰，需要约定好频率，而量子通信不需要考虑这些因素），与通信双方之间的传播媒介无关，不受空间环境的影响，具有完好的抗干扰性能。

（3）保密性能好。根据量子不可克隆定理，量子信息一经检测就会产生不可还原的改变，如果量子信息在传输中途被窃取，接收者必然可检测到。

（4）隐蔽性能好。量子通信没有电磁辐射，第三方无法进行无线监听或探测窃听。

（5）应用广泛。量子通信与传播媒介无关，传输不会被任何障碍阻隔，量子隐形传态通信还能穿越大气层。因此，量子通信应用广泛，既可在太空中通信，又可在海底通信，还可在光纤等介质中通信。

2. 量子通信技术的典型应用场景

量子通信的应用目前仍处在初期，当前应用主要是基于量子通信安全性强、抗干扰能力强、信道容量大、高效率等特征，应用在以下方面。

1）金融应用行业

银行和金融服务部门在运营中严重依赖信息技术，金融信息系统必须保证金融交易的机密性、完整性、访问控制、鉴别、审计、追踪、可用性、抗抵赖性和可靠性。目前中国量子通信已经可以为银行、证券、期货、基金等金融机构开展数据中心异地灾备、企业网银实时转账等应用。

2）政务系统

政府机关单位对信息的安全性有很高的要求，政务网络中运行的内部办公应用、电子政务、对外便民服务等类型的信息系统安全高效运行至关重要。当前我国多地已建成量子政务网。

3）电力系统

电力系统涉及发、变、输、配、用等多个流程，在安全、稳定、可靠性方面有着很高的要求。电力系统关系国计民生，在中国大力推动智能电网建设和输配电改革的背景下，量子通信对于电力系统安全稳定可靠运行有望发挥一定的作用。

讨论与交流

2020 年 12 月，许多媒体报道了一个量子计算的大成果：中国科学技术大学的潘建伟、陆朝阳等构建了一台 76 个光子 100 个模式的量子计算机“九章”，它处理“高斯玻色取样”的速度比目前最快的超级计算机“富岳”快 100 万亿倍。也就是说，超级计算机需要 1 亿年完成的任务，“九章”只需 1 分钟。同时，“九章”也等效地比谷歌 2019 年发布的 53 个超导比特量子计算机原型机“悬铃木”快 100 亿倍。

请根据以上报道，尝试揭开“九章”的神秘面纱，并讨论我国在量子通信技术领域取得的成就。

5.2.3 5G 通信技术

华为作为一家通信公司，其主推的 Polar Code（极化码）方案，成为 5G 控制信道

eMBB 场景编码方案，这标志着我国首次在通信的高科技领域取得制定标准的话语权。由于在科技领域，主动权掌握在标准制定者的手里，因此从 2018 年开始，美国政府通过一系列法案，开始了针对华为公司的制裁行动。那么 5G 到底有什么“神通广大”的魔力受到各个国家如此重视呢？

1. 5G 的技术特点

移动通信技术经过逐代技术的发展，目前已经迈入了第五代发展的时代（5G 移动通信技术）。5G 是具有高速率、低时延和大连接特点的新一代宽带移动通信技术，是实现人机物互联的网络基础设施。5G 的技术特点如下。

1）高速度

5G 通过基站支持更大带宽（最高达 100MHz 单载波）并采用更高频段频谱（如 3.5GHz），显著提升了传输速率，其下载速度可达 4G 的 5～10 倍（4G 理论峰值约 1Gbps），在毫米波频段下 5G 理论峰值速率更可达 20Gbps。

2）低时延

相对于 4G，5G 技术可以将窗口时延降低到 1ms 左右，因此许多需要低延迟的行业将会从 5G 技术中获益，如自动驾驶等相关行业，替代时延高达 30～50ms 的 4G 网络，采用 5G 网络后能提高自动驾驶的反应速度。

3）泛在网

5G 能够达到泛在网的概念，有效改善 4G 网络下的盲点，实现全面覆盖。在任何时间、任何地点都能畅通无阻地通信。

4）低功耗

5G 网络采用高通的 eMTC 和华为的 NB-IoT 技术，实现了低功耗的需求，能够降低物联网设备的功耗，使物联网设备能够长时间不换电池，有利于大规模地部署物联网设备。

5）万物互联

与 4G 相比，5G 系统大幅提高了支持百亿甚至千亿数据级的海量传感器接入，能够很好地满足数据传输及业务连接需求，将人、流程、数据和事物结合一起，实现真正意义上的万物互联。

6）重构安全

5G 通信在各种新技术的加持下，有更高的安全性，在未来的无人驾驶、智能健康等领域，能够有效地抵挡黑客的攻击，保障各方面的安全。

2. 5G 的典型应用场景

基于以上特点，5G 目前的应用集中在以下领域：

（1）车联网。随着智能终端及移动互联网的普及，人们对于汽车功能要求不仅仅局限于乘运，而是多了超越传统的娱乐和辅助功能，这成为道路安全和汽车革新的关键推动力，如近几年异军突起的造车新势力。驱动汽车变革的关键技术——自动驾驶、编队行驶、车辆生命周期维护、传感器数据众包等都需要安全、可靠、低延迟和高带宽的连接，这些连接特性在高速公路和密集城市中至关重要，只有 5G 可以同时满足这样严格的要求，因此，车联网是 5G 重要的应用场景之一。

（2）智能制造。创新是制造业的核心，其主要发展方向有精益生产、数字化、工作流程以及生产柔性化。传统模式下，制造商依靠有线技术来连接应用。近些年 Wi-Fi、蓝牙和 Wireless HART 等无线解决方案也已经在制造车间立足，但这些无线解决方案在带宽、可靠性和安全性等方面都存在局限性，而 5G 灵活、可移动、高带宽、低时延和高可靠通信的特点能够很好解决制造业转型智能制造过程中面临的网络问题。

（3）远程医疗。人口老龄化加速在我国已经呈现出明显的趋势，更先进的医疗水平成为老龄化社会的重要保障。利用 5G 低延迟和高质量保障特性可以提供远程医疗服务，如基于 5G 的远程诊断、远程手术等，实现优质医疗资源的均衡化，有效解决老龄化社会看病难的问题。

5.2.4　物联网技术

跑步时佩戴智能手表可以记录跑步的数据，通过手机可以控制智能电饭锅、空调、晾衣架，网上购物可以实时进行物流跟踪，智能血压计可以实时远程监控血压状况……这些我们日常生活接触到的智能设备都属于物联网设备的范畴。当然，物联网的应用远不止这些，下面将带领大家一起了解物联网。

1. 物联网技术的特点

物联网是在互联网的基础上，利用智能感知、无线数据通信等技术，构造出一个覆盖世界上万事万物的网络。在这个网络中，物品（商品）能够彼此进行“交流”，而无须人为干预。物联网技术具有三个基本特征。

1）全面感知

全面感知是指利用无线射频识别、传感器、定位器和二维码等手段随时随地对物体进行信息采集和获取。感知包括传感器的信息采集、协同处理、智能组网，甚至信息服务，以达到控制、指挥的目的。

2）可靠传递

可靠传递是指通过各种电信网络和因特网融合，对接收到的感知信息进行实时远程传送，以实现信息的交互和共享，并进行各种有效的处理。在这一过程中，通常需要用到现有的运行网络，包括无线和有线网络，其中 5G 网络是承载物联网的一个有力的支撑。

3）智能处理

智能处理是指利用云计算、机器学习等智能计算技术，对随时接收到的跨地域、跨行业、跨部门的海量数据和信息进行分析处理，提升对物理世界、经济社会各种活动和变化的洞察力，实现智能化的决策和控制。

2. 物联网技术的应用场景

得益于 5G 的商用和智能终端的普及，物联网面临的信息传输、采集等问题得到有效解决，物联网将迎来快速发展时期，具体应用场景如下：

（1）智能家居。智能家居是物联网应用较早也较为成熟的一个领域，物联网应用于智能家居领域，能够对家居类产品的位置、状态、变化进行监测，分析其变化特征，同时根据人的需要，在一定的程度上进行反馈，提高人们的生活能力，使家庭变得更舒适、安全和高效。

（2）智慧物流。智慧物流指的是以物联网、大数据、人工智能等信息技术为支撑，在物流的运输、仓储、配送等各个环节实现系统感知、全面分析及处理等功能。利用物联网的全面感知、智能处理等功能实现对货物的监测以及运输车辆的监测，包括货物车辆位置、状态以及货物温湿度，油耗及车速等，物联网技术的使用能提高运输效率，提升整个物流行业的智能化水平。

（3）智慧医疗。通过传感器对人的生理状态（如心跳频率、体力消耗、血压高低等）进行监测，将获取的数据通过可靠传输并记录到医疗中心的电子健康文件中，通过智能处理机制对收集的健康数据进行智能化处理，以便做出健康干预建议。

（4）智慧农业。通过智能感知、信息传递、智能处理等技术，实时监控、远程调节农业生产的各个环节，促进了农业生产、经营管理、战略决策的智能化信息化，实现农业生产的高效、集约化、规模化、标准化。

5.2.5 区块链技术

“比特币”“挖矿”，这些词语时常在我们耳边响起，大家知道“比特币”背后的技术原理吗？“比特币”怎么能实现交易呢？“比特币”能不能伪造呢？要回答这些问题，就需要了解比特币的最底层技术——区块链。

1. 区块链技术的特点

区块链记录的信息更加真实可靠，可以帮助解决人们互不信任的问题，是因为区块链具有以下技术特点。

1）分布式数据库

区块链上的每一方都可以访问整个数据库及其完整的历史记录。没有单一方控制数据或信息。每一方都可以直接验证其交易合作伙伴的记录，而无须中间人。

2）去中心化

区块链技术不依赖额外的第三方管理机构或硬件设施，没有中心管制，除了自成一体的区块链本身，通过分布式核算和存储，各个节点实现了信息自我验证、传递和管理。去中心化是区块链最突出最本质的特征。

3）匿名性

除非有法律规范要求，单从技术上来讲，各区块节点的身份信息不需要公开或验证，信息传递可以匿名进行。

4）安全性

区块链采用分散式数据库，利用散列和算法保障数据安全，安全性是在网络中集体创建的，没有任何一方需要负责安全，安全性由参与者共同授予。

2. 区块链技术的应用场景

区块链技术可以在无须第三方背书情况下实现系统中所有数据信息的公开透明、不可篡改、不可伪造、可追溯。区块链作为一种底层协议或技术方案可以有效地解决信任问题，实现价值的自由传递，在数字货币、金融资产的交易结算、数字政务、存证防伪数据服务等领域具有广阔前景。

（1）数字货币。相比实体货币，数字货币具有易携带存储、低流通成本、使用便利、易于防伪和管理、打破地域限制，能更好整合等特点，数字货币已经成为数字经济时代的发展方向。

（2）金融资产交易结算。区块链技术天然具有金融属性，它正对金融业产生颠覆式变革。在支付结算方面，基于区块链分布式账本体系下，市场多个参与者共同维护并实时同步一份“总账”，短短几分钟内就可以完成现在两三天才能完成的支付、清算、结算任务，降低了跨行跨境交易的复杂性和成本。同时，区块链的底层加密技术保证了参与者无法篡改账本，确保交易记录透明安全，监管部门方便地追踪链上交易，快速定位高风险资金流向。

（3）存证防伪。区块链可以通过哈希时间戳证明某个文件或者数字内容在特定时间的存在，加之其公开、不可篡改、可溯源等特性为司法鉴证、身份证明、产权保护、防伪溯源等提供了完美解决方案。在知识产权领域，通过区块链技术的数字签名和链上存证可以对文字、图片、音频、视频等进行确权，通过智能合约创建执行交易，让创作者重掌定价权，实时保全数据形成证据链，同时覆盖确权、交易和维权三大场景。在防伪溯源领域，通过供应链跟踪区块链技术可以被广泛应用于食品医药、农产品、酒类、奢侈品等各领域。

（4）数据服务。区块链技术将大大优化现有的大数据应用，在数据流通和共享上发挥巨大作用。未来互联网、人工智能、物联网都将产生海量数据，现有中心化数据存储（计算模式）将面临巨大挑战，基于区块链技术的边缘存储（计算）有望成为未来解决方案。再者，区块链对数据的不可篡改和可追溯机制保证了数据的真实性和高质量，这成为大数据、深度学习、人工智能等一切数据应用的基础。最后，区块链可以在保护数据隐私的前提下实现多方协作的数据计算，有望解决“数据垄断”和“数据孤岛”问题，实现数据流通价值。

5.2.6　新一代信息技术的融合发展

1. 5G+工业互联网

5G 真正的应用场景，80%应该是用在物与物的通信，如工业互联网、车联网、远程医疗等领域。而对于工业互联网来说数字化、网络化、智能化是工业互联网的三大主要发展趋势，与 5G 融合有助于工业互联网的发展。5G+工业互联网的融合将在以下场景展开。

1）泛在感知

面向工厂全覆盖的感知设备采集工厂足够多的数据，特别是工厂实时运行的数据，利用 5G 低时延、高可靠的特性进行数据传输，实现工厂设备的远程控制、协同作业、设备故障诊断。

2）智能控制

未来工业生产需要大量的智能控制，不仅要做指令的传输，还需要做复杂的视觉、触觉的同步信息传输，这些都是未来 5G 应用的典型场景。

3）智能巡检

通过全覆盖的感知系统，采集工厂的现场视频、设备运行数据等信息，利用 5G 网络实时回传至智能巡检系统，智能巡检系统根据回传数据作出判断。

2. 人工智能+汽车制造

人工智能与工业场景融合将释放出巨大潜能，在汽车制造领域更是如此，在现代化的汽车生产车间里,数字化和智能化技术为突破传统制造工艺中的难点打开了全新思路。

以冲压工艺为例，振动直接反映着加工过程中的设备健康状况，是设备安全评估的一项核心指标。然而，振动分析极为复杂，产线上多种设备和众多组件之间的振动相互影响、叠加，形成一场大型“复合”振动，单凭人力难以捕捉复杂的加工过程。当人力不可为时，人工智能介入是必然选择。

解决方法是为冲压车间生产线上的关键设备加装多个传感器，每个传感器每秒可采集 20000 多个数据点。如此庞大的数据量上传至云端，进行基于机器学习技术的云端大数据分析。“聪明”的人工智能系统因此成为专家智慧的延伸，能够实时掌握设备状态，并预测未来一段时间内出现故障的可能性。

讨论与交流

新一代信息技术与其他领域融合发展的应用场景越来越多，请同学们查找资料，收集已经实现的新一代信息技术其他融合发展应用场景，并思考新一代信息技术未来可能的应用场景。

单元小结

本单元通过两个任务介绍新一代信息技术。任务 5.1 主要介绍新一代信息技术的基本概念、产生原因和发展历程；任务 5.2 主要介绍新一代信息技术的技术特点和典型应用，以及新一代信息技术与其他产业融合发展的概况。通过本单元的学习，我们需要了解新一代信息技术的组成及应用场景，了解我国新一代信息技术的发展现状，能够理解发展新一代信息技术对于我国未来发展的重要意义。

课后习题

一、选择题

1. 以下不属于新一代信息技术主要代表的是（　　）。

   A. 人工智能　　B. 区块链技术　　C. 量子通信　　D. 新能源

2. 与传统通信技术比较，以下不属于量子通信主要特点和优势的是（　　）。

   A. 时效性高　　B. 复杂性高　　C. 抗干扰性能强　　D. 保密性高

3. 新一代信息技术中的移动通信主要是指（　　）。

   A. 4G　　B. 5G　　C. 4.5G　　D. 3G

4. 以下不属于区块链技术特点的是（　　）。

A. 分布式数据库 B. 中心化 C. 匿名性 D. 安全性

5. 关于物联网技术特点描述错误的是（　　）。

A. 全面感知利用无线射频识别、传感器、定位器和二维码等手段随时随地对物体进行信息采集和获取

B. 可靠传递是指通过各种电信网络和因特网融合，对接收到的感知信息进行实时远程传送，实现信息的交互和共享，并进行各种有效的处理

C. 智能处理是指利用云计算、机器学习等各种智能计算技术，对随时接收到的跨地域、跨行业、跨部门的海量数据和信息进行分析处理

D. 万物互联是指将不同类型的设备通过物联网连接一起

二、填空题

1. 5G目前的应用集中在以下领域，即________、________和________。

2. 量子通信具有如下主要特点和优势：________、________、________、________、________。

3. 区块链作为一种底层协议或技术方案可以有效地解决信任问题，实现价值的自由传递，在________、________、________、________等领域具有广阔前景。

4. 量子通信的基本思想主要包括两部分：________、________。

5. 人脸识别涉及的技术主要包括________、________。

三、简答题

1. 通过本单元所学，列举人工智能未来的应用场景。

2. 列举物联网在你身边的典型应用。

科技报国

科技报国，以智启航。2025 年央视春晚，宇树科技人形机器人以精准流畅的舞姿惊艳世界，彰显我国人工智能领域突破性进展。在工业领域，智能机器人已实现毫米级精密操作，与自动化生产线深度融合，显著提升生产效能。智能家居系统通过深度学习用户习惯，实现全屋智能调控，将生活品质推向新高度。医疗领域，AI辅助诊断系统已能精准识别早期病灶，为生命保驾护航。这既是科技工作者对“科技报国”的生动诠释，更是对高职学子的使命召唤。让我们以科技为笔，书写民族复兴的辉煌篇章！

学习笔记

6 单元 信息素养与社会责任

单元导读

信息素养与社会责任是指在信息技术领域，通过对信息领域相关知识的了解，内化形成的职业素养和行为自律能力。信息素养与社会责任对个人在各自行业内的发展起着重要作用。信息化社会鼓励学生使用信息手段主动学习、自主学习，增强运用信息技术分析和解决问题的能力。本单元内容包括信息素养概述、信息技术发展史、信息安全与自主可控、信息伦理与职业行为自律等。

任务 6.1 信息素养概述

任务描述

信息素养作为能力的重要因素之一，已经成为衡量现代人素质的重要标准。如何有效地获取有价值的信息，正确地利用信息，从而高效地解决问题，成为我们必须具备的一项技能。什么是信息素养？在日常生活和工作中，哪些行为是具备良好信息素养的表现呢？

任务分析

任务技能目标

通过本次任务，掌握以下技能：

（1）理解信息素养的概念；

（2）了解信息素养的主要要素；

（3）了解大学生信息素养的养成路径。

核心知识点

信息素养的概念、主要要素。

任务实现

6.1.1 信息素养的基本概念

美国原信息产业协会主席 Paul Zurkowski 于 1974 年首次提出信息素养的概念，他认为信息素养是：利用大量的信息工具及主要信息资源使问题得到解答的技能。这一概念一经提出，便得到了广泛传播和使用。

教育部于 2019 年 3 月发布的《高等学校数字校园建设规范（试行）》对信息素养做出的定义是："信息素养是个体恰当利用信息技术来获取、整合、管理和评价信息，理解、建构和创造新知识，发现、分析和解决问题的意识、能力、思维及修养。信息素养培育是高等学校培养高素质、创新型人才的重要内容。"

综上所述，信息素养主要涉及内容的鉴别与选取、信息的处理与分析等环节，它是一种了解、搜集、评估和利用信息的知识结构。随着社会的不断进步和信息技术的不断发展，信息素养已经变为一种综合能力，它涉及人文、技术、经济、法律等各方面的内容，与许多学科紧密相关，是一种信息能力的体现。

6.1.2 信息素养的主要要素

信息素养包含技术和人文两个层面的意义，主要由信息意识、信息知识、信息能力、信息伦理与安全四大要素组成。

1. 信息意识

信息意识是指对新信息的敏感程度，对信息价值的判断力、洞察力，是人们从信息角度对自然界和社会的各种现象、行为、理论观点等的理解、感受和评价。通俗地讲，面对未知的事物，能积极主动地去寻找答案，知道到哪里、用什么方法去找答案，就是信息意识。例如，在学习上遇到困难时，有的同学会主动上网查资料、寻求老师或同学的帮助，而有的同学则会听之任之，后者便是缺乏信息意识的表现。

2. 信息知识

信息知识既是信息科学技术的理论基础，又是学习信息技术的基本要求。只有掌握了信息技术知识，才能更好地理解和应用信息技术。它不仅体现了人们所具备的信息知识的丰富程度，还制约着人们对信息知识的进一步掌握。

3. 信息能力

信息能力指人们获取、处理信息的能力，包括信息系统的基本操作能力，信息的采集、传输、加工处理和应用的能力，以及对信息系统和信息进行评价的能力等。信息应用能力是信息素养诸要素的核心。身处信息时代，如果只具有强烈的信息意识和丰富的信息知识，而不具备较高的信息应用能力，还是无法有效地利用各种信息工具去搜集、获取、传递、加工、处理有价值的信息。高校学生要具有一定的信息应用能力，这也是信息时代重要的生存能力。

4. 信息伦理与安全

信息伦理是信息素养的准则，是指人们在从事信息活动时需要遵守的信息道德准则和需要承担的信息社会责任。高尚的信息伦理是正确信息行为的保证，它关系到整个社会信息素养发展的方向。信息伦理与安全素养主要包括：尊重知识，崇尚创新，认同信息劳动的价值；不浏览和传播虚假消息和有害信息；在信息利用及生产过程中，尊重和保护知识产权，遵守学术规范，杜绝学术不端；在信息利用及生产过程中，注意保护个人和他人隐私信息；掌握信息安全技能，防范计算机病毒和黑客等攻击；对重要信息数据进行定期备份。

信息素养的四个要素共同构成一个不可分割的统一整体。信息意识是先导，信息知识是基础，信息能力是核心，信息伦理与安全是保证。

6.1.3 当代大学生良好信息素养的体现方面

信息素养是每位学生基本素养的构成要素，它既是个体查找、检索、分析信息的信息认识能力，也是个体整合、利用、处理、创造信息的信息使用能力。在日常生活和未来的工作中，良好的信息素养主要体现在以下几个方面。

（1）能够熟练使用各种信息工具，尤其是网络传播工具，如网络媒体、聊天软件、电子邮件、博客等。

（2）能根据自己的学习目标有效收集各种学习资料与信息，能熟练运用阅读、访问、讨论、检索等获取信息的方法。

（3）能够对收集到的信息进行归纳、分类、整理、鉴别、遴选等。

（4）能够自觉抵御和消除垃圾信息及有害信息的干扰和侵蚀，保持正确的人生观、价值观，以及自控、自律和自我调节能力。

实践与体验

学生以小组为单位，通过互联网，了解一些权威的辟谣平台，提高对谣言的判断力和免疫力，缩小谣言的传播范围；分组讨论在网络信息真假难辨的背景下，个人怎样识别错误或虚假的言论，营造风清气正的网络舆论环境。

（1）用搜索引擎搜索“辟谣平台”，搜索结果如图 6.1.1 所示。

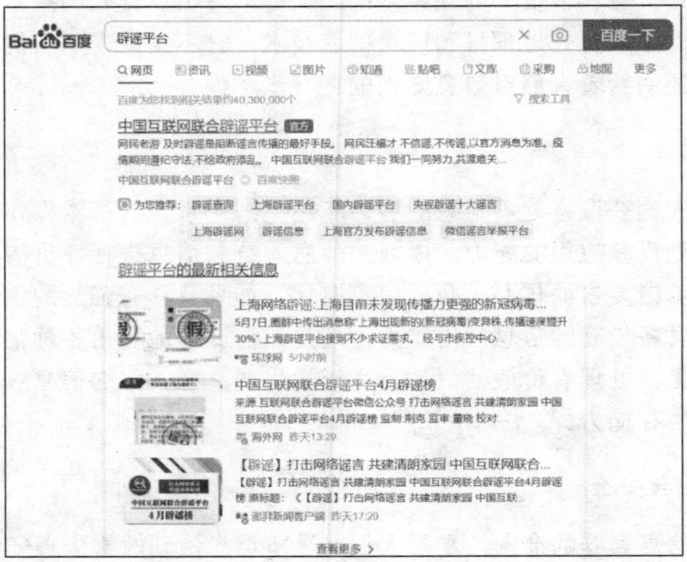

图 6.1.1 搜索“辟谣平台”

（2）单击链接“中国互联网联合辟谣平台”，打开由中央网信办主办、新华社承办、多家权威新闻媒体参与的官方辟谣平台，如图 6.1.2 所示。单击各链接可以进一步了解。该平台还有辟谣 App、微信公众号和官方微博，同时也是一个谣言线索征集平台。

图 6.1.2 中国互联网联合辟谣平台

（3）在图 6.1.2 所示页面中有各地区的互联网辟谣平台链接，访问由各地网信办主管的辟谣平台可了解各省市辟谣信息、相关知识和法律法规。

（4）在微信中搜索“辟谣”相关的公众号，关注由政府或事业单位等权威机构的辟谣公众号，也可以了解辟谣信息。

任务 6.2　了解信息技术发展史

任务描述

信息技术是由计算机技术、通信技术、信息处理技术和控制技术等多种技术构成的一项综合的高新技术，它的发展是以电子技术，特别是微电子技术的进步为前提的。回顾整个人类社会发展史，从语言的使用、文字的创造，到造纸术和印刷术的发明与应用，以及电报、电话、广播和电视的发明和普及等，无一不是信息技术的革命性发展成果。但是，真正标志着现代信息技术诞生的事件还是 20 世纪 40 年代以来电子计算机的发明及应用，以及计算机与现代通信技术的有机结合，如计算机网络的形成实现了计算机之间的数据通信、数据共享等。本任务将通过信息技术的演变来介绍信息技术对人类社会发展的作用，了解一些著名信息技术企业的兴衰。

任务分析

任务技能目标

通过本次任务，掌握以下技能：

（1）了解信息技术的发展历程；

（2）了解信息技术企业的发展与兴衰。

核心知识点

信息技术的发展历程。

任务实现

6.2.1　信息技术的发展历程

1. 第一次信息技术革命：语言的产生和使用

语言是人类进行思想交流和信息传播不可缺少的工具。可以说，语言的产生揭开了人类文明的序幕。

2. 第二次信息技术革命：文字的创造

大约在公元前 3500 年出现了文字，文字的创造是信息第一次打破时间、空间的限制。

3. 第三次信息技术革命：印刷术的发明和使用

北宋时期的毕昇发明了活字印刷术。印刷术的发明和使用使书籍、报纸和杂志成为重要的信息储存和传播的媒介，为知识的积累和传播提供了更为可靠的保证。

4. 第四次信息技术革命：电话、电视、广播等信息传递技术的发明

19 世纪末至 20 世纪初，随着电磁波的发现，电话、电视、广播等信息传递技术被发明并得到应用，通信领域发生了根本性的变革，使人类进入利用电磁波传播信息的时代，进一步突破了时间与空间的限制。

5. 第五次信息技术革命：计算机技术与现代通信技术的普及应用

计算机技术和现代通信技术的普及应用将人类社会推进为数字化的信息时代，信息的处理速度、传递速度得到惊人的提升。

如今，信息技术仍然在飞速发展，以大数据、云计算、区块链、人工智能等技术为代表的颠覆性信息技术日新月异，推动了世界范围内信息传播的技术逐渐统一，形成新一代信息技术发展集群，最终将实现人类社会信息技术的跨越式发展。

6.2.2 我国知名信息技术企业

信息产业已成为我国的支柱产业，其规模已居世界第二位,自 20 世纪 90 年代以来，许多信息技术企业如雨后春笋般不断出现，发展壮大，也有的衰落消失，它们的发展历程从侧面证明了信息技术的发展变化。

1. 百度集团

作为我国的主要搜索引擎，百度集团因其强大的互联网技术基础，现已成为国内领先的信息技术领军型企业。其作为全球为数不多的能提供人工智能芯片、软件架构、应用程序等软硬件技术的全球性信息技术企业，百度集团现已成为全球著名人工智能公司之一。

基于企业主营的搜索引擎业务，百度集团在主营业务持续发展的基础上研发并逐步商业化了智能图像识别、自然语言处理、知识图谱、语音识别等人工智能技术。从成果上来看，在过去的十年间，百度集团在自动驾驶、交互式人工智能技术、深度学习技术、神经网络芯片等领域的投资和研发方面取得了许多实质性进展，从而保障其始终保持着全球性的领军型信息技术企业，推动国产新一代信息技术的发展。作为中文信息搜索服务的核心入口，百度集团累计已服务了全球超过十亿个互联网用户，每天应对 100 个以上国家和地区的数十亿次搜索需求。

2. 华为集团

作为全球 5G 技术的引领者，华为创立于 1987 年，是全球领先的信息与通信（information and communications technology，ICT）基础设施和智能终端提供商。

截止到 2021 年底,华为集团在全球范围内共持有 11 万件以上的有效专利,其中 90%以上的专利为发明专利。在信息技术研发投入方面，近十年来，华为集团累计投入的研发费用超过了 8450 亿元人民币。华为聚焦信息通信基础设施和智能终端领域，坚持开放式合作与创新，从维护全球标准统一、建设产业生态联盟、拥抱全球化开源、推进关键

技术创新等方面着手，聚合、共建、共享全产业要素，投入巨资开发国产自主的 5G 技术、芯片设计制造技术、操作系统等，打破西方国家的信息垄断，推动中国乃至全球范围内的信息技术产业持续健康发展。

讨论与交流

信息技术企业要适应不断变化的信息时代，要始终秉承创新的理念，否则即便辉煌一时，也会很快衰落。

1994 年，年仅 25 岁的杨致远和同学大卫·费罗在斯坦福大学读书期间，共同创建了全球第一家提供互联网分类检索服务的网站——雅虎。雅虎开创了内容免费、广告收费的门户这一互联网领域最早成功的新商业模式。雅虎陆续推出著名的 Yahoo 邮件、Yahoo 搜索和 Yahoo 游戏，2000 年雅虎市值一度达到 1280 亿美元，成为世界互联网的传奇。其后雅虎公司故步自封，做出一系列错误决策，2016 年，美国电信巨头 Verizon（威瑞森）公司仅用 44.8 亿美元就收购了雅虎的核心业务，2021 年 11 月，雅虎中国正式关闭。

学生通过互联网搜索雅虎公司的发展壮大历程、衰落的原因，以及国内外知名信息技术公司的发展、消亡历史，讨论信息技术公司怎样才能适应时代的变化，立于不败之地。

任务 6.3　信息安全与自主可控

任务描述

如果某天你突然发现计算机里的数据被删得支离破碎，打开手机信号却总是无法接通，ATM 机上显示银联卡中的存款已经被一扫而空，你会有何感想？你知道这意味着什么吗？中国互联网络信息中心 2022 年发布的第 49 次《中国互联网络发展状况统计报告》显示，38%的被调查网民遭遇过个人信息泄露、计算机病毒等信息安全事件。信息安全不仅意味着个人的隐私安全，更意味着经济、社会、国防等国家层面的安全。

任务分析

任务技能目标

通过本次任务，掌握以下技能：

（1）信息安全的概念和目标；

（2）信息安全威胁的种类；

（3）自主可控对于我国信息安全建设的重要性。

核心知识点

信息安全威胁的种类。

任务实现

6.3.1 信息安全的概念

信息作为一种资源，它的普遍性、共享性、增值性、可处理性和多效性，使其对于人类具有特别重要的意义。信息的泛在化虽然给人们带来了便利，但也具有其破坏性的一面。保障信息安全，是不可忽视的重要问题。

信息安全是指信息系统（包括硬件、软件、数据、人、物理环境及其基础设施）受到保护，不因偶然的或者恶意的原因而遭到破坏、更改、泄露，确保系统连续、可靠、正常地运行。信息安全的实质是要保护信息系统或信息网络中的信息资源免受各种类型的威胁、干扰和破坏，即保证信息的安全性。

6.3.2 信息安全的目标

信息安全的目标是保护和维持信息的三大基本安全属性，即保密性(confidentiality)、完整性（integrity）、可用性（availability），这三者也常合称为信息的 CIA 属性。

（1）保密性是指使信息不泄露给未授权的个人、实体、进程，或不被其利用。

（2）完整性是指信息没有遭受未授权的更改或破坏。

（3）可用性是指已授权实体一旦需要即可访问和使用信息。

信息安全的目标还包括保护和维持信息的真实性、可核查性、不可否认性和可靠性等。

（1）真实性是指确保信息内容与所声称的保持一致。

（2）可核查性是指通过可靠的方法验证信息的真实性。

（3）不可否认性是指信息交换的双方不能否认其在交换过程中发送或接收信息的行为及信息的内容。

（4）可靠性是指信息的预期与结果保持一致。

6.3.3 信息安全面临的威胁

随着信息技术的飞速发展，信息技术为我们带来更多便利的同时，也使得我们的信息系统变得更加脆弱。随着技术的发展，各种信息安全威胁层出不穷，目前主要面临以下几点威胁。

1. 黑客恶意攻击

黑客是专门攻击网络和个人计算机的个人或组织，精通各种编程语言和操作系统。就目前信息技术的发展趋势来看，黑客多采用病毒或网络远程攻击对个人信息设备进行破坏。攻击方式多种多样，对没有网络安全防护设备（防火墙）的网站和系统具有强大的破坏力，这给信息安全防护带来了严峻的挑战。2017 年，不法分子通过“永恒之蓝”网络攻击程序制作了 WannaCry（勒索病毒）；同年 5 月 12 日开始，WannaCry 在全球范围大爆发，感染了大量的计算机。该病毒感染计算机后会向计算机文件中植入病毒，导致大量文件被加密。黑客会要求受害者支付高额比特币才可解锁文件，其结果致使多个国家的重要信息基础设施遭受前所未有的破坏，该病毒也由此受到空前的关注。

2. 网络自身及其管理有所欠缺

互联网的共享性和开放性使网上信息安全管理存在不足，在安全防范、管理机制、安全策略和方便性等方面存在滞后性与不适应性。许多企业、机构及用户对其网站或信息系统疏于管理，没有制定严格的管理制度。实际上，网络系统的严格管理是企业、组织及相关部门和用户信息免受攻击的重要措施。

3. 因软件设计的漏洞或人为设计的“后门程序”而产生的安全问题

随着软件系统规模的不断增大，新的软件产品被开发出来，其系统中的安全漏洞或“后门程序”也不可避免地存在。无论是操作系统，还是各种应用软件，大多都被发现过存在安全隐患。不法分子或组织往往会利用这些漏洞，将病毒、木马等恶意程序传输到网络和用户的计算机中，或者秘密窃取用户数据。2021 年 7 月，我国外交部强烈谴责了美国国家安全部门命令微软公司使用 Windows 系统后门程序窃取全球大量用户信息数据的行径。

4. 非法网站设置的陷阱

互联网中有些非法网站会故意设置一些盗取他人信息的软件，并且可能隐藏在下载的信息中，只要用户登录或下载网站资源，其计算机就会被控制或感染病毒，严重时会使计算机中的所有信息被盗取。这类网站往往会伪装成人们感兴趣的内容，让用户主动进入网站查询信息或下载资料，从而成功将病毒、木马等恶意程序传输到用户的计算机上，以完成各种别有用心的操作。

5. 用户不良行为引起的安全问题

用户误操作导致信息丢失、损坏，没有备份重要信息，在网上下载盗版软件、随意点击不明链接等，都可能对信息安全造成威胁。我们应该严格遵守操作规定和法律制度，避免信息安全带来各种隐患。

6.3.4 自主可控

国家安全对于任何国家而言都是至关重要的，处于信息时代，信息安全是不容忽视的安全内容之一。中国作为一个崛起中的大国，网络安全对国家安全至关重要。近年来，我国不断完善相关政策，目的就是要坚定不移地按照“国家主导、体系筹划、自主可控、跨越发展”的方针，解决在信息技术软件和硬件上受制于人的问题。

自主可控是保障网络安全、信息安全的前提。能自主可控意味着信息安全容易治理、产品和服务一般不存在恶意后门并可以不断改进或修补漏洞。反之，不能自主可控就意味着具有“他控性”，就会受制于人，其后果是：信息安全难以治理、产品存在恶意后门、并难以对漏洞进行修补，威胁国家的信息安全。

自主可控是我们国家信息化建设的关键环节，是保护信息安全的重要目标之一，在信息安全方面意义重大。随着我国自主可控技术不断提升和产业链上下游逐渐打通，自主可控设备新品层出不穷，其应用领域也在全面铺开。自主可控筑起信息技术新的长城，同时也创造出新的产业发展空间。

讨论与交流

中国工程院院士倪光南说："如果无法实现关键技术的自主可控，那么就会受制于人，对我国的供应链造成重大影响。"操作系统国产化是软件国产化的重要保障，是我国实现软件自主可控必须要攻克的阵地。目前国内企业开发了多种操作系统，典型代表有统信操作系统（统信 UOS）、银河麒麟操作系统（KylinOS）、深度操作系统（Deepin）、华为鸿蒙操作系统（HarmonyOS）等。学生以小组为单位，检索国内外信息安全案例，讨论操作系统等软件国产化对于保护我国信息安全的必要性。

任务 6.4 信息伦理与职业行为自律

任务描述

2019 年 7 月 12 日，《人民日报》用整版探讨了"信息化带来伦理挑战"这一问题。文中指出："从伦理学角度看，当大数据和人工智能的发展改变甚至颠覆人类活动的主体地位时，传统伦理就会发生解构，人具有排他性主体地位的伦理时代就可能结束。"这句话既揭示了传统伦理在信息时代受到的挑战，同时也展现出信息时代必然发生的伦理变革。那么，信息时代的伦理是什么呢？你在网络或现实生活中是否遇到过信息伦理风险事件，你是如何看待的？

任务分析

任务技能目标

通过本次任务，掌握以下技能：

（1）掌握信息伦理的内涵；

（2）了解相关法律法规与职业行为自律的要求。

核心知识点

信息伦理的内涵。

任务实现

6.4.1 信息伦理概述

我们在参与信息活动时，也需要遵守一系列可行、合理且受到广大网民普遍认可的要求、准则和规约，即信息伦理（information ethics)。与社会伦理类似，信息伦理不由法律强行执行和维护，而是以信息活动中的善恶为标准，依靠网民内心的社会道德观念、彼此之间的督促和网络平台的监督维系。

信息伦理是信息活动中的规范和准则，主要涉及信息隐私权、信息准确性权利、信息产权、信息资源访问权等方面的问题。

（1）信息隐私权即依法享有的自主决定的权利及不被干扰的权利。

（2）信息准确性权利即享有拥有准确信息的权利，要求信息提供者提供准确信息的权利。

（3）信息产权即信息生产者享有自己所生产和开发的信息产品的所有权。

（4）信息资源存取权即享有获取所应该获取的信息的权利，包括对信息技术、信息设备及信息本身的获取。

6.4.2 我国信息伦理相关法律法规

在信息领域，仅仅依靠信息伦理并不能完全解决问题，它还需要强有力的法律作支撑。因此，与信息伦理相关的法律法规显得十分重要。有关的法律法规与国家强制力的威慑，不仅可以有效打击在信息领域造成严重后果的行为者，还可以为信息伦理的顺利实施构建较好的外部环境。随着计算机技术和互联网技术的发展与普及，我国为了更好地保护信息安全，培养公众正确的信息伦理道德，陆续制定了一系列法律法规，用于制约和规范对信息的使用行为和阻止有损信息安全的事件发生。在法律层面上，我国于1997 年修订的《中华人民共和国刑法》中首次界定了计算机犯罪，如第二百八十五条的非法侵入计算机信息系统罪、第二百八十六条的破坏计算机信息系统罪和拒不履行信息网络安全管理义务罪等。

在政策法规层面上，我国自 1994 年起陆续颁布了一系列法律、法规文件，如《中华人民共和国计算机信息系统安全保护条例》《中华人民共和国计算机信息网络国际联网管理暂行规定》《中华人民共和国网络安全法》《中华人民共和国数据安全法》《中华人民共和国个人信息保护法》等，这些文件都明确规定了信息的使用方法，使信息安全得到了有效保障，也能在公众当中形成良好的信息伦理。

6.4.3 职业行为自律

在信息社会中，无论从事何种职业，都应当自觉遵守信息伦理。尤其是作为即将步入社会的高校学生，更应当从各个方面了解职业发展的行为规范。

（1）坚守健康的生活情趣。我们应当坚守健康的生活情操，静心抵制诱惑，保持积极向上的人生态度，严防侥幸和不劳而获的心理。

（2）培养良好的职业态度。职业态度是指个人对所从事职业的看法及在行为举止方面的倾向，积极的职业态度可促使人自觉学习职业知识，钻研职业技术和技能，并对本职工作表现出极高的认同感。

（3）秉承端正的职业操守。我们应当秉承端正的职业操守，遵守行业规章制度，坚持严于律己，不做损人利己的事，对工作单位的商业秘密和信息数据守口如瓶。

（4）尊重他人的知识产权。知识产权是指智力劳动产生的成果所有权，它是依照各国法律赋予符合条件的著作者及发明者或成果拥有者在一定期限内享有的独占权利。个人要抵制通过非法渠道获取、使用受知识产权保护的数据及软件等，尊重他人劳动成果。

（5）避免产生个人不良记录。为规范行业行为，营造良好的行业环境，各行各业都在积极建立行业“黑名单”。“黑名单”用于记录企业或个人的不良行为。个人要严守信用底线，避免因违约、欺诈等失信行为产生不良信用记录。

实践与体验

当前，以大数据、人工智能为代表的新一代信息技术蓬勃发展，深刻改变着人类的生存和交往方式，但同时也可能带来伦理风险。互联网上经常会报道引发全社会关注的信息伦理事件。例如，各大电商网站基于大数据分析的智能推荐算法技术带来了隐私方面的问题，如为了精确分析用户偏好，相关算法需要对用户的历史行为、个人特征等数据进行深入细致的挖掘，这可能导致系统过度收集用户的个人数据，侵犯个人隐私权；由于人工智能的高速发展，出现了无人工厂、无人配送等新业态，一些工作岗位，特别是客服类岗位，已经采用虚拟员工，引发了人工智能技术会让人类失业的担忧。请同学们尝试讨论并分析应对信息伦理的方法与措施。

同学们可以通过网络进一步了解国家为应对信息化带来的伦理挑战的相关举措，如《人民日报》(2019年7月12日9版)刊登的《信息时代的伦理审视》，2022年3月中共中央办公厅、国务院办公厅印发的《关于加强科技伦理治理的意见》，从而进一步加强对自身信息伦理道德的规范和审视。

单元小结

本单元主要学习了信息素养的概念、要素，信息技术发展史，信息安全及信息伦理等内容。高校学生要自觉提升信息素养，增强自身在信息社会的适应力与创造力，对个人发展、国力增强、社会变革有着十分重大的意义。在信息社会中，信息安全不仅关乎经济发展、社会稳定、国家安全、还与每个人的隐私、财产和身心健康息息相关。我们有必要了解一些信息安全的知识、信息安全的威胁，充分认识我国信息化产业自主可控对国家安全的重要意义，提高自身的信息安全意识。此外，我们还需要掌握信息伦理的相关知识，懂得如何有效地辨别虚假信息，自觉遵守相关法律法规及伦理准则，树立正确的职业理念，提高参与信息社会的责任感与实践能力，为就业和未来发展奠定基础。

课后习题

一、选择题

1. 下列选项中，不属于信息伦理涉及的问题是（　　）。

   A. 信息私有权　B. 信息隐私权　C. 信息产权　D. 信息资源存取权

2. 信息素养的构成要素有（　　）。

   A. 信息知识　B. 信息意识　C. 信息能力　D. 信息伦理与道德

3. 下列选项中，不属于第五次信息技术革命的技术是（　　）。

   A. 5G 通信　B. 计算机网络　C. 大数据　D. 电话

4. 下列选项中，不属于具有较高信息素养的人在能力方面的突出表现的是（　　）。

A. 信息知识的学习能力　　B. 信息的强化能力

C. 信息的理解能力　　D. 信息的获取能力

5. 2017 年 6 月 1 日起《中华人民共和国网络安全法》正式实施，规定贩卖（　　）条个人信息可入罪。

A. 50　　B. 100　　C. 500　　D. 1000

二、简答题

1. 简述信息素养的概念，以及信息素养包括的要素。
2. 信息安全面临的主要威胁是什么？
3. 当代大学生良好的信息素养体现在哪些方面？
4. 第五次信息技术革命的标志是什么技术？列举我国著名的信息技术企业及主要成就。
5. 简述信息技术的“自主可控”对我国国家安全的意义，列举我国拥有知识产权的信息技术软硬件技术或产品。

学习笔记

拓展模块

7 单元 大数据

单元导读

大数据是信息技术发展的必然产物，更是信息化进程的新阶段，其发展推动了数字经济的形成与繁荣。大数据是指无法在一定时间范围内用常规软件工具获取、存储、管理和处理的数据集合，具有数据规模大、数据变化快、数据类型多样和价值密度低四大特征。熟悉和掌握大数据相关技能，将会更有力地推动国家数字经济建设。本单元包含大数据基础知识、大数据系统架构、大数据分析算法、大数据应用及发展趋势等内容。

任务 7.1 什么是大数据

任务描述

小丁同学发现每次浏览某购物网站或使用购物 App 后，再打开其他网页时，经常会被推荐之前浏览过的类似商品。不明就里的他请教计算机专业的学长，被告知互联网可通过大数据平台监测分析消费者的消费行为轨迹，如浏览过的页面、广告、商品服务、话题等，有针对性地对消费者进行商业营销。小丁觉得大数据十分神奇，那我们就和小丁一起了解什么是大数据吧。

任务目标

- 理解大数据的基本概念、结构类型和核心特征。
- 了解大数据的时代背景、应用场景和发展趋势。

任务实现

在过去的数年中，信息技术在社会、经济、生活等各个领域不断渗透和推陈出新，社交媒体、众包、虚拟服务等新型应用模式持续拓展着人类创造和利用信息的范围和形式，促使各个产业发生改变，导致数据以前所未有的速度不断地增长和累积，在信息爆炸时代产生了海量数据。

7.1.1 大数据的背景

根据国际数据公司（International Data Corporation，IDC）做出的估测，数据近几年一直在以每年 50%的速度增长，也就是说每两年就增长一倍。这意味着人类在最近两年产生的数据量相当于之前产生的全部数据量，预计到 2025 年，全球将拥有 175ZB 的数据量，相较于 2020 年，数据量将增长近 5 倍。物联网、云计算、互联网、手机，以及遍布地球各个角落的各种各样的传感器，无一不是数据来源或者承载的方式。学术界、工业界以及政府机构都已经开始密切关注大数据问题，并对其产生浓厚兴趣。

大数据应用领域十分广泛。例如，在电商领域，电商平台利用大数据技术，对用户信息进行分析，为用户推送感兴趣的产品，从而刺激消费。在政府领域，政府部门得以感知社会的发展变化需求，从而更加科学化、精准化、合理化地为市民提供相应的公共服务和资源配置。在医疗领域，通过临床数据对比、实时统计分析、远程病人数据分析、就诊行为分析等，辅助医生进行临床决策，规范诊疗路径，提高医生的工作效率。在教育领域，通过大数据进行学习分析，能够为每位学生创设量身定做的个性化课程。在交通领域，通过大数据技术可以预测未来交通情况，为改善交通状况提供优化方案。

7.1.2 大数据的概念

大数据是指任何体量或者复杂性超过常规数据处理方法和处理能力的数据，其定义有狭义及广义之分。

狭义上的大数据是指通过获取、存储、分析，从大容量数据中挖掘价值的一种全新的技术架构。对大量数据进行分析并从中获得有用观点，这种做法在一部分研究机构和大企业中，过去就已经存在了。与过去相比，现在的大数据主要有三点不同：第一，随着社交媒体和传感器网络等的发展，在我们身边正产生出大量且多样的数据；第二，随着硬件和软件技术的发展，数据的存储、处理成本大幅下降；第三，随着云计算的兴起，大数据的存储、处理环境已经没有必要自行搭建。

广义上的大数据是指包括大数据技术、大数据工程、大数据科学和大数据应用等与大数据相关的领域，也可指物理世界到数字世界的映射和提炼，通过发现其中的数据特征，从而做出提升效率的决策行为。它是一个综合性概念，包括因具备大数据特征而难以进行管理的数据，对这些数据进行存储、处理、分析的技术，以及能够通过分析这些数据获得实用意义和观点的人才和组织。

随着“大数据”的出现，数据仓库、数据安全、数据分析、数据挖掘等围绕大数据商业价值的技术正逐渐成为行业人士争相追捧的利润焦点，在全球引领了又一轮数据技术革新的浪潮。

7.1.3　大数据的特征

从字面来看，“大数据”这个词可能会让人觉得只是容量非常大的数据集合而已。但容量只不过是大数据特征的一个方面，如果只拘泥于数据量，就无法深入理解围绕大数据所进行的讨论。因为“用现有的一般技术难以管理”这样的状况，并不仅仅是由于数据量增大这一个因素所造成的。目前一般认为，大数据主要具有以下 4 个方面的典型特征，即规模性（Volume）、多样性（Variety）、高速性（Velocity）和价值性（Value），简称 4V，如图 7.1.1 所示。

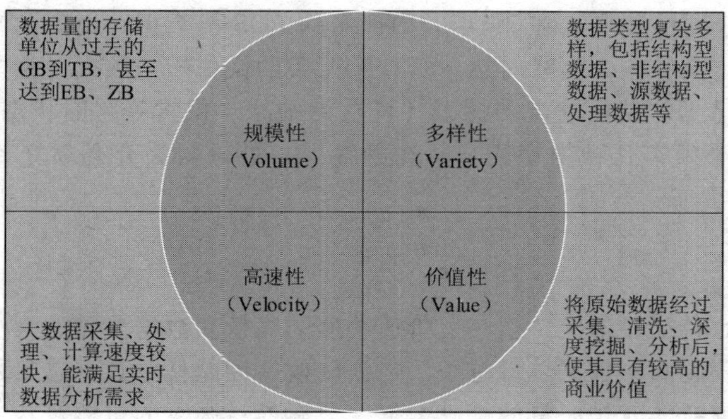

图 7.1.1　大数据的 4V 特征

1. 规模性

数据相关计量单位的换算关系如表 7.1.1 所示，其中，比特（bit）是计算机中表示信息的最小单位，只有 0、1 两种状态。大数据的特征首先就是数据体量大。目前存储的数据能达 TB、PB、EB、ZB 级，未来会达到 YB、BB、NB 甚至 DB 级，目前全球每年总的数据量已达 ZB 级。

表 7.1.1 数据计量单位换算关系

单位	换算关系
字节（Byte）	1Byte=8bit
千字节（KB）	1KB=1024Byte
兆字节（MB）	1MB=1024KB
吉字节（GB）	1GB=1024MB
太字节（TB）	1TB=1024GB
拍字节（PB）	1PB=1024TB
艾字节（EB）	1EB=1024PB
泽字节（ZB）	1ZB=1024EB

2. 多样性

数据来源的广泛性，决定了数据形式的多样性。大数据可以分为三类：一是结构化数据，如财务系统数据、信息管理系统数据、医疗系统数据等，其特点是数据间因果关系强；二是非结构化的数据，如视频、图片、音频等，其特点是数据间没有因果关系；三是半结构化数据，如 HTML 文档、邮件、网页等，其特点是数据间的因果关系弱。其中，爆发式增长的一些数据，如互联网上的文本数据、位置信息、传感器数据、视频等，用企业中主流的关系型数据库是很难存储的，它们都属于非结构化数据。

3. 高速性

与以往的报纸、书信等传统数据载体生产传播的方式不同，在大数据时代，大数据的交换和传播主要是通过互联网和云计算等方式实现的，其生产和传播数据的速度非常快。另外，大数据还要求处理数据的响应速度要快。

例如，遍布全国的便利店在 24 小时内产生的 POS 机数据；电商网站中由用户访问所产生的网站点击流数据；高峰时达到每秒千万条的微信短文数据；全国公路上安装的交通堵塞探测传感器、路面状况传感器（可检测结冰、积雪等路面状态）等感知数据，这些数据的分析必须在几秒内完成。数据的输入、处理与丢弃必须立刻见效，几乎无延迟。

4. 价值性

大数据的核心特征是价值，事实上价值密度的高低和数据总量的大小是成反比的，即：数据价值密度越高，数据总量越小；数据价值密度越低，数据总量越大。任何有价值的信息的提取依托的就是海量的基础数据。只有通过强大的机器算法才能在海量数据中完成数据的价值提纯，如同现实世界中只有通过专业的技术手段才能探明矿藏一样。

任务 7.2 大数据的相关技术

任务描述

小丁同学在学习过程中，看到了大数据应用的一个经典案例——啤酒与尿布的故事：在沃尔玛超市里尿布和啤酒摆在一起出售，可以使尿布和啤酒的销量双双增加，原因是爸爸在买完尿布之后可以顺手购买自己爱喝的啤酒，因此啤酒和尿布可以作为关联商品摆放。小丁很想知道超市是通过哪些技术手段发现这个关联的呢？如何找出更多的关联商品呢？本任务就介绍一下大数据相关的技术。

任务目标

- 了解大数据采集、预处理和存储管理等关键技术。
- 了解典型的大数据处理工具及平台。
- 了解大数据系统架构 Hadoop、Spark 和 Storm。

任务实现

7.2.1　大数据关键技术

大数据本身是一个现象而不是一种技术，伴随着大数据的采集、传输、处理和应用的相关技术就是大数据处理技术，是一系列使用非传统的工具来对大量的结构化、半结构化和非结构化数据进行处理，从而获得分析和预测结果的一系列数据处理技术。大数据技术包括系统平台基础架构和数据采集、数据存取、数据处理、数据分析、数据挖掘、模型预测、结果呈现等。下面选取其中的关键技术加以介绍。

大数据处理流程主要是指从海量数据中获取需要的信息并进行加工分析得到有用的知识的过程。大数据处理流程一般包括数据采集与预处理、数据存储及管理、数据挖掘与分析、数据可视化呈现，如图 7.2.1 所示。下面分别介绍涉及的相关技术。

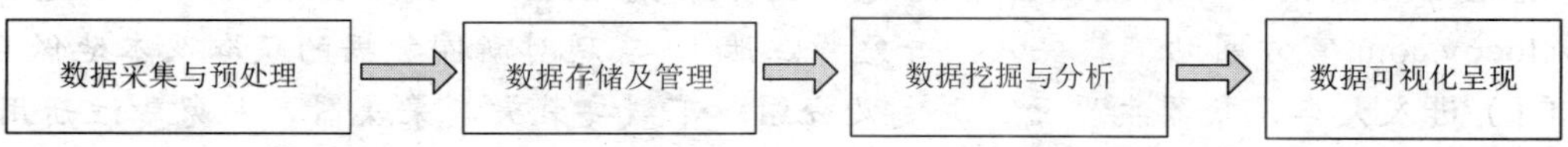

图 7.2.1　大数据处理流程

1. 数据采集与预处理技术

数据采集主要通过 Web、应用、传感器等方式获得各种类型的结构化、半结构化及非结构化数据，难点在于采集量大且数据类型繁多。采集网络数据可以通过网络爬虫的方式来获取。对于系统管理员来说，系统日志对于管理有重要的意义，很多互联网企业都有自己的海量数据收集工具，用于系统日志的收集，能满足每秒数百 MB 的日志数据采集和传输需求，如 Hadoop 的 Chukwa、Flume，Facebook（2021 年改名为 Meta）的 Scribe 等。

大数据的预处理包括对数据的抽取和清洗等方面。由于大数据的数据类型是多样化的，不利于快速分析处理，数据抽取过程可以将数据转化为便于处理的数据结构。数据清洗是指发现并纠正数据文件中可识别的错误的过程，可以将数据集中的残缺数据、错误数据和重复数据筛选出来并丢弃。常用的数据清洗工具有 Data Wrangler、OpenRefine 等。

2. 数据存储与管理技术

大数据的存储与管理和传统数据相比，难点在于数据量大，数据类型多，文件大小可能超过单个磁盘容量。企业要克服这些问题，实现对结构化、半结构化、非结构化海量数据的存储与管理，可以综合利用分布式文件系统、数据仓库、关系型数据库、非关系型数据库等技术。常用的分布式文件系统有 Google 公司的 GFS、Hadoop 公司的 HDFS、SUN 公司的 Lustre 等。

3. 数据挖掘与分析技术

数据挖掘与分析是指利用算法模型对数据进行处理，从而得到有用的信息。数据挖掘会从大量复杂的数据中提取信息，通过处理分析海量数据发现价值。大数据平台通过不同的计算框架执行计算任务，实现数据挖掘和分析的目的。

数据挖掘是指从大量的数据中，通过统计学、人工智能、机器学习等方法，挖掘出未知的、有价值的信息和知识的过程。数据挖掘常见任务类别有偏差分析、关联分析、聚类分析、分类、回归、异常检测。

数据分析是指根据分析目的，用适当的统计分析方法对收集来的数据进行处理与分析，提供有价值的信息的一种技术。数据分析的类型包括描述性统计分析、探索性数据分析和验证性数据分析。

4. 数据可视化技术

数据可视化是指将数据以图形图像形式表示，向用户清楚有效地传达信息的过程。通过数据可视化技术，可以生成实时的图表，它能对数据的生成和变化进行观测、跟踪，也可以形成静态的多维报表以发现数据中不同变量的潜在联系。

实践与体验

通过运用一款功能强大且性能稳定的数据采集软件——火车采集器（可在 http://www.locoy.com/官方网站下载安装，并免费注册），实现对新闻数据的获取及本地保存。

（1）进入火车采集器主界面，并定义分组。下载安装火车采集器，并免费注册用户（本实训中设置的用户名为 dashuju_test，密码设置为 123456789），双击图标进入火车采集器登录主界面，如图 7.2.2 所示。

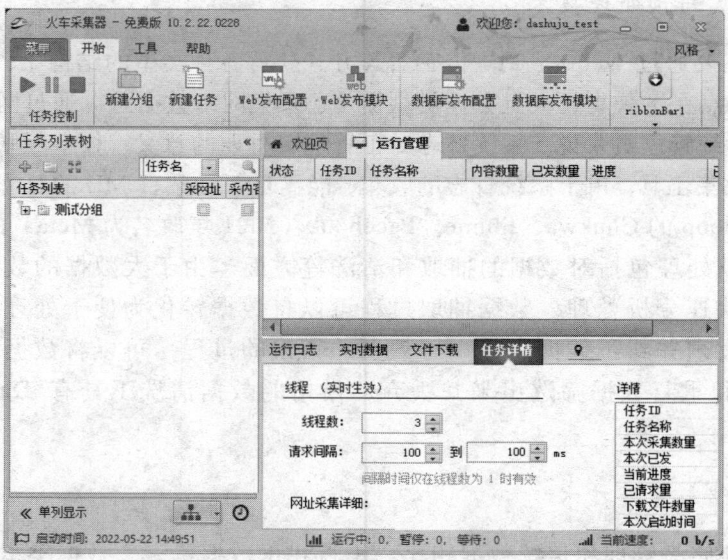

图 7.2.2 火车采集器登录主界面

当前火车采集器处于空闲状态，为了采集新闻数据，首先单击位于菜单栏的“新建分组”按钮，打开如图 7.2.3 所示的对话框，选择所属分组为“测试分组”，并定义分组名称为“百度新闻数据获取”，单击“保存”按钮。在任务列表中新增了“百度新闻数据获取”分组，如图 7.2.4 所示。

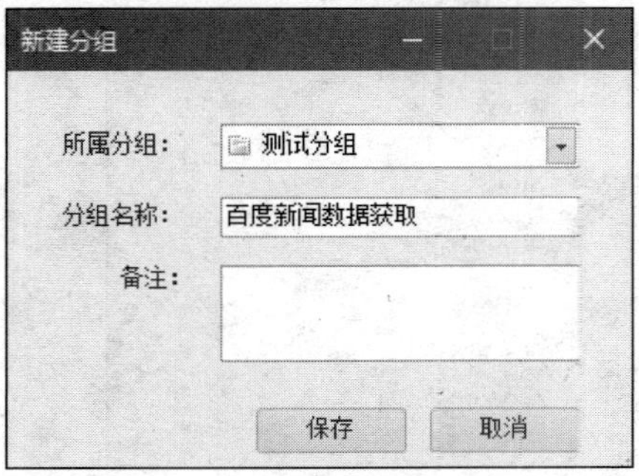

图 7.2.3 “新建分组”对话框

图 7.2.4　任务列表树

（2）在分组中新建数据采集任务，同时定义数据采集的任务规则（起始网址）。单击选中步骤（1）中新建的“百度新闻数据获取”分组，右击，在弹出的快捷菜单中选择“新建任务”菜单项，打开“新建任务规则”对话框，如图 7.2.5 所示。

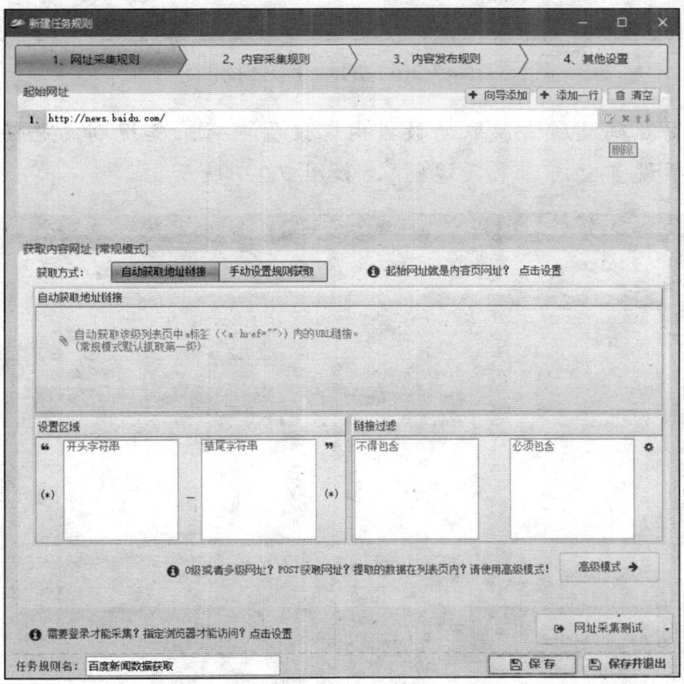

图 7.2.5 “新建任务规则”对话框

（3）在“新建任务规则”对话框标题栏正下方可见对网络数据采集的四个不同规则和设置，当前所在的位置为“网址采集规则”，首先在“起始网址”文本框中输入 http://news.baidu.com/，同时在对话框左下角的“任务规则名”文本框中输入“百度新闻数据获取”，单击“保存”按钮。为保证后续任务执行成功，可单击“网址采集测试”按钮，查看预先定义起始网址条件下的网址采集情况，如图 7.2.6 所示。采集到的链接数目为 115 个，可满足新闻数据获取的要求。

图 7.2.6 网址采集情况

（4）结合网页源码及所需获取的数据内容设置内容采集规则，并任选内容页面进行测试，单击第二项设置“内容采集规则”，如图 7.2.7 所示。

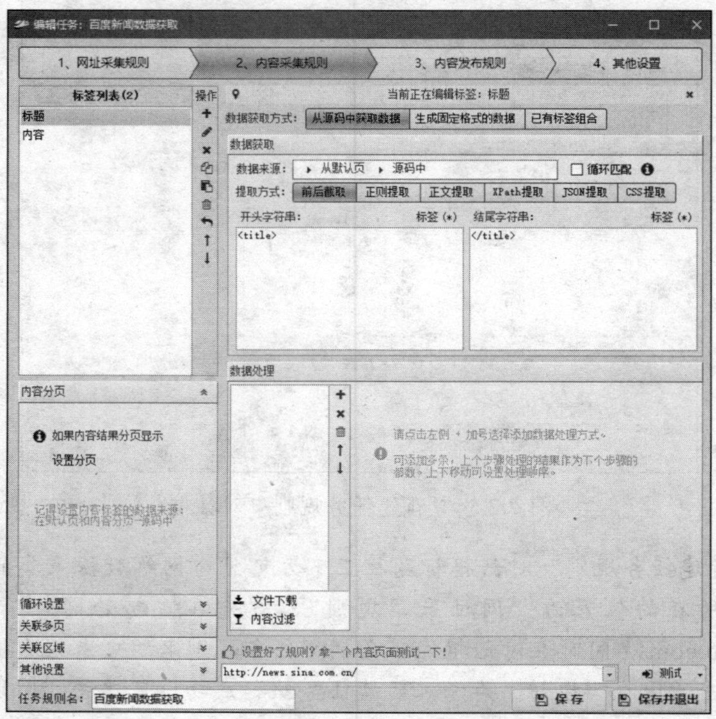

图 7.2.7 设置“内容采集规则”

（5）默认状态下的标签列表中有“标题”和“内容”两项（新闻数据获取的主体内

容），对标题的规则设置非常简单，可直接使用默认选项，即开头和结尾的字符串分别为“<title>”和“</title>”。此处为保证获取的数据在后期的应用需求，一般可在“数据处理”处单击“+”按钮，在其中选择“内容替换/排除”选项（图 7.2.8），可将所有内容页面标题中的“_百度新闻”替换为空格（图 7.2.9），以免此类重复、无用的数据影响后续对获取的新闻数据的分析。

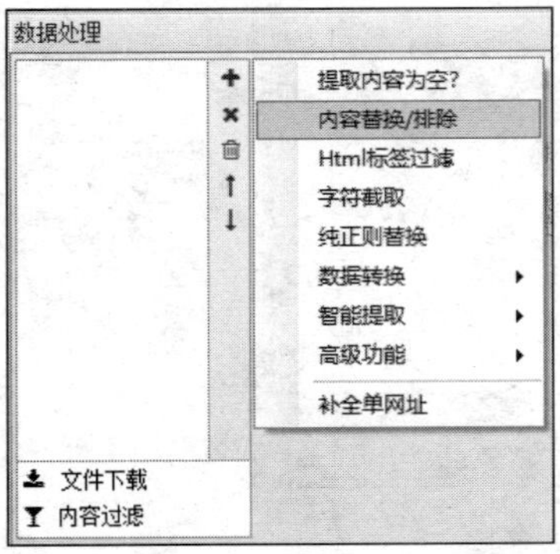

图 7.2.8　选择“内容替换/排除”选项

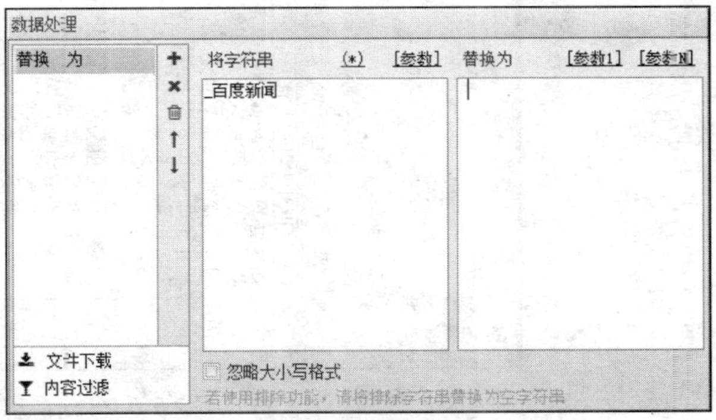

图 7.2.9　替换为空格

（6）选择标签列表中的“内容”标签，对提取页面主体内容的数据规则进行设置，如图 7.2.10 所示。由于此处默认选项对内容的开头字符串和结尾字符串分别为“<html”和“</html>”，内容主体包含整个页面，显然是不合理的，因而此处需要重新定义。

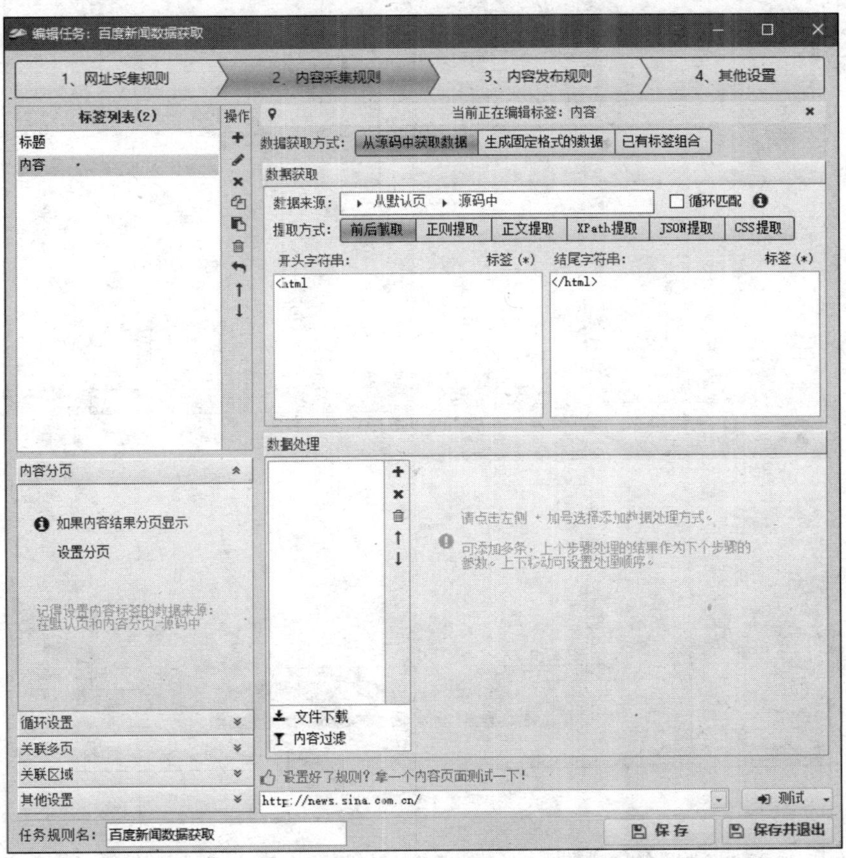

图 7.2.10　对提取页面主体内容的数据规则进行设置

为保证获取的新闻数据中包含尽可能少的 HTML 字符，可在“数据处理”处单击“+”按钮，选择“HTML 标签排除”，排除掉页面内容部分常包含的段落<p、层<div、空格 等标签，也可以直接全选，如图 7.2.11 所示。

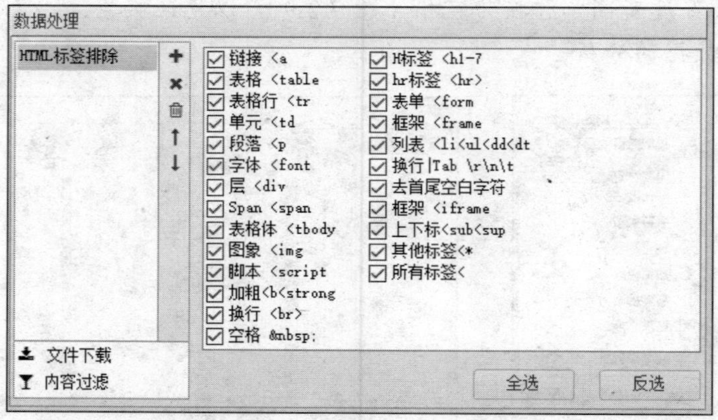

图 7.2.11　选择“HTML 标签排除”

为保证后期数据采集的效果，在内容规则设置处也可以选择任意一个内容页面，并单击“测试”按钮，如图 7.2.12 所示。

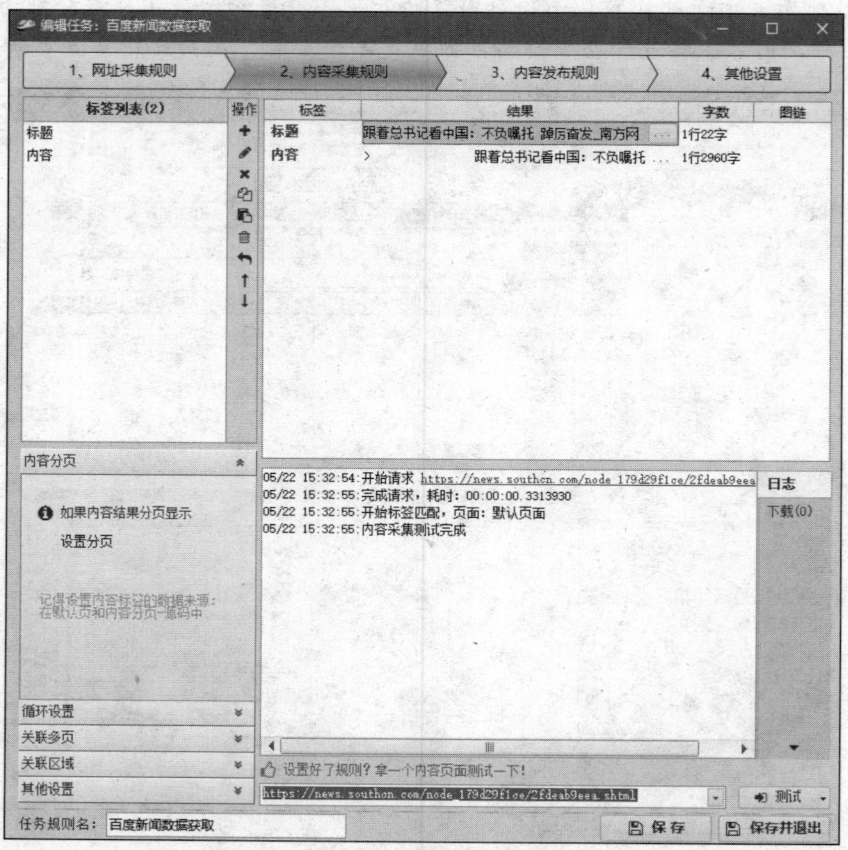

图 7.2.12　测试

查看获取的新闻数据结果标题，如图 7.2.13 所示，其内容如图 7.2.14 所示，可见获取的页面数据较为完整，且并未见包含冗余的 HTML 代码。

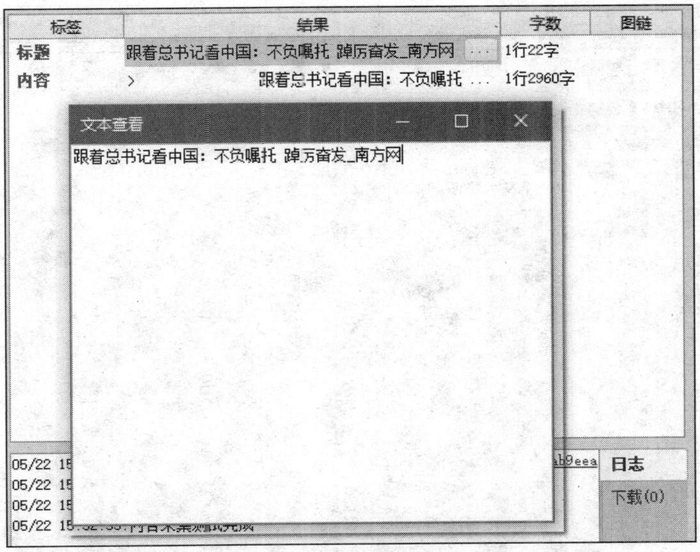

图 7.2.13　查看获取的新闻数据结果标题

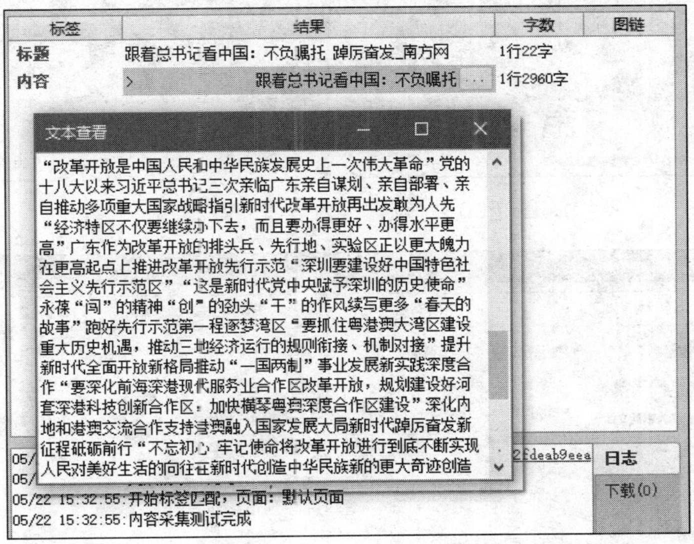

图 7.2.14　获取的页面内容

（7）通过设置内容发布规则，将获取的新闻数据以 TXT 的格式保存到本地文件夹中，以便用户对采集到的新闻数据进行查看和后续数据的处理。

单击“新建任务规则”对话框下方的第三项设置“内容发布规则”，进入内容发布规则设置界面，如图 7.2.15 所示。

选择左侧列表中的第三项“保存为本地文件”，打开如图 7.2.16 所示的界面。在该界面中，默认情况下“本地文件保存”处于禁用状态，单击将其启用。本实训中将获取的新闻数据保存文件格式选定为 TXT，同时选择保存方式为“一条记录存一个文件”。文件保存位置可由用户自己设定（此处将其保存在“D:\\\百度新闻获取目录”下）。文件名格式可采用默认状态“任务名”，也可在右侧下拉列表中选择其他格式，文件编码方式选择 UTF-8，设置结果如图 7.2.17 所示，单击“保存”按钮。

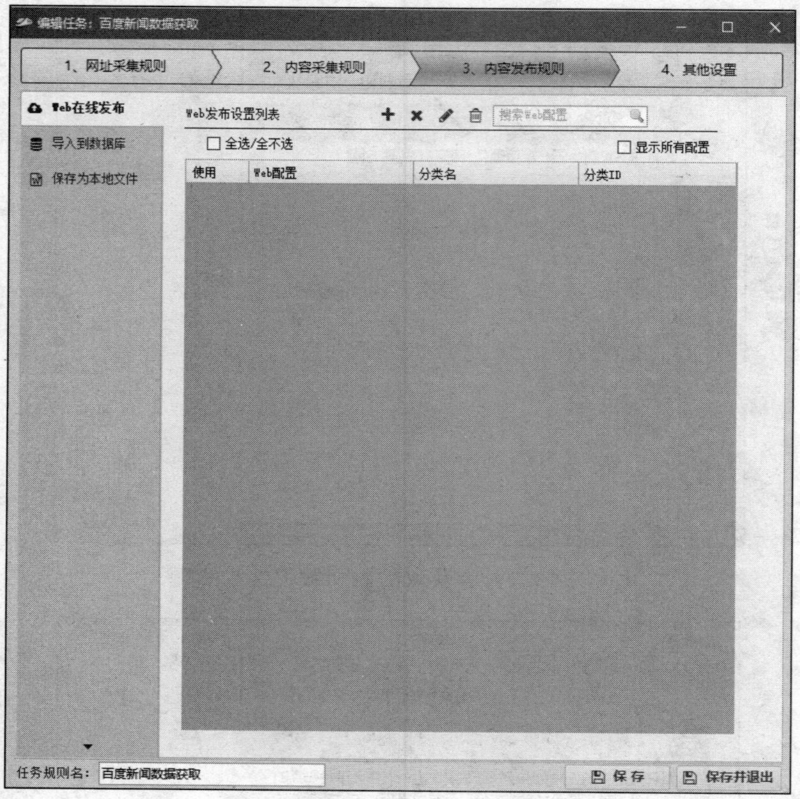

图 7.2.15 设置“内容发布规则”

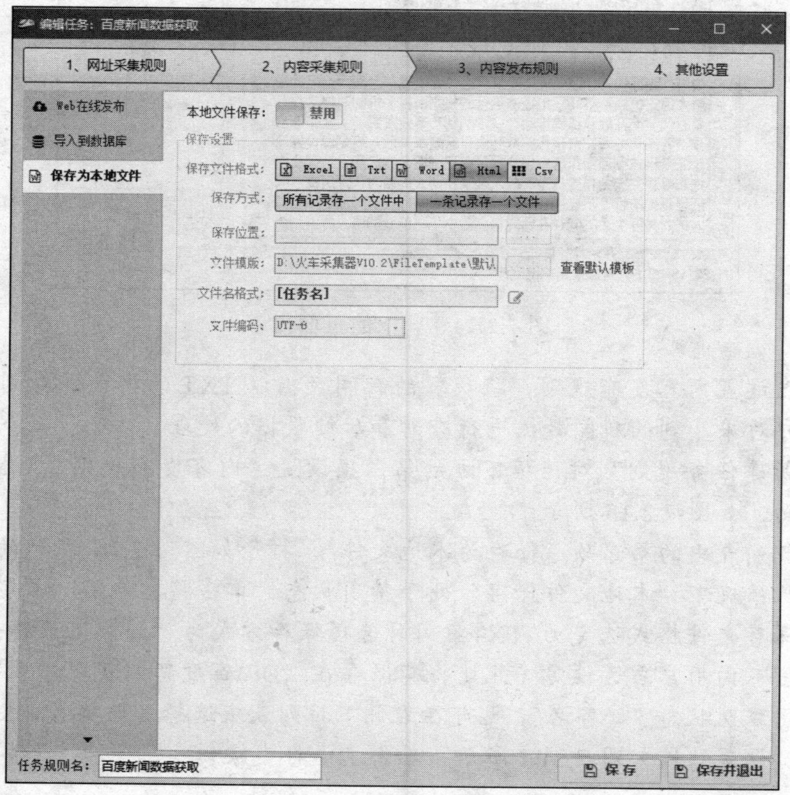

图 7.2.16 保存为本地文件

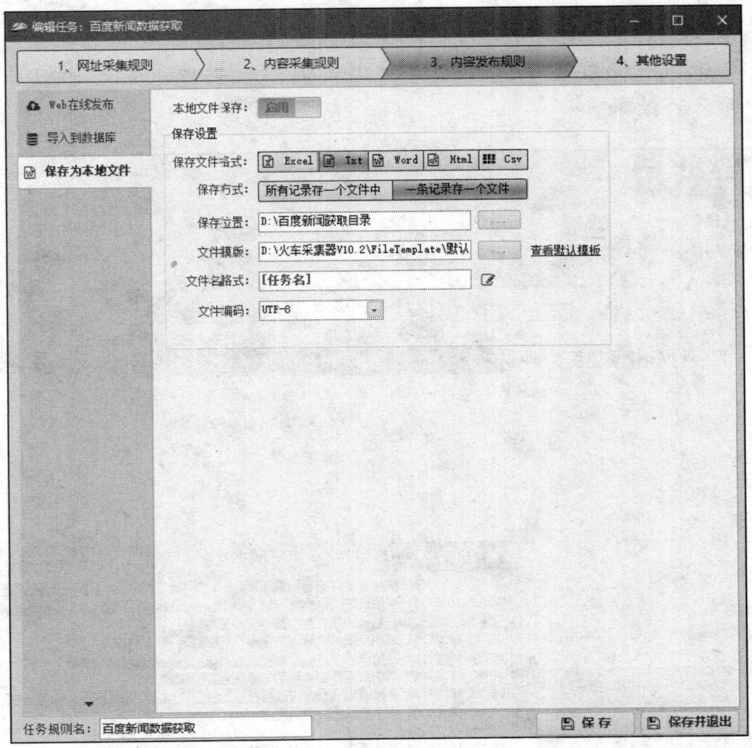

图 7.2.17　设置结果

（8）执行数据采集任务，完成本次新闻数据获取操作。

关闭任务规则设置界面，返回火车采集器主界面，单击左侧任务列表中的“百度新闻数据获取”分组，可见其中包含一个任务名为“百度新闻数据获取”的任务，将任务后的“采网址”“采内容”“发布”3 个选项全部选中，如图 7.2.18 所示。

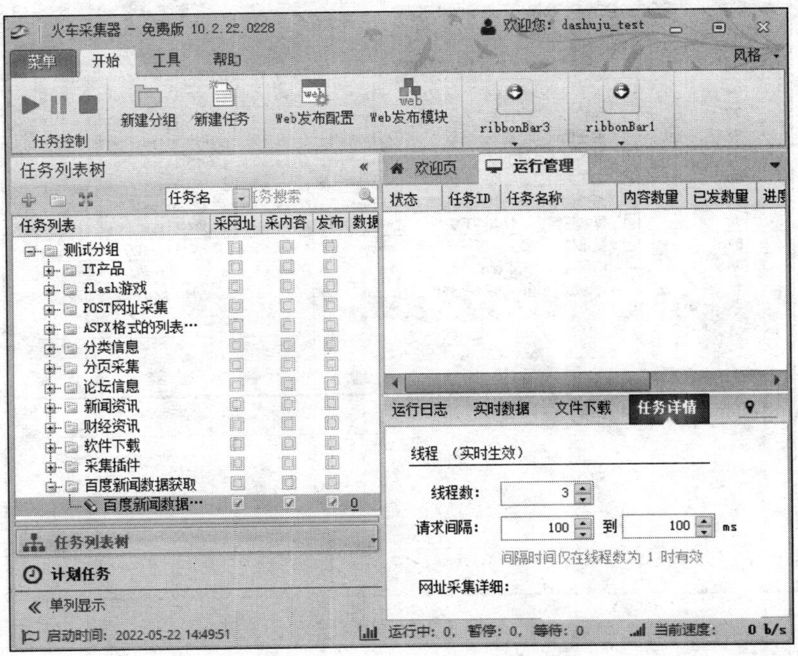

图 7.2.18　选中 3 个选项

右击“百度新闻数据获取”任务，在弹出的快捷菜单中选择“开始”选项，即在火车采集器主界面右侧“运行管理”选项卡中出现数据获取进度条，同时在采集完毕后出现如图 7.2.19 所示的结果。

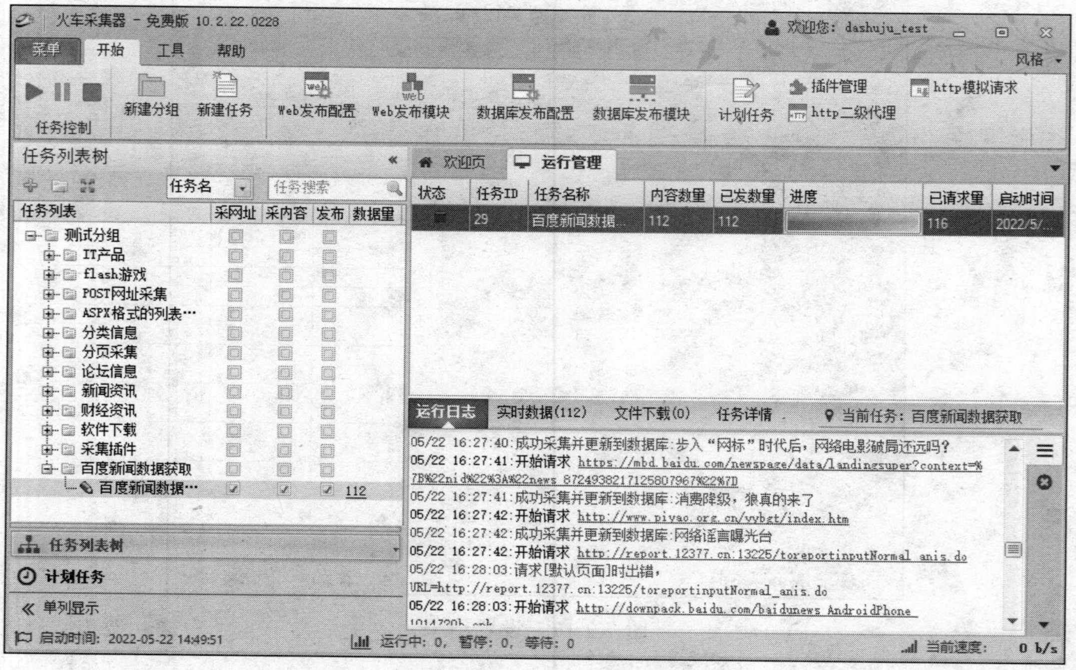

图 7.2.19 采集结果

在任务列表“百度新闻数据获取”右侧“数据量”处单击，可见本次所获取的新闻数据，图 7.2.20 所示为其标题，图 7.2.21 所示为其内容。

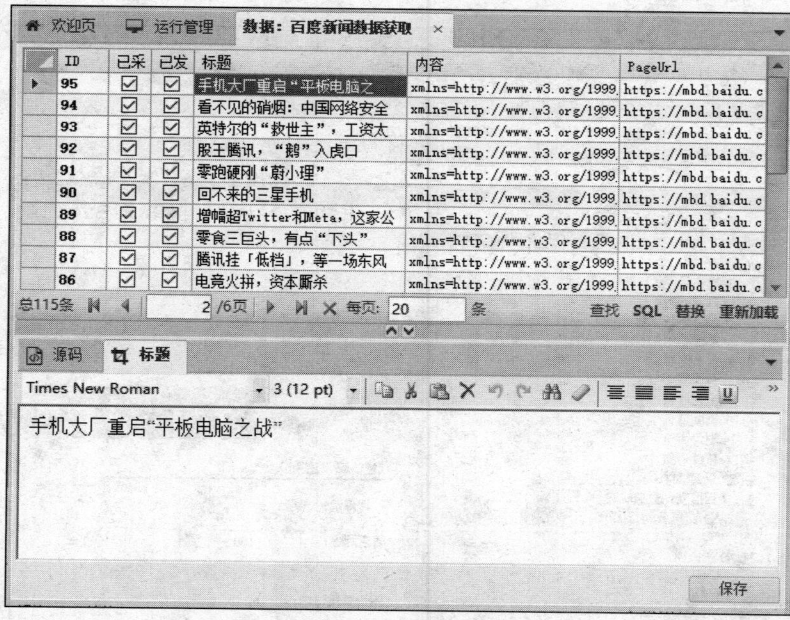

图 7.2.20 标题

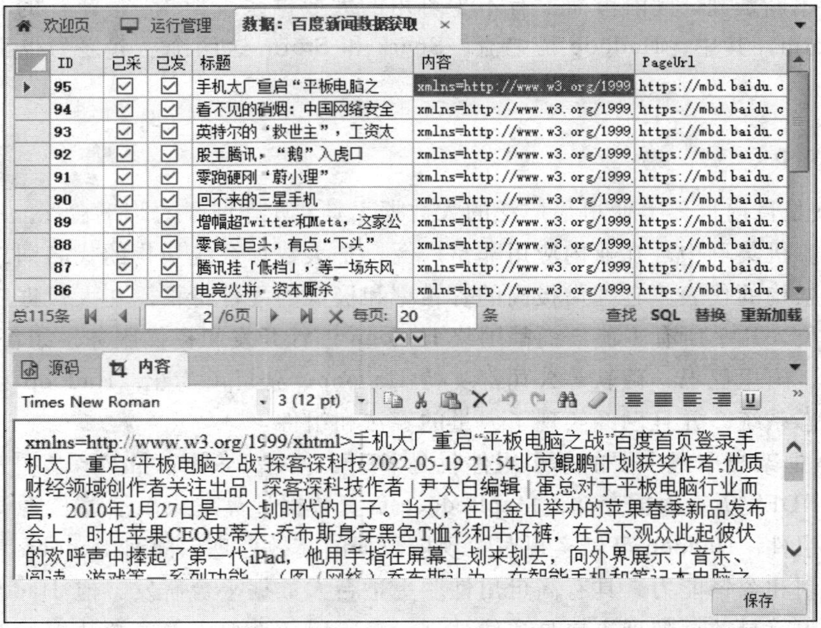

图 7.2.21　内容

同时，为方便用户对所获取的新闻数据的后续处理（如数据挖掘或分类等操作），可在内容发布规则中设置的文件夹中查看本地保存的.txt 文件及内容，如图 7.2.22 所示。

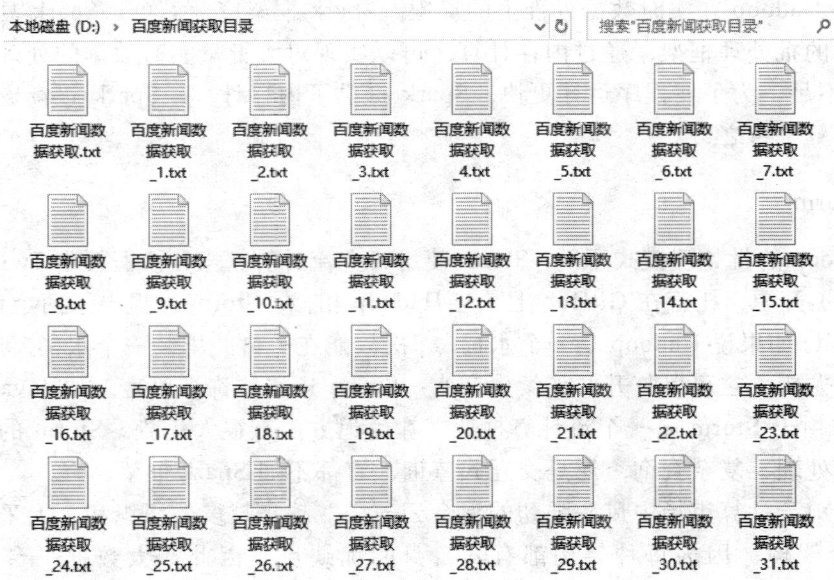

图 7.2.22　本地保存的.txt 文件及内容

7.2.2　大数据系统基础架构

在大数据处理上，起到关键性作用的就是大数据系统架构，也称作大数据框架。通过大数据系统架构，可实现大规模数据的整合处理。从早期的人工统计分析到独立的计算机分析，再到今天的分布式计算平台，数据处理能力飞速提升的背后正是整体系统架构的不断演进。目前市面上有不少可用的大数据系统架构，最流行的有 Hadoop、Spark 和 Storm。其中，Hadoop 是主流，Spark 和 Storm 这两个后起之秀也正以迅猛之势快速发展。

1. Hadoop

Hadoop 系统架构标识

Hadoop 是目前世界上使用最广泛的大数据工具，具有良好的跨平台性，并且可部署在廉价的计算机集群中，在业内应用非常广泛，是大数据系统架构的代名词，也是开源分布式计算架构的代表。它凭借极高的容错率和极低的硬件价格，在大数据应用市场上占据重要地位。几乎所有主流厂商都围绕 Hadoop 进行开发和提供服务，如谷歌、百度、思科、华为、阿里巴巴、微软等公司都支持 Hadoop。到目前为止，Hadoop 已经成为一个巨大的生态系统，并且已经实现了大量的算法和组件。

Hadoop 框架当中最主要的单个组件就是 HDFS、MapReduce 和 Yarn。在大数据处理环节当中，HDFS 负责数据存储，MapReduce 负责数据计算，Yarn 负责资源调度。基于这三个核心组件，Hadoop 可以实现对大规模数据的高效处理，同时 Hadoop 具有出色的故障处理机制和容错能力，具有高可用性，更适合大数据平台研发。但 Hadoop 有一个比较大的局限就是数据处理主要是离线处理，对于时效性要求很高的数据处理任务，不能很好地完成。

2. Spark

Spark 系统架构标识

为解决 Hadoop 在实时数据处理上的局限，Spark 框架应运而生。Spark 具有改进的数据流处理的批处理框架，通过内存计算，可以实现对大批量实时数据的处理，弥补了 Hadoop 的不足。为了使程序运行更快，Spark 提供了内存计算。Spark 逐渐成为当今领域热门的计算平台之一。

3. Storm

Storm 系统架构标识

与 Hadoop 的批处理模式不同，Storm 使用一个流计算框架，该框架由 Twitter（2023 年改名为 X）开源，托管在 GitHub 上。与 Hadoop 相似，Storm 也提出了两个计算角色：Spout 和 Bolt。如果说 Hadoop 是一个水桶，一次只能在一口井里装一个水桶，那么 Storm 就是一个水龙头，它可以打开并连续生产水。Storm 还支持许多语言，如 Java、Ruby、Python 等。由于 Storm 是一个流计算框架，在延迟方面有很大优势。Storm 的缺点在于无论是离线处理、复杂查询，还是交互式查询，它都不如 Spark 框架。

就像目前云计算市场中风头强劲的混合云一样，越来越多的组织和个人采用混合式大数据系统架构，因为每种架构都有其自身的优缺点。因此，大数据平台经常采用 Hadoop、Spark、Storm 相结合的建设模式。大数据处理的框架是一直在不断更新优化的，没有哪一种结构能够实现对大数据的完美处理，在真正的大数据平台开发上都需要根据实际需求来考量。

任务 7.3 大数据的应用场景

任务描述

小丁同学通过对超市商品摆放案例的了解，以及对大数据相关技术的学习，对于大数据的应用产生了极大兴趣。通过网络信息搜索，他发现在大数据方向就业也是非常有前景的。其中最核心的问题是找到合适的应用领域，通过技术手段挖掘大数据的价值。于是他组织了几个同学，开始探索大数据技术在身边的应用场景。

任务目标

- 了解大数据在医疗、电商、农牧、交通、教育行业的应用。

任务实现

当前，大数据技术的应用涉及各个行业领域。在大数据技术推广的过程中，最重要的是挖掘用户需求，然后寻找突破口并找到潜在的大数据应用场景。

7.3.1 大数据在医疗行业的应用

医疗行业是较早应用大数据分析的传统行业之一。医疗行业拥有大量的病例、病理报告、治愈方案、药物报告等。如果这些数据可以被整理和应用将会极大地帮助医生和患者。在未来，借助于大数据平台我们可以收集不同病例和治疗方案，以及患者的基本特征，建立疾病特征数据库。在医生诊断病情时可以参考疾病数据库来快速确诊。在制定治疗方案时，医生可以依据患者的基因特点，调取相似基因、年龄、人种、身体状况的有效治疗方案，制定出适合患者的治疗方案，帮助更多人及时进行治疗。同时这些数据也有利于医药行业开发出更加有效的药物和医疗器械。

7.3.2 大数据在电商行业的应用

电商是最早利用大数据进行精准营销的行业。菜鸟物流宣称的 24 小时完成在中国境内的送货服务，主要基于客户消费习惯的大数据分析和预测。电商可以利用其交易数据和用户行为数据，为其生态圈内的商户提供基于现金流的小额贷款，或把数据提供给银行，与银行合作为中小企业提供信贷支持。由于电商的数据较为集中，数据量足够大，数据种类较多，因此未来电商数据应用将会有更多的空间，包括预测流行趋势、消费趋势、地域消费特点、客户消费习惯、各种消费行为的相关度、消费热点、影响消费的重要因素等。

7.3.3 大数据在农牧行业的应用

大数据在农牧行业的应用主要是指依据市场需求的预测来进行农牧产品生产、降低菜贱伤农的概率。通过大数据的分析可以更加精确预测未来的天气，帮助农牧民做好自然灾害的预警工作。大数据也会帮助农民依据消费者消费习惯来决定增加或减少哪些品种的种植，同时有助于快速销售农产品，完成资金回流。牧民可以通过大数据分析来安排放牧范围，有效利用牧场。渔民可以利用大数据安排休渔期、定位捕鱼范围等。借助于大数据提供的消费趋势报告和消费习惯报告，政府将为农牧业生产提供合理引导，建议依据需求进行生产，避免产能过剩，造成不必要的资源和社会财富浪费。

7.3.4 大数据在交通行业的应用

交通作为人类行为的重要组成之一，对于大数据的需求也是最急迫的。目前，交通大数据的应用主要体现在两个方面：一方面可以利用交通传感器数据了解车辆通行密度，合理进行出行线路规划；另一方面可以利用大数据来实现实时信号灯调度，提高已有线路运行能力。机场的航班起降依靠大数据将会提高航班管理的效率，航空公司利用大数据可以提高上座率，降低运行成本。铁路利用大数据可以有效安排客运和货运列车，提高效率、降低成本。

7.3.5 大数据在教育行业的应用

信息技术已在教育领域有了越来越广泛的应用，考试、课堂、师生互动、校园设备使用、家校关系等环节都被大数据包裹。大数据可以帮助家长和教师识别孩子的学习差距和有效的学习方法。比如，大数据预测评估工具可以帮助学生评估他们已有的知识和达标测验所需程度的差距，进而指出学生有待提高的地方。评估工具可以让教师跟踪学生学习情况，从而找到学生的学习特点和方法。有些学生适合按部就班，有些则更适合图式信息和整合信息的非线性学习。这些都可以通过大数据搜集和分析很快识别出来，从而为教育教学提供坚实的依据。目前，在国内尤其是北京、上海、广州等一线城市，大数据在教育领域已有了非常多的应用，如慕课、在线课程、翻转课堂等教学场景中应用了大量的大数据分析工具。

任务 7.4 大数据隐私与安全

任务描述

小丁进行大数据在商业领域的探索学习时，看到了很多涉及数据隐私和安全的案例。比如，大数据杀熟问题、用户敏感信息泄露及被售卖问题等。大数据可以应用在各行各业，如此巨量的数据，到底存在哪些安全风险呢？其安全又是如何保障的？带着一系列的疑问，我们来学习本任务内容。

任务目标

- 了解大数据应用中面临的常见安全问题和风险以及解决方案。
- 综合运用法律、监管、技术等手段强化数据安全保障体系建设。

任务实现

7.4.1 大数据存在的安全问题

随着经济数字化、政府数字化、企业数字化的建设，数据已经成为政府和企业的核心资产。合资企业、跨境贸易、多厂商全球合作的模式变迁，数据开始在企业与企业之间、政府与企业之间以及国与国之间流转、融合，与此同时，数据安全问题成为行业发展过程中的一大痛点。下面我们一同看看大数据存在的五大安全问题。

1. 分布式系统

大数据解决方案将数据和操作分布在许多系统上，以便更快地进行处理和分析。这种分布式系统可以平衡负载，并避免产生单点故障。然而，这样的系统很容易受到安全威胁，黑客只需攻击一个点就可以渗透到整个网络。因此，网络犯罪分子可以很容易获取敏感数据并破坏联网系统。

2. 数据访问

大数据系统需要访问控制来限制对敏感数据的访问，否则，任何用户都可以访问机密数据，有些用户可能将其用于恶意目的。此外，网络犯罪分子可以侵入与大数据系统相关联的系统，以窃取敏感数据。因此，使用大数据的公司需要检查并验证每个用户的身份。如果公司使用不正确的身份验证方法，则可能将访问权限授予未经授权的用户或黑客。这种非法访问会危及敏感数据，而这些数据可能会在网上泄露或出售给第三方。

3. 不正确的数据

网络犯罪分子可以通过操纵存储的数据来影响大数据系统的准确性。为此，网络犯罪分子可以创建虚假数据，并将这些数据提供给大数据系统，例如，医疗机构可以使用大数据系统来研究患者的病历，而黑客可以修改此数据以生成不正确的诊断结果。这种有缺陷的结果不容易被发现，公司可能会继续使用不准确的数据。此类网络攻击会严重影响数据完整性和大数据系统的性能。

4. 侵犯隐私权

大数据系统通常包含隐私数据，这是人们非常关心的问题。拥有这些数据的企业如果在保护公众个人隐私方面没有足够的意识，没有尽到相应的管理职责，甚至利用自身大数据优势主动去泄露、倒卖公民个人信息，将给公民的信息安全造成极大的困扰和危害。

5. 云安全不足

大数据系统收集的数据通常存储在云中，这可能是一个潜在的安全威胁。网络罪犯分子已经破坏了许多知名公司的云数据。如果存储的数据没有加密，并且没有采取适当的数据安全措施，就会出现这些问题。

7.4.2 大数据安全保护的建议

目前全球已有近100个国家和地区制定了数据安全保护的法律，数据安全保护专项立法已成为国际惯例。我国于2021年正式发布《中华人民共和国数据安全法》，为大数据行业的发展保驾护航。基于目前我国大数据安全保护现状，以及大数据面临的安全风险挑战，提出以下几方面建议对策:

（1）进一步加强顶层设计。在《网络安全法》的基础上，完善数据安全保护的规章制度，明确数据在收集、存储、处理、使用、交易、出境等各环节的安全要求。完善数据安全保护的国家标准，充分发挥标准的指导和引领作用，提升数据保护能力和水平。

（2）加强重要数据基础设施保护。建立大数据分类分级安全保护机制，结合各行业数据的敏感程度、数据是否脱敏、数据可用性要求等对大数据资产进行分类分级，采取不同级别的安全防护策略。

（3）落实网络安全责任制。明确大数据管理者和运营者的法律责任与义务。加强监督管理和风险评估，提升数据保护能力。对掌控大数据资源的单位进行大数据业务上线前安全评估，对重点产品进行在线安全监测，开展定期检查和不定期抽查，发现问题及时督促整改。

（4）加强网络安全宣传。通过国家网络安全宣传周等活动，普及网络安全知识，加强网络安全教育，提升广大网民网络安全意识和防护技能，推动形成全社会重视数据安全的良好氛围。

> **讨论与交流**
>
> 请从国家和个人层面分别讨论大数据安全问题可能带来的后果。

单元小结

本单元主要介绍了大数据的背景、概念、特征和相关技术，结合大数据分析工具带大家体验了数据采集的过程。接着又学习了大数据的基础架构以及大数据的应用场景。最后结合实际探讨了大数据的隐私和安全问题，给出了大数据安全保护的建议。

课后习题

一、填空题

1. 大数据主要具有以下 4 个方面的典型特征，即__________、__________、__________和__________，简称4V。

2. 大数据处理流程包括__________、__________、__________、__________、数据可视化呈现等。

3. 目前市面上有不少可用的大数据系统基础架构，最流行的有__________、__________和__________。

4. 数据分析的类型包括__________、__________和__________。

5. 目前大数据存在的五大安全问题是__________、__________、__________、__________和__________。

二、简答题

1. 简述大数据处理流程所包含的技术。
2. 列举大数据在各领域的应用实例。

科技报国

在中国科技自立自强的征程中，华为始终勇立潮头。从交换机代理起步，到掌握5G核心技术；从突破通信设备垄断，到构建万物互联的智能世界，华为用30余年的坚守，书写了中国科技企业自主创新的壮丽篇章。

面对技术封锁与市场壁垒，华为始终坚持“压强投入”的研发战略，将年销售收入的15%以上投入研发，构建起从芯片设计到终端应用的全产业链自主能力。其海思半导体突破芯片设计，鸿蒙系统打破操作系统垄断，5G标准必要专利连续5年全球第一，用实力诠释了“核心技术是买不来、求不来的”。

在数字化转型浪潮中，华为为全球170多个国家和地区提供智能解决方案，帮助超过2000个城市开展数字化转型。从珠穆朗玛峰到马里亚纳海沟，从热带雨林到极地冰原，华为通信设备经受住了极端环境的考验，用中国标准服务全球。

当前，我国正加快实施创新驱动发展战略，迫切需要大批高素质技术技能人才。高职院校作为技术技能人才培养的主阵地，要深化产教融合，把企业真实项目、真实案例引入课堂，让学生在真实工作环境中锤炼技能。青年学子当以“板凳要坐十年冷”的定力，在专业领域深耕细作，用匠心铸就精彩人生。

学习笔记

8 单元 人工智能

单元导读

随着时代的发展和技术的进步，人工智能已经逐渐走进我们的生活，并应用于各个领域，它不仅给许多行业带来了巨大的经济效益，也为我们的生活带来了许多改变和便利。

人工智能是研究、开发用于模拟、延伸和扩展人的智能的理论、方法、技术及应用系统的一门新的技术科学。熟悉和掌握人工智能相关技能，是建设未来智能社会的必要条件。

本单元让我们一起了解人工智能的概念和相关技术，体验人工智能在语音控制和图像识别等方面的应用，认识人工智能对我们生活和工作的影响，为适应智慧社会做好准备。

任务 8.1 了解人工智能

任务描述

小文在一家电商企业实习，公司为了更好地服务用户，提升客户满意度和认可度，计划在自家的平台里增加智能语音客服、产品的“以图搜图”“以文搜图”等功能，并安排小文参与前期的产品调研。他查阅了很多资料，发现通过人工智能相关技术可以解决这个问题，于是他从人工智能的概念理解开始，进入了人工智能的学习历程。

任务目标

- 理解人工智能的概念和特征。
- 了解人工智能的发展历程和现状。

任务实现

8.1.1 人工智能概述

1. 什么是人工智能

人类智能伴随着人类活动处处存在，如下棋、解数学题、讨论问题、编写计算机程序、驾驶汽车等都需要智能。如果机器能执行这样的任务，就可以认为机器已具有某种性质的“智能”，这种智能是由人工手段模仿的人造智能。像许多新兴学科一样，人工智能至今尚无统一的定义，不同学科背景的学者对人工智能有不同的理解并提出了不同的观点。

中国《人工智能标准化白皮书（2018 版）》认为，人工智能（AI）是一个以计算机科学为基础，由计算机、心理学、哲学等多学科交叉融合的交叉学科、新兴学科，是利用数字计算机或者数字计算机控制的机器模拟、延伸和扩展人的智能，感知环境、获取知识并使用知识获得最佳结果的理论、方法、技术及应用系统。人工智能相关技术的研究目的是促使智能机器会听（如语音识别、机器翻译等）、会看（如图像识别、文字识别等）、会说（如语音合成、人机对话等）、会行动（如机器人、自动驾驶汽车等）、会思考（如人机对弈、定理证明等）、会学习（如机器学习、知识表示等）。

2. 人工智能的特征

1）由人类设计，为人类服务，本质为计算，基础为数据

从根本上说，人工智能系统必须以人为本，这些系统是人类设计出的机器，按照人类设定的程序逻辑或软件算法通过人类发明的芯片等硬件载体来运行或工作，其本质体现为计算，通过对数据的采集、加工、处理、分析和挖掘，形成有价值的信息流和知识模型，来为人类提供延伸人类能力的服务，来实现对人类期望的一些“智能行为”的模拟，在理想情况下必须体现服务人类的特点，而不应该伤害人类，特别是不应该有目的

性地做出伤害人类的行为。

2）能感知环境，能产生反应，能与人交互，能与人互补

人工智能系统应能借助传感器等器件产生对外界环境（包括人类）进行感知的能力，可以像人一样通过听觉、视觉、嗅觉、触觉等接收来自环境的各种信息，对外界输入产生文字、语音、表情、动作（控制执行机构）等必要的反应，甚至影响到环境或人类。借助于按钮、键盘、鼠标、屏幕、手势、体态、表情、力反馈、虚拟现实/增强现实等方式，人与机器间可以产生交互与互动，使机器设备越来越“理解”人类乃至与人类共同协作、优势互补。这样，人工智能系统能够帮助人类做人类不擅长、不喜欢但机器能够完成的工作，而人类则适合去做更需要创造性、洞察力、想象力、灵活性、多变性乃至用心领悟或需要感情的一些工作。

3）有适应特性，有学习能力，有演化迭代，有连接扩展

人工智能系统在理想情况下应具有一定的自适应特性和学习能力，即具有一定的随环境、数据或任务变化而自适应调节参数或更新优化模型的能力；并且能够在此基础上通过与云、端、人、物越来越广泛深入数字化连接扩展，实现机器客体乃至人类主体的演化迭代，以使系统具有适应性、鲁棒性、灵活性、扩展性，来应对不断变化的现实环境，从而使人工智能系统在各行各业产生丰富的应用。

小贴士

AI 与图灵测试

美国著名数学家和逻辑学家、计算机和人工智能之父阿兰·图灵在 1950 年 10 月发表了一篇划时代的论文《计算机与智能》，提出了“机器能思考吗”这个问题。文中第一次提出“机器思维”的概念，预言了创造出具有真正智能机器的可能性，还对智能问题从行为主义的角度给出了定义，由此提出了一个假想：如果一台机器能够与人类展开对话（通过电传设备）而不能被辨别出其机器身份，那么称这台机器具有智能。这就是著名的“图灵测试”。

图灵测试经常用来检验机器是否具备人的智能。它最大的缺点就是没有定义智能的范围，而只能作为一个人工智能的充分条件。通过图灵测试是“拥有智能”的一个有效的充分条件，而非必要条件或充要条件。

讨论与交流

也许 AI 领域最广泛和突出的应用就是各种各样的 AI 聊天机器人了。你肯定使用过聊天机器人，即使没有意识到它的存在。当你通过计算机了解一款产品，屏幕上弹出了一个窗口，询问你是否需要帮助时；当你为了听一场音乐会，而打开智能手机，像聊天一样预约出租车时；当你通过语音发号施令，向附近的咖啡馆订购一杯咖啡，然后收到一条回复，告诉你咖啡会在何时备好，以及你需要付多少钱时，你就已经在不知不觉中享受到了聊天机器人的便利。

简单来说，聊天机器人是一种可以模拟和处理人类会话（无论是书面还是口头会话），让人能够像和真人交流一样与数字设备交互的计算机程序。得益于复杂的机器学习算法，聊天机器人可以让计算机程序来模拟人类交流，并且能够对输入的查询做出相应的反应。

对照上文介绍的人工智能的特征，分析 AI 聊天机器人是否具有这些特征。

8.1.2 人工智能的发展历程

1956 年 8 月，麦卡锡、明斯基、香农、纽厄尔等十位科学家在美国的达特茅斯学院举办了一次长达两个月的研讨会，讨论用机器来模仿人类智能的问题。会上麦卡锡提议正式使用“人工智能”这一术语。这是人类历史上第一次人工智能研讨会，标志着人工智能学科的诞生。从人工智能学科诞生至今，大致分为四个发展阶段。

1. 人工智能的推理阶段（20 世纪 50～80 年代）

这一阶段人工智能刚诞生，基于抽象数学推理的可编程数字计算机已经出现，符号主义快速发展，机器学习领域的创始人 Arthur Samuel（亚瑟·塞缪尔）将传统的制造智

能演化为通过学习能力来获取智能，推动人工智能进入了第一次繁荣期。

在该阶段机器只是具备了逻辑推理能力，并未达到智能化水平。随着计算任务的复杂性不断加大，人工智能发展一度遇到瓶颈，曾经连在人工智能研究方面颇有影响的 IBM 也被迫取消了该公司所有的人工智能研究。

2. 人工智能的知识工程阶段（20 世纪 80～90 年代末）

在这一时期，专家系统开始被用来模拟人类专家的知识和经验，以解决特定领域的问题，实现了人工智能从理论研究走向实际应用、从一般推理策略探讨转向运用专门知识的重大突破。

随着人工智能的应用规模不断扩大，专家系统存在的应用领域狭窄、缺乏常识性知识、知识获取困难、推理方法单一、开发成本高等问题逐渐暴露出来，人工智能的发展又一次进入低谷期。

3. 人工智能的数据挖掘阶段（21 世纪初～2020 年）

进入 21 世纪，由于计算能力的提升和网络技术特别是互联网技术的发展，加速了人工智能的创新研究，促使人工智能技术进一步走向实用化。到了 2010 之后，随着大数据、云计算、互联网、物联网等信息技术的发展，泛在感知数据和图形处理器等计算平台推动以深度学习为代表的人工智能技术飞速发展，并在很多应用领域取得了突破性进展，人工智能迎来了又一个繁荣时期。

这一阶段的代表性成果如下。

（1）深度学习技术突破：2012 年 AlexNet 在 ImageNet 图像识别大赛中以远超传统方法的精度夺冠，开启了深度学习的黄金时代。

（2）大规模预训练模型萌芽：2018 年 Google 发布 BERT（3.4 亿参数），首次实现基于 Transformer 的双向语言模型，推动自然语言处理进入预训练时代。

4. 大模型与智能体时代（2020 年至今）

2020 年后，人工智能技术呈现参数规模爆炸式增长和自主智能体落地两大趋势，进入新的发展阶段。

（1）大模型（large language models，LLM）的崛起：2020 年，OpenAI 发布 GPT-3（1750 亿参数），首次实现“零样本学习”，无须额外训练即可完成创作、问答等任务。2022 年，ChatGPT 通过“人类反馈强化学习”技术实现自然对话，引发全球热潮。2023 年，GPT-4 突破多模态能力，可同时处理文字、图像和视频，在律师考试等专业测试中超越 88%的人类考生。2024 年，马斯克的 xAI 推出开源模型 Grok-1（3140 亿参数），成为当时最大的开源大模型，擅长复杂逻辑推理。

中国已形成多元化的大模型技术生态。华为 2025 年发布“盘古大模型 5.5”，通过 7180 亿参数的 256 个专项“大脑”优化工业预测与农业育种；DeepSeek 的模型在数学推理与代码生成领域表现突出。其他如百度文心（办公助手）、阿里通义千问（多模态创作）、讯飞星火（教育辅导）、字节豆包（生活帮手）等，均在日常应用场景中广泛落地。

（2）具身智能的落地：具身智能（即“能理解物理世界的 AI”）正加速融入现实场景。2023 年，OpenAI 与 Figure 公司推出首款自主完成开门、搬运的机器人 Figure 01；2024 年，中科源码物流机器人实现全自动货物分拣；宇树科技（Unitree）发布通用人形机器人 G1，其灵巧手可完成插花、端茶等精细操作；华为 CloudRobo 平台通过“双脑协同”（规划脑+执行脑），在手机组装中实现 0.05mm 的“发丝级精度”，训练效率达传统方法的 5 倍。

（3）智能体（agent）的全面应用：智能体是一种能像“数字员工”一样自主工作的智能程序：它能通过传感器（如摄像头、数据库）感知环境，用“大脑”（通常是 AI 模型）分析信息并制定目标，再通过执行器（如机械臂、车辆控制系统）完成具体任务。例如，在自动驾驶领域，特斯拉的 FSD 系统就像车队指挥官，指挥多个智能体协同学习，实时判断周围车辆的意图，实现车辆自主安全行驶。在工业场景中，华为的“盘古世界模型”为机械臂构建了虚拟的火星训练场，大幅提升其避障和抓取精度。

任务 8.2 了解人工智能关键技术和开发平台

任务描述

小文同学通过对人工智能概念和发展历程的学习，知道了人工智能是一门应用场景丰富且非常实用、有趣的新兴交叉学科。这引起了他极大的学习兴趣。但是对于目前的小文来说，他还是觉得人工智能太“高大上”，于是决定先对人工智能的关键技术做些了解，再看看是否有可以实际操作的平台进行实践。

任务目标

- 通过思维导图总体了解人工智能的关键技术，并重点学习机器学习、计算机视觉、自然语言处理。
- 了解国家新一代人工智能开放创新平台；了解市场主流的人工智能开发框架及工具。

任务实现

8.2.1 人工智能关键技术

随着人工智能技术不断发展，以深度学习与大模型为代表的新一代机器学习算法，以及语音识别、自然语言处理、计算机视觉、知识图谱等各方面技术均取得显著进步。人工智能的关键技术包括机器学习、计算机视觉、自然语言处理等多个方面，如图 8.2.1 所示。

1. 机器学习：让计算机像人一样学本领

1）三种学习模式：监督、无监督和强化学习

监督学习：就像跟着美术老师学画画，老师先在范画上标好“这里用红色”“线条要弯曲”，计算机也是先看带“标准答案”的数据——比如有人提前标注好“这张图是苹果”“那张图是香蕉”，它通过模仿这些例子学会分辨不同事物。就像手机相册能自动把

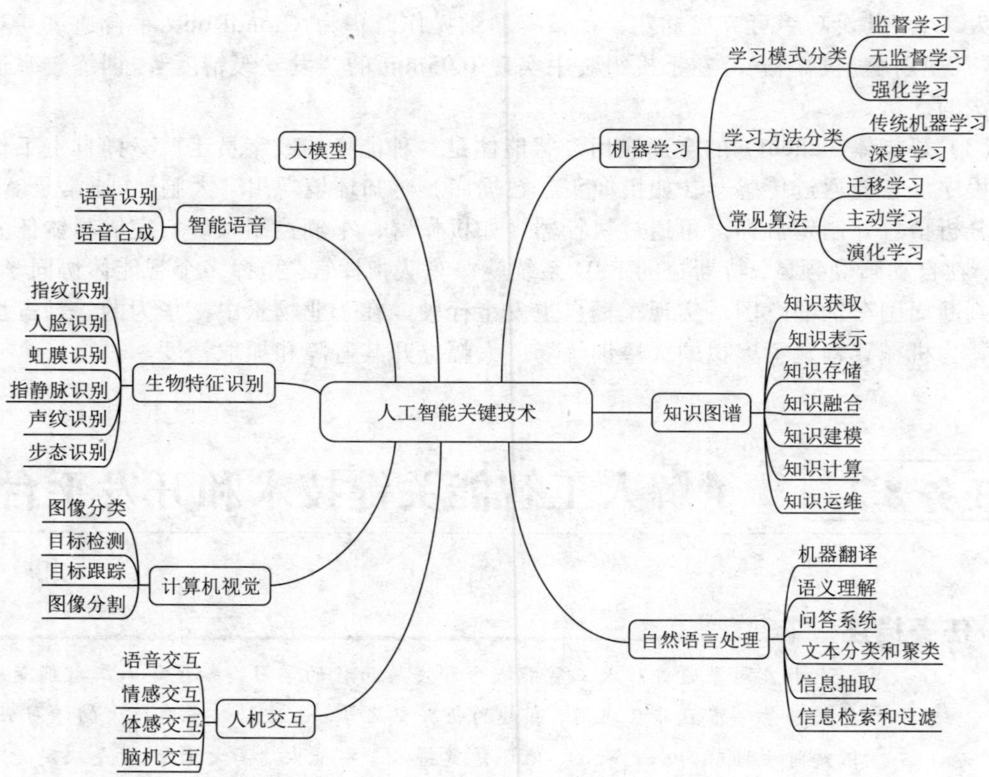

图 8.2.1 人工智能关键技术

猫咪照片都归到“宠物”文件夹，就是因为系统提前学过带标签的猫咪图片，记住了猫咪的耳朵、胡须等特征。

无监督学习：好比自己收拾凌乱的衣柜，不用别人教怎么分类，自己按“上衣”“裤子”“外套”整理。计算机面对没标签的数据时，会自己找规律分组。比如电商平台推荐“买了牛奶的人还买了面包”，就是系统自己发现买牛奶的顾客常买面包，不用人工特意标注，自动把这两类商品关联起来。

强化学习：像训练小狗握手，做对了给骨头（奖励），做错了不给奖励，小狗慢慢就知道怎么做能拿到吃的。计算机通过“试错”来学习，比如 AI 下象棋，赢一局加 10 分，输了不加分，它就会慢慢摸索出“怎么走棋能赢”的策略。现在的无人驾驶汽车学习避开障碍物，就是用这种方法，遇到障碍就“扣分”，绕开就“加分”，越练越聪明。

2）传统机器学习与深度学习

传统机器学习的工作模式就好比人工分拣水果的过程：当我们需要让计算机区分苹果和香蕉时，必须先人工告诉它“苹果是圆形的、颜色为红色”“香蕉是弯弯的、颜色为黄色”，计算机才能依据这些预先设定的特征对水果进行分类。这就如同手工挑选水果时，每一个判断步骤都需要有人在一旁指导，计算机自身并不具备自主提取特征的能力，完全依赖于人类输入的明确规则。

深度学习则让计算机化身为“自主学习的学徒”，它的学习过程是从底层逻辑开始逐步深入的：首先识别基础的线条（例如感知苹果轮廓的圆形边缘），接着理解形状特征（分辨物体是圆形还是弯曲的），最后才整合信息识别整体物体（准确判断出这是苹果还是香蕉)。这种学习方式不再依赖人工逐条输入规则，而是让算法像人类大脑一样层层抽象特征。如今的大模型（如 GPT）更像是“超级学徒”，它在学习了海量的文字和图片数据后，能够实现自主写作文、翻译外语甚至帮用户修改作业等复杂任务。这是因为它通过多层神经网络的深度训练，将知识进行了系统性的消化与整合，真正做到了对知识的“吃透”，从而具备了强大的泛化能力和创造性输出能力。

2. 计算机视觉：给 AI 装一双“会思考的眼睛”

计算机视觉赋予了 AI 看懂图像和视频的能力，就像人类用眼睛观察世界一样，不仅能看到画面，还能理解其中的内容。

计算成像学在手机拍照中扮演着“修图师”的角色，我们常用的“夜景模式”就是它的杰作。比如在夜晚拍摄路灯时，普通拍摄可能会让画面变成一团模糊的光斑，而计算成像学的算法会自动对图像进行“美化”：把昏暗的区域提亮，让模糊的线条变得清晰，就像给照片精心“化了个妆”，最终呈现出更明亮、细节更丰富的画面。

图像理解技术让 AI 具备了“认人”的本领。当我们使用刷脸支付时，手机摄像头拍下人脸，AI 会迅速提取面部特征，比如眼睛之间的距离、鼻子的形状等，然后与数据库中存储的照片进行比对，从而确认“你就是你”。这就好比老师在教室里看一眼学生，就能凭借长相认出具体是谁，整个过程快速又准确。

三维视觉技术则为我们构建了沉浸式的虚拟世界。在 VR 游戏中，我们戴上眼镜看到的 3D 场景，其实是计算机将 2D 图片“变”成立体画面的成果。当我们转头时，画面会根据视角变化自动调整角度，让我们感觉自己真的走进了游戏里的世界，就像用乐高积木一点点搭建出一个立体城堡，每一个角度都能看到不同的细节。

随着大模型技术的加入，视觉 AI 的能力更是大幅升级。现在的视觉大模型就像一个“全能智能助手”：如果你拍一张厨房的照片，它能准确告诉你“图中有冰箱、灶台，台面上还有 3 个苹果”，甚至当你说“画一只穿裙子的兔子在跳舞”时，它能根据你的描述快速画出对应的图片，不仅理解语义，还能将想象转化为视觉画面，简直就像身边有一个会画画的智能伙伴。

3. 自然语言处理：让 AI 听得懂人话、会说人话

自然语言处理是让计算机理解、处理和生成人类语言的核心技术，就像为 AI 装上“会沟通的嘴巴和耳朵”。它致力于打破人机之间的语言壁垒，让计算机不仅能“听懂”我们说的话，还能“说出”符合人类习惯的回应。从早期只能识别简单指令，到如今能进行复杂对话和语义理解，自然语言处理技术的进步离不开大模型的赋能，它让 AI 从“机械翻译”走向“智能交流”，成为连接人类思维与机器处理的桥梁。

1）机器翻译：从“字典式直译”到“语境化沟通”

机器翻译就像一位语言翻译官，而大模型的加入让它从“生硬搬字典”升级成了“双语主持人”。以前的翻译技术像查字典一样逐词转换，比如把“我爱吃火锅”直译成“I love eat hotpot”，不仅语法错误，还让人摸不着头脑。但现在的大模型翻译技术，会像人类一样根据语境调整表达：翻译英语时会说更自然的“I enjoy hotpot”，翻译日语时还会自动加上礼貌用语。这背后是因为大模型通过学习海量双语资料，掌握了不同语言的表达习惯，甚至能处理文化特色词汇。例如，手机翻译 App 把“夫妻肺片”译成“Couple's Beef Lung Slice”，既保留了食材信息，又让外国人看懂菜名背后的故事，就像一个懂跨文化

交流的翻译专家。

2）语义理解：智能客服的“读心魔法”

语义理解技术让 AI 拥有了“听懂弦外之音”的能力。当你给电商客服发消息“我的快递怎么还没到”，AI 不仅能查到物流信息，还能“听出”你话语里的着急，回复时会说：“实在抱歉，让您久等了，快递预计明天送达～”这背后是大模型像背了一本“超级智能字典”——它不是简单查词语，而是通过分析“快递”“延迟”“着急”这些词的关联，理解你真正的需求。比如大模型会记住“快递没到”常和“焦急情绪”相关联，所以回答时会先道歉再给信息，甚至根据你的语气轻重调整回复的温柔程度，就像真人客服一样“会看眼色、懂人情”，这其实是 AI 通过学习千万条对话数据，掌握了人类语言中的情感逻辑和沟通习惯。

3）问答系统：口袋里的“百科联想小管家”

问答系统如今成了能“举一反三”的智能助手。当你问手机语音助手“为什么海水是咸的？”，它不会甩给你“因为有盐”这样的简单答案，而是像老师一样解释：“海水里有很多氯化钠，经过千百年河流带入海洋积累，就变咸啦～”更厉害的是它的“联想能力”：你问“北京天气”，它不仅报温度，还会提醒“明天降温，记得穿外套”——这就像身边有个贴心管家，不仅懂知识，还会结合场景给建议。背后的原理是大模型像存了一个“知识网络”，它通过学习海量百科、新闻和对话数据，把“天气”“温度”“穿衣”等信息关联起来，当你提问时，它会像人类一样思考“用户问天气可能关心出行”，然后主动补充相关信息，这种“会联想、懂需求”的能力，让 AI 从“答非所问”变成了“贴心智囊”。

4. 大模型：给 AI 装上“超级大脑”

大模型是一种规模庞大的人工智能模型，就像给计算机配备了一个“超级大脑”，其核心特点在于“参数规模巨大”和“知识储备丰富”：普通 AI 模型的参数可能只有几百万个（类似大脑的神经连接），而诸如 GPT-4 这类大模型的参数规模超过万亿级，相当于将数十亿个“知识节点”相互连接；在学习方式上，大模型如同不用睡觉的“超级学霸”，通过“啃”遍互联网上的所有网页、书籍、视频字幕等海量数据，自主学习语言规律、图像特征、逻辑关系等各类知识，把全世界的知识都存储在“脑子”里。支撑大模型能力的关键技术，主要包括预训练技术、注意力机制，以及实现多模态融合的跨领域理解能力。

1）预训练技术：给 AI 打下“全科基础”

预训练技术就像学生上学前先学拼音和数字打基础一样，大模型会先在海量无标注数据上进行“预训练”——比如 GPT 模型会“读”完数十亿篇文章，像自主探索的学习者一样，自己总结出“中文句子的结构规律”“词语之间的语义关联”。这种训练方式让大模型具备了“通用理解能力”，就像掌握了所有学科基础知识的学生，不需要人教就能自主看懂文章、理解语义，甚至模仿人类逻辑写出连贯句子，为后续处理各种复杂任务奠定了底层认知基础。

2）注意力机制：让 AI 学会“抓重点”

注意力机制的原理类似上课时我们会自动聚焦老师讲的重点内容，它能让大模型在处理数据时精准捕捉关键信息。例如，翻译“我爱吃四川火锅”时，模型会自动忽略“我”“爱”等普通词汇，重点关注“四川火锅”这个核心语义单元；而 Transformer 架构作为大模型的核心框架，通过自注意力机制实现了技术突破——它能像人类大脑一样同时处理长句子中所有词汇的关联，比如理解“虽然今天下雨，但我还是想去公园”中的转折逻辑，让 AI 对语言的理解从“逐词翻译”升级为“整体语义把握”，逻辑理解能力更接近人类。

3）多模态融合：让 AI 同时“看、听、说”

多模态融合技术致力于让 AI 像人类一样同时处理图像、声音、文字等多种信息。例如，给 AI 一张猫的图片和“meow”的叫声，它能将视觉形象、声音特征和“猫”的文字概念关联起来，形成跨模态的认知。在技术实现上，大模型通过跨模态编码器，将图像、语音、文本转化为统一的“知识编码”，就像把不同语言翻译成同一种“思维语言”。以 DALL-E 模型为例，它能根据“蓝色天空下的粉色城堡”这类文字描述生成对应图片，正是因为跨模态技术让它理解了文字背后的视觉特征，实现了从语义到图像的转化。

讨论与交流

AI 会取代人类吗？

如今的 AI 凭借大模型技术展现出惊人的能力：它能瞬间生成流畅的新闻稿、精准翻译多语言文本，甚至辅助医生分析医学影像。在工作场景中，AI 已悄然替代了部分重复性强的岗位。例如，客服中心的智能应答系统接管了标准化咨询，数据标注员的部分工作被自动化算法取代，甚至初级文案岗位也能通过 AI 生成基础内容。这些变化让不少人担心：AI 是否会全面取代人类？

但深入分析会发现，AI 的“智慧”本质上来自人类输入的数据和预设的算法，存在明显局限：它能根据海量文本生成优美文字，却难以像人类作家一样凭借突发灵感创作出具有深刻情感共鸣的传世小说；能通过医学数据判断病症概率，却无法像医生那样在诊疗中与患者进行情感沟通、给予人文关怀。而人类独有的创造力、情感理解能力和复杂决策能力，恰恰是 AI 难以跨越的鸿沟。例如，设计师对美学的独特感悟、心理咨询师对情绪的细腻捕捉、管理者在复杂局势中的战略判断，这些能力根植于人类的生活经验和情感认知，无法被算法简单复刻。

因此，与其担心被取代，不如思考如何与 AI 形成协作，就像用 AI 辅助撰写初稿，再由人类注入创意灵魂；用 AI 处理海量数据，再由人类进行关键决策。未来的核心竞争力，或许正源于人类与 AI 互补共生的能力。那么问题来了：在你看来，哪些岗位的“人类特质”是 AI 永远无法替代的？我们又该如何培养这些不可替代的能力？

8.2.2 常用人工智能开放平台、框架和工具

1. 国内人工智能开放创新平台

国家新一代人工智能开放创新平台相关信息如表 8.2.1 所示。

表 8.2.1 国家新一代人工智能开放创新平台相关信息

企业名称	国家新一代人工智能开放创新平台建设领域	人工智能开放平台网址
百度	自动驾驶	https://ai.baidu.com/
阿里云	城市大脑	https://ai.aliyun.com/
腾讯	医疗影像	https://ai.qq.com/
科大讯飞	智能语音	https://www.xfyun.cn/
商汤集团	智能视觉	https://www.sensetime.com/cn
依图科技	视觉计算	https://speech.yitutech.com/
明略科技	营销智能	https://www.mininglamp.com/
华为	基础软硬件	https://www.huaweicloud.com/
中国平安	普惠金融	http://api.pingan.com.cn/
海康威视	视频感知	https://www.faceplusplus.com.cn/
京东	智能供应链	http://neuhub.jd.com/dev
旷视科技	图像感知	https://www.megvii.com/
360 奇虎	安全大脑	http://ai.360.cn/
好未来	智慧教育	https://ai.100tal.com/
小米	智能家居	http://ai.mi.com/

2. 开发框架及工具

人工智能开发框架实现了对人工智能算法的封装，可以大幅提高人工智能普及速度和开发应用效率，如今人工智能的实现也已经很难离开开发框架及相关工具。常用人工智能开发框架如表 8.2.2 所示。

表 8.2.2 常用人工智能开发框架

框架名称	维护方	支持语言	官网/源码地址
PaddlePaddle（飞桨）	百度	C++/Python	https://www.paddlepaddle.org.cn/
MindSpore	华为	Python	https://www.mindspore.cn/
TensorFlow	谷歌	C++/Python/Java/R 等	https://www.tensorflow.org/
Caffe2	BVLC	C++/Python/Matlab	https://github.com/BVLC/caffe
PyTorch	Facebook	C/C++/Python	https://github.com/pytorch/pytorch
CNTK	Microsoft	C++/Python/C#/.NET/Java/R	https://github.com/Microsoft/CNTK

实践与体验

1. 体验科大讯飞开放平台

第一步：注册成为开发者。

进入讯飞开放平台（www.xfyun.cn）快捷登录页，通过微信扫码、手机快捷登录，即可快速成为讯飞开放平台注册开发者。或进入讯飞开放平台注册页，注册完整的开放平台账号，成为讯飞开放平台注册开发者。

第二步：创建应用。

登录平台后，通过右上角“控制台”按钮，或通过右上角下拉菜单的“我的应用”进入控制台。若你的账户未曾创建过应用，可以根据引导创建第一个应用，如图 8.2.2 所示。

图 8.2.2　创建应用

应用创建完成之后，可以通过左侧的服务列表，选择要使用的服务。在服务管理面板中，可以看到这个服务对应的可用量、历史用量、服务接口的验证信息，还有可以调用的 API 和 SDK。

第三步：获取 API 接口或下载 SDK 体验测试。

在进入控制台对应的服务管理页之后，就可以通过下载 SDK 或者获取 WebAPI 接口，接入 AI 服务做测试了，如图 8.2.3 所示。

图 8.2.3　体验测试

2. 使用百度飞桨完成手写数字识别任务

输入手写数字的图片，通过百度飞桨可识别出这个图片中的数字。其中用到的数据集为 MNIST 手写数字数据集，该数据集用于训练和测试模型，包含 60000 张训练图片、10000 张测试图片以及对应的分类标签文件，每张图片上是一个 0～9 的手写数字，分辩率为 28×28。部分图像和对应的分类标签如图 8.2.4 所示。

图 8.2.4 手写数字图片

第一步：安装飞桨。

（1）下载并安装 Anaconda（https://www.anaconda.com/），如图 8.2.5 所示。

（2）创建“paddle_env”环境。打开 Anaconda 的 CMD.exe Prompt，通过以下命令，根据具体的 Python 版本创建并进入 Anaconda 虚拟环境：

```
conda create -n paddle_env python=3.8
activate paddle_env
```

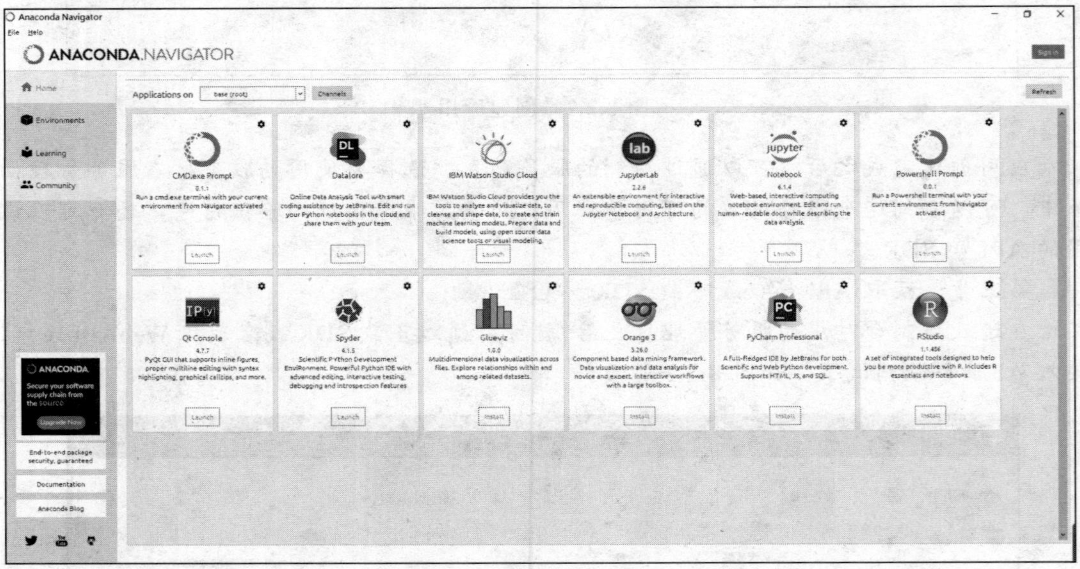

图 8.2.5 下载并安装 Anaconda

（3）检查环境，通过以下命令，检查 Python 安装路径及版本、系统环境：

```
where python
python --version
python -c "import platform; print(platform.architecture()[0]); print
(platform.machine())"
```

（4）安装飞桨（PaddlePaddle）。通过以下命令安装 CPU 版的 PaddlePaddle，如果计算机有 NVIDIA® GPU，也可以通过相关命令安装 GPU 版的 PaddlePaddle：

```
conda install paddlepaddle==2.3.0 --channel https: //mirrors.tuna.
tsinghua.edu.cn/anaconda/cloud/Paddle/
```

（5）验证安装。安装完成后使用 Python 进入 Python 解释器，输入 import paddle，再输入 paddle.utils.run_check()，如果出现 installed successfully，说明已成功安装，如图 8.2.6 所示。

第二步：安装 Spyder 应用、Matplotlib 库和 NumPy 库。

在 Anaconda 的“paddle_env”环境中安装 Spyder 应用、Matplotlib 库和 NumPy 库。Spyder 是 Python 的集成开发环境，Matplotlib 库用于可视化图片，NumPy 库用于处理数据，如图 8.2.7 所示。

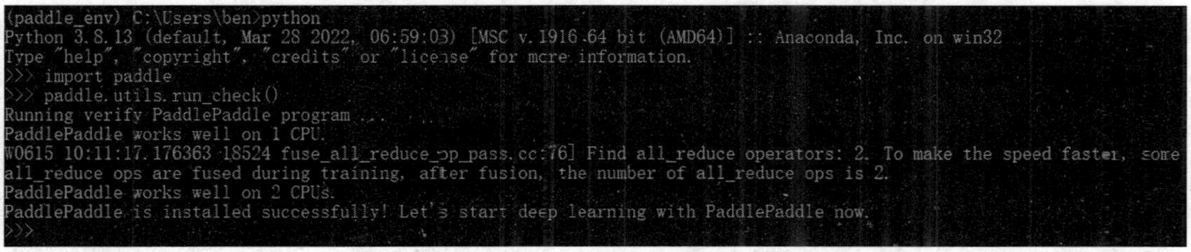

图 8.2.6　安装成功界面

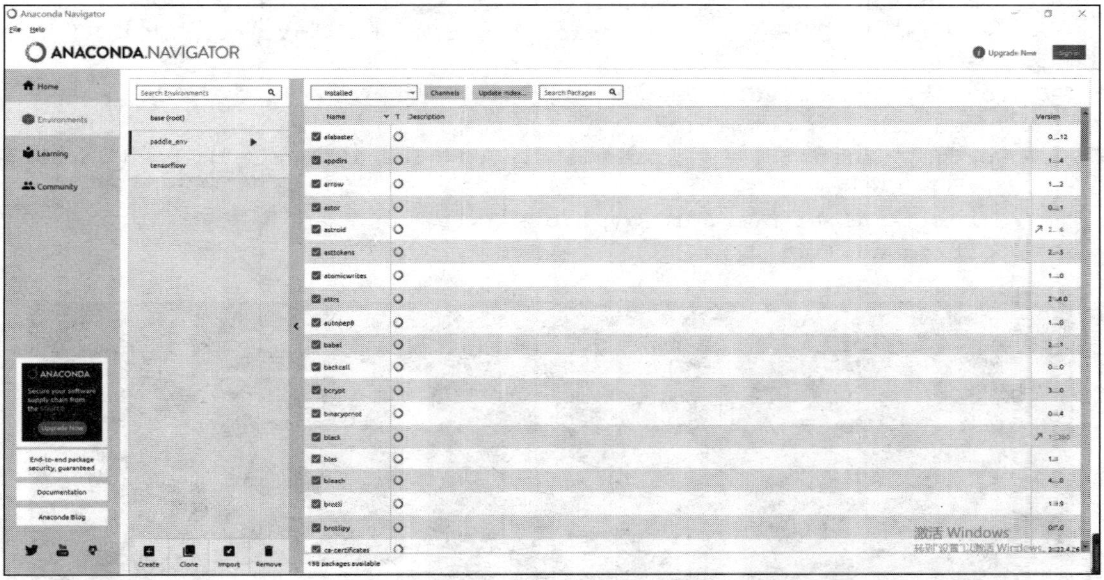

图 8.2.7　安装 Spyder 应用、matplotlib 库和 numpy 库

第三步：执行代码，观察程序运行过程和结果。

打开在 Anaconda 的“paddle_env”环境中的 Spyder 应用，拷贝下面的完整代码到 Spyder 中运行，观察程序运行过程和结果，如图 8.2.8 所示。

```
import paddle
import numpy as np
from paddle.vision.transforms import Normalize

transform = Normalize(mean=[127.5], std=[127.5], data_format='CHW')
# 下载数据集并初始化 DataSet
train_dataset = paddle.vision.datasets.MNIST(mode='train', transform=
transform)
test_dataset = paddle.vision.datasets.MNIST(mode='test', transform=
transform)
# 模型组网并初始化网络
lenet = paddle.vision.models.LeNet(num_classes=10)
model = paddle.Model(lenet)
# 模型训练的配置准备，准备损失函数，优化器和评价指标
model.prepare(paddle.optimizer.Adam(parameters=model.parameters()),
              paddle.nn.CrossEntropyLoss(),
              paddle.metric.Accuracy())
# 模型训练
model.fit(train_dataset, epochs=5, batch_size=64, verbose=1)
# 模型评估
```

```
model.evaluate(test_dataset, batch_size=64, verbose=1)
# 保存模型
model.save('./output/mnist')
# 加载模型
model.load('output/mnist')
# 从测试集中取出一张图片
img, label = test_dataset[0]
# 将图片 shape 从 1*28*28 变为 1*1*28*28，增加一个 batch 维度以匹配模型输入格式要求
img_batch = np.expand_dims(img.astype('float32'), axis=0)
# 执行推理并打印结果，此处 predict_batch 返回的是一个 list，取出其中数据获得预测结果
out = model.predict_batch(img_batch)[0]
pred_label = out.argmax()
print('true label: {}, pred label: {}'.format(label[0], pred_label))
# 可视化图片
from matplotlib import pyplot as plt
plt.imshow(img[0])
```

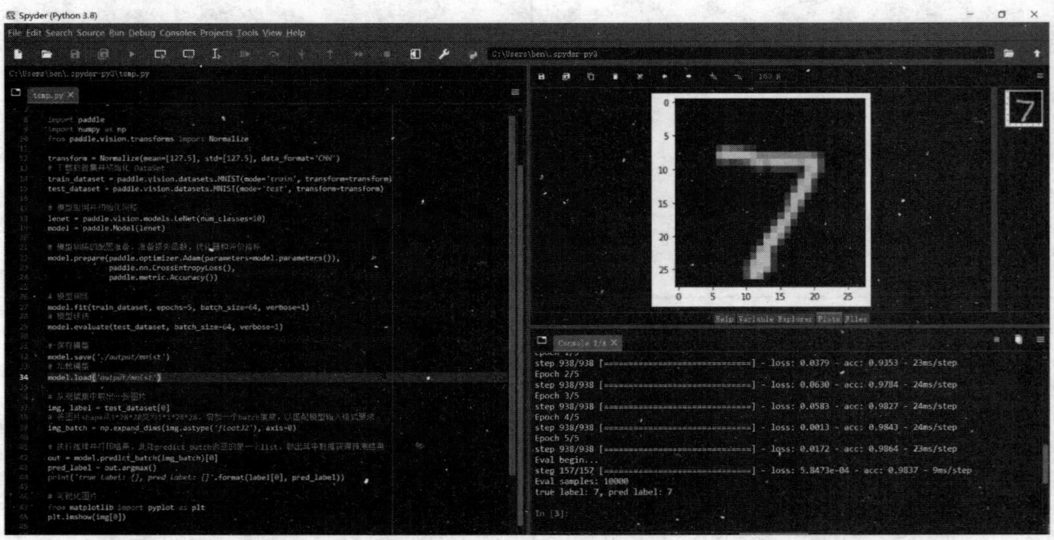

图 8.2.8 程序运行过程和结果

任务 8.3 人工智能的应用场景

任务描述

小文同学通过对人工智能关键技术的学习，知道了实现他们本次任务需要哪些人工智能技术，并根据现有的人工开放平台和开发框架，协助同事制订了实现方案，得到了领导和同事的认可。工作在其他领域的同事们，知道了小文有关“人工智能”的工作业绩后，他们又一起展开了人工智能在不同领域的应用探讨。

任务目标

- 了解人工智能在汽车智能驾驶、智能生物信息处理领域等不同领域的应用，并关注人工智能的安全、伦理和隐私问题。

任务实现

如今人工智能技术与各行业的深度融合，细分领域众多、领域交叉性强，呈现出相互促进、繁荣发展的态势。由于篇幅有限，本任务重点介绍人工智能在汽车智能驾驶和生物信息处理中的应用，以及具身智能技术的发展。

8.3.1　汽车智能驾驶

1. 什么是汽车智能驾驶

汽车智能驾驶具有“智慧”和“能力”两层含义。所谓“智慧”，是指汽车能够像人一样智能地感知、综合、判断、推理、决断和记忆；所谓“能力”，是指智能汽车能够确保“智慧”的有效执行，可以实施主动控制，并能够进行人机交互与协同。自动驾驶是智慧和能力的有机结合，二者相辅相成，缺一不可。

2. 智能驾驶相关技术

为实现“智慧”和“能力”两方面内容，自动驾驶技术一般包括环境感知、决策规划和车辆控制三大部分。

1）环境感知

环境感知作为“环境感知—决策规划—车辆控制”过程的第一环节，处于智能驾驶车辆与外界环境信息交互的关键位置，其关键在于使智能驾驶车辆更好地模拟人类驾驶员的感知能力，从而理解自身和周边的驾驶态势。智能驾驶车辆需要获取和处理的环境感知包括交通状态感知和车身状态感知。

2）决策规划

决策规划是自动驾驶的关键部分之一。它首先融合多传感信息；然后根据驾驶需求进行任务决策；最后在能避开可能存在的障碍物前提下，通过一些特定的约束条件，规划出两点间多条可选安全路径和，并在这些路径中选取一条最优的路径作为车辆行驶轨迹。

3）车辆控制

智能驾驶汽车的车辆控制技术旨在环境感知技术的基础之上，根据决策规划出目标轨迹，通过纵向和横向控制系统的配合使汽车能够按照跟踪目标轨迹准确稳定行驶，同时使汽车在行驶过程中能够实现车速调节、车距保持、换道、超车等基本操作。

8.3.2　智能生物信息处理

近年来，伴随着生物技术的飞速发展，海量的生物医学大数据快速积累。这些数据包含了极其重要的信息，为研究生命奥秘、生命活动本质以及生命产生和发展规律提供了契机。各类人工智能技术的出现大大促进了生物信息处理的速度和精度。下面介绍人工智能技术在生物信息领域常见的一些应用。

1. 疾病智能诊断

早在 20 世纪 70 年代，研究人员通过模拟人类专家解决医学问题的方法，研发了多种类型的专家系统，这些专家系统在特定的领域中已经被证实可达到人类专家的水平。随着人工智能的发展，神经网络特别是深度神经网络在疾病智能诊断中得到了广泛的应用。使用深度神经网络系统结合人口统计学数据、病理数据、临床数据以及影像数据对患者疾病进行智能鉴别诊断，使用神经网络综合分析患者各项数据的分类准确性较单纯影像更高。人工智能技术除了能鉴别诊断疾病，还能应用于 CT 图像的三维分割。在一些肿瘤的三维分割中，人工智能可以区分肿瘤组织和非肿瘤组织并自动拟合肿瘤边界，重建肿瘤三维模型，计算肿瘤体积。

2. 药物开发

由于机器学习方法的发展以及化学和药理学数据的积累，人工智能技术作为一种数据驱动的计算方法，在药物设计领域已发展成熟。近年来，深度学习模型由于其强大的通用性和特征提取能力，在药物开发中显示出广阔的前景。传统的机器学习方法采用人工设计的特征，而深度学习方法可以从输入数据中自动学习特征，通过多层特征提取，将简单特征转化为复杂特征。此外，深度学习方法的生成误差较小，使其在一些基准测试或竞争测试中获得更令人满意的结果。

除了我们介绍的疾病智能诊断、药物开发，人工智能在非编码 RNA、宏基因组、生物网络、基因编辑、基因组分析等生物信息领域都有着广泛的应用。

8.3.3 具身智能

具身智能是指人工智能系统通过“身体”与物理环境交互来学习和执行任务的技术范式。与传统 AI 仅在数字空间处理信息不同，具身智能强调“身体”是智能的基础。就像人类通过手眼协调、肢体运动理解世界一样，AI 需要借助传感器、执行器等硬件载体，在真实或模拟环境中通过“做中学”实现智能行为。例如，服务机器人通过机械臂抓取物体时，不仅需要视觉识别物体位置，还需通过传感器感知抓取力度，这一过程就是具身智能的典型体现。

1. 服务机器人

在家庭场景中，服务机器人正从单一功能的工具升级为具备具身智能的生活管家。以扫地机器人为例，科沃斯 X3 Pro 搭载 3D 结构光传感器与多模态感知系统，不仅能精准识别拖鞋、电线、地毯边缘等障碍物，还能通过 SLAM 算法构建全屋三维地图，动态规划最优清扫路径。更具突破性的是，其集成的机械臂模块可灵活调整抓取力度，轻松捡起散落的袜子、充电线等小件物品，甚至能将垃圾桶内的垃圾进行初步分类。此外，部分高端机型还支持语音交互，当用户发出“清洁卧室飘窗角落”的指令时，机器人能结合视觉定位与肢体控制，精准完成复杂区域的清洁任务。

在医疗场景中，具身智能技术为康复治疗带来了革命性突破。外骨骼康复机器人通过肌电传感器与压力反馈装置，实时感知患者肢体的发力状态与运动意图，在患者行走或进行肢体训练时，系统会自动匹配助力参数，既避免了过度辅助导致的肌肉退化，又能通过渐进式训练增强患者自主运动能力。同时，机器人内置的 AI 算法会持续记录关节活动范围、步态稳定性等数据，生成个性化康复报告，帮助医生动态调整治疗方案。

例如，针对中风患者的手部康复机器人，不仅能通过触觉反馈模拟握力训练，还能通过虚拟现实场景引导患者完成抓握、旋转等精细动作，使康复训练更具趣味性与实效性。

2. 工业自动化

在工业自动化领域，具身智能正成为重塑生产范式的“智能肢体”，推动制造业向柔性化、智能化升级。在柔性制造场景中，特斯拉工厂的 Optimus 机器人依托多模态触觉传感器与动态力控系统，可精准识别齿轮、轴承等不同形状的零件，通过实时反馈的压力数据调整抓取力度：抓取铝合金零件时施加 0.5N 的柔和握力以防刮花表面，抓取钢制零件时则增至 2N 确保稳固。其搭载的视觉-运动大模型能自主学习新零件的抓取策略，无须人工重新编程即可快速适配变速箱壳体、电机定子等异形部件，彻底颠覆了传统生产线依赖固定夹具的生产模式，使产线换型时间从 8 小时缩短至 30 分钟。

在危险作业场景中，防爆型具身智能机器人构建起工业安全的“数字屏障”。这类机器人配备红外热成像仪与气体传感器阵列，可在-20℃至 120℃的极端环境中检测管道焊缝的温度异常与甲烷泄漏浓度，定位精度达±2mm。其机械臂集成六轴力反馈系统，能在防爆工况下完成螺栓紧固、垫片更换等精细操作——当检测到管道法兰泄漏时，机器人会自动计算泄漏点扭矩参数，以 0.1N · m 的精度拧紧螺栓，同时通过 5G 实时回传作业视频与数据，使高危环境下的设备维护从“人工冒险”转变为“远程智控”，将化工检修的人身伤害风险降低 92%以上。

讨论与交流

著名物理学家霍金曾指出：“人工智能的发展可能是人类文明史上最伟大的事件，也可能是最后一个。”在 AI 大模型爆发式发展的今天，这句话愈发引人深思。一方面，AI 确实为人类带来了前所未有的便利：扫地机器人解放了家务劳动力，医疗 AI 能辅助医生更快诊断疾病，工业机器人提升了生产效率，就连高职学生未来可能从事的智能制造、智能物流等领域，也因 AI 技术而充满创新机遇。但另一方面，AI 也暗藏风险：算法偏见可能加剧社会不公，深度伪造技术混淆视听，自动化进程还可能导致部分传统岗位消失。

基于此，我们展开讨论：AI 发展给人类带来的利益和弊端究竟该如何权衡？作为未来技术应用型人才的高职学生，我们又该如何在拥抱 AI 的同时规避潜在风险？是利用 AI 工具提升专业技能，成为驾驭技术的从业者，还是可能被技术浪潮淘汰？欢迎同学们结合所学知识与生活实际，分享自己的见解。

单元小结

本单元主要介绍了人工智能的概念和相关技术，体验了人工智能在语音控制和图像识别等方面的应用，认识人工智能对我们生活和工作的影响。

课后习题

一、选择题

1. 人工智能是一门（　　）。

A. 数学和生理学学科　　B. 心理学和生理学学科

C. 语言学学科　　D. 综合性的交叉学科和边缘学科

2. 人工智能的目的是让机器能够（　　），以实现某些脑力劳动的机械化。

A. 具有完全的智能　　B. 和人脑一样考虑问题

C. 完全代替人　　D. 模拟、延伸和扩展人的智能

3. 人工智能诞生于（　　）年。

A. 1946　　B. 1956　　C. 1966　　D. 1976

4. 关于人工智能，叙述不正确的是（　　）。

A. 人工智能是 20 世纪 50 年代才开始的一项技术，还没有得到应用

B. 人工智能是科学技术发展的趋势

C. 人工智能与其他科学技术相结合，极大地提高了应用技术的智能化水平

D. 人工智能有力地促进了社会的发展

5. 关于人工智能系统，表述不正确的是（　　）。

A. 由人类设计，为人类服务，本质为计算，基础为数据

B. 能感知环境，能产生反应，能与人交互，能与人互补

C. 任何计算机程序都具有人工智能

D. 有一定的自适应特性和学习能力

6. 2017 年 5 月，在中国乌镇围棋峰会上，基于（　　）的人工智能机器人 AlphaGo 战胜了排名世界第一的世界围棋冠军柯洁。

A. 人工思维　　B. 模式识别　　C. 深度学习　　D. 专家系统

7. 机器学习从不同的角度，有不同的分类方式，以下不属于按学习模式分类的是（　　）。

A. 监督学习　　B. 无监督学习　　C. 强化学习　　D. 函数学习

8. 机器翻译属于（　　）领域的应用。

A. 计算机视觉　　B. 自然语言处理

C. 专家系统　　D. 数据挖掘

9. 不是自然语言处理要实现的目标的是（　　）。

A. 欣赏音乐

B. 机器翻译

C. 对自然语言表示的信息进行分析概括或编辑

D. 理解别人讲的话

10.（　　）与其他 3 个属于不同人工智能应用领域。

A. 图像识别与分类　　B. 医学影像分析

C. 语音识别　　D. 人脸识别

11. 以下不属于人工智能在计算机视觉领域应用的是（　　）。
A. 车站人脸识别进站　　B. 实时字幕
C. 拍照识别植物　　D. 医疗影像诊断

12. 以下不是专家系统组成部分的是（　　）。
A. 用户　　B. 综合数据库
C. 推理机　　D. 知识库

13. 大模型（如 GPT-4）的核心优势在于（　　）。
A. 参数规模小，运行效率高
B. 通过海量数据训练获得跨领域理解能力
C. 仅能处理文本数据，无法结合图像
D. 依赖人工逐条输入规则实现任务

14. 以下属于大模型关键技术的是（　　）。
A. 字典式翻译技术　　B. 注意力机制
C. 固定规则编程　　D. 单一模态处理

15. 大模型在医疗领域的应用体现为（　　）。
A. 仅能识别 CT 图像中的肿瘤形状
B. 综合分析影像、病理和临床数据辅助诊断
C. 完全替代医生进行手术决策
D. 无法处理多模态医疗数据

16. 大模型与传统 AI 的主要区别在于（　　）。
A. 传统 AI 可自主学习，大模型需人工指导
B. 大模型参数规模更大，具备举一反三能力
C. 传统 AI 能处理多模态数据，大模型只能处理文本
D. 大模型不依赖数据训练，传统 AI 依赖海量数据

17. 大模型的核心技术包括（　　）。
A. 预训练技术　　B. 注意力机制
C. 多模态融合　　D. 固定规则匹配

18. 下列属于大模型在生活中应用场景的是（　　）。
A. 手机语音助手规划行程并提醒穿衣
B. 代码助手自动生成程序并检查错误
C. 智能家居设备通过语音控制开关
D. 传统计算器执行数学运算

二、简答题

1. 什么是人工智能大模型？请举例说明其核心特点。
2. 简述大模型的三大关键技术及其作用。
3. 结合生活实例，说明大模型如何改变传统行业的工作模式。

学习笔记

9 单元 云计算

单元导读

信息技术的发展，使人们对数据的存储、运算、便捷操作等方面的要求越来越高。在这种情况下，新的计算模式进入了人们的学习、生活和工作 它就是被誉为第三次信息技术革命的"云计算"。云计算（cloud computing）技术自诞生以来，深刻地改变了我们的生活，影响着整个信息技术产业。云计算所创造的按需取用、按需付费的商业模式不但延伸到了 IT 之外的产业，而且影响了众多企业的经营思维。

本单元包含云计算基础知识和模式、技术原理、主流产品和应用等内容。

任务 9.1 认识云计算

任务描述

小樊同学组织了线上同学聚会活动以后，把活动视频进行了剪辑，准备把视频文件传给同学，无奈文件太大，传输起来不太方便。在同学的建议下，他用云盘解决了难题，感觉非常方便。云盘，是云存储系统下的一项应用。而云存储本身，又是由云计算技术发展而来的一项应用。那什么是云计算呢？

任务目标

- 了解云计算的发展背景。
- 了解云计算的概念。
- 了解云计算的服务形式。

任务实现

随着云计算技术的飞速发展，会有成千上万种基于云计算的服务形式出现，了解云计算的发展背景、云计算的相关概念、云计算的服务形式有助于我们加深对云计算的理解。

9.1.1 云计算产生的背景和意义

计算机的发明是 20 世纪最重大的事件之一，它使人类文明的进步达到了一个全新的高度。进入 21 世纪，互联网逐渐成为最重要的社会性基础设施。在互联网环境中，计算能力、交互能力与存储能力均可以作为服务的中心。正是互联网技术的迅猛发展与应用的深入、大众参与计算以及软件作为服务等促成了计算从单机向以互联网为中心的云计算方式演进。

2006 年 3 月，亚马逊公司推出弹性计算云（elastic compute cloud，EC2）服务，这是现在公认的最早的云计算产品。2006 年 8 月，Google 公司首次提出云计算的概念。随后，云计算进入稳步成长阶段，2010 年后逐渐形成了主流平台产品和标准。2012 年，随着腾讯、淘宝、360 等开放平台的兴起和阿里云、百度云、新浪云等公共云平台的迅速发展，国内云计算真正进入实践阶段，因此称 2012 年为“中国云计算实践元年”。

工业时代，社会化大生产通过集约化方式来优化整个社会的生产资源，同时通过专业化的服务来满足用户个性化需求。例如，制造业的社会化分工协作、软件业的外包与众包等生产方式都是通过集约化、专业化方式实现随需而变的柔性化生产。云计算正在让信息技术和信息服务实现社会化、集约化和专业化，不再需要家家买计算机、人人当软件工程师，各部门也不需要建自己专门的信息系统，让信息服务成为全社会的公共基础设施，网络变得丰富、边缘变得简单、交互更加智能。人类正进入用信息和信息技术精确调控物质和能量的时代，从而降低全社会经济的总体运维成本，推动社会向资源节约型和环境友好型发展。

9.1.2 什么是云计算

维基百科给云计算下的定义是：云计算将 IT 相关的能力以服务的方式提供给用户，

允许用户在不了解提供服务的技术、没有相关知识及设备操作能力的情况下，通过互联网获取所需服务。

狭义上讲，云计算就是一种提供资源的网络，使用者可以随时获取“云”上的资源，按需求量使用，并且可以看成是无限扩展的，只要按使用量付费就可以，“云”就像自来水厂一样，我们可以随时接水，并且不限量，按照自己家的用水量，付费给自来水厂就可以。

从广义上说，云计算是与信息技术、软件、互联网相关的一种服务，这种计算资源共享池叫作“云”。云计算把许多计算资源集合起来，通过软件实现自动化管理，只需要很少的人参与，就能让资源被快速提供。也就是说，计算能力作为一种商品，可以在互联网上流通，就像水、电、煤气一样，可以方便地取用，且价格较为低廉。

小贴士

根据定义，可以这样通俗地理解：云计算的“云”是一种比喻的说法，其实就是指互联网上的服务器集群上的资源，它包括硬件资源（如存储器、CPU、网络等）和软件资源（如应用软件、集成开发环境等），用户只需要通过网络发送一个需求信息，远端就会有成千上万的计算机为用户提供需要的资源，并将结果返回给本地设备。这样，本地客户端需要的存储和运算极少，所有的处理都由云计算服务来完成。简单地说，云计算是一种商业计算模式，它将任务分布在大量计算机构成的资源池上，用户可以按需获取存储空间、计算能力和信息等服务。

实践与体验

打开阿里云的网站（www.aliyun.com），出现如图 9.1.1 所示的界面。可以在顶部导航栏上依次单击“产品”“解决方案”“云市场”等选项查看相应的内容。

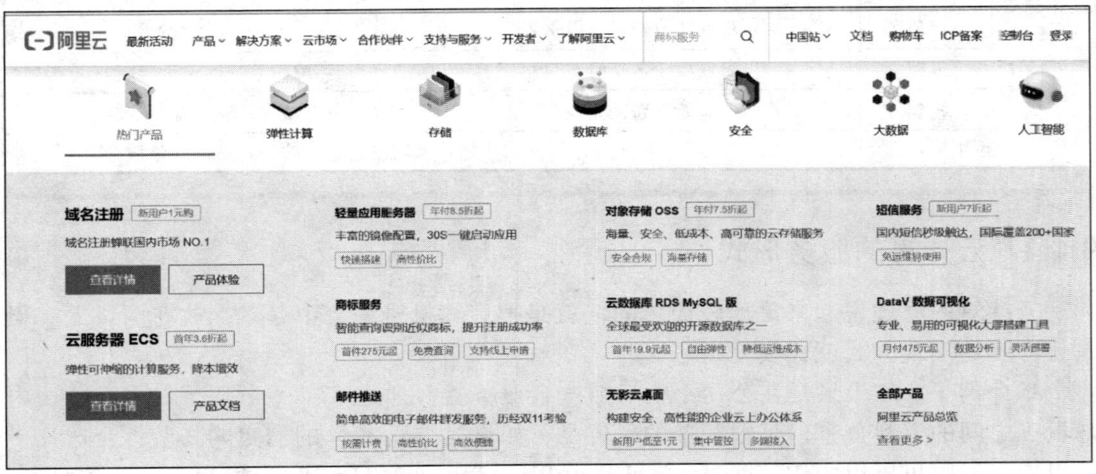

图 9.1.1 阿里云网站首页

也可以根据导航栏右上角“立即注册”按钮，进入阿里云注册界面，如图 9.1.2 所示，根据提示，完成个人账号的注册、安全设置以及实名认证。

图 9.1.2 阿里云注册界面

通过阿里云平台可以看出，云计算就是让计算、存储、网络、数据、算法、应用等软硬件资源像电一样，随时随地、即插即用。

讨论与交流

网络上有很多关于云计算概念介绍的视频，搜索学习后分享给同学，讨论一下云计算厂商和自来水厂、电厂提供的服务形式有什么异同？可参考表 9.1.1 讨论。

表 9.1.1 云服务与水、电服务的异同

分类		云服务	水、电服务
不同点	形式	丰富（多样化和多粒度）	统一
	功用	个性化（价值因受众而异）	通用
	损耗	信息不会损失	有损耗
	用户角色	双重（消费者、提供者）	单一（消费者）
	方向	双向，不受时空限制	单向，受地理位置限制
	控制	全局无规划、无统一调度	全局有规划、有统一调度
相同点		资源在网上，而不在用户端。依靠传输网络送达。按需付费，计量服务	

9.1.3 云计算的服务形式

云计算的原理说起来是比较简单的，就是把计算机资源集中起来，放在网络上。但是云计算的实现方式就比较复杂了。

举个例子，如果只是在公司小机房放一台服务器，开通 FTP 下载服务，用于公司内部员工之间的资料分享，是很简单的。但是，如果是“双 11”的淘宝购物节，全球几十亿用户访问阿里巴巴的淘宝网站，单日几十 PB（1PB=1024TB=1024×1024GB）的访问量，每秒几百 GB 的流量，就不是几根网线、几台服务器能解决的了，这种情况需要设计一个超大容量、超高并发（同时访问）、超快速度、超强安全性的云计算系统，才能满足业务平稳运行的要求。这才是云计算的复杂之处。

> **小贴士**
> 这 3 种云计算服务中，IaaS 处于整个架构的底层；PaaS 处于中间层，可以利用 IaaS 层提供的各类计算资源、存储资源和网络资源来建立平台，为用户提供开发、测试和运行环境；SaaS 处于最上层，既可以利用 PaaS 层提供的平台进行开发，也可以直接利用 IaaS 层提供的各种资源进行开发。

目前，云计算的服务形式分为 3 种：IaaS（infrastructure as a service，基础架构即服务）、PaaS（platform as a service，平台即服务）、SaaS（software as a service，软件即服务）。这 3 种形式分别代表 3 种不同的层级。

（1）IaaS 层，即基础层。在这一层，通过虚拟化、动态化将 IT 基础资源（计算、网络、存储）聚合形成资源池。终端用户可以通过网络从资源池获得自己需要的计算资源，运行自己的业务系统，这当然需要付费。举例说明，以前如果你想在公司的网站上运行一些企业应用，就需要去买服务器，但现在可以租用 IaaS 公司提供的远程服务器、存储和网络硬件。这样一来，便大大地节省了维护成本和办公场地。

（2）在 IaaS 层之上的是 PaaS 层。这一层除了提供基础计算能力，还具备了业务的开发运行环境，提供包括应用代码、SDK、操作系统以及 API 在内的 IT 组件，供个人开发者和企业将相应功能模块嵌入软件或硬件，以提高开发效率。举例说明，PaaS 公司在网上提供各种开发和分发应用的解决方案，比如虚拟服务器和操作系统。

（3）最上层是 SaaS 层。SaaS 的软件是“拿来即用”的，不需要用户安装，软件升

级与维护也无须终端用户参与。同时，它还是按需使用的软件，与传统软件购买后就无法退货相比具有无可比拟的优势。生活中，几乎我们每一天都在接触 SaaS 云服务，比如，我们平时使用的手机云服务、网页中的一些云服务等。

任务 9.2　了解云计算技术

任务描述

小樊同学了解完云计算的发展背景以及服务形式等相关知识后，对于实现云计算的技术很感兴趣，希望了解云计算的服务是通过什么样的技术实现的。下面我们就一起了解云计算的实现技术吧。

任务目标

- 了解分布式存储、虚拟化技术、分布式资源管理、智能管理平台和编程模型五大云计算核心技术。
- 了解公有云、私有云、社区云、混合云四种云计算部署方式。

任务实现

云计算服务商怎么提供上述三个层次的服务呢？针对用户多种多样的需求，比如有的用户要八核 CPU、16GB 内存、500GB 硬盘的服务器，而有的用户又要装 CentOS 7.2（一种类 Linux 操作系统）、MySQL 5.5.60（一种数据库系统），云服务商是不可能让工程师去对接一个个需求的，耗不起人力，也等不起时间。于是，就有了各种软件和平台，负责对资源进行调用和管理。

9.2.1　云计算核心技术

云计算作为数据服务中心，是通过虚拟化技术构建起来的。它有五大核心技术，分别为分布式存储、虚拟化技术、分布式资源管理、智能管理平台和编程模型。

（1）分布式存储：用于将大量服务器整合为一台超级计算机，提供海量的数据存储和处理服务。它采用可扩展的系统架构，利用多台存储服务器分担存储负荷，利用位置服务器定位存储信息。

（2）虚拟化技术：是一种在软件中模拟计算机硬件，以虚拟资源为用户提供服务的计算形式，旨在合理调配计算机资源，使其更高效地提供服务。

（3）分布式资源管理：保证在多点并发执行环境中，各个节点的状态同步，并且在单个节点出现故障时，系统通过有效的机制保证其他节点不受影响。

（4）智能管理平台：具有高效调配大量服务器资源，使其更好地协同工作的能力。其中，方便地部署和开通新业务，快速发现并且恢复系统故障，通过自动化、智能化手段实现大规模系统可靠的运营是云计算平台管理技术的关键。

（5）编程模型：云计算采用了一种简洁的分布式并行编程模型 MapReduce，主要用于数据集的并行运算和并行任务的调度处理。在该模式下，用户只需要自行编写 Map 函数和 Reduce 函数即可进行并行计算。

通过这五大核心技术，可以将分散的节点有效地整合起来，组成大规模甚至超大规模集群，在提供强大性能的同时也提升了资源的利用率，云计算技术是计算领域技术不断演进过程中的一个里程碑。

9.2.2 云计算的部署模式

不同的用户在使用云服务时，需求也各不相同。有的企业可能只需要一台服务器，而有的企业涉及数据安全，则对于隐私保密比较看重，因此面对不同的场景，云计算服务需要提供不同的部署模式。

（1）公有云：这种模式下，应用程序、资源、存储和其他服务，都由云服务供应商提供给用户，这些服务多半是免费的，也有部分按需按使用量来付费，这种模式只能使用互联网来访问和使用。同时，这种模式在私人信息和数据保护方面也比较有保障。这种部署模型通常都可以提供可扩展的云服务并能高效设置。

（2）私有云：这种模式下，云基础设施专门为某一个企业服务，不管是自己管理还是第三方管理，自己负责还是第三方托管，都没有关系。只要使用的方式没有问题，就能为企业带来很显著的帮助。相对于公有云，私有云部署在企业内部网络，其数据安全性、系统可用性都可以由自己控制，但企业需要有大量的前期投资。私有云的规模相对于公有云来说一般要小得多，无法充分发挥规模效应。

（3）社区云：这种模式是建立在一个特定的小组里多个目标相似的公司之间的，他们共享一套基础设施，所产生的成本共同承担，因此，所能实现的成本节约效果也并不显著。社区云的成员都可以登录云中获取信息和使用应用程序。

（4）混合云：混合云是两种或两种以上的云计算模式的混合体。在混合云部署模式下，公有云和私有云相互独立，但在云的内部又相互结合，可以发挥出公有云和私有云各自的优势。混合云可以使用户既享有私有云的私密性，又能有效利用公有云的廉价计算资源，从而获得最佳匹配效果，达到既省钱又安全的目的。

任务 9.3 云计算实践应用

任务描述

通过前面的学习，我们认识到云计算的重要性，未来云计算将显著影响我们的生活。云计算到底是怎么影响我们生活的呢？我们一起通过下面的学习来揭晓答案吧！

任务目标

- 了解云计算在存储、办公、物联等方面的应用。
- 了解国内外主流的云服务商及其产品。
- 依托阿里云搭建小程序。

任务实现

9.3.1　云计算应用领域

随着云计算技术的发展，云计算的应用领域也在不断扩大，“云”应用已遍及政务、金融、交通、教育、医疗等各个领域。以下介绍云计算比较典型的应用。

1. 云存储

云计算的出现使本地存储的依赖性大幅降低。用户可以将所需要的文件、数据存储在互联网上的某个地方，以便随时随地访问。云存储通过集群应用、分布式文件系统等功能，将网络中数量庞大且种类繁多的存储设备通过应用软件集合起来协同工作，共同对外提供数据存储和业务访问的功能，保证数据的安全性并节约存储空间。目前国内外发展比较成熟的云存储有很多。例如，百度网盘是百度推出的一项云存储服务，首次注册即有机会获得 2TB 的存储空间，已覆盖主流 PC 和手机操作系统，包含 Web 版、Windows 版、Mac 版、Android 版、iPhone 版和 Windows Phone 版。

讨论与交流

你用过哪些云存储产品？体验如何？与同学们交流一下吧。

2. 云办公

近年来，随着 5G、云计算、互联网等技术的发展，办公场景也发生了巨大的变化。视频会议、共享文档、在线审批等在线办公方式出现，随时随地在云端进入“办公室模式”已经成为常态，“云办公”潮流方兴未艾。目前，基于云计算的在线办公软件 Web Office 已经进入了人们的生活。例如，金山办公旗下的 WPS Office 是国内比较有代表性的云办公产品之一，用户进入 WPS 官方网站，注册账号即可体验云上办公。

3. 云物联

云物联是基于云计算技术的物物相连。云物联可以将传统物品通过传感设备感知的信息和接受的指令连入互联网中，并通过云计算技术实现数据存储和运算，从而建立起物联网。目前，云计算技术已经应用于智能家居、智能交通、工业互联网等多种场景，下面以家居“云”为例进行说明。

从技术上分析，智能家居就是一个家用的小型物联网，通过各类传感器采集信息，并通过对采集的数据信息进行分析、反馈，进而实现相应的功能。智能家居由于需要采集的信息较多，特别是一些占用存储空间较大的视频、音频信息，如何存储以及有效利用这些数据直接关系到智能家居的应用前景，云计算则为其提供一个较好的解决办法。云计算能够解决智能家居面临的两大关键问题：一是大量数据的存储、针对性地查询分析以及数据计算的问题；二是智能家居需要存储的音频和视频信息，如远程视频监控与远程对话等海量存储问题。例如，“米家系列智能开关”就是云物联产品，实现了基本的人与物交互，可以应用于家庭、办公、医院和酒店等场合，无论用户身处世界的哪个角落，都可以使用手机、平板电脑等实现场景远程控制，随时随地掌控家居照明。

9.3.2 云服务商及其产品

市场上的云计算产品、服务类型多种多样，在选择时不仅要看产品类型是否符合自身需求，还要看云产品服务商的品牌声誉、技术实力。目前国内外云服务商非常多，早期云服务市场主要被美国的科技公司所垄断，如亚马逊 AWS、微软 Azure 等；近年来国内云服务商发展迅速，已经占据国内外较大市场份额，知名的云服务商有阿里云、华为云、腾讯云等。

1. 国外主流云服务商及其产品

（1）亚马逊公司是做电商起步的，刚开始因为业务需要购买了许多服务器等硬件资源用于搭建电商平台，后来由于平台的计算资源出现过剩，于是开始对外出租这些资源，并逐渐成为世界上最大的云计算服务公司之一。

（2）微软云端的技术绝大多数是自己的，如 Windows 操作系统、SQL Server 数据库、Office 办公软件、活动目录等。微软的云计算业务于 2010 年正式推出，产品线极其丰富。

2. 国内主要云服务商及其产品

（1）阿里云是阿里巴巴集团旗下云计算品牌，创立于 2009 年。阿里云拥有诸如虚拟主机、存储和虚拟网络等核心云服务产品，经过最近几年的快速发展，产品线越来越丰富，已经成长为国内最大的云服务提供商。

（2）华为云隶属于华为公司，创立于 2017 年，其主要产品包括弹性计算云、对象存储服务、桌面云等。

（3）腾讯云是腾讯公司旗下产品，于 2010 年开放平台并接入首批应用，其主要产品包括计算与网络、存储、数据库、安全、大数据、人工智能等。

讨论与交流

查阅资料，讨论以下问题：

（1）中国云计算国产自主化具有哪些必要性？

（2）中国云计算国产化的状况如何？

9.3.3 典型云服务器的搭建

与传统搭建服务器的方式相比，基于云服务器搭建方式具有较快的访问速度、成本低廉、操作升级比较便捷等优点。用户可以从服务商租赁云服务器，并根据需求进行一些基本配置操作，完成云服务器的搭建。云服务器的基本操作包括创建、配置、连接、传输、环境搭设等内容。下面以在阿里云搭建小程序为例进行操作，具体步骤如下：

（1）首先通过 https://www.aliyun.com 进入阿里云官网，使用用户名和密码完成用户登录，新用户需要先注册阿里云账号且经过实名认证。

（2）登录后进入阿里云控制台首页（图 9.3.1）。根据个人业务需求，在控制台首页下方的产品规格中选择对应的产品类型。新用户注册，可以选择免费使用 3 个月选项进行免费试用。

图 9.3.1　阿里云控制台首页

（3）通过控制台首页“管理控制台”选项进入控制台设置页面，根据向导逐步进行设置（图 9.3.2），图中列出来多种应用场景，如快速搭建网站、部署开发环境、搭建云上博客、搭建小程序、云上服务器迁移、云上高可用架构等。用户选择感兴趣的应用场景后，开启控制台。如果选择“搭建小程序”场景，则进入如图 9.3.3 所示页面，选择开始搭建，右下角会给出操作步骤提示。新用户可按提示付费创建实例或申请创建免费试用三个月的实例。创建实例时根据需要选择基础配置（如 CPU、内存等）、操作系统、网络安全配置等，设置登录凭证（即连接 ECS 实例时需要输入的用户名和密码）。

图 9.3.2　选择感兴趣的应用场景

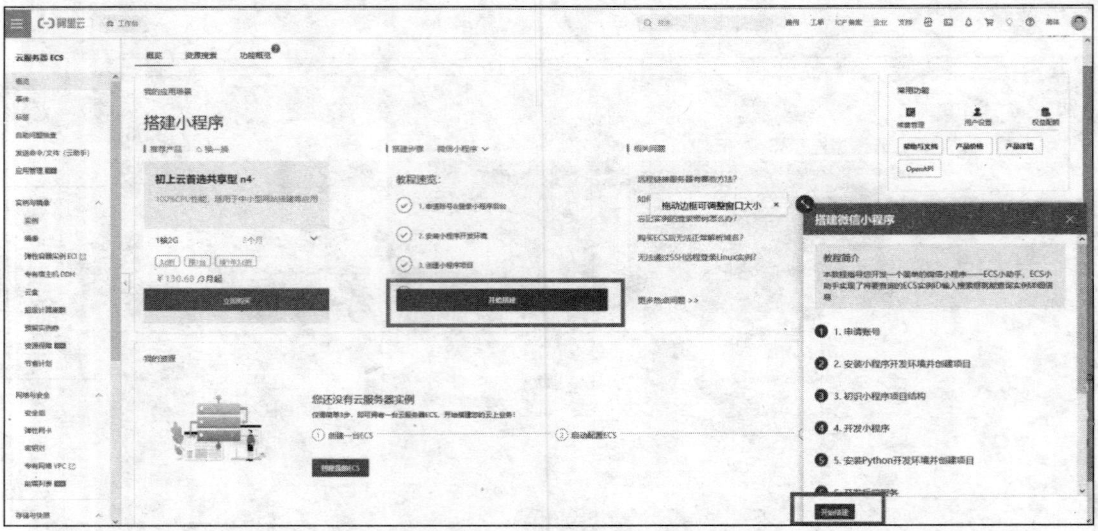

图 9.3.3 搭建小程序

(4) 按照右下角的详细操作步骤逐步完成配置便可完成小程序的搭建工作。

单元小结

云计算是未来提供计算资源的主要途径之一，了解并掌握云计算相关知识，是适应未来工作生活的重要手段。本单元介绍了云计算产生的背景和意义，云计算的概念和服务形式，以及云计算的核心技术，最后介绍了云计算的应用领域，并引导读者完成了典型云服务器搭建的实践。

课后习题

一、选择题

1. 以下不属于云计算核心技术的是（　　）。

   A. 分布式存储技术　B. 虚拟化技术　C. 编程语言　D. 分布式资源管理

2. 以下不属于云计算部署方式的是（　　）。

   A. 公有云　B. 私有云　C. 混合云　D. 单一云

3. 以下关于云计算服务模式描述错误的是（　　）。

   A. IaaS 即基础层。在这一层，通过虚拟化、动态化将 IT 基础资源（计算、网络、存储）聚合形成资源池

   B. IaaS 层位于 PaaS 层以下

   C. SaaS 的软件是“拿来即用”的，不需要用户安装，软件升级与维护也无须终端用户参与

D. SaaS 层是最上层

4. 以下关于云计算的描述错误的是（　　）。

A. 云计算的“云”是一种比喻的说法，其实就是指互联网上的服务器集群上的资源

B. 云计算是一种商业计算模式，它将任务分布在大量计算机构成的资源池上，用户可以按需获取存储空间、计算能力和信息等服务

C. 云计算就是一种提供资源的网络，使用者可以随时获取“云”上的资源，按需求量使用，并且可以看成是无限扩展的，且无须付费就可以使用

D. 云计算将 IT 相关的能力以服务的方式提供给用户，允许用户在不了解提供服务的技术、没有相关知识及设备操作能力的情况下，通过互联网获取所需服务

5. 关于云计算应用领域描述错误的是（　　）。

A. 云存储可以将所需要的文件、数据存储在互联网上的某个地方，用户即使无法上网也能够随时随地访问

B. 云物联可以将传统物品通过传感设备感知的信息和接受的指令连入互联网中，并通过云计算技术实现数据存储和运算，从而建立起物联网

C. 智能家居就是一个家庭的小型物联网，通过各类传感器采集信息，并通过对采集的数据信息进行分析、反馈，进而实现相应的功能

D. 云计算能够解决智能家居面临的两大关键问题：一是大量数据的存储、针对性地查询分析以及数据计算的问题；二是智能家居需要存储的音频和视频信息

二、填空题

1. 针对不同的应用场景，云计算的部署有四种，即________、________、________和________。

2. 当前云提供者可以分为三大类，即 SaaS 提供商、________提供商、________提供商。

3. ________技术是云计算系统的核心组成部分之一，是将各种计算及存储资源充分整合和高效利用的关键技术。

4. ________是基于云计算技术的物物相连，可以将传统物品通过传感设备感知的信息和接受的指令连入互联网中，并通过云计算技术实现数据存储和运算，从而建立起物联网。

5. 云计算作为数据服务中心，是通过虚拟化技术构建起来的。它有五大核心技术，分别为________、________、________、________、________。

三、简答题

1. 通过本单元所学，聊聊你理解的云计算的定义。

2. 云计算机的关键技术有哪些？至少列举 3 点。

3. 列举 3 个云计算的典型应用。

科技报国

在数字经济时代浪潮下，国产云计算技术正以自主创新筑牢数字基座。阿里云自主研发的飞天操作系统实现超大规模算力调度，支撑全国28个省级政务云平台建设；华为云打造全栈自主的“鲲鹏+昇腾”算力体系，为金融、能源等关键领域提供安全可靠的云服务；腾讯云依托分布式数据库，助力金融机构实现核心系统国产化替代。这些领军企业用实践证明，云计算国产化是守护国家数据主权的战略屏障。当前，从智慧城市到工业互联网，从基因测序到航天仿真，国产云平台正驱动千行百业数字化转型。青年学子当以“代码铸剑”的担当，深耕分布式架构、云原生安全等核心技术领域，践行科技报国使命，让中国云托举起民族复兴的数字未来。

10 单元 物联网

单元导读

物联网的概念最早提出于 1999 年，其定义很简单，即把所有物品通过射频识别、条码、传感器等信息传感设备与互联网连接起来，实现智能化识别和管理。随着社会的发展、科技的进步，万物互联已经走进了我们的现实生活。世界上的所有物体从轮胎到牙刷、从房屋到纸巾都可以通过互联网主动进行信息交换。

本单元从物联网的概念、物联网技术以及物联网的应用等方面进行介绍。希望通过本单元的学习，能够对物联网有一个全局认识，激发探索物联网世界的兴趣。

任务 10.1 认识物联网

任务描述

小丁同学准备参加全国职业院校技能大赛，他努力从自己身边的需求出发寻找创意，最终确定提交一个自动调节宿舍灯光的方案。这个方案实现起来有一定难度，指导老师建议他系统地学习物联网知识，通过物联网技术解决问题。于是小丁进入了物联网的学习历程。

任务目标

- 通过咖啡壶的故事，认识物联网出现的意义。
- 理解物联网的定义。
- 了解物联网的 3 个主要特征：全面感知、可靠传输和智能处理。

任务实现

10.1.1 物联网的起源与定义

物联网这一概念出现前，在众多的科幻电影和小说中曾被无数次地幻想过。人们畅想着物品具有思想，可以和人类进行沟通对话。人类可以根据自己的需要对物品发号指令，物品根据指令采取行动。

最让人津津乐道的物联网起源故事要追溯到特洛伊咖啡壶事件。1991 年，剑桥大学特洛伊计算机实验室的科学家们，常常要下楼去看咖啡煮好了没有，但又怕会影响工作，为了解决麻烦，他们编写了一套程序，咖啡壶旁边安装了一个便携式摄像头，利用终端计算机的图像捕捉技术，以 3 帧/秒的速率传递到实验室的计算机上，以方便工作人员随时查看咖啡是否煮好，这就是物联网最早的雏形。1993 年，作为首个 X-Windows 系统案例，特洛伊咖啡壶事件还被传到了网上，近 240 万人点击过这个名噪一时的“咖啡壶”网站。

还有另外一种说法，1990 年，卡内基梅隆大学的校园里，有一群程序设计师，他们每次敲完代码后都习惯到楼下的可乐贩卖机买上一罐冰可乐，可很多时候只能看着空空的可乐贩卖机败兴而回，这令他们十分苦恼，于是他们就把楼下的贩卖机连上网络，写了段代码去监视可乐贩卖机还有多少可乐。

虽然咖啡壶事件是大家公认的物联网起源，而可乐贩卖机事件相对缺少考证，但有一点可以确定，一群“懒人们”的一时兴起，彻底改变了这个世界，物联网由此而生。

讨论与交流

社会的进步就是让一切都变得越来越简单，越来越方便，换句话说，就是在培养越来越多的“懒人”。由此，催生了一个新兴的行业——懒人经济，全自动炒菜机、机器人扫地机、感应垃圾桶等都可以归类为“懒人”产品，而这些产品的诞生都离不开物联网相关技术的支持。寻找你身边的类似产品，讨论一下是否用到了物联网技术。

1995 年，微软帝国的缔造者比尔·盖茨在《未来之路》一书中提到了“物联网”的构想，书中写道：“您将会自行选择收看自己喜欢的节目，而不是等着电视台为您强制性选择。如果您计划购买一台冰箱，您将不用再听那些喋喋不休的推销员唠叨，电子论坛将会为您提供最为丰富的信息。音乐销售将出现新模式，以全新数字模式出现的音乐产品将会登陆市场。如果您的孩子需要零花钱，您可以从电脑钱包中给他转 5 美元。另外，当您驾车驶过机场大门时，电子钱包将会与机场购票系统自动关联，为您购买机票，而机场的检票系统将会自动检测您的电子钱包，查看是否已经购买机票。您可以亲自进入地图中，这样可以方便地找到每一条街道，每一座建筑。虽然现在看来这些预测不太可能实现，甚至有些荒谬，但是我保证这是本严肃的书，而绝不是戏言，十年后我的观点将会得到证实。”

时至今日，20 多年已经过去，比尔·盖茨描绘的场景对于我们来说已经司空见惯。环顾四周，物联网设备已经无处不在。智能手机、智能手表、智能家居、共享单车、自动驾驶、VR/AR 等设备逐渐成为生活中的必需品，深刻地改变着人们的生活方式。

小贴士

物联网公认的定义如下：物联网是通过智能传感器、射频识别设备、卫星定位系统等信息传感设备，按照约定的协议，把任何物品与互联网连接起来，进行信息交换和通信，以实现对物品的智能化识别、定位、跟踪、监控和管理的一种网络。在物联网时代，每一件物体均可寻址，每一件物体均可通信，每一件物体均可被感知和控制。物联网可以随时随地实现人、机与物的连接。

10.1.2 物联网的主要特征

物联网具有全面感知、可靠传输和智能处理 3 个主要特征。

1. 全面感知

全面感知是指利用无线射频识别、传感器、定位器和二维码等手段随时随地对物体进行信息采集和获取。感知包括传感器的信息采集、协同处理、智能组网，甚至信息服务，以达到控制、指挥的目的。

2. 可靠传输

可靠传输是指通过各种电信网络和因特网融合，对接收到的感知信息进行实时远程传送，以实现信息的交互和共享，并进行各种有效的处理。在这一过程中，通常需要用到现有的运行网络，包括无线和有线网络，其中 5G 网络是承载物联网的一个有力的支撑。

3. 智能处理

智能处理是指利用云计算、模糊识别等各种智能计算技术，对随时接收到的跨地域、跨行业、跨部门的海量数据和信息进行分析处理，提升对物理世界、经济社会各种活动和变化的洞察力，实现智能化的决策和控制。

讨论与交流

物联网与互联网一字之差，“差”在哪里？

任务 10.2 了解物联网的关键技术

任务描述

小丁同学通过对物联网起源、概念等知识的了解，对于物联网发生了极大的兴趣。他急于了解：不同的物联网应用场景到底是怎么实现的？物联网的体系架构是怎么样的？支撑物联网的关键技术有哪些？

任务目标

- 理解物联网的体系结构，物联网三层结构模型：感知识别层、网络构建层、综合应用层。
- 掌握物联网体系中各层的关键技术：射频识别技术、传感器技术、无线通信技术、云计算技术。

任务实现

10.2.1 物联网的体系结构

物联网作为一个系统网络，有其内部特有的架构。根据信息生成、传输、处理和应用的原则，一般分为三层：感知识别层、网络构建层和综合应用层。物联网三层结构模型如图 10.2.1 所示。

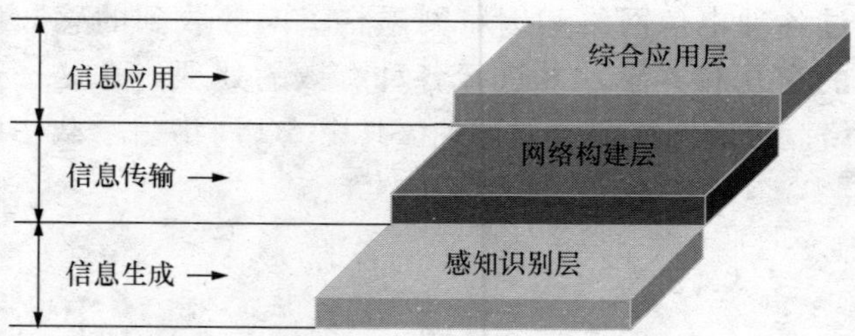

图 10.2.1 物联网三层结构模型

物联网的体系结构体现了物联网的三个主要特征，即全面感知、可靠传输和智能处理。其中，感知识别层，利用射频识别、传感器、条形码、定位器等随时随地获取物体的信息；网络构建层，通过各种电信网络与互联网的融合，将物体的信息实时准确地传递出去；综合应用层，将物联网技术与各类行业应用相结合，通过物联网的“物物互联”实现无所不在的智能化应用。

1. 感知识别层

感知识别层是物联网的基础，是让物品“说话”的先决条件，是联系物理世界与虚拟信息世界的纽带。感知识别层主要负责两项任务，分别是识别物体和采集信息。识别物体是通过智能感知来确定物品是什么；采集信息是利用传感器等来感知物品怎么样。

其中物联网中的物，指的是现实世界中的客观事物，诸如电器设备、基础设施、计算机、建筑物等。所采集的物品信息，指的是物品能够被感知的因素，诸如温度、湿度、压力、光线等。感知层解决的是人类世界和物理世界的数据获取问题。

感知识别层设备具备智能化、小型化、低功耗、低成本的特点。感知识别层设备主要分为两类：自动感知设备与人工生成信息设备。自动感知设备包括射频识别、传感器、GPS、智能家用电器、智能控制设备等；人工生成信息设备包括智能手机、个人数字助理（personal digital assistant，PDA）、计算机等。

2. 网络构建层

网络构建层相当于人的神经中枢和大脑，负责传递和处理感知识别层获取的信息。网络构建层由各种私有网络、互联网、有线和无线通信网、网络管理系统和云计算平台等组成。在理想的物联网中，网络构建层可以把感知识别层获取的数据无障碍、高安全性、高可靠性地进行传输，供上层服务使用。为了实现这一目标，需要传感器网络与移动通信技术和互联网技术等相融合。经过多年的发展，移动通信技术和互联网技术已经比较成熟，基本上可以满足需求。

小贴士

云计算平台作为海量感知数据的存储、分析平台，已经成为物联网网络构建层的重要组成部分。目前多数物联网的搭建都基于物联网云平台。这一方面是因为基于物联网云平台，开发者不仅可以便捷地用到云服务商提供的各种云服务，包括数据分析、监控运维等云服务，还可以利用云服务商提供的大数据、人工智能等平台进一步使物联网的应用信息化、数字化和智能化；另一方面是因为基于云平台搭建的物联网本身能享受云计算、云存储、云网络等基础服务所带来的便利。

具有代表性的物联网云平台有亚马逊和谷歌的物联网云平台以及国内的阿里和腾讯的物联网云平台。

3. 综合应用层

综合应用层是物联网和用户（包括个人、组织或者其他系统）的接口，其主要任务是利用经过分析处理的感知数据，为用户提供丰富的特定服务，包括制造领域、物流领域、医疗领域、农业领域、电子支付领域、环境监测领域、智能家居领域等。综合应用层是物联网发展的目的，软件开发、智能控制技术为用户提供丰富多彩的物联网应用。各种行业和家庭应用的开发将会推动物联网的普及，也给整个物联网产业链带来利润。

10.2.2　物联网体系中的关键技术

1. 射频识别技术

作为构建物联网的一项关键技术，射频识别（radio frequency identification，RFID）技术被认为是 21 世纪最有发展前途的信息技术之一。从字面上来看，RFID 的意思是通过无线信号来进行标识和识别。RFID 的历史可以追溯到第二次世界大战，目前已被广泛应用在多种场景，如农业领域的生猪、肉牛的饲养及食品加工的实时、动态、可追溯的管理；工业生产的托盘管理；物流领域的邮政包裹、民航行李、远洋运输集装箱、铁路货车调度监管等。

一般而言，RFID 系统由 5 个组件构成，包括传送器、接收器、微处理器、天线和标签。传送器、接收器和微处理器通常被封装在一起，统称为阅读器。其工作原理如图 10.2.2 所示，首先阅读器通过天线发出电磁波；标签接收到信号后通过发射电磁波发送信息，如可以发送内部存储的标识信息等；阅读器再通过天线接收并识别标签发回的信息；最后，阅读器将识别结果发送给主机。

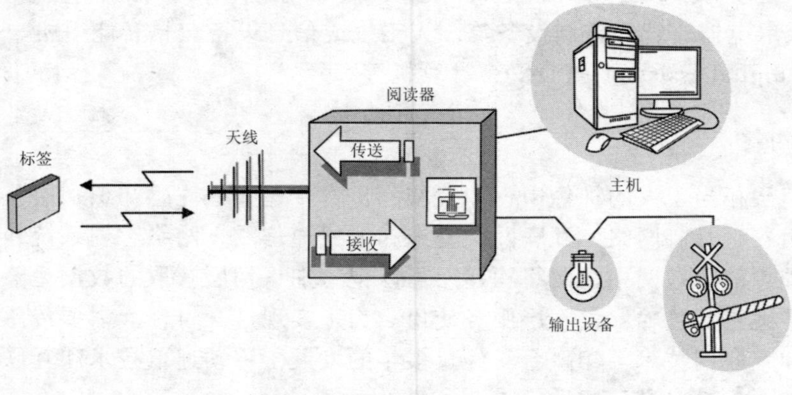

图 10.2.2 RFID 工作原理

2. 传感器技术

在物联网中传感器主要负责接收物品“讲话”的内容。传感器（transducer/sensor）是一种检测装置，能感受到被测量的信息，并能将感受到的信息，按一定规律变换成为电信号或其他所需形式的信息输出，以满足信息的传输、处理、存储、显示、记录和控制等要求。传感器技术是从自然信源获取信息并对获取的信息进行处理、变换、识别的一门多学科交叉的现代科学与工程技术，它涉及传感器、信息处理和识别的规划设计、开发、制造、测试、应用及评价改进等活动。

在物联网中，在传感器基础上增加了协同、计算、通信功能，构成了具有感知、计算和通信能力的传感器节点。智能化是传感器的重要特点，嵌入式智能技术是实现传感器智能化的重要手段。

讨论与交流

在我们的生活中，传感器无处不在。例如，判读机动车驾驶员呼气中酒精含量的酒精传感器、体重计里面用到的称重传感器、体温枪里的温度传感器等。而在智能手机里则隐藏了 13 种智能传感器，你知道有哪些吗？

3. 无线通信技术

物联网设备通信的特点主要包括无线、低速率和低功耗。无线通信使得物联网能够支持丰富的应用场景，方便地获取各种各样的传感器上的感知数据。无线通信是利用电磁波信号在自由空间中传播的特性进行信息交换的通信方式。常见的无线通信技术分为近距离无线通信技术和远距离无线通信技术。具有较好发展前景、应用较为广泛的短距离无线通信技术有 ZigBee、蓝牙、Wi-Fi、超宽带（UWB）和近场通信（NFC）等。应用较为广泛的远距离无线通信技术主要有 5G、LoRa 和 NB-IoT 等。

目前，无线通信技术虽然多种多样，但是各类技术均有其适用的范围，并且各种技术各有优劣。在搭建物联网时要兼顾各种无线通信技术的优缺点，结合使用的实际场景，以达到安全性、经济性、即时性的物联网构建要求。

表 10.2.1 为几种无线通信技术的理论指标对比。

表 10.2.1　几种无线通信技术的理论指标对比

指标	Wi-Fi	蓝牙	ZigBee	LoRa	NB-IoT	5G
覆盖范围	（17～30+）m	（1～10+）m	（1～100+）m	<10km 157dB	<15km 164dB	<12km 160dB
频谱带宽	2.4GHz 802.11	2.4GHz 802.15.1	2.4GHz 802.15.4	未授权 900MHz <500kHz	授权的 700～900MHz 共享频段	授权的 700～900MHz 共享频段
速率	150Mb/s+	1Mb/s	250Kb/s	<10b/s	<50Kb/s	<1Mb/s
终端价格	4$ （2016）	4$ （2016）	3$ （2016）	4$ （2016） 2.64$ （2020）	4$ （2015） 2～3$ （2020）	<2$

小贴士

共享单车是典型的物联网应用场景。不管是过去的 ofo 单车、摩拜单车，还是现在的美团单车、青桔单车等，厂家都提供了云端服务，而关键的环节在于单车和云服务器之间的通信，从图 10.2.3 可以看出整个场景中的通信逻辑。其中单车与云端的通信可以通过 GPRS 数据业务、NB-IoT 实现，并通过蓝牙进行辅助解锁，能够有效解决开锁不稳定、开锁时间慢、耗电等问题。

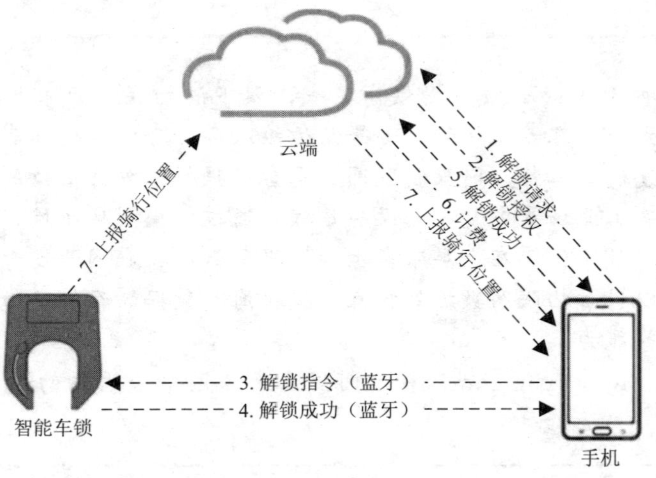

图 10.2.3　共享单车场景中的通信逻辑

4. 云计算技术

物联网的发展离不开云计算技术的支持，物联网终端的计算和存储能力有限，云计算平台可以作为物联网的大脑，实现对海量数据的存储和计算。云计算技术的目的是把各种消费进行低成本处理并融合为功能完整的实体。

物联网云平台是连接物联网软硬件、数据以及应用的关键一环。近年来，借助云计算的大规模应用，物联网云平台也蓬勃发展起来。物联网云平台给开发者提供了一个可以简便、高效地管理物联网数据和设备，并在海量的数据之上构建物联网应用的平台，避免了设备异构性、连接协议异构性、数据格式异构性带来的开发困难。

在上文介绍的共享单车案例中，通过云平台管理用户信息（开车/锁车请求、用户余额）和车辆信息（车辆定位、计时计费）并实现互联互通（用户扫码开车），让部署在各处的数以百万计的共享单车可以被有效地管理和使用。

同时，各种物联网应用也可以借助云计算中心提供的强大计算能力得以高效地处理数据，如“城市大脑”平台，如图 10.2.4 所示。物联网云通过收集和智能分析从城市各处采集到监控视频、车辆定位、温度湿度等信息，结合城市路网规划、交通线路和警情信息等，借助人工智能算法来优化城市运行状态（如控制交通信号灯提高通行效率）、预防破坏性事件（如火情预警、人脸识别追踪罪犯）和辅助政府的决策。

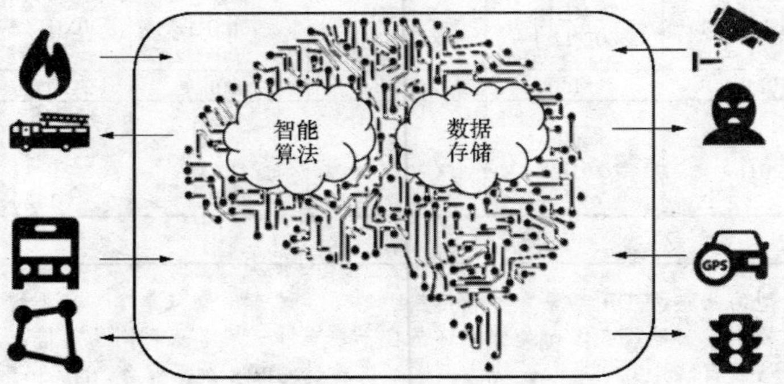

图 10.2.4 物联网云为“城市大脑”提供数据聚合、智能分析等功能

实践与体验

阿里云作为国内最大的云服务提供商之一，旗下的物联网云平台提供了一套基于 Kubernetes 的一键式应用容器化托管、部署及运维服务，可以实现物联网应用的快速接入及应用的低成本复制。另外，阿里物联网云平台也提供了方便快捷的设备管理能力，如使用物模型来解决工业场景中复杂的设备建模，通过物模型从属性、服务、事件 3 个维度将各种设备进行数字化。在上层服务上，阿里云针对物联网开发者提供了一套数据智能分析产品，可以针对物联网数据的特点，提供海量数据的存储备份、资产管理、报表分析和数据服务等能力。

可以登录 http://iot.aliyun.com，查看阿里云物联网平台提供的相关服务，界面如图 10.2.5 所示。

图 10.2.5 阿里云物联网云平台界面

10.2.3 物联网技术未来的发展

随着物联网在各行各业的应用不断深化，将催生大量的新技术、新产品、新应用、新模式。未来巨大的市场需求将为物联网带来难得的发展机遇和广阔的发展空间。

物联网作为中国新一代信息技术自主创新突破的重点方向，蕴含着巨大的创新空间，在芯片、传感器、近距离传输、海量数据处理以及综合集成、应用等领域，创新活动日趋活跃，创新要素不断积聚。

从技术创新趋势来看，物联网行业发展的内生动力正在不断增强。连接技术不断突破，NB-IoT、eMTC、LoRa 等低功耗广域网全球商用化进程不断加速；物联网平台迅速增长，服务支撑能力迅速提升；区块链、边缘计算、人工智能等新技术题材不断注入物联网，为物联网带来新的创新活力。受技术和产业成熟度的综合驱动，未来物联网将呈现“边缘的智能化、连接的泛在化、服务的平台化、数据的延伸化”等特点。

任务 10.3 了解物联网的应用

任务描述

传统互联网经历了以数据为中心到以人为中心的转变，典型应用包括文件传输、电子邮件、万维网、电子商务、视频点播、在线游戏和社交网络等；物联网应用目前正处于快速增长期，具有多样化、规模化、行业化等特点，本任务通过几个热门的物联网应用，介绍物联网应用的基本特点。下面让我们跟小丁同学一起学习吧。

任务目标

- 了解物联网的典型应用场景：智能家居、智能交通、智慧物流、智慧医疗。
- 了解物联网应用开发。

任务实现

10.3.1 物联网的典型应用场景

随着物联网技术的发展，物联网的应用领域涉及了日常生活、工业、农业、环境、交通、物流、安保等方方面面。通过智慧城市的建设，在与生活息息相关的领域，如家居、医疗健康、教育、金融与服务业、旅游业等，从服务范围、服务方式到服务质量等方面，都得到了改善；在工农业生产方面，物联网有效地推动行业的智能化发展，使得有限的资源得到更加合理充分的使用分配，从而提高了行业效率、效益；在涉及国防军事领域方面，大到卫星、导弹、飞机、潜艇等装备系统，小到单兵作战装备，物联网技术的嵌入有效提升了军事智能化、信息化与精准化，极大提升了军事战斗力。下面通过智能家居、智能交通、智慧物流三个典型场景进行介绍。

1. 智能家居

智能家居通过物联网技术将家中的各种设备（如音视频设备、照明系统、窗帘控制、空调控制、安防系统、数字影院系统、影音服务器、影柜系统、网络家电等）连接到一起，提供家电控制、照明控制、电话远程控制、室内外遥控、防盗报警、环境监测、暖通控制、红外转发以及可编程定时控制等多种功能和手段。

> **小贴士**
>
> 智能家居的发展经历了三个阶段，从智能单品到智能系统再到全屋智能系统。全屋智能系统就是把整个家里具备互联互通价值的带电设备全部链接起来，组成家庭物联网。

智能家居可以保障舒适，比如预测我们的下班和到家时间，提前启动家中的空调、厨房电器等设施，到家时就能在舒适的环境中享用晚餐了；通过和电网的连接，在电价最低的时候开启洗衣机、干衣机、为电动汽车充电等，降低业主电费，吸纳更多可再生能源，实现碳中和。

一个典型的智能家居系统通常包括一个家庭无线网关，以及若干个分布在各种设备上的无线通信子节点，包括温度控制、气体传感、门禁系统等子节点，每个子节点都能够通过无线通信模块与无线网关进行数据传输。如气体传感节点可以将采集到的空气质量数据周期性地传输到家庭无线网关，用于本地智能决策。家庭智能网关可以看作家庭的智能化控制中心，带有嵌入式处理器和操作系统，通过无线模块与子节点进行通信，控制各种家电，并且能够在发生警情时通过网络或电话报警。图 10.3.1 为智能家居系统示意图。

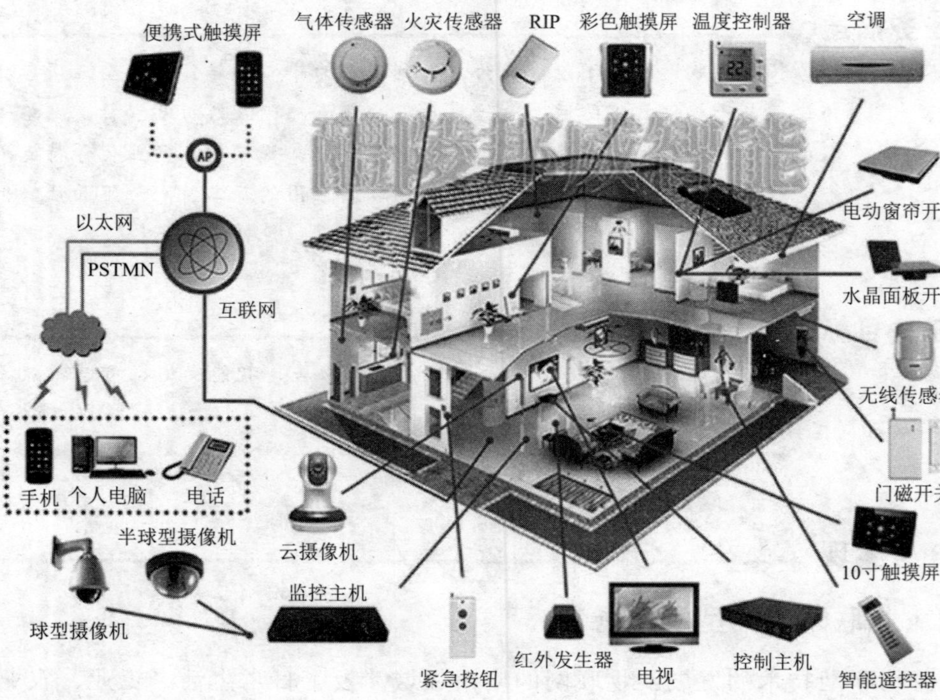

图 10.3.1 智能家居系统示意图

2. 智能交通

面对交通中存在的问题，被堵在路上的人们在指责和抱怨的同时，往往也会期待和憧憬：如果我们的交通系统更加智能就好了。如果能实时获得道路和其他车辆的情况，就可以提前做出更加合理的路线决策。物联网技术中更透彻的感知、更全面的互联互通以及更深入的智能逐渐将人们畅想中的智能交通变为现实。通过更透彻的感知，道路基础设施中的传感器和车载传感设备能够实时监控交通流量和车辆状态信息，并将监测数据实时共享或通过移动通信网络传送至管理中心。通过更全面的互联互通，遍布于道路基础设施和车辆中的无线、有线通信技术的有机整合为移动用户提供了更便捷的网络服务，使人们能够随时获取实时的道路和周边环境资讯。通过更深入的智能，自动驾驶汽车根据感知到的外部信息做出决策后对车辆进行实时的控制以提高车辆安全性，管理中心通过对道路基础设施进行实时调度以达到最大化交通网络流量。随着物联网技术在交通中的深入应用，智能交通给人们带来了安全、快捷、舒适的出行新方式，我们正见证着昔日的想象成为生活中的常态。图 10.3.2 为智能交通系统示意图。

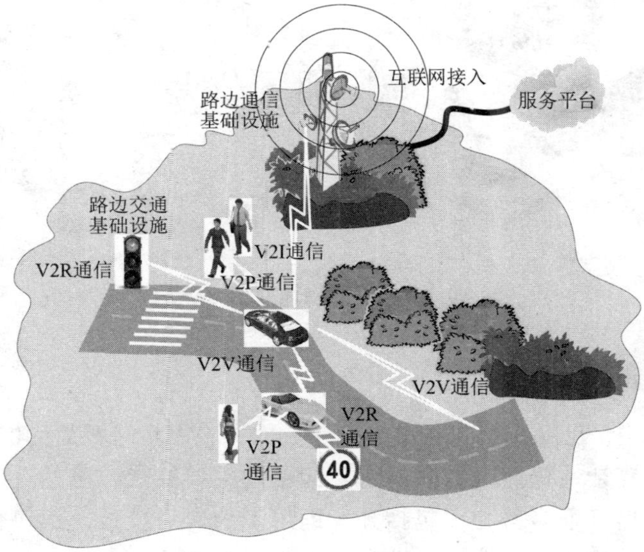

图 10.3.2　智能交通系统示意图

3. *智慧物流*

在物联网技术还不成熟、没有得到广泛应用的年代，供应链就像是狭窄拥堵的“低速”公路，不仅车流量小，而且容易出现交通事故。在生产加工环节中需要人工定期检测设备和货品状态，手工录入数据；在仓储管理环节需要挨个拆箱检查，防止错漏；在物流运输环节无法实时监控货品状态和运输信息；在销售管理环节无法捕捉商品数据，提供更好的用户体验。

随着信息技术的高速发展、物联网应用成本的下降和可靠性的提高，物联网设备实现了对货品、机器、环境等进行动态实时监控，准确而全方位地上传相关数据，使供应链中的各个节点都能够直接进行高效且智能的通信和协作，而无须人为干预。供应链不仅仅在内部或者与其他供应链之间存在信息交互，新时代的供应链甚至与运输系统、电网、金融市场乃至生态系统都建立了紧密的连接。计算机技术的成熟与软件的大规模应用将传统供应链行业带到了信息化供应链时代，依靠信息化系统的数据录入和展示以及互联网的高效传输，供应链真正地流动了起来，设备的监控和货品的管理等不再依赖单纯的人工处理。物联网设备不仅能够更快、更准、更智能地做好这些工作，而且可以直接通过终端实现数据的预处理和信息的交换，这将现代供应链提升到了智慧供应链的新阶段。物联网技术在供应链中的生产加工、仓储管理、物流运输、销售管理等环节都发挥着举足轻重的作用。图 10.3.3 为智慧物流系统示意图。

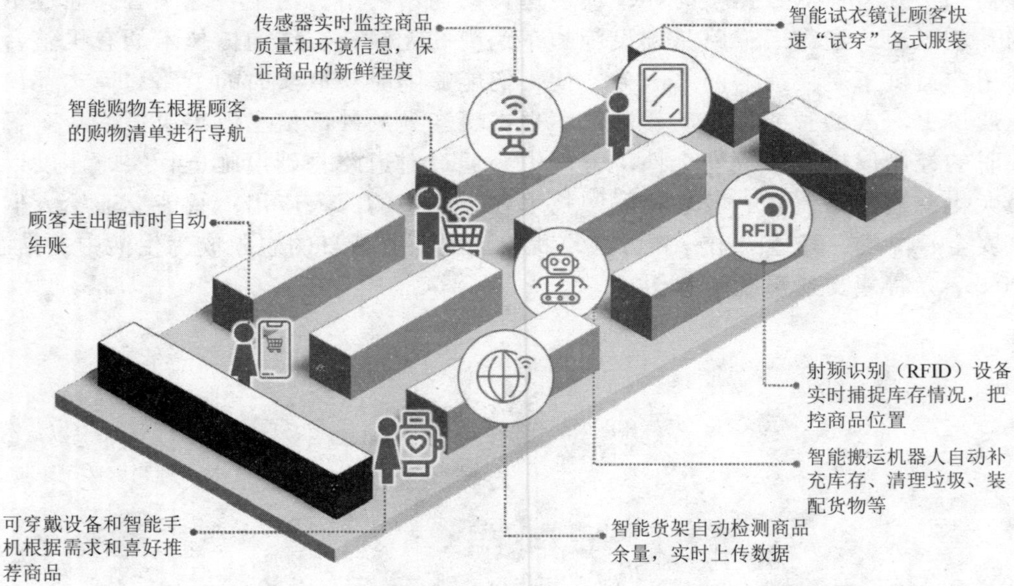

图 10.3.3 智慧物流系统示意图

10.3.2 物联网的应用开发

通过前面的学习，我们认识到在可以预见的未来，物联网释放的潜在经济价值巨大。但是物联网项目的复杂性仍然是物联网广泛应用的主要挑战。虽然近年来各种供应商为简化物联网应用做出了很多努力，包括开发即用型的应用模板、模块化组件、零配置设备连接工具等，但是物联网系统复杂性的痛点仍然存在。

一个典型物联网应用的架构如图 10.3.4 所示，包括 4 个主要部分。

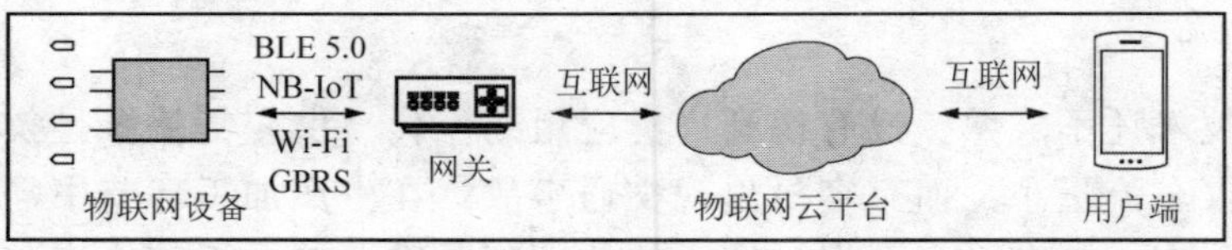

图 10.3.4 物联网应用开发架构

（1）物联网设备。这是物联网的终端感知设备。例如，可以是一个 PM2.5 感知节点，该节点采集 PM2.5 空气质量数据，并通过某一种通信方式上传到物联网云平台。

（2）网关。物联网设备通常通过无线方式接入互联网。传统的接入方式包括 Wi-Fi、GPRS 等，新兴的接入方式包括 NB-IoT、蓝牙 5.0 等。在这些接入方式中通常需要一个网关（如 Wi-Fi 接入点、蜂窝网基站等）。网关通过无线接收数据，并通过有线将数据传输到物联网云平台。

（3）物联网云平台。物联网云平台的功能主要包括存储物联网感知数据，并提供相应的数据查询、分析、处理、展示；物联网终端、网关设备的接入和管理；设备间通信支持；多重安全防护保障等。

（4）用户端。基于物联网云平台，应用开发者也可以开发各类用户端应用，可以是PC（个人计算机）应用程序、网站，或者是智能手机App等。

物联网应用开发是一个比较复杂的过程，感兴趣的同学可以扫描二维码，了解“语音控制智能电灯”案例开发过程的视频。

语音控制智能电灯

单元小结

本单元首先介绍了物联网的定义和起源，以及全面感知、可靠传输、智能处理三个特征；然后介绍了物联网的三层体系结构，并对物联网体系中的射频识别技术、传感器技术、无线通信技术、云计算技术进行了介绍；最后介绍了物联网的典型应用场景，给出了物联网应用开发架构。

课后习题

一、选择题

1. RFID属于物联网的（　　）。

A. 感知识别层　　B. 网络构建层
C. 业务层　　D. 综合应用层

2. 物联网的三个特征是（　　）。

A. 全面感知　　B. 智慧决策
C. 可靠传输　　D. 智能处理

3. 物联网设备通信的特点主要包括（　　）。

A. 无线　　B. 低速率
C. 低功耗　　D. 有线

4. 未来物联网将呈现的特点有（　　）。

A. 边缘的智能化　　B. 连接的泛在化
C. 服务的平台化　　D. 数据的延伸化

5. 物联网技术体系主要包括（　　）。

A. 感知延伸层技术　　B. 网络层技术
C. 应用层技术　　D. 物理层

二、简答题

1. 简述物联网的概念及其关键技术。
2. 常见的无线通信技术有哪些？各有什么优点？
3. 在智能家居系统中，智能门锁是个比较典型的物联网应用，请简单说明智能门锁的工作原理。

学习笔记

11 单元 虚拟现实

单元导读

虚拟现实（virtual reality，VR）技术是一种新型信息技术。它以计算机技术为主，利用并综合三维图形动画技术、多媒体技术、仿真技术、传感技术、显示技术、伺服技术等多种高科技的最新发展成果，利用计算机等设备来产生一个逼真的三维视觉、触觉、嗅觉等多种感官体验的虚拟世界，从而使处于虚拟世界中的人产生一种身临其境的感觉。

随着社会生产力和科学技术的不断发展，各行各业的需求日益旺盛，虚拟现实技术也取得了巨大进步，并逐步成为一个新的科学技术领域。

任务 11.1 虚拟现实概述

任务描述

小周同学周末在学校周边的购物广场发现了刺激冒险、科技感满满的 VR 体验场馆，戴上 VR 眼镜后身临其境的感觉让他对虚拟现实技术产生了浓厚的兴趣。那到底什么是虚拟现实呢？接下来我们一起学习相关知识吧。

任务目标

- 理解虚拟现实的基本概念。
- 了解虚拟现实技术的发展历程。
- 了解虚拟现实系统的构成。
- 了解虚拟现实的特征。
- 了解虚拟现实系统的分类。

任务实现

11.1.1 虚拟现实的概念

所谓虚拟现实，顾名思义，就是虚拟和现实相互结合。从理论上来讲，虚拟现实技术是一种可以创建和体验虚拟世界的计算机仿真系统,它利用计算机生成一种模拟环境,使用户沉浸到该环境中。

这种虚拟的环境是通过计算机图形构成的三维数字模型，并编制到计算机中去生成一个以视觉感受为主，包括听觉、触觉的综合可感知的人工环境，从而使人在视觉上产生一种沉浸于这个环境的感觉。人们通过虚拟环境可以直接观察、操作、触摸、检测周围环境及事物的内在变化，并能与之发生“交互”作用，与计算机很好地“融为一体”，获得一种“身临其境”的感觉，如图 11.1.1 所示。

图 11.1.1 体验虚拟现实技术

11.1.2　虚拟现实技术的发展历程

虚拟现实技术像大多数技术一样，不是突然出现的，它经过军事、企业界及学术实验室长时间研制开发后才进入民用领域。虚拟现实技术的发展大致分为以下 3 个阶段。

1. 虚拟现实技术探索阶段（20 世纪 70 年代以前）

1956 年，美国人莫顿·海利希（Morton Heilig）研制出一套称为 Sensorama Simulator 的多通道体验的显示系统，如图 11.1.2 所示。这是一套只供一人观看、具有多种感官刺激的立体显示装置，它是模拟电子技术在娱乐方面的具体应用。它模拟驾驶汽车沿曼哈顿街区行走，生成立体的图像、立体的声音效果，并产生不同的气味，座位也能根据场景的变化产生摇摆或振动，还能感觉到有风在吹动。

图 11.1.2　Sensorama Simulator

1968 年，美国著名计算机科学家伊凡·苏泽兰（Ivan Sutherland）设计了第一款头盔式立体显示器（helmet mounted display，HMD），如图 11.1.3 所示，成为三维立体显示技术的奠基性成果。HMD 的诞生标志着头戴式虚拟现实设备与头部位置追踪系统的诞生，也为现今的虚拟技术奠定了坚实基础。Ivan Sutherland 也因此被称为“虚拟现实之父”，他也是“计算机图形学之父”。

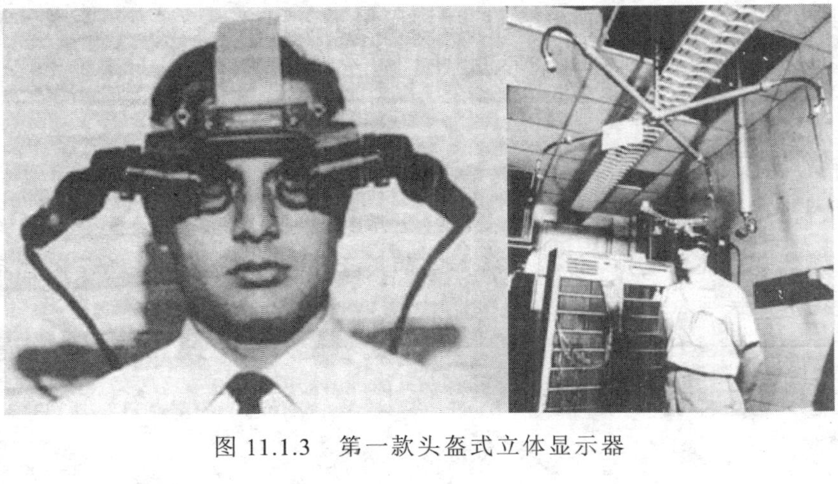

图 11.1.3　第一款头盔式立体显示器

2. 虚拟现实技术系统化阶段（20 世纪 80 年代初期到 80 年代中期）

进入 20 世纪 80 年代，美国宇航局（NASA）及美国国防部组织了一系列有关虚拟现实技术的研究，并取得了令人瞩目的研究成果，从而引起了人们对虚拟现实技术的广泛关注。

1982 年，美国空军开发了视觉耦合机载系统模拟器（visually coupled airborne system simulator，VCASS），如图 11.1.4 所示。这是给飞行员配备的一种头盔，它可以将计算机生成的三维虚拟地形投射到飞行员的视野中。

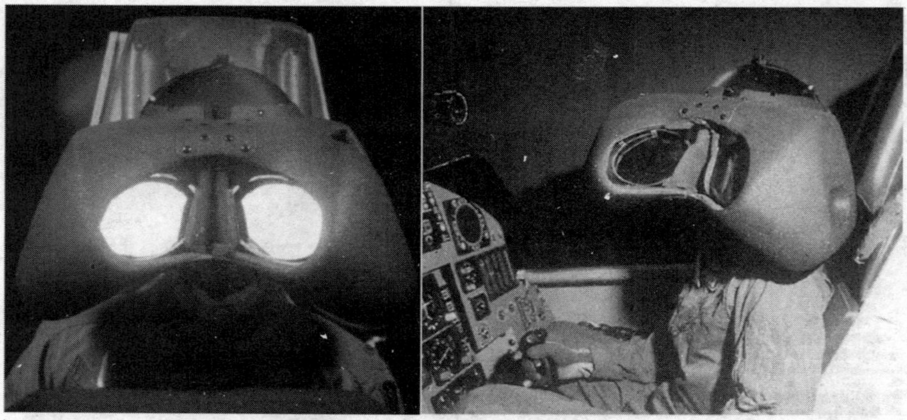

图 11.1.4 视觉耦合机载系统模拟器

1989 年，美国 VPL 公司的创始人杰伦·拉尼尔（Jaron Lanier）正式提出了“virtual reality”（虚拟现实）一词。

3. 虚拟现实技术高速发展阶段（20 世纪 80 年代末期到 21 世纪初）

进入 20 世纪 80 年代末期后，迅速发展的计算机硬件技术与不断改进的计算机软件系统极大地推动了虚拟现实技术的发展，使得基于大型数据集合的声音和图像的实时动画制作成为可能，人机交互系统的设计不断创新，很多新颖、实用的输入/输出设备不断地出现在市场上，而这些都为虚拟现实系统的发展打下了良好的基础。

虚拟现实技术的问世是 Internet 继纯文字信息时代之后的又一次飞跃，其应用前景不可估量。随着 Internet 传输速度的提高，虚拟现实技术也趋于成熟。因此，虚拟现实全球网的问世已是大势所趋。这种网络将广泛地应用于工程设计、教育、医学、军事、娱乐等领域，虚拟现实技术改变人们生活的日子即将来临。

讨论与交流

2021 年，一个新奇的概念名词在网络上蹿红，引发科技界和投资界的关注。这个概念名词就是“元宇宙”。讨论你所知道的关于元宇宙的相关信息，探索元宇宙和虚拟现实技术的关系。

11.1.3 虚拟现实系统的构成

一个典型的虚拟现实系统主要由计算机、输入/输出设备、应用软件和数据库等部分组成。

1. 计算机

在虚拟现实系统中，计算机起着至关重要的作用，可以称为虚拟现实世界的心脏。它负责整个虚拟世界的实时渲染计算，用户和虚拟世界的实时交互计算等功能。由于计算机生成的虚拟世界具有高度复杂性，尤其在大规模复杂场景中，渲染虚拟世界所需的计算量级巨大，因此虚拟现实系统对计算机配置的要求非常高。

2. 输入/输出设备

虚拟现实系统要求用户采用自然的方式与虚拟世界进行交互，传统的鼠标和键盘是无法实现这个目标的，这就需要采用特殊的交互设备，用于识别用户各种形式的输入，并实时生成相对应的反馈信息。目前，常用的交互设备有用于手势输入的数据手套、用于语音交互的三维声音系统、用于立体视觉输出的头盔显示器等，如图 11.1.5 所示。

图 11.1.5 虚拟现实输入/输出设备

3. 应用软件

为了实现虚拟现实系统，需要很多辅助软件的支持。这些辅助软件一般用于准备构建虚拟世界所需的素材。例如，在前期数据采集和图片整理时，需要使用 AutoCAD 和 Photoshop 等二维软件和建筑制图软件；在建模贴图时，需要使用 3ds Max、MAYA 等主流三维软件；在准备音视频素材时，需要使用 Audition、Premiere 等软件。

为了将各种媒体素材组织在一起，形成完整的具有交互功能的虚拟世界，还需要专业的虚拟现实引擎软件，它主要负责完成虚拟现实系统中的模型组装、热点控制、运动模式设立、声音生成等工作。另外，它还要为虚拟世界和后台数据库、虚拟世界和交互硬件建立起必要的接口联系。成熟的虚拟现实引擎软件还会提供插件接口，允许客户针对不同的功能需求而自主研发一些插件。主流虚拟现实引擎有 Unreal Engine、Unity 3D、

X3D Engine、CryEngine 等。

4. 数据库

虚拟现实系统中，数据库的作用主要是存储系统需要的各种数据，如地形数据、场景模型、各种制作的建筑模型等信息。对于所有在虚拟现实系统中出现的物体，在数据库中都需要有相应的模型。

11.1.4 虚拟现实的特征

1. 交互性

交互性指用户对模拟环境内物体的可操作程度和从环境得到反馈的自然程度（包括实时性）。例如，用户可以用手去直接抓取模拟环境中虚拟的物体，这时手有握着东西的感觉，并可以感觉物体的重量，视野中被抓的物体也能立刻随着手的移动而移动。用户借助专用的三维交互设备与虚拟环境之间以自然的方式进行交互，这样的交互比平面图形交互拥有更加丰富的形式。

2. 沉浸性

沉浸性又称临场感，指用户感到作为主角存在于模拟环境中的真实程度，它被认为是表征虚拟现实环境性能的重要指标。理想的模拟环境应该使用户难以分辨真假，使用户全身心地投入计算机创建的三维虚拟环境中，该环境中的一切看上去是真的，听上去是真的，动起来是真的，甚至闻起来、尝起来等一切感觉都是真的，仿佛置身于真实的客观世界中。

3. 构想性

构想性又称想象性。虚拟现实技术应具有广阔的可想象空间，可拓宽人类认知范围，不仅可再现真实存在的环境，也可以随意构想客观不存在的，甚至是不可能发生的环境。

4. 多感知性

多感知性表示计算机技术应该拥有很多感知方式，如听觉、触觉、嗅觉等。理想的虚拟现实技术应该具有一切人所具有的感知功能。由于相关技术，特别是传感技术的限制，目前大多数虚拟现实技术所具有的感知功能仅限于视觉、听觉、触觉、运动等几种。

5. 自主性

自主性是指虚拟环境中物体依据物理定律动作的程度，如当受到力的推动时，物体会向力的方向移动、翻倒或从桌面落到地面等。

11.1.5 虚拟现实系统的分类

在实际应用中，我们根据虚拟现实技术对“沉浸性”程度的高低和“交互性”程度的不同，划分为 4 种典型类型：沉浸式虚拟现实系统、桌面式虚拟现实系统、增强式虚拟现实系统、分布式虚拟现实系统。其中桌面式虚拟现实系统因其技术非常简单，实用性强，需投入的成本也不高，在实际应用中较为广泛。

1. 沉浸式虚拟现实系统

沉浸式虚拟现实系统（immersive VR）是一种高级的、较理想的虚拟现实系统。它可以提供一个完全沉浸的体验，使用户有一种仿佛置身于真实世界之中的感觉。它通常采用洞穴式立体显示装置或头盔式显示器等设备，首先把用户的视觉、听觉和其他感觉封闭起来，并提供一个新的、虚拟的感觉空间，利用空间位置跟踪器、数据手套、三维鼠标等输入设备和视觉、听觉等设备，使用户产生一种身临其境、完全投入和沉浸于其中的感觉，如图 11.1.6 所示。

图 11.1.6　沉浸式虚拟现实系统

沉浸式虚拟现实系统主要具有以下特点：

- 高度实时性能。
- 高度的沉浸感。
- 良好的系统集成度与整合性能。
- 良好的开放性。
- 能同时支持多种输入/输出设备并行工作。

2. 桌面式虚拟现实系统

桌面式虚拟现实系统（desktop VR）也称窗口虚拟现实系统，是利用个人计算机或初级图形工作站等设备，以计算机屏幕作为用户观察虚拟世界的一个窗口，采用立体图形、自然交互等技术，产生三维立体空间的交互场景，通过包括键盘、鼠标和力矩球等各种输入设备操纵虚拟世界，实现与虚拟世界的交互，如图 11.1.7 所示。

桌面式虚拟现实系统使用的硬件设备主要是立体眼镜和一些交互设备（如数据手套和空间跟踪设备等）。立体眼镜用来观看计算机屏幕中的虚拟三维场景的立体效果，它所带来的立体视觉能使用户产生一定程度的沉浸感。有时为了增强桌面虚拟现实系统的效果，在桌面虚拟现实系统中还可以借助于专业的投影设备，达到增大屏幕范围及多人观看的目的。

图 11.1.7 桌面式虚拟现实系统

桌面式虚拟现实系统主要具有以下特点：

- 用户处于不完全沉浸的环境，缺少完全沉浸、身临其境的感觉，即使戴上立体眼镜，他仍然会受到周围现实世界的干扰。
- 对硬件设备要求极低，有的简单型甚至只需要计算机，或是增加数据手套、空间跟踪设置等。
- 桌面式虚拟现实系统实现成本相对较低，应用相对比较普遍，而且它也具备了沉浸性虚拟现实系统的一些技术要求。

桌面式虚拟现实系统采用设备较少，实现成本低，对于开发者及应用者来说，应用桌面式虚拟现实技术是从事虚拟现实研究工作的初始阶段。

3. 增强式虚拟现实系统

在沉浸式虚拟现实系统中强调人的沉浸感，即沉浸在虚拟世界中，人所处的虚拟世界与现实世界相隔离，看不到真实的世界也听不到真实的世界。而增强式虚拟现实系统（augmented VR）既可以允许用户看到真实世界，同时也可以看到叠加在真实世界上的虚拟对象，它是把真实环境和虚拟环境组合在一起的一种系统，既可减少构成复杂真实环境的开销（因为部分真实环境由虚拟环境取代），又可对实际物体进行操作（因为部分物体是真实环境），真正达到了亦真亦幻的境界。在增强式虚拟现实系统中，虚拟对象所提供的信息往往是用户无法凭借其自身感觉器官直接感知的深层信息，用户可以利用虚拟对象所提供的信息来加强现实世界中的认知。

增强式虚拟现实系统主要具有以下特点：

- 真实世界和虚拟世界融为一体。
- 具有实时人机交互功能。
- 真实世界和虚拟世界是在三维空间中整合的。

增强式虚拟现实系统常见的有：基于台式图形显示器的系统，基于单眼显示器的系统（一只眼睛看到的是显示屏上虚拟世界，另一只眼睛看到的是真实世界），基于光学透视式头盔显示器的系统，基于视频透视式头盔显示器的系统。

目前，增强式虚拟现实系统常用于医学可视化、军用飞机导航、设备维护与修理、娱乐、文物古迹的复原等。典型的实例是医生在进行虚拟手术中，戴上可透视性头盔式显示器，既可看到做手术现场的情况，也可以看到手术中所需的各种资料，如图 11.1.8 所示。

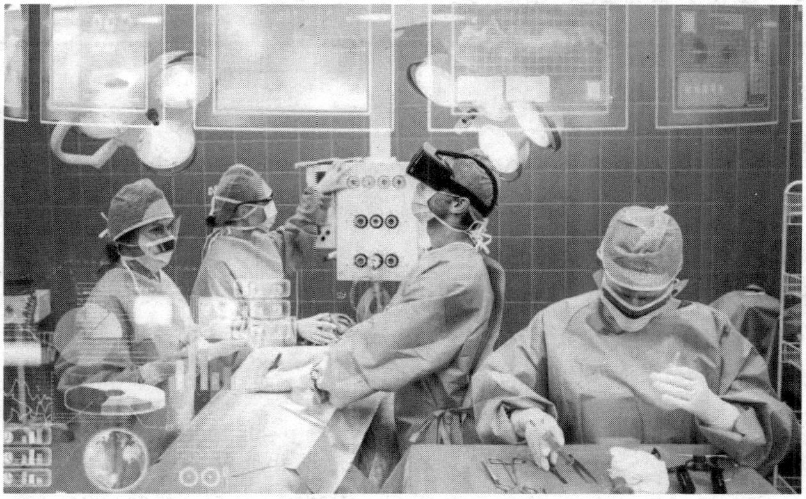

图 11.1.8 增强式虚拟现实系统

4. 分布式虚拟现实系统

近年来，计算机、通信技术的同步发展和相互促进成为全世界信息技术与产业飞速发展的主要特征。特别是网络技术的迅速崛起，使得信息应用系统在深度和广度上发生了本质性的变化，分布式虚拟现实系统（distributed VR）是一个较为典型的实例。

分布式虚拟现实系统是虚拟现实技术和网络技术发展和结合的产物，是一个在网络的虚拟世界中，位于不同物理位置的多个用户或多个虚拟世界通过网络相连接共享信息的系统。

分布式虚拟现实系统的目标是在沉浸式虚拟现实系统的基础上，将分布在不同地理位置上的多个用户或多个虚拟世界通过网络连接在一起，使每个用户同时参与到一个虚拟空间，计算机通过网络与其他用户进行交互，共同体验虚拟经历，以达到协同工作的目的，它将虚拟现实的应用提升到了一个更高的境界。

虚拟现实系统运行在分布式系统下有两方面的原因：一方面是充分利用分布式计算机系统提供的强大计算能力；另一方面是有些应用本身具有分布特性。

分布式虚拟现实系统有以下特点：

- 各用户具有共享的虚拟工作空间。
- 伪实体的行为真实感。
- 支持实时交互，共享时钟。
- 多个用户可以各自不同的方式相互通信。
- 资源信息共享以及允许用户自然操纵虚拟世界中的对象。

分布式虚拟现实系统在军事、远程教育、科学计算可视化、工程技术、建筑、电子商务、交互式娱乐、艺术等领域都有着极其广泛的应用前景。利用它可以创建多媒体通信、设计协作系统、实境式电子商务、网络游戏、虚拟社区等全新的应用系统。

讨论与交流

在你的生活中，用过哪些 VR 软件呢？

实践与体验

我们今天整理了一些超实用的 VR 软件。感兴趣的同学可以选择一款软件下载到计算机或手机中体验 VR 技术，其中部分功能的实现需要结合虚拟现实头盔或眼镜。

1）3D 播播

3D 播播 VR App 是一款 3D 电视播放服务的应用软件，该软件聚合了海量 3D 影视动画、360 度全景视频、VR 电影首播、3D 游戏大全、VR 游戏等在线高清内容，通过该软件可以观看来自全球各地的精彩 VR 全景视频。

2）全球地理地图册 3D

全球地理地图册 3D 是一款非常优秀的学习地理知识的软件，该软件可以带领用户学习相关的地理知识，虚拟参观世界各个国家、城市和景点，横跨地球环游世界，获得真正有趣的体验。

3）蓝光 VR 大师

蓝光 VR 大师是一款非常好用的 VR 软件，有两大功能：VR 雷达和蓝光传屏。VR 雷达类似于一个 VR 交流的社区，用户可以分享 VR 内容；蓝光传屏可以将计算机和手机的屏幕匹配。蓝光 VR 大师还内含海量热门大片，还有 VR 游戏可以体验。

4）橙子 VR

橙子 VR 是一款功能强劲、实用的虚拟现实平台，其电脑版提供 3D 精彩影视大片、VR 游戏、VR 热点资讯，配合市面上现有的虚拟眼镜，带来最舒适的 VR 体验。橙子 VR 适配了市面上绝大多数虚拟现实眼镜特有的反畸变算法，无论用哪款眼镜都能达到最佳的观影体验。

5）优酷 VR

优酷 VR App 是优酷官方推出的 VR 播放器，主要为用户提供众多 VR 视频资源。在这里你既可以裸眼观看 360° 全景视频，也可以通过 VR 眼镜类设备进行观看。

任务 11.2 虚拟现实的应用领域

任务描述

小周同学学习了这么多关于虚拟现实的理论知识后，很想知道除了通过虚拟现实技术能够玩到逼真的游戏外，还能有哪些非常重要的应用？我们不妨一起来了解一下。

任务目标

- 了解虚拟现实技术的应用领域。

任务实现

随着社会生产力和科学技术的不断发展，各行各业对虚拟现实技术的需求日益旺盛。虚拟现实技术也取得了巨大进步，并逐步成为一个新的科学技术领域。接下来我们一起看一看虚拟现实技术在各个领域的具体应用。

11.2.1 虚拟现实技术在教育领域的应用

根据研究数据显示，人们对亲身经历或者模拟的内容可以记住 90%，虚拟现实设备可以帮助使用者大幅提升学习效果。第一，可以使学习者进入任何逼真的学习场合，如人体、太空、历史事件等，实现沉浸式的现场学习，提高学生的学习兴趣。第二，可以进行各种交互实验，特别是危险性高的，如某些化学实验，或者是真实环境下不可能做的实验，如太空遨游（图 11.2.1），从而提高学习成效。第三，虚拟现实和人工智能、大数据结合，可以构造虚拟教室、虚拟教学、虚拟老师，随时随地地构建教室学习场景。

图 11.2.1 VR——太空遨游

11.2.2 虚拟现实技术在军事领域的应用

虚拟现实技术的最新成果往往被率先应用于航天和军事训练。在军事领域，利用虚拟现实技术可以模拟新式武器的操纵和训练，以取代危险的实际操作；可以在虚拟的或者仿真的环境中进行大规模的军事战场模拟（图 11.2.2），操作人员可以体验到真实的攻击和被攻击的感觉。

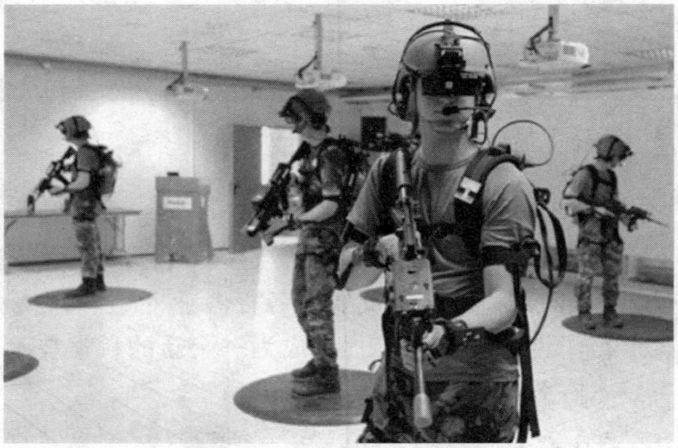

图 11.2.2 VR——军事战场

11.2.3 虚拟现实技术在工业领域的应用

虚拟现实技术已大量应用于工业领域。对汽车工业而言，虚拟现实技术既是一个最新的技术开发方法，更是一个复杂的仿真工具，它旨在建立一种人工环境，人们可以在这种环境中以一种自然的方式从事驾驶、操作和设计等实时活动。虚拟现实技术也可广泛用于汽车设计、实验和培训等方面。在产品设计中借助虚拟现实技术建立的三维汽车模型，可显示汽车的悬挂、底盘、内饰直至每个焊接点，设计者可确定每个部件的质量，了解各个部件的运行性能，如图 11.2.3 所示。

图 11.2.3 VR——汽车设计

在建筑行业中，利用虚拟现实技术，可以构建三维建筑场景，人们可以在该建筑场景内自由行走，可以操作和控制建筑场景内的设备和房间装饰。一方面，设计者可以从场景的感知中了解、发现设计上的不足；另一方面，用户可以在虚拟环境中感受到真实的建筑空间，从而做出自己的评判。

11.2.4 虚拟现实技术在艺术领域的应用

艺术家通过对虚拟现实技术的应用，可以采用更为自然的人机交互手段控制作品的形式，塑造出更具沉浸感的艺术环境和现实情况下不能实现的梦想，并赋予创造的过程以新的含义，如图 11.2.4 所示。

图 11.2.4 VR——艺术创作

11.2.5 虚拟现实技术在医疗领域的应用

目前 VR 医疗应用主要分为两个方面。首先，VR 技术可用于特定心理疾病（如恐惧症、创伤后应激障碍等）或康复训练，通过 VR 技术虚拟出各种现实中可能不存在的场景，可以帮助患者进行心理治疗，从而完成各种康健项目。其次，VR 技术带来的视觉沉浸感和交互性可以让医生“进入”人体观察学习、模拟人体解剖等活动，借助 VR 技术医生可以在虚拟场景中进行学习，如图 11.2.5 所示。

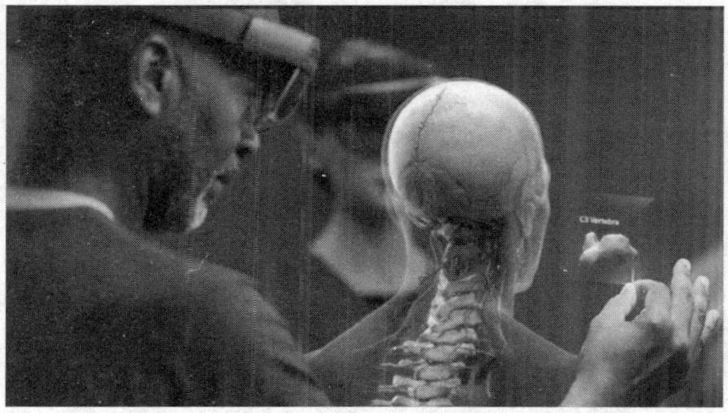

图 11.2.5 VR——人体解剖

讨论与交流

我们身边越来越多的场合都用到了 VR 技术，VR 看房就是其中的一个重要应用场景。通过 VR 可以 1∶1 还原实体场景，使得看房体验更真实。那么 VR 看房是怎么实现的呢？需要用到哪些设备和软件？

单元小结

本单元首先介绍了虚拟现实技术的基本概念。然后介绍了典型的虚拟现实系统主要由计算机、输入/输出设备、应用软件和数据库等部分组成。虚拟现实技术的特征有交互性、沉浸性、构想性、多感知性、自主性。在虚拟现实系统的分类中学习了 4 种典型类型：沉浸式虚拟现实系统、桌面式虚拟现实系统、增强式虚拟现实系统、分布式虚拟现实系统。最后了解虚拟现实技术在不同领域的应用。

课后习题

一、填空题

1. 虚拟现实技术作为一项尖端科技，集成了________、________、________、传感技术、显示技术、网络并行处理等技术的最新发展成果。

2. 一个典型的虚拟现实系统主要由________、________、________和__________等部分组成。

3. 主流虚拟现实引擎有________、________、X3D.Engine、CryEngine 等。

4. 虚拟现实的特征有________、________、________和________。

5. 虚拟现实系统可以划分为 4 种典型类型：________、________、________和________。

二、简答题

1. 什么是虚拟现实技术？

2. 简要介绍虚拟现实技术的应用领域。

12 单元　区块链

单元导读

区块链是分布式数据存储、点对点传输、共识机制、加密算法等计算机技术的新型应用模式。从本质上来讲，区块链是一个分布式的共享账本和数据库，具有去中心化、不可篡改、全程留痕、可以追溯、集体维护、公开透明等特点，已被逐步应用于金融、供应链、公共服务、数字版权等领域。本单元包含区块链基础知识、区块链应用领域、区块链核心技术等内容。

任务 12.1 认识区块链

任务描述

小董同学对比特币产生了浓厚的兴趣，在对其进行了解之后，他才知道比特币竟然演化发展出了一项名为区块链的技术。于是他从区块链的概念理解开始，进入了区块链的学习历程。

任务目标

- 了解区块链的基本概念。
- 了解区块链的发展历程。
- 理解区块链的特性。
- 理解区块链的分类。

任务实现

1. 区块链的基本概念

关于区块链（blockchain）的定义很多。根据工业和信息化部于 2016 年发布的《中国区块链技术和应用发展白皮书（2016)》，从狭义上讲，区块链是一种按时间顺序将数据区块以顺序相连的方式组合成的一种链式数据结构，并以密码学方式保证不可篡改和不可伪造的分布式账本；从广义上讲，区块链技术是利用块链式数据结构来验证与存储数据、利用分布式节点共识算法来生成和更新数据、利用密码学的方式保证数据传输和访问的安全、利用由自动化脚本代码组成的智能合约来编程和操作数据的一种全新的基础架构和应用模式。

关于区块链的概念，百度百科上给出的解释如下：区块链，就是一个又一个区块组成的链条。每一个区块中保存了一定的信息，它们按照各自产生的时间顺序连接成链条。这个链条被保存在所有的服务器中，只要整个系统中多数节点正常工作，区块链就是安全的。这些服务器在区块链系统中被称为节点，它们为整个区块链系统提供存储空间和算力支持。如果要修改区块链中的信息，必须征得半数以上节点的同意并修改所有节点中的信息，而这些节点通常掌握在不同的主体手中，因此篡改区块链中的信息是一件极其困难的事。

2. 区块链的发展历程

区块链技术起源于化名为“中本聪”（Satoshi Nakamoto）的学者在 2008 年发表的奠基性论文《比特币：一种点对点电子现金系统》。这篇论文被视为区块链技术的开端。在随后的几年中，区块链成为电子货币比特币的核心组成部分：作为所有交易的公共账簿。

2014 年前后，业界开始认识到区块链技术的重要价值，并将其用于数字货币外的领域，如分布式身份认证、分布式域名系统、分布式自治组织等。这些应用称为分布式应用（decentralized application，DAPP）。用区块链技术架构从零开始构建 DAPP 非常困难，但不同的 DAPP 共享了很多相同的组件。区块链 2.0 以智能合约为核心，创建共用技术平台并向开发者提供服务，并支持 PoW、PoS 和 DPoS 等多种共识算法，使 DAPP 的开发变得更容易。

目前，区块链技术被很多大型机构称为彻底改变业务乃至机构运作方式的重大突破性技术。同时，就像云计算、大数据、物联网等新一代信息技术一样，区块链技术并不是单一信息技术，而是依托于现有技术，加以独创性的组合及创新，从而实现以前未实现的功能。

总而言之，区块链技术大致经历了 3 个发展阶段，如图 12.1.1 所示。

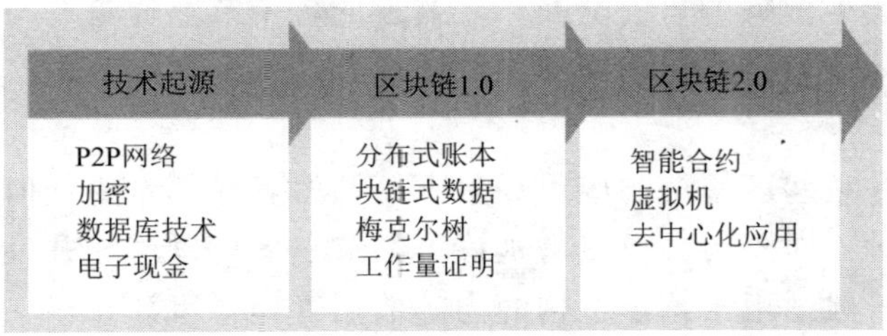

图 12.1.1 区块链的发展阶段

> **小贴士**
> 钱只有在能购买商品时才能称为钱，因此在比特币的初期，它虽然有很多理论，但一直价值很低。2010 年 5 月 22 日，一个名叫 Laszlo Hanyecz 的比特币玩家同意付给一个英国人 1 万比特币，让他帮自己从当地帮约翰订一份比萨。作为证据，Laszlo 上传了相应的相片，真实世界的首个比特币交易由此诞生。随着区块链的特性逐渐被人们所接受，这一去中心化，不可篡改的“链条”愈发得到人们的认可，无须第三方权威认证的交易开始日益增多。随着比特币价值的上升，那块比萨饼的价值现在可是个天文数字了。

3. 区块链的特性

1）匿名性

由于区块链各节点之间的数据交换遵循固定且预知的算法，因此区块链网络是无须信任的，可以基于地址而非个人身份进行数据交换。

2）自治性

区块链采用基于协商一致的机制，使整个系统中的所有节点能在去信任的环境中自由安全地交换数据、记录数据、更新数据，任何人为的干预都不起作用。

3）开放性

区块链系统是开放的，任何节点都能够拥有全网的总账本，除了数据直接相关各方的私有信息通过非对称加密技术被加密外，区块链的数据对所有节点公开，因此整个系统信息高度透明。

> **小贴士**
> 比特币代表区块链技术起源时代。区块链发展的趋势是区块链+各个行业，类似于互联网+各个行业时代。

4）可编程性

分布式账本的数字性质意味着区块链交易可以关联到计算逻辑，并且本质上是可编程的。因此，用户可以设置自动触发节点之间交易的算法和规则。

5）可追溯

区块链通过区块数据结构存储了创世区块后的所有历史数据，区块链上的任意一条数据皆可通过链式结构追溯其本源。

6）不可篡改

区块链的信息通过共识并添加至区块链后，就被所有节点共同记录，并通过密码学保证前后互相关联，篡改的难度与成本非常高。

7）集体维护

区块链系统是由其中所有具有维护功能的节点共同维护，所有节点都可以通过公开的接口查询区块链数据和开发相关应用。

8）无须许可

无须许可指任何人都可参与区块链的交易和共识过程，无须获得批准、许可或授权。

4. 区块链的分类

我们可以根据不同的分类方式对区块链进行分类。

1）根据应用范围（访问和管理权限）分类

（1）公有链。公有链的任何节点都是向任何人开放的，每个人都可以参与到这个区块链中的计算，而且任何人都可以下载获得完整区块链数据，即全部账本。

（2）联盟链。联盟链是指参与每个节点的权限都完全对等，各节点在不需要完全互信的情况下就可以实现数据的可信交换，联盟链的各个节点通常有与之对应的实体机构组织，通过授权后才能加入或退出网络。联盟链是一种公司与公司、组织与组织之间达成联盟的模式。

（3）私有链。在某些区块链的应用场景下，开发者并不希望任何人都可以参与这个系统，因此建立一种不对外公开、只有被许可的节点才可以参与并且查看所有数据的私有区块链，私有链一般适用于特定机构的内部数据管理与审计。

2）根据部署机制分类

（1）主链/主网。通常区块链，尤其是公有链都有主网和测试网。主网是区块链社区公认的可信区块链网络，其交易信息被全体成员所认可。有效的区块在经过区块链网络的共识后会被追加到主网的区块账本中。

（2）测试链/测试网。测试链是对应主网具有相同功能，但主要目的用于测试的区块链。由于测试链是为了在不破坏主链的情况下尝试新想法而建立的，只作为测试用途，因此测试链上的测试币不具备交易价值。比特币的测试链已经历多次重置，以阻止将其测试币用作交易、投机用途的行为。

3）根据对接类型分类

（1）侧链。侧链是主链外的另一个区块链，锚定主链中的某一个节点，通过主链上的计算力来维护侧链的真实性，实现公共区块链上价值与其他账簿上价值在多个区块链间的转移。最具代表性的侧链有 Blockstream 推出的元素链。

（2）互联链。针对特定领域的应用可能会形成各自垂直领域的区块链，互联链就是一种通过跨链技术连接不同区块链的基础设施：包括数据结构和通信协议，其本身通常也是区块链。各种不同的区块链通过互联链互联互通并形成更大的区块链生态。与互联网一样，互联链的建立将形成区块链的全球网络。

实践与体验

在本任务的实验中，我们将带领大家了解一个基于区块链的平台：以太坊（Ethereum）。

以太坊是一个开源的有智能合约功能的公共区块链平台，通过其专用加密货币以太币（Ether，ETH）提供去中心化的以太虚拟机（Ethereum virtual machine）来处理点对点合约。

打开以太坊的中文网站（https://ethereum.org/zh/），出现如图 12.1.2 所示的界面。我们可以在顶部的导航栏上通过单击“学习”中的“什么是以太坊”等内容进行学习。

图 12.1.2　以太坊中文主页

我们也可以单击导航栏中的“使用以太坊”中的“以太坊钱包”来了解以太币和以太坊钱包，如图 12.1.3 所示。

图 12.1.3　以太坊钱包

除此之外，我们也可以单击“开发者”中的“开发者主页”（图 12.1.4），来学习如何开发区块链。

图 12.1.4　开发者主页

当然，以太坊主页中还有更多的信息和文档教程等待大家去探索。

任务 12.2 了解典型区块链技术与特点

任务描述

小董同学在了解区块链的基本概念后，就对区块链为什么能有如此大的魅力产生了疑问，于是他带着这份疑问开始了区块链技术与特点的学习。

任务目标

- 了解区块链的技术架构。
- 理解典型的区块链技术。
- 理解区块链技术的特点。

任务实现

1. 典型的区块链技术架构

通过对现有区块链系统的技术方案及需求进行研究和分析，我们可以提取出一个典型的区块链技术架构，如图 12.2.1 所示。

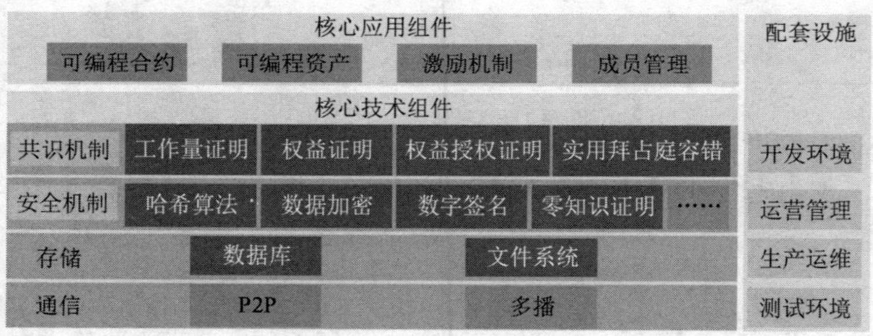

图 12.2.1 典型区块链技术架构图

由图 12.1.1 可以看出，区块链系统所依赖的基础组件、协议和算法，进一步细分为通信、存储、安全机制、共识机制 4 层结构。

1）通信

点对点技术（peer-to-peer，P2P）又称对等互联网络技术，是一种网络新技术，依赖网络中参与者的计算能力和带宽，而不是把依赖都聚集在较少的几台服务器上。P2P 网络通常用于通过 Ad Hoc 连接来连接节点。

相对于分布式数据库 server-client 网络结构，采用主从复制的方式同步数据，区块链则通常采用 peer-to-peer（P2P）技术来组织各个网络节点，每个节点通过多播实现路由、新节点识别和数据传播等功能。不同的区块链系统会根据需要制定独自的 P2P 网络协议，比如比特币有比特币网络协议，以太坊也有自己的网络协议。

2）存储

区块链数据在运行期以块链式数据结构存储在内存中，最终会持久化存储到数据库中。对于较大的文件，也可存储在链外的文件系统里，同时将摘要（数字指纹）保存到链上用于自证。

具体形式为区块按时间顺序逐个先后生成并连接成链，每一个区块记录了创建期间发生的所有交易信息。区块的数据结构一般分为区块头（header）和区块体（body）。其中，区块头用于链接到前一个区块并且通过时间戳特性保证历史数据的完整性；区块体则包含了经过验证的、区块创建过程中产生的所有交易信息。

实质上来说，区块链就是一个去中心化的分布式存储的数据库。

3）安全机制

区块链系统通过多种密码学原理，包括哈希算法、非对称加密算法和数字签名等，来进行数据加密及隐私保护。从某种意义上看，区块链技术是因为现代密码学的发展才产生的。

值得一提的是，区块链上传输和存储的数据都是公开可见的（这本来就是区块链的核心思想之一），仅通过“伪匿名”的方式对交易双方进行一定的隐私保护。对于某些涉及大量的商业机密和利益的业务场景来说，数据的暴露不符合业务规则和监管要求。目前，业界普遍认为零知识证明、环签名和同态加密等技术比较有希望解决区块链的隐私问题。

4）共识机制

共识机制是区块链系统中各个节点达成一致的策略和方法。在中心化结构中，权威节点通过复制的方式直接保证数据一致性，但是在区块链中，去中心化的节点们就需要制定一个机制来保证各自持有的数据保持一致。常用的共识机制主要有 PoW（procf of work）、PoS（proof of stake）、DPoS（delegated proof of stake）、PBFT（practical Byzantine fault tolerance）等。

（1）PoW 即工作量证明，用来确认节点做过一定量的工作。依赖机器进行数学运算来获取记账权，资源消耗相比其他共识机制高、可监管性弱，同时每次达成共识需要全网共同参与运算，性能效率比较低，容错性方面允许全网 50%节点出错。比特币正是采用这一共识机制。

（2）PoS 即权益证明，类似于把资产存在银行里，银行会通过你持有数字资产的数量和时间给你分配相应的收益。主要思想是节点记账权的获得难度与节点持有的权益成反比，相对于 PoW，一定程度减少了数学运算带来的资源消耗，性能也得到了相应的提升，但依然是基于哈希运算竞争获取记账权的方式，可监管性弱。该共识机制容错性和 PoW 相同。

（3）DPoS 即权益授权证明，这是一种类似董事会的授权共识机制，该机制让每一个持币人对整个系统的节点进行投票，决定哪些节点可以被信任并代理他们进行验证和记账，同时生成少量的对应奖励。DPoS 与 PoS 的主要区别在于节点选举若干代理人，由代理人验证和记账。其合规监管、性能、资源消耗和容错性与 PoS 相似。

（4）PBFT 即实用拜占庭容错。PBFT 是一种采用许可投票、少数服从多数来选举领导者进行记账的共识机制，但该共识机制允许拜占庭容错。该共识机制允许强监管节点参与，具备权限分级能力，性能更高，耗能更低。该算法每轮记账都会由全网节点共同选举领导者，允许33%的节点作恶，容错性为33%。

2. 区块链技术的特点

1）写入数据的安全性

在共识机制的作用下，只有当全网大部分节点（或多个关键节点）都同时认为这个记录正确时，记录的真实性才能得到全网认可，记录数据才允许被写入区块中。

2）读取数据的安全性

区块链没有固有的信息读取安全限制，但可以在一定程度上控制信息读取，如把区块链上某些元素加密，之后把密钥交给相关参与者。同时，复杂的共识协议确保系统中的任何人看到的账本都是一样的，这是防止双重支付的重要手段。

3）分布式拒绝服务（distributed denial of service attack，DDoS）攻击抵抗

区块链的分布式架构赋予其点对点、多冗余特性，不存在单点失效的问题，因此其应对拒绝服务攻击的方式比中心化系统要灵活得多。即使一个节点失效，其他节点不受影响，与失效节点连接的用户无法连入系统，除非有支持他们连入其他节点的机制。

讨论与交流

在了解了区块链的安全机制后，特别是区块链的数据以明文形式存放在区块上，小董同学对此提出了质疑，为什么存放在区块链区块上的数据不进行加密呢？他认为对数据进行加密后能够更好地保护用户的隐私。请问：同学们同意小董同学的看法吗？你们是怎么看待这一问题的？

任务12.3 了解区块链的应用领域和前景

任务描述

小董同学在初步了解了区块链技术的理念和实现原理之后，对区块链技术如何在现实中进行应用以及未来将走向何方产生了极大的好奇，于是他查阅资料，想要了解区块链的应用领域和前景。

任务目标

- 了解区块链的多种应用领域。
- 理解区块链在跨境结算中的作用。
- 理解区块链在供应链中的作用。

任务实现

12.3.1　区块链的多种应用领域

目前，区块链技术的应用已从单一的数字货币应用，延伸到经济社会的各个领域，其应用场景如图 12.3.1 所示。需要特别说明的是，除了金融服务行业的应用相对成熟外，其他行业的应用还处于探索起步阶段。

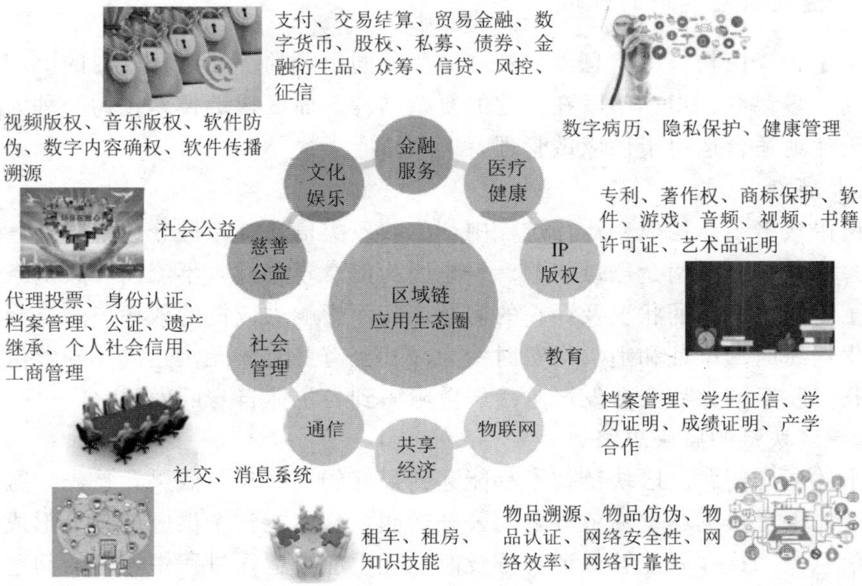

图 12.3.1　区块链应用场景

1. 区块链在跨境结算中的作用

随着经济全球化的推进，资金的跨境流动无时无刻不在发生着。跨境结算属于金融服务行业中的支付领域。区块链技术的高可靠性、简化流程、交易可追踪、节约成本、减少错误以及改善数据质量等特质，使得区块链技术具备重构金融业基础架构的潜力。

1）行业痛点

支付结算业务涉及多个参与方，存在安全性、隐私性以及性能效率方面的问题。尤其对于跨境结算来说，金融机构间的对账、清算、结算的成本就更高了，也涉及了比境内支付结算业务更复杂的手工流程，这不仅导致了用户端和金融机构中后台业务端等产生的支付业务费用高昂，也使得小额支付业务难以开展。

2）基于区块链的解决思路

区块链技术具有数据不可篡改和可追溯特性，可以用来构建监管部门所需要的、包含众多手段的监管工具箱，以利于实施精准、及时和更多维度的监管。同时，基于区块链技术能实现点对点的价值转移，通过资产数字化和重构金融基础设施架构，可达成大幅度提升金融资产交易后清、结算流程效率和降低成本的目标，并可在很大程度上解决支付所面临的问题。

3）应用场景：支付网络

区块链技术为支付领域所带来的成本和效率优势，使得金融机构能够处理以往因成本因素而被视为不现实的小额跨境支付，有助于普惠金融的实现。

我们可以创建基于区块链的支付网络，将所有的跨境收付款人的信息通过这一支付网络建立信任，实现跨境结算。这一举措解决了跨境结算难以建立信任的问题，相比于传统的中心化第三方，区块链中去中心化的公钥密码系统和共识机制更好地完成了这一任务。此外，这一举措还可以明显提高业务效率并降低成本。

2. 区块链在供应链中的作用

供应链是一个由物流、信息流、资金流所共同组成的，并将行业内的供应商、制造商、分销商、零售商、用户串联在一起的复杂结构。而区块链技术作为一种大规模的协作工具，天然地适合运用于供应链管理。

1）行业痛点

供应链由众多主体构成，运行过程中产生的各类信息都零散分布于各处，信息流缺乏透明度。由此带来了两个严重问题：一是因为信息不透明、不流畅导致链条上的主体难以准确了解相关事项的状况及存在的问题，从而影响供应链的效率；二是当供应链上的主体产生纠纷时，举证和追责均费时费力，甚至有些时候无法达成。随着供应链运转的时间越长，积累的弊病会愈发严重，严重阻碍到各主体自身的发展。

2）基于区块链的解决思路

针对上述痛点问题，区块链技术都能起到很好的“治疗”效果。首先，区块链技术本身的特性能保证数据在交易各方之间公开透明，从而在整个供应链条上形成一个完整而流畅的信息流，这样就能够保证各方及时发现供应链运行过程中产生的问题，并针对性地找到解决问题的方法，进而提升供应链管理的整体效率。其次，区块链所具有的数据不可篡改和时间戳的存在性证明的特性能很好地运用于解决供应链体系内各参与主体之间的纠纷，实现轻松举证与追责。除此之外，数据不可篡改与交易可追溯两大特性相结合可有效遏制供应链内产品流转过程中的假冒伪劣问题。

3）应用场景：物流

在供应链上的物流阶段，可以利用数字签名和公钥密码机制，充分保证信息的安全和寄收双方的隐私。

例如，快递交接需要双方私钥签名，每个快递员或快递点都有自己的私钥，是否签收或交付只需要检查区块链数据即可。最终用户没有收到快递就不会有签收记录，快递员无法伪造签名，因此可杜绝快递员通过伪造签名来逃避考核的行为，减少用户投诉，防止货物的冒领误领。而真正的收件人并不需要在快递单上直观展示实名制信息，从而很好地保护了用户的隐私。此外，还可以利用区块链技术的智能合约来简化物流程序，从而大幅度提升物流的效率。

12.3.2 区块链技术的前景

在未来的一段时间内，区块链技术会在金融服务、供应链、文化娱乐和教育就业等领域有着更深入的应用和更广阔的发展。除此之外，区块链技术还可能会和更多传统领域相结合，引发领域变革。

除了区块链的应用前景展望外，我们也意识到：区块链技术的飞速发展也会带动其中的核心关键技术的发展。区块链技术的核心是分布式数据存储、点对点传输、共识机制、加密算法等已有计算机技术。在共识机制、安全算法、隐私保护等相关技术领域的研究成果会对区块链技术和应用的跨越式发展起到重要作用，对这些技术的持续创新和突破将非常关键。

以下列举几条区块链核心技术的发展前景的展望。

1）共识机制发展前景展望

公有链方面，目前常用的共识机制存在性能低、能耗高的缺点。“侧链”技术也只能在某些特定条件下解决部分问题。联盟链目前的主流共识机制大多基于 PBFT 及其变种，虽然加入权限控制能获得性能的大幅提升，但是同时也牺牲了一部分共识的效率、约束、容错率等方面的性能。可以预见，针对典型场景的、具有普适性的、更优的共识算法及策略，将会不断出现。

2）安全算法方向发展前景展望

安全性在金融级应用系统中尤显重要。一方面，目前采用的大多数传统安全算法存在潜在“后门”风险，需要逐步替换成更加安全的加密算法，算法的强度也需要不断升级；另一方面，还要防止一些新技术，如量子计算，对传统安全算法的冲击甚至颠覆。

3）隐私保护发展前景展望

目前，区块链相关的隐私保护环节还比较薄弱。尤其是对敏感数据需要平衡隐私保护和合规监管。信息隐私保护技术，如零知识证明、同态加密等，也是后续发展的一个重要方向。

讨论与交流

区块链究竟有没有颠覆式的技术革新潜力呢？在对区块链的知识进行了解之后，黄老师决定在班级内部组织一场辩论赛，正方的立场是“区块链是颠覆式的技术革新”，反方正好相反。那么你支持哪一方的立场呢？

单元小结

本单元首先介绍了区块链的概念、特性和分类：区块链技术被称为是彻底改变业务乃至机构运作方式的重大突破性技术；区块链具有匿名性、自治性、开放性、可编程性、可追溯、不可篡改、集体维护、无须许可等特性；根据不同的分类方式对区块链进行分类。然后介绍了典型的区块链技术架构和特点。最后介绍了区块链的应用领域和前景。

课后习题

一、选择题

1. 区块链的特性中，不包括（ ）。

A. 开放性 B. 可追溯

C. 保密性 D. 匿名性

2. 按照应用范围对区块链进行划分，不包括（ ）。

A. 公有链 B. 联盟链

C. 私有链 D. 互联链

3. 对于区块链技术的描述，下列说法正确的是（ ）。

A. 从本质上来说，区块链技术是一种中心化的分布存储的数据库

B. 区块链上传输和存储的数据都是公开可见的

C. 区块链会将所有的数据都存储在内存中

D. 共识机制是区块链来组织各个网络节点，完成数据通信的关键技术

4. 典型的区块链技术中，起到了传输数据加密以及隐私保护的是（ ）。

A. 存储 B. 安全机制

C. 共识机制 D. 通信

5. 下列共识机制中，比特币采用的是（ ）。

A. PoW B. PBFT

C. DPoS D. PoS

6. 区块链技术的特点，不包括（ ）。

A. 存储数据时的安全性 B. DDoS 攻击的抵抗性

C. 读取数据的安全性 D. 写入数据的安全性

7. 比特币和 Q 币之间的区别，不包括（ ）。

A. 比特币可以花费，Q 币不能花费

B. 比特币是一种去中心化的数字资产，没有发行主体；Q 币是由腾讯公司发行的电子货币，类似于电子计分

C. Q 币的价值来自腾讯公司的信用背书，比特币可以自证其信

D. Q 币的使用范围局限于腾讯的游戏和服务中，比特币在全世界自由流通

8. 比特币转账手续费是奖励给（ ）。

A. 老板 B. 平台

C. 秘书 D. 矿工

9. 共识由多个节点按照一定的机制验证数据，保证数据的正确性和（ ）。

A. 一致性 B. 完整性

C. 安全性 D. 多样性

10. 拜占庭将军问题解决了（ ）。

A. 分布式通信 B. 内容加密

C. 共识机制　　　　　　　　　　D. 投票机制

二、判断题

1. 区块链中的任意两个节点在信任彼此的身份后，可以建立连接。（　）
2. 区块链 2.0 时期，最重要的应用价值是比特币。（　）
3. 比特币区块链中的第一区块被称为“创世区块”。（　）
4. 区块链系统是开放的，任何节点都能够拥有全网的总账本。（　）
5. 所有节点都可以请求将任何交易添加到区块链中。（　）
6. 区块链采用 P2P 的技术来进行节点通信，所有区块链系统共用一套 P2P 网络协议。（　）
7. 区块链系统使用哈希算法、对称加密算法和数字签名等，来进行数据加密及隐私保护。（　）
8. PoW 即权益授权证明，这是一种类似董事会的授权共识机制。（　）
9. 区块链有诸多价值，包括推动新一代信息技术产业的发展和为经济社会专项审计提供技术支撑等。（　）
10. 区块链的分布式架构赋予其点对点、低冗余特性，不存在单点失效的问题。（　）

三、简答题

1. 简述区块链的定义。
2. 简述区块链的几个特征。
3. 根据对接类型，简述区块链的类别。
4. 说明区块链的隐私保护环节比较薄弱的原因以及可能解决该问题的技术手段。
5. 列举出区块链的共识机制的种类（至少 3 种）并选取一种简述其概念。

学习笔记

参 考 文 献

董玮，高艺，2019. 从创意到原型：物联网应用快速开发[M]. 北京：科学出版社.

方风波，钱亮，杨利，2021. 信息技术基础（微课版）[M]. 北京：中国铁道出版社.

郭艳华，肖若辉，陈萌，2019. 计算机基础与应用案例教程[M]. 2 版. 北京：科学出版社.

侯丽梅，赵永会，刘万辉，2019. Office 2016 办公软件高级应用实例教程[M]. 2 版. 北京：机械工业出版社.

刘云浩，2019. 物联网导论[M]. 3 版. 北京：科学出版社.

刘志东，陶丽，谢亮，2020. 高职信息技术应用项目化教程[M]. 北京：科学出版社.

眭碧霞，2021. 信息技术基础[M]. 2 版. 北京：高等教育出版社.

吴雅琴，2020. 物联网技术概论[M]. 北京：科学出版社.

徐维祥，2021. 信息技术（基础模块）[M]. 北京：高等教育出版社.